Technische Mechanik für Dummies

Schummelseite

KINEMATIK: TRANSLATIONSBEWEGUNGEN:

- **Geschwindigkeit:** $\mathbf{v} = \frac{\Delta \mathbf{s}}{\Delta t}$
- **Beschleunigung:** $\mathbf{a} = \frac{\Delta \mathbf{v}}{\Delta t}$
- **Weg:** $\mathbf{s} = \mathbf{v} \cdot t = \frac{1}{2}\mathbf{a}t^2$

STATIK: GLEICHGEWICHTSBEDINGUNGEN

Für einen Körper auf einer ebenen Unterlage, der drei Freiheitsgrade besitzt, gelten die folgenden *Gleichgewichtsbedingungen*:

- Die Summe aller Kräfte in x-Richtung ist gleich null: $\sum F_x = 0$
- Die Summe aller Kräfte in y-Richtung ist gleich null: $\sum F_y = 0$
- Die Summe aller Drehmomente um die z-Achse ist gleich null: $\sum \tau_{(z)} = 0$

Verallgemeinert man dies auf einen freien Körper mit sechs Freiheitsgraden, so ergeben sich insgesamt sechs Gleichgewichtsbedingungen:

$$\sum F_x = 0 \qquad \sum \tau_{(x)} = 0$$
$$\sum F_y = 0 \qquad \sum \tau_{(y)} = 0$$
$$\sum F_z = 0 \qquad \sum \tau_{(z)} = 0$$

STATIK: LAGER UND GELENKE BEI 2D-SYSTEMEN (X-Y-EBENE)

- **Einwertige Lager:** Ein einwertiges Lager (*Loslager*) kann eine Kraft aufnehmen und ihr entgegenwirken.
- **Zweiwertige Lager:** Ein zweiwertiges Lager (*Festlager*) kann zwei Kräfte aufnehmen und ihnen entgegenwirken. Alternativ kann ein zweiwertiges Lager auch eine Kraft und ein Drehmoment aufnehmen.
- **Dreiwertige Lager:** Ein dreiwertiges Lager (*Einspannung*) kann zwei Kräfte und ein Drehmoment aufnehmen und ihnen entgegenwirken.
- Bei einem **Momentengelenk** machen beide Partner Bewegungen in x-Richtung und in y-Richtung nur gemeinsam, sind in dieser Hinsicht also starr. Sie können sich aber gegeneinander verdrehen. Ein Momentengelenk überträgt also Normalkräfte F_N in x-Richtung sowie Querkräfte F_Q in y-Richtung, jedoch keine Drehmomente.

Technische Mechanik für Dummies

Schummelseite

- ✔ Bei einem **Querkraftgelenk** können sich die Partner in y-Richtung gegeneinander verschieben. Bewegungen in x-Richtung können jedoch nur gemeinsam durchgeführt werden; ebenso wenig können sich die Partner gegenseitig verdrehen. Das Gelenk überträgt also Normalkräfte und Drehmomente, jedoch keine Querkräfte.
- ✔ Im Gegensatz dazu erlaubt ein **Normalkraftgelenk** gewisse Verschiebungen der beiden Partner in x-Richtung gegeneinander, nicht aber in y-Richtung. Auch Drehungen können nur gemeinsam durchgeführt werden.

STATIK: STATISCHE BESTIMMTHEIT

Bezüglich der statischen Bestimmtheit eines Balkens (oder eines anderen statischen Systems) unterscheidet man drei Fälle, die von der Anzahl der Freiheitsgrade f einerseits und der Anzahl l der wirkenden Lagerkräfte andererseits abhängen:

- ✔ **Statisch unterbestimmt:** $n = l - f < 0$. Das System ist instabil. Mit anderen Worten: Der Balken kann sich bewegen.
- ✔ **Statisch bestimmt:** $n = 0$. Dies ist der Idealfall.
- ✔ **Statisch unbestimmt:** $n > 0$. Dies ist zunächst einmal nicht schlecht, kann aber zu Problemen führen, wenn sich etwa der Balken thermisch ausdehnt.

DYNAMIK: NEWTON'SCHE GESETZE

- ✔ **1. Newton'sches Gesetz (Trägheitsgesetz):** Solange keine äußere Kraft auf einen Körper einwirkt, behält dieser seinen Bewegungszustand bei.
- ✔ **2. Newton'sches Gesetz:** Wenn auf einen Körper mit der Masse m eine Kraft **F** wirkt, so erfährt dieser die Beschleunigung **a**: $\mathbf{F} = m\,\mathbf{a}$
- ✔ **3. Newton'sches Gesetz:** Kräfte treten immer paarweise auf. Wenn ein Körper eine Kraft auf einen Gegenstand ausübt, dann erfährt er eine gleich große, entgegengesetzt gerichtete Kraft von diesem Gegenstand.

Technische Mechanik für Dummies

Schummelseite

DYNAMIK: VERGLEICH VON TRANSLATION UND ROTATION

Translation Größe	Formel	Rotation Größe	Formel	Beziehung
Weg	s	Winkel	θ	$s = r\theta$
Geschwindigkeit	$\mathbf{v} = \frac{\Delta x}{\Delta t}$	Winkelgeschwindigkeit	$\omega = \frac{\Delta \theta}{\Delta t}$	$v = \omega r$
Beschleunigung	$\mathbf{a} = \frac{\Delta \mathbf{v}}{\Delta t}$	Winkelbeschleunigung	$\alpha = \frac{\Delta \omega}{\Delta t}$	$a = \alpha r$
Masse	m	Trägheitsmoment	$I = \sum m_j r_j^2$	
Impuls	$p = m v$	Drehimpuls	$L = I\omega$	
Kraft	$F = m a$	Drehmoment	$\tau = I\alpha$	
Arbeit	$W = \mathbf{F} \cdot \mathbf{s}$	Dreharbeit	$W_{\text{rot}} = \tau \theta$	
Leistung	$P = \frac{W}{t} = Fv$	Drehleistung	$P_{\text{rot}} = \frac{W_{\text{rot}}}{t} = \tau \omega$	
Kinetische Energie	$E_{\text{kin}} = \frac{1}{2} m v^2$	Rotationsenergie	$E_{\text{rot}} = \frac{1}{2} I \omega^2$	

MASCHINENDYNAMIK: BESCHREIBUNG VON SCHWINGUNGEN

✔ Die **Auslenkung** s ist der momentane Abstand des Körpers von der Gleichgewichtslage.
✔ Die **Amplitude** $A = s_{\max}$ ist die maximale Auslenkung aus der Gleichgewichtslage während einer Schwingung.
✔ Die **Schwingungsdauer** oder Periode T ist die Zeit, in der der Körper einen vollständigen Bewegungszyklus durchführt.
✔ Die **Frequenz** f ist der Kehrwert der Schwingungsdauer: $f = \frac{1}{T}$
✔ Die **Kreisfrequenz** ω ist definiert als $\omega = 2\pi f = 2\pi \frac{1}{T}$

REIBUNG

✔ **Haftreibung:** $F_{\text{RH}} = \mu_{\text{H}} F_{\text{N}}$
✔ **Gleitreibung:** $F_{\text{RG}} = \mu_{\text{G}} F_{\text{N}}$. Es gilt $\mu_{\text{H}} > \mu_{\text{G}}$
✔ **Rollreibung:** $F_{\text{RR}} = \frac{f}{r} F_{\text{N}} = \mu_{\text{R}} F_{\text{N}}$
✔ **Seilreibung:** $F_1 = F_2 e^{\mu_{\text{H}} \alpha}$

Technische Mechanik für Dummies

Schummelseite

ELASTIZITÄTSLEHRE

Grundbeanspruchungen: Dehnung, Stauchung, Scherung, Biegung, Drillung

Hooke'sches Gesetz: Die Kraft, die notwendig ist, einen elastischen Körper zu verformen, ist proportional zum Ausmaß der Verformung.

Elastische Konstanten:

- Elastizitätsmodul: $\sigma = E\frac{\Delta L}{L} = E\varepsilon$
- Kompressionsmodul: $p = -K\frac{\Delta V}{V}$
- Schubmodul: $\tau = G\gamma$
- Poissonzahl: $v = \dfrac{\Delta d/d}{\Delta L/L}$

**Technische Mechanik
für Dummies**

Wilhelm Kulisch

Technische Mechanik für dummies®

Sonderausgabe

Fachkorrektur von Bernhard Gerl und Carsten Heinisch

WILEY-VCH GmbH

Technische Mechanik für Dummies

Bibliografische Information der Deutschen Nationalbibliothek

Die Deutsche Nationalbibliothek verzeichnet diese Publikation in der Deutschen Nationalbibliografie; detaillierte bibliografische Daten sind im Internet über http://dnb.d-nb.de abrufbar.

Sonderausgabe 2025

© 2025 Wiley-VCH GmbH, Boschstraße 12, 69469 Weinheim, Germany

All rights reserved including the right of reproduction in whole or in part in any form. This translation published by arrangement with John Wiley and Sons, Inc.

Alle Rechte vorbehalten inklusive des Rechtes auf Reproduktion im Ganzen oder in Teilen und in jeglicher Form. Diese Übersetzung wird mit Genehmigung von John Wiley and Sons, Inc. publiziert.

Wiley, the Wiley logo, Für Dummies, the Dummies Man logo, and related trademarks and trade dress are trademarks or registered trademarks of John Wiley & Sons, Inc. and/or its affiliates, in the United States and other countries. Used by permission.

Wiley, die Bezeichnung »Für Dummies«, das Dummies-Mann-Logo und darauf bezogene Gestaltungen sind Marken oder eingetragene Marken von John Wiley & Sons, Inc., USA, Deutschland und in anderen Ländern.

Das vorliegende Werk wurde sorgfältig erarbeitet. Dennoch übernehmen Autoren und Verlag für die Richtigkeit von Angaben, Hinweisen und Ratschlägen sowie eventuelle Druckfehler keine Haftung.

Coverfoto: bellakadife-stock.adobe.com
Korrektur: Petra Heubach-Erdmann
Satz: Reemers Publishing Services GmbH, Krefeld
Druck und Bindung: CPI Group (UK) Ltd, Croydon, CR0 4YY

Print ISBN: 978-3-527-72332-4

C9783527723324_301025

Bevollmächtigte des Herstellers gemäß EU-Produktsicherheitsverordnung ist die Wiley-VCH GmbH, Boschstr. 12, 69469 Weinheim, Deutschland, E-Mail: Product_Safety@wiley.com.

Über die Autoren

Dr. Wilhelm Kulisch war Privatdozent am Fachbereich für Mathematik und Naturwissenschaften der Universität Kassel. Er studierte Physik an den Universitäten Münster und Kassel und arbeitete dort an den Instituten für Angewandte Physik beziehungsweise Technische Physik. Seine Forschungsthemen umfassen die Halbleiterphysik, die Materialwissenschaften sowie die Nanostrukturwissenschaften. Nach mehrjährigem Auslandsaufenthalt kehrte er an die Universität Kassel zurückgekehrt. Dr. Kulisch besaß große Lehrerfahrung in den Bereichen Technische Physik und Physik für Nebenfachstudenten.

Dr. Regine Freudenstein studierte Physik an den Universitäten Göttingen, Hannover und Kassel. Ihre Forschungsschwerpunkte liegen im Bereich der Materialwissenschaften. Dr. Freudenstein besitzt ebenfalls große Erfahrung in der Lehre, vor allem in Form von Übungen, Praktika und Seminaren.

Auf einen Blick

Über den Autor 7

Einführung 19

Teil I: Grundlagen 23
Kapitel 1: Technische Mechanik: Die Grundlagen 25
Kapitel 2: Ganz ohne Mathematik geht es nicht 37
Kapitel 3: Alles ist in Bewegung: Die Kinematik 55

Teil II: Fest und unverrückbar: Die Statik 77
Kapitel 4: Mit frischen Kräften 79
Kapitel 5: Immer in Ruhe bleiben: Schwerpunkt und Gleichgewicht ... 107
Kapitel 6: Statik angewandt: Lager, Balken und Fachwerke 137
Kapitel 7: Sich aneinander reiben 167

Teil III: Endlich etwas Bewegung: Die Dynamik 191
Kapitel 8: Klein, aber dynamisch: Die Dynamik der Massepunkte 193
Kapitel 9: Einerseits starr, andererseits beweglich: Die Dynamik starrer Körper 219
Kapitel 10: Alles schwingt und rotiert: Einführung in die Maschinendynamik 249

Teil IV: Festigkeitslehre und Kontinuumsmechanik 279
Kapitel 11: Ziehen, drücken oder biegen: Die Grundbegriffe 281
Kapitel 12: Wieder in Form kommen: Elastische Verformung 305
Kapitel 13: Die Form ändern: Plastische Verformung 331
Kapitel 14: Marmor, Stein und Eisen bricht: Bruchmechanik und andere Versagensmechanismen 347

Teil V: Der Top-Ten-Teil 369
Kapitel 15: Zehn wichtige Anwendungen der Technischen Mechanik ... 371
Kapitel 16: Zehn wichtige Internetadressen 375

Stichwortverzeichnis 379

Inhaltsverzeichnis

Über die Autoren 9
Einführung 21
    Über dieses Buch 21
    Konventionen in diesem Buch 21
    Was Sie nicht lesen müssen 22
    Törichte Annahmen über die Leser 22
    Wie dieses Buch aufgebaut ist 22
        Teil I: Grundlagen 22
        Teil II: Statik 22
        Teil III: Endlich etwas Bewegung: Die Dynamik 23
        Teil IV: Unter Druck gesetzt: Festigkeitslehre 23
        Teil V: Der Top-Ten-Teil 23
    Symbole, die in diesem Buch verwendet werden 23
    Wie es weitergeht 24

TEIL I
GRUNDLAGEN 25

Kapitel 1
Technische Mechanik: Die Grundlagen 27

    Technische Mechanik: Eine eigenständige Wissenschaft 27
        Eine Wissenschaft, viele Themen 28
        Eine Wissenschaft, viele Anwendungen 30
    Teil I: Mathematische und physikalische Grundlagen 30
        Alles über Winkel und Richtungen 30
        Alles über Bewegungen 31
    Teil II: Fest und unverrückbar: Die Statik 31
        Mit frischen Kräften 32
        Immer in Ruhe bleiben: Schwerpunkt und Gleichgewicht .. 32
        Statik angewandt: Lager, Balken und Fachwerke 32
        Sich aneinander reiben 33
    Teil III: Endlich etwas Bewegung: Dynamik 33
        Klein, aber beweglich: Die Dynamik von Massepunkten ... 33
        Einerseits starr, andererseits beweglich: Die Dynamik starrer Körper 34
        Alles schwingt und rotiert: Die Maschinendynamik 34
    Teil IV: Unter Druck gesetzt: Festigkeitslehre 34
        Ziehen, drücken oder biegen: Die Grundbegriffe 35
        Wieder in Form kommen: Elastische Verformung 35
        Die Form ändern: Plastische Verformung 36

Marmor, Stein und Eisen bricht: Bruchmechanik und andere Versagensmechanismen 36
Teil V: Top-Ten-Teil 37

Kapitel 2
Ganz ohne Mathematik geht es nicht 39

Auf die Richtung kommt es an: Vektorrechnung. 40
    Wozu braucht man Vektoren? 40
    Was ist eigentlich ein Vektor? 41
    Pfeile oder Zahlen: Die Darstellung von Vektoren 41
    Addition und Subtraktion von Vektoren 43
    Drei Mal Multiplizieren. 44
Auf den Winkel kommt es an: Trigonometrie 50
    Mein Hut, der hat drei Ecken 50
    Sie sind oft nützlich: Sinus- und Kosinussatz 51
    Rechte Winkel 52
    Aufgaben 55

Kapitel 3
Alles ist in Bewegung: Die Kinematik 57

Bewegung pur: Kinematik 58
    Geradeaus: Gradlinige Translationsbewegungen. 59
    Eine konstante Beschleunigung nach unten: Der freie Fall 61
    Eins nach dem anderen: Überlagerung von Geschwindigkeiten 63
Immer dasselbe: Energie- und Impulserhaltungssatz 68
    Beispiel: Stöße. 69
Kreisverkehr: Kreisbewegungen 71
    Karussell fahren: Die Winkelgeschwindigkeit 72
    Nicht aus der Bahn geraten: Die Zentripetalbeschleunigung 74
    Immer schneller werden: Die Winkelbeschleunigung 75
    Aufgaben 76

TEIL II
FEST UND UNVERRÜCKBAR: DIE STATIK 79

Kapitel 4
Mit frischen Kräften. 81

Ein starkes Team: Kraft und Drehmoment. 81
    Auf die Kraft kommt es an. 82
    Die Kraft auf den Punkt bringen: Das Drehmoment 84
Mit Kraft arbeiten 87
    Die Linie entlang 88
    Addition von Kräften 88
    In die Bestandteile zerlegen 90
Von allen Seiten: Kräftesysteme. 92
    Übersicht über Kräftesysteme 92

Zentrale ebene Kräftesysteme	93
Allgemeine ebene Kräftesysteme	95
Räumliche Kräftesysteme	99
Kräfte freimachen	101
Aufgaben	106

Kapitel 5
Immer in Ruhe bleiben: Schwerpunkt und Gleichgewicht 109

Der Momentensatz	110
Man muss Schwerpunkte setzen	110
Eine ganze Reihe von Schwerpunkten: Begriffsbestimmungen	111
Den Schwerpunkt bestimmen	112
Den Schwerpunkt berechnen	113
Flächenschwerpunkt	115
Auch Linien besitzen einen Schwerpunkt	122
Die Freiheit, sich zu bewegen: Freiheitsgrade	124
Gleichgewicht und Standsicherheit	126
Gleichgewicht	126
Arten des Gleichgewichts	131
Fest auf den Füßen stehen: Standsicherheit	132
Aufgaben	136

Kapitel 6
Statik angewandt: Lager, Balken und Fachwerke 139

Die Verbindung mit der Außenwelt: Lager und Gelenke	139
Lagerkräfte	140
Auf die Wertigkeit kommt es an: Lagerarten	142
Gelenke	146
Balken	147
Äußere und innere Kräfte	147
Frei oder bestimmt: Die statische Bestimmtheit von Balken	148
Altehrwürdig und doch modern: Fachwerke	151
Nichts als Stäbe und Knoten: Wichtige Begriffe	151
Bestimmt oder unbestimmt?	153
Ermittlung der Stabkräfte	156
Aufgaben	167

Kapitel 7
Sich aneinander reiben 169

Und sie bewegt sich doch	170
Haften, Gleiten, Rollen: Arten der Reibung	170
Es kommt nur auf die Reibungskoeffizienten an	171
Räder müssen rollen: Die Rollreibung	179
Reibung: Hinderlich und nützlich zugleich	181
Reibung ist überall: Das Fahrrad	182
Reibung in Lagern	183

In die Höhe steigen: Die Leiter 185
Seilreibung... 187
Voll in die Eisen steigen: Bremsen 190
Aufgaben 192

TEIL III
ENDLICH ETWAS BEWEGUNG: DIE DYNAMIK 193

Kapitel 8
Klein, aber dynamisch: Die Dynamik der Massepunkte 195

Noch einmal: Kräfte 196
    Newton 196
    Träge und schwer: Die Masse.. 200
    Rund ums Zentrum: Kreisbewegungen 203
    Auch Kräfte können träge sein: Das Prinzip von d'Alembert............. 204
Im Schweiße deines Angesichts: Die Arbeit 207
    Arbeit gleich Kraft mal Weg... 207
    Viele Kräfte, viel Arbeit.. 208
    Nobody is perfect: Der Wirkungsgrad................................. 211
Energie ist überall und geht nicht verloren 212
    Es gibt mehr als eine Art der Energie 213
    Stets konstant, aber nicht das Gleiche 214
Was für eine Leistung! 215
    Leistung gleich Arbeit pro Zeit 216
    Was lange wirkt, wirkt endlich gut 219
Vergleich Translation – Kreisbewegung 219
Aufgaben 220

Kapitel 9
Einerseits starr, andererseits beweglich:
Die Dynamik starrer Körper 221

Ein wichtiges Gesetz: Der Schwerpunktsatz................................ 221
    Der Schwerpunkt bestimmt, wo es lang geht 222
Das 2. Newton'sche Gesetz für starre Körper 222
Drehbewegungen starrer Körper.. 223
    Alle Punkte im Gleichschritt: Winkelgeschwindigkeit und
    Winkelbeschleunigung.. 224
    Auf den Punkt gebracht: Das Drehmoment.......................... 225
Trägheit in unterschiedlichen Formen: Das Trägheitsmoment 226
    Jeder Punkt zählt einzeln... 226
    Steiner'scher Satz 233
Zwei wichtige Größen: Rotationsenergie und Drehimpuls 235
    Rotationsenergie... 235
    Pirouetten drehen: Drehimpuls und Drehimpulserhaltungssatz........... 239
Voll getroffen: Stöße.. 241
    Wumms! Es hat gekracht... 241

Voll ins Zentrum: Der gerade, zentrale, elastische Stoß.	243
Nicht ganz einfach: Schiefe Stöße	245
Vergleich von Translation und Rotation	247
Aufgaben	248

Kapitel 10
Alles schwingt und rotiert: Einführung in die Maschinendynamik 251

Harmonische Schwingungen	252
Hin und her, auf und ab: Beispiele von Schwingungen	252
Viele Schwingungen, eine Beschreibung	255
Ziemlich verdreht: Das Torsionspendel	261
Alle harmonischen Schwingungen weisen Gemeinsamkeiten auf.	262
Dämpfung und erzwungene Schwingungen	263
Alles hat einmal ein Ende: Gedämpfte Schwingungen	263
Das ist der Rhythmus, wo jeder mit muss: Erzwungene Schwingungen	265
Das kann in einer Katastrophe enden: Resonanz	266
Schwingungssysteme	267
Parallel- und Reihenschaltungen von Federn	267
Gekoppelte Pendel	270
Gekoppelte Schwingungssysteme	273
Auch Stäbe können schwingen.	275
Aufgaben	279

TEIL IV
FESTIGKEITSLEHRE UND KONTINUUMSMECHANIK 281

Kapitel 11
Ziehen, drücken oder biegen: Die Grundbegriffe 283

Den Belastungen nachgeben	284
Spannung pur	284
Auf die inneren Kräfte kommt es an	285
Körper freischneiden: Das Schnittverfahren	285
Ziehen, Drücken und Schieben.	286
Ein jeder muss seine Last tragen	287
Die Ohren lang ziehen: Zugbeanspruchung.	288
Dem Druck nachgeben: Druckbeanspruchung	289
Schubbeanspruchung	290
Auf Biegen und Brechen: Biegebeanspruchung	291
Torsionsbeanspruchung	293
Belastungen werden Realität	294
Gemischte Belastungen.	294
Körper voller Spannungen	297
Spannungszustand.	298
Spannungstensor	299
Mohr'scher Spannungskreis	300

Den Stab brechen: Die Spannungs-Dehnungs-Kurve 301
    Aufgaben 303

Kapitel 12
Wieder in Form kommen: Elastische Verformung 307

Am Haken hängen: Das Hooke'sche Gesetz. 308
Elastizität beschreiben: Die elastischen Konstanten 309
    In die Länge gezogen: Der Elastizitätsmodul 310
    Dem Druck standhalten: Der Kompressionsmodul 311
    Ziemlich verdreht: Der Schubmodul (Torsionsmodul) 313
    Längs und quer: Die Poisson-Zahl 314
    Nur zwei von vieren zählen: Beziehungen zwischen den
    elastischen Konstanten 317
    Elastische Energie 318
Vollkommen elastisch 321
    Bis ans Limit. 321
Im Bereich des Hooke'schen Gesetzes 322
    Man kann selbst Stahl in die Länge ziehen. 322
    Auf dass sich die Balken biegen 323
    Der beidseitig gelagerte Balken und die Biegelinie. 327
    Ans Herz gedrückt: Die Hertz'sche Pressung 328
    Aufgaben 331

Kapitel 13
Die Form ändern: Plastische Verformung 333

Spannungs-Dehnungs-Diagramme 334
    Begriffe zur Beschreibung der plastischen Deformation. 334
    Nominelle und wahre Spannungen. 337
Atome verschieben sich: Die Mechanismen der plastischen Verformung 339
    Verfestigungsmechanismen 341
Nachwirkungen 342
    Nicht zu stoppen: Das Kriechen 342
    Schließlich doch relaxt 344
Hart wie Marmelade. 344
    Härteskalen 345
    Aufgaben 347

Kapitel 14
Marmor, Stein und Eisen bricht: Bruchmechanik
und andere Versagensmechanismen 349

Spröder Bruch 351
    Ein Riss reicht aus: Das Griffith-Modell 351
    Widerstand gegen spröden Bruch: Die Zähigkeit 353
    Bruchzähigkeit. 355
Duktiler Bruch: Versagen durch dauerhafte Verformung 358
Irgendwann wird es zu viel: Der Ermüdungsbruch. 360

Einfach umgeknickt 362
Auch Oberflächen können versagen: Der Verschleiß 364
    Mit der Zeit abgenutzt 365
    Es kommt auf das Gesamtsystem an: Tribologische Systeme 365
    Angriff von außen: Arten des Verschleißes 366
    Verschleiß quantitativ 367
    Aufgaben 370

TEIL V
DER TOP-TEN-TEIL 371

Kapitel 15
Zehn wichtige Anwendungen der Technischen Mechanik 373

Bauingenieurswesen 373
    Baustatik 373
Maschinenbau 374
    Maschinenbau 374
    Maschinendynamik 374
    Apparatebau 374
Materialwissenschaften und Werkstoffkunde 374
    Werkstoffkunde 375
    Materialwissenschaften 375
Weitere Bereiche 375
    Anlagenbau 375
    Feinmechanik 376
    Mechatronik 376
    Luft- und Raumfahrttechnik 376

Kapitel 16
Zehn wichtige Internetadressen 377

Vektorrechnung 377
Die gesamte Statik und die Festigkeitslehre in einem Link 377
Statik lernen 378
Baustatik aus Kassel 378
Technische Mechanik interaktiv 379
Reibung von allen Seiten 379
Interaktive Dynamik 379
Hier schwingt alles 379
Alles über die Mechanik 380
Das Neueste aus der Physik 380

Anhang
Lösungen der Aufgaben 381

Kapitel 2 381
Kapitel 3 383
Kapitel 4 386

Kapitel 5 390
Kapitel 6 394
Kapitel 7 398
Kapitel 8 401
Kapitel 9 404
Kapitel 10 408
Kapitel 11 411
Kapitel 12 414
Kapitel 13 416
Kapitel 14 417

Stichwortverzeichnis 421

Einführung

Über dieses Buch

In diesem Buch finden Sie eine umfassende Darstellung der *Technischen Mechanik*. Dieser Ausdruck besteht aus zwei Wörtern, und beide spielen für das Thema dieses Buches eine wichtige Rolle. Die *Mechanik* auf der einen Seite ist ein wichtiges Teilgebiet der Physik; sie kann als Lehre von den Bewegungen der Körper und von den Kräften charakterisiert werden, die diese Bewegungen beeinflussen. *Technisch* bedeutet in diesem Fall, dass es nicht um abstrakte Wissenschaft geht, sondern um die Anwendung der Mechanik in der Technik. Insofern ist die Technische Mechanik ein eigenständiges Gebiet der *Ingenieurswissenschaften*, in dem die notwendigen Grundlagen für Bereiche wie das Bauingenieurswesen, den Maschinenbau und auch die Materialwissenschaften gelegt werden.

Dieses Buch ist so aufgebaut, dass es dieser allgemeinen Zielsetzung der Technischen Mechanik folgt. Da das Thema die Mechanik ist, handelt es notwendigerweise von Physik. Aber die Physik wird nicht aus dem Blickpunkt eines »reinen« Physikers dargestellt, sondern aus dem eines Technikers oder Ingenieurs, der diese Physik in der Welt der Technik anwenden will. Viele Beispiele, die Sie in diesem Buch finden werden, wurden genau unter diesem Gesichtspunkt ausgewählt.

Wenn man sich mit Physik beschäftigen will, kommt natürlich auch die Mathematik ins Spiel. Physik ohne Mathematik geht nicht; dies gilt auch für die Technische Mechanik. Aber die Mathematik in diesem Buch ist einfach gehalten; zudem werden einige wichtige Gebiete in Kapitel 2 kurz zusammenfassend dargestellt.

Konventionen in diesem Buch

In diesem Buch gibt es einige wenige Konventionen bezüglich der Schreibweise, die man sich jedoch leicht merken kann:

- **Vektoren,** also Größen, die sowohl einen Betrag als auch eine Richtung besitzen, wie etwa die Geschwindigkeit **v**, sind fett gedruckt. Vektoren werden in Kapitel 2 eingeführt. Wenn vektorielle Größen nicht fett gedruckt sind, spielt die Richtung in diesem Fall keine Rolle.

- *Physikalische/technische Größen* sind im laufenden Text *kursiv* gedruckt. Wenn Sie also in diesem Buch auf ein m stoßen, handelt es sich um die Masse; wenn Sie hingegen auf ein »normales« m treffen, so ist es das Zeichen für die Einheit Meter.

- Ebenfalls *kursiv* erscheinen Begriffe, die gerade neu eingeführt und erläutert werden. Diese Schreibweise soll Ihnen sagen: »Aufgepasst! Hier kommt etwas Neues.« Manchmal sind Begriffe auch kursiv gesetzt, wenn sie zum ersten Mal in einem bestimmten Zusammenhang auftauchen, auch wenn sie bereits früher eingeführt wurden.

Was Sie nicht lesen müssen

Jeder Autor mag es, wenn der Leser sein Buch von Anfang bis Ende durchliest und dann sagt: »Hey! Das war ein tolles Buch!« Mir ist bewusst, dass dies der Idealfall ist. In vielen Fällen sind Sie nur an bestimmten Themen interessiert (ich hoffe, Sie bestehen die Prüfung). Die einzelnen Kapitel und insbesondere die fünf Teile dieses Buches sind so ausgelegt, dass man sie unabhängig voneinander lesen kann. Wenn Begriffe aus anderen Kapiteln verwendet werden, so ist dies angegeben; zudem können Sie das Stichwortverzeichnis benutzen.

Aber wie erwähnt, ich würde mich freuen, wenn Sie das ganze Buch lesen.

Törichte Annahmen über die Leser

Beim Schreiben dieses Buches bin ich von folgenden Annahmen über Sie, die Leser, ausgegangen:

- ✔ Sie sind an der Technischen Mechanik interessiert.
- ✔ Sie sind bereit, etwas Neues zu lernen.
- ✔ Sie haben Grundkenntnisse in der Mathematik und können beispielsweise Gleichungen umstellen und auflösen.
- ✔ Sie haben einige Grundkenntnisse in der Physik, die die Basis der Technischen Mechanik darstellt.

Wie dieses Buch aufgebaut ist

Dieses Buch besteht aus fünf Teilen mit jeweils zwei bis vier Kapiteln. Diese Teile und ihre Kapitel werden im Folgenden kurz vorgestellt.

Teil I: Grundlagen

Im Teil I werden in drei Schritten die Grundlagen gelegt:

- ✔ In Kapitel 1 erfahren Sie, was die Technische Mechanik ist.
- ✔ In Kapitel 2 werden die benötigten mathematischen Grundkenntnisse zusammengefasst; dies betrifft vor allem die Vektorrechnung und die Trigonometrie.
- ✔ In Kapitel 3 werden die benötigten physikalischen Grundkenntnisse zusammengefasst, insbesondere im Bereich der Kinematik.

Teil II: Statik

Die zentrale Frage der Statik ist es, zu bestimmen, wann ein Körper im Gleichgewicht ist, also seinen Bewegungszustand nicht ändert, obwohl äußere Kräfte auf ihn wirken. Dieser Teil beschäftigt sich daher zunächst mit Kräften und Drehmomenten, definiert die Gleichgewichtsbedingungen und wendet diese Kenntnisse dann auf ausgewählte Beispiele an, das heißt auf Lager und Gelenke, Balken und andere Tragwerke sowie Fachwerke. Ein weiteres wichtiges Thema im Zusammenhang mit der Statik ist die Reibung, die im abschließenden Kapitel dieses Teils behandelt wird.

Teil III: Endlich etwas Bewegung: Die Dynamik

Körper und technische Bauteile sind natürlich nicht immer in Ruhe. Die Bewegung von Körpern wird in der sogenannten Dynamik beschrieben. Dabei werden in diesem Buch drei Fälle unterschieden, wobei die betrachteten Körper zunehmend komplexer werden:

✔ Die Dynamik von Massepunkten

✔ Die Dynamik starrer Körper

✔ Die Dynamik komplexer Systeme (als Vorstufe der sogenannten Maschinendynamik)

Dies sind auch die Themen der Kapitel 8–10.

Teil IV: Unter Druck gesetzt: Festigkeitslehre

Dieser Teil beschäftigt sich mit den Eigenschaften von Körpern, die äußeren Belastungen ausgesetzt sind. Alle Materialien reagieren auf zunehmende Belastungen in drei Schritten (wobei das jeweilige Ausmaß vom Material abhängt):

✔ Elastische (das heißt reversible) Verformung

✔ Plastische (das heißt irreversible) Verformung

✔ Völliges Versagen (zum Beispiel durch Bruch)

Jedem dieser drei Schritte ist ein eigenes Kapitel in diesem Teil gewidmet. Ein einleitendes Kapitel beschäftigt sich damit, wie man die verschiedenen Belastungen beschreiben kann.

Teil V: Der Top-Ten-Teil

Der Top-Ten-Teil besteht aus zwei Kapiteln:

✔ In Kapitel 15 werden zehn Anwendungsbereiche der Technischen Mechanik kurz vorgestellt.

✔ Kapitel 16 listet zehn Internet-Adressen auf, die Ihnen beim Studium der Technischen Mechanik weiterhelfen können.

Symbole, die in diesem Buch verwendet werden

Mit dem »Erinnerung«-Symbol sind grundlegende Definitionen, Sätze und Tatsachen gekennzeichnet. Wenn Sie sich also in kurzer Zeit auf eine Prüfung vorbereiten müssen, sollten Sie sich auf diese Stellen konzentrieren. Wenn Sie dieses Buch ohne Druck lesen, kennzeichnet dieses Symbol die wichtigsten Stellen.

Das »Tipp«-Symbol kennzeichnet Sätze oder Abschnitte, die Ihnen bei der Lösung von Problemen oder Aufgaben hilfreich sein können, weil sie bestimmte Lösungsansätze aufzeigen oder die Situation aus einem anderen Blickwinkel betrachten.

 Das »Vorsicht-Technik«-Symbol kennzeichnet Passagen, die man durchaus überlesen kann, wenn man es eilig hat. Sie enthalten weitergehende Informationen über Anwendungen oder technische Beispiele. Wenn Sie allerdings Zeit haben und an der Technischen Mechanik interessiert sind, sollten Sie gerade diese Abschnitte lesen, da sie aufzeigen, wie weit die Technische Mechanik reicht und welche Anwendungen sie hat. Dies gilt auch für die Kästen in den einzelnen Kapiteln.

 Am Ende eines jeden Kapitels finden Sie einige Aufgaben, die Sie benutzen können, um die in dem Kapitel gewonnenen Informationen anzuwenden. Dieser Bereich ist mit dem »Übung«-Symbol gekennzeichnet. Die Lösungen zu diesen Aufgaben finden Sie im Anhang dieses Buches.

Wie es weitergeht

Weitere Vorreden sind eigentlich nicht nötig, und Sie können mit der Lektüre beginnen. Blättern Sie um und legen Sie los!

Teil I
Grundlagen

IN DIESEM TEIL ...

gibt das einleitende Kapitel einen kurzen Überblick über die in diesem Buch behandelten Themen.

werden in Kapitel 2 aus dem Bereich der Mathematik vor allem die Vektorrechnung und die Trigonometrie kurz zusammengefasst, die in der Technischen Mechanik eine große Rolle spielen.

wird im physikalischen Kapitel 3 vor allem die Bewegungslehre (Kinematik) kurz dargestellt, soweit sie als Grundlage für die Technische Mechanik von Bedeutung ist.

> **IN DIESEM KAPITEL**
>
> Was ist Technische Mechanik?
>
> Die Teilgebiete der Technischen Mechanik
>
> Wozu braucht man Technische Mechanik?
>
> Übersicht über den Inhalt des Buches

Kapitel 1
Technische Mechanik: Die Grundlagen

Dieses Buch beschäftigt sich mit der Technischen Mechanik. Sein Ziel ist es, Sie mit den Aufgaben dieses ingenieurswissenschaftlichen Teilgebiets vertraut zu machen, Ihnen seine wichtigsten Themen vorzustellen, und vor allem auch, die Arbeitsweise der Technischen Mechanik zu erläutern, die sich deutlich von der der klassischen Mechanik unterscheidet. Ein weiteres wichtiges Ziel dieses Buches ist es natürlich, Ihr Interesse an der Technischen Mechanik zu wecken oder, falls es schon vorhanden ist (würden Sie sonst dieses Buch lesen?), zu erhalten und Ihr Wissen zu erweitern.

Zu Beginn müssen natürlich einige grundlegende Fragen geklärt werden: Was ist Technische Mechanik? Welche Themen werden in der Technischen Mechanik behandelt? In welchen Bereichen kann man die Technische Mechanik anwenden? Diese Fragen werden in den folgenden Abschnitten beantwortet.

Technische Mechanik: Eine eigenständige Wissenschaft

Die *Technische Mechanik* ist einerseits ein Teilgebiet der Ingenieurswissenschaften; andererseits basiert sie auf der klassischen Mechanik, die ihrerseits eines der wichtigsten Grundgebiete der Physik ist.

Die *Mechanik* ist das Teilgebiet der Physik, das sich mit der Bewegung von Körpern und der Wirkung von Kräften beschäftigt. Sie beschreibt in der *Bewegungslehre* (Kinematik) die Bewegungen von Körpern mit den Begriffen Weg, Zeit, Geschwindigkeit und Beschleunigung. In der *Dynamik* stellt sie den Zusammenhang zwischen Bewegungen einerseits und Kräften sowie Drehmomenten andererseits her. Die moderne Mechanik schließt in gewisser Weise auch die Relativitätstheorie und die Quantenmechanik ein; die Technische Mechanik beschränkt sich dagegen auf die Themen und Methoden der klassischen Mechanik.

Aufgabe der Technischen Mechanik ist es, auf der klassischen Mechanik beruhende theoretische Berechnungsverfahren und Beschreibungsmethoden für andere Ingenieurswissenschaften zur Verfügung zu stellen, etwa für das Bauingenieurswesen, den Maschinenbau oder die Werkstoffkunde (Materialwissenschaften). Insofern kann man die Technische Mechanik als eine Wissenschaft bezeichnen, die vor allem Methoden, Verfahren und Grundlagen zur Verfügung stellt, die dann in anderen Bereichen zu konkreten Ergebnissen führen. Man kann sie also in einem gewissen Sinn mit der Mathematik vergleichen, die ebenfalls vor allem Arbeitsmittel zur Verfügung stellt. Manchmal wird die Technische Mechanik daher als »Hilfswissenschaft« bezeichnet, aber die Bezeichnung »Grundlagenwissenschaft« erscheint sehr viel angemessener.

Eine Wissenschaft, viele Themen

Die Themen der Technischen Mechanik liegen fest; in welches Lehrbuch man auch blickt, man findet stets den gleichen Inhalt. Davon weicht auch dieses Buch nicht ab. Abbildung 1.1 gibt einen Überblick über die im Rahmen dieses Buches behandelten Themen.

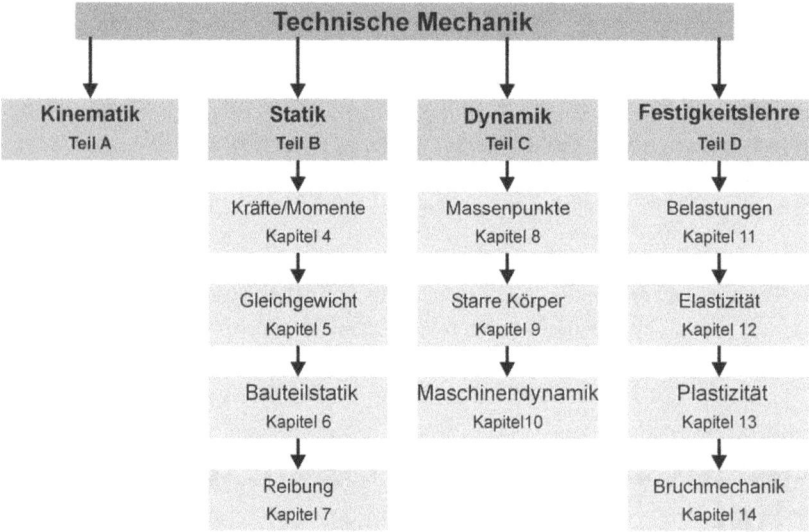

Abbildung 1.1: Die Technische Mechanik und ihre Teilgebiete

Der Abbildung zufolge kann man die Mechanik und damit auch die Technische Mechanik in insgesamt vier Teilgebiete einteilen, die dementsprechend auch in diesem Buch behandelt werden. Sie unterscheiden sich im Wesentlichen dadurch, dass in jedem dieser Gebiete nur ausgewählte Aspekte der uns umgebenden Welt betrachtet werden, andere aber einfach ausgeblendet werden:

✔ Die **Kinematik** oder **Bewegungslehre** beschreibt die Bewegung von dimensionslosen Massepunkten. Weder die Ursache der Bewegung noch die Form der Körper spielen eine Rolle.

✔ Die **Statik** beschäftigt sich mit ruhenden, realen ausgedehnten Körpern, die sich im Gleichgewicht befinden. Sie fragt nach den auf einen Körper wirkenden Kräften und Drehmomenten und beschreibt dessen Gleichgewichtsbedingungen.

✔ Die **Dynamik** beschäftigt sich mit den Gründen für die Bewegung und Beschleunigung von Körpern. Zunächst einmal kann man die Dynamik in die *Kinematik* (Lehre von den Bewegungen, siehe oben) und die *Kinetik* (Beschäftigung mit den Ursachen von Bewegungen) unterteilen. Darüber hinaus gibt es noch eine zweite Unterteilung der Dynamik in zwei Teilgebiete:
  • Die Dynamik von Massepunkten
  • Die Dynamik von starren Körpern

✔ Die **Festigkeitslehre**, die sich die Prinzipien der sogenannten *Kontinuumsmechanik* zunutze macht, berücksichtigt schließlich, dass sich reale Körper unter dem Einfluss äußerer Kräfte nicht nur bewegen, sondern auch verformen oder gar völlig versagen können.

Dieses Buch folgt dieser Einteilung. Die Kinematik wird in Kapitel 3 im Teil I behandelt, die Teile II bis IV sind dann jeweils der Statik, der Dynamik und der Festigkeitslehre gewidmet (Abbildung 1.1).

Manchmal werden auch die Thermodynamik sowie die Strömungslehre (Fluidmechanik) zur Mechanik gezählt. Sie gelten aber nicht als Teilgebiete der Technischen Mechanik und werden infolgedessen auch nicht in diesem Buch betrachtet.

Die obige Darstellung macht auch deutlich, dass es drei verschiedene Weisen gibt, Körper in der Technischen Mechanik zu beschreiben:

✔ als dimensionslosen Massepunkt,

✔ als ausgedehnten, aber starren Körper,

✔ als realen, deformierbaren Körper.

Nehmen Sie als Beispiel eines realen Körpers eine Stange, die eine Bewegung zwischen zwei Maschinenteilen übertragen soll (Abbildung 1.2).

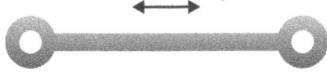

Abbildung 1.2: Eine Stange zur Übertragung von Bewegungen

Die Kinematik versucht, die Bewegung der Stange von links nach rechts und wieder zurück zu beschreiben. Deren Form und Abmessungen spielen dabei keine Rolle. Die Aufgabe der Statik ist es, die auf die Stange wirkenden Kräfte und Momente zu bestimmen, sodass man ihre Dimensionen entsprechend auslegen kann. In der Dynamik wird dargestellt, wie man die Bewegung des Gesamtkörpers beschreibt. Zudem stellt sich die Frage nach der Ursache der Bewegung. Die Festigkeitslehre schließlich untersucht, wie man dieses Bauteil auslegen muss, ohne dass es zu dauerhafter, das heißt plastischer Verformung oder gar zum völligen Versagen, etwa zum Bruch, kommt.

Eine Wissenschaft, viele Anwendungen

Die Technische Mechanik ist – wie oben ausgeführt – eine Grundlagenwissenschaft, die als Basis für eine ganze Reihe von Ingenieurswissenschaften dient, in denen sie angewendet wird. Zu diesen Gebieten zählen unter anderem:

- ✔ Bauingenieurswesen
- ✔ Maschinenbau
- ✔ Materialwissenschaften oder Werkstoffkunde
- ✔ Verfahrenstechnik
- ✔ Feinwerktechnik

In Kapitel 15 werden die zehn wichtigsten dieser Anwendungsgebiete der Technischen Mechanik näher vorgestellt; dabei wird erläutert, welche Rolle die Technische Mechanik jeweils in diesen Bereichen spielt und welche Themen der Technischen Mechanik dabei besonders wichtig sind.

Teil I: Mathematische und physikalische Grundlagen

In diesem ersten Teil des Buches werden die erforderlichen mathematischen und physikalischen Grundlagen, die Sie unbedingt kennen sollen, noch einmal kurz wiederholt.

Alles über Winkel und Richtungen

Die Physik, aber auch die Mechanik, ist ohne Mathematik nicht vorstellbar. Die Mathematik hilft, die Gedanken der Physik und der Mechanik zu sortieren und in eine Form zu bringen, mit der man wirklich arbeiten kann. Obwohl die Mathematik in diesem Buch relativ einfach gehalten ist, geht es nicht völlig ohne sie. Sie sollten zumindest in den folgenden drei Bereichen Grundkenntnisse aufweisen:

- ✔ Algebra
- ✔ Vektorrechnung
- ✔ Geometrie und Trigonometrie

Im zweiten Kapitel dieses Buches werden daher die wichtigsten Grundlagen der Vektorrechnung und der Trigonometrie noch einmal kurz zusammengefasst, soweit sie für dieses Buch benötigt werden. Man muss kein Mathematikprofi sein, um mit der Technischen Mechanik umzugehen, aber ohne jegliche Mathematikkenntnisse ist es wirklich unmöglich. Die gute Nachricht für Sie an dieser Stelle lautet: Die Differenzialrechnung spielt in diesem Buch keine Rolle.

Die uns umgebende Welt ist dreidimensional. Da die Technische Mechanik diese Welt zu beschreiben versucht, sind die von ihr untersuchten Problemstellungen auch notwendigerweise dreidimensional. Aber an dieser Stelle kann ich Sie beruhigen: In vielen Fällen lassen sich diese Aufgabenstellungen auf zweidimensionale, das heißt *ebene Probleme* reduzieren. Da deren Beschreibung wesentlich einfacher ist, werden in diesem Buch vor allem ebene Probleme betrachtet, wobei es allerdings auch Ausnahmen gibt, wenn es erforderlich ist.

Alles über Bewegungen

Kapitel 3 ist eine kurze Zusammenfassung der Bewegungslehre oder *Kinematik*. Es gibt zwei Grundformen der Bewegung der oben vorgestellten Massepunkte, nämlich die geradlinige Bewegung (Translationsbewegung) und die Kreisbewegung. Erstere kann man mithilfe der Größen Weg, Geschwindigkeit und Beschleunigung beschreiben, während für die Kreisbewegung der überstrichene Winkel, die Winkelgeschwindigkeit und die Winkelbeschleunigung besser zur Beschreibung geeignet sind.

Zudem werden in diesem Kapitel noch zwei wichtige Gesetze eingeführt, die für die Technische Mechanik und damit für das gesamte Buch von großer Bedeutung sind: der Impulserhaltungssatz und der Energieerhaltungssatz.

Teil II: Fest und unverrückbar: Die Statik

Die *Statik* ist eines der vier Standbeine der (Technischen) Mechanik (Abbildung 1.1). Ihr Thema ist das Gleichgewicht von ruhenden (oder sich unbeschleunigt bewegenden) Körpern. Damit ein Körper in Ruhe verbleibt, muss die Summe aller auf ihn wirkenden Kräfte und Drehmomente null sein. Daraus ergeben sich die *Gleichgewichtsbedingungen* der Statik. Die Ergebnisse, die man dabei erhält, bilden dann die Grundlage für die Auslegung und Dimensionierung von Bauteilen und größeren Konstruktionen wie etwa Brücken.

Aus dieser Definition ergeben sich auch die Themen der ersten drei Kapitel dieses Teils. In Kapitel 4 werden Kräfte und Drehmomente definiert; es wird gezeigt, wie man Kräfte identifiziert und wie man mit ihnen rechnen kann. Im folgenden Kapitel werden dann die Gleichgewichtsbedingungen vorgestellt. Dabei spielen auch Begriffe wie Freiheitsgrade, Schwerpunkte oder Standfestigkeit eine große Rolle. In Kapitel 6 werden diese Kenntnisse auf zwei spezielle Bauteile, Lager und Balken, sowie eine spezielle Konstruktionsweise angewendet, das Fachwerk. Das Thema des letzten Kapitels dieses Teils überrascht Sie vielleicht: die *Reibung*. Aber auch Reibungskräfte gehören mit zur Kräftebilanz eines Körpers und müssen entsprechend berücksichtigt werden.

Mit frischen Kräften

Die Statik beschäftigt sich mit der Wirkung von Kräften und Drehmomenten auf ruhende, ausgedehnte, starre Körper. Deshalb muss zunächst geklärt werden, was Kräfte und Drehmomente sind, wie sie wirken und wie man sie darstellt und mit ihnen rechnet. Das sind die Themen von Kapitel 4.

Am Anfang stehen die Definition der *Kraft* und ihre grafische und mathematische Darstellung. Wirken mehrere Kräfte auf einen Punkt, muss man die Gesamtkraft oder Resultierende berechnen. Auf der anderen Seite ist es manchmal äußerst hilfreich, Kräfte in ihre Komponenten zu zerlegen. Beide Verfahren werden in diesem Kapitel erläutert.

Wenn Kräfte auf einen ausgedehnten Körper wirken, können sie auch Drehungen hervorrufen. Zu deren Beschreibung ist der Begriff des *Drehmoments* erforderlich, der deshalb auch in diesem Kapitel eingeführt wird. Schließlich werden noch komplexe *Kräftesysteme* vorgestellt. Es wird gezeigt, wie man derartige Systeme klassifiziert, wie man mit ihnen rechnet und welche Wirkungen sie hervorrufen können.

Immer in Ruhe bleiben: Schwerpunkt und Gleichgewicht

Schwerpunkt und Gleichgewicht sind die Themen dieses zentralen Kapitels über die Statik. Zunächst werden zwei wichtige Begriffe eingeführt, die für die Diskussion des *statischen Gleichgewichts* notwendig sind. Zum einen wird der *Schwerpunkt* eines Körpers definiert und ausführlich dargestellt, wie man ihn berechnen oder, falls dies nicht möglich ist, experimentell bestimmen kann. In diesem Zusammenhang werden auch Größen wie der Flächenschwerpunkt und der Linienschwerpunkt eingeführt.

Im Zusammenhang mit der Stabilität eines Körpers ist auch die Anzahl seiner *Freiheitsgrade* von Bedeutung, die seine Bewegungsmöglichkeiten beschreibt. Schließlich wird dargestellt, dass man für jeden Freiheitsgrad eines Körpers eine Gleichgewichtsbedingung aufstellen kann, die besagt, dass für einen in Ruhe befindlichen Körper die Summe aller Kräfte oder Drehmomente in Bezug auf diesen Freiheitsgrad gleich null sein muss.

Statik angewandt: Lager, Balken und Fachwerke

Im sechsten Kapitel werden die in diesem Teil über die Statik bislang erworbenen Kenntnisse auf zwei äußerst wichtige Bauteile, *Lager* (und Gelenke) und *Balken*, sowie auf eine immer noch äußerst wichtige Konstruktionsweise angewendet, das *Fachwerk*. Lager und Gelenke werden bezüglich ihrer Wertigkeit klassifiziert, wobei die Wertigkeit angibt, wie viele Kräfte ein Lager aufnehmen kann. Zudem wird dargestellt, wie man die von Lagern ausgeübten Stützkräfte berechnen kann. Balken sind Tragwerke (oder Teile von Tragwerken). Im Zusammenhang mit der Diskussion der Statik von Balken wird der äußerst wichtige Begriff der *statischen Bestimmtheit* eingeführt. Fachwerke schließlich sind ebene Tragwerke, die aus Stäben und Knoten bestehen. Es wird dargestellt, wie man die statische Bestimmtheit von Fachwerken ermittelt und wie man entweder rechnerisch oder zeichnerisch die auf die einzelnen Stäbe eines Fachwerks wirkenden Zug- oder Druckkräfte berechnen kann.

Sich aneinander reiben

Reibung bringt man zunächst automatisch mit der Bewegung von Körpern in Verbindung, also mit der Dynamik. Reibung spielt aber auch in der Statik eine äußerst wichtige Rolle, da die sogenannte Haftreibung das Wegrutschen von Körpern verhindert (denken Sie zum Beispiel an eine Leiter). Reibungskräfte müssen daher unbedingt in den Kräftebilanzen der Statik berücksichtigt werden. In Kapitel 7 werden zunächst die verschiedenen Arten der Reibung vorgestellt, etwa die Haftreibung, die Gleitreibung, die Rollreibung und der Luftwiderstand. Zudem werden die zur Beschreibung der Reibung notwendigen Begriffe eingeführt und die erforderlichen Gleichungen entwickelt. Schließlich wird anhand einer Reihe von Beispielen dargestellt, dass die Reibung zwar auf der einen Seite Bewegungen behindert und dabei zu Verlusten führt (denken Sie etwa an die Arbeit von Maschinen), dass aber auf der anderen Seite Reibung auch in vielen Fällen vorteilhaft ausgenutzt werden kann, wobei das einfachste Beispiel das Gehen eines Menschen ist: Auf Eisflächen, auf denen es kaum Reibung gibt, ist es nahezu unmöglich.

Teil III: Endlich etwas Bewegung: Dynamik

Die Dynamik beschäftigt sich mit der Bewegung von Körpern. Ursachen von Bewegungen, seien es geradlinige Translationsbewegungen oder Rotationsbewegungen, sind entweder Kräfte oder Drehmomente. Allerdings spielt die Form der Körper eine wichtige Rolle bei der Beschreibung dynamischer Prozesse. Demzufolge ist dieser Teil über die Dynamik dreigeteilt, wobei die in den jeweiligen Kapiteln betrachteten Körper und Systeme immer komplexer werden:

✔ Thema von Kapitel 8 ist die Dynamik von Massepunkten.

✔ Thema von Kapitel 9 ist die Dynamik ausgedehnter starrer Körper.

✔ Thema von Kapitel 10 sind die Grundlagen der Dynamik spezieller Bauteile oder Maschinen, die sogenannte Maschinendynamik.

Klein, aber beweglich: Die Dynamik von Massepunkten

Massepunkte können sich zwar nicht drehen, aber sie können sich bewegen und beschleunigt werden. Der zentrale Begriff der Dynamik von Massepunkten ist die Kraft, die Beschleunigungen, das heißt Bewegungsänderungen hervorruft. Die entscheidenden Gesetze, um die Wirkung von Kräften auf die Bewegung von Körpern zu beschreiben, sind die drei Newton'schen Gesetze, die in Kapitel 8 ausführlich vorgestellt werden.

Weitere wichtige Größen zur Beschreibung von Translations- und Kreisbewegungen von Massepunkten sind Arbeit, Energie, Leistung und Wirkung. All diese Begriffe werden in diesem Kapitel definiert und anhand von Beispielen erläutert. Zudem wird dargestellt, wie diese Größen zusammenhängen und wie man mit ihrer Hilfe physikalische und technische Problemstellungen lösen kann.

Einerseits starr, andererseits beweglich: Die Dynamik starrer Körper

Während Massepunkte nur geradlinige Translations- oder Kreisbewegungen ausführen können, gibt es bei ausgedehnten Körpern eine völlig neue Bewegungsart: Sie können um eine oder auch mehrere Achsen rotieren. Zur Beschreibung derartiger Bewegungen muss die dynamische Bewegungsgleichung $F = ma$ (das zweite Newton'sche Gesetz) durch eine völlig neue Beziehung ersetzt werden, die berücksichtigt, dass bei Rotationsbewegungen der Abstand der Kraft oder auch eines beliebigen Massenelements von der Drehachse eine wichtige Rolle spielt:

$\tau = I\alpha$

Dabei gibt es allerdings eine direkte Analogie zwischen den Größen dieser Gleichung und denen des zweiten Newton'schen Gesetzes:

✔ Die Kraft **F** wird durch das Drehmoment τ ersetzt.

✔ Die Masse m wird durch das Trägheitsmoment I ersetzt.

✔ Die Beschleunigung **a** wird durch die Winkelbeschleunigung α ersetzt.

Diese Größen werden in Kapitel 9 erläutert. Dabei wird sich zeigen, dass Translations- und Rotationsbewegungen durch zwei eigenständige Sätze von Größen beschrieben werden können, von denen jede ihre Entsprechung im anderen Satz hat. Mit anderen Worten heißt dies: Drehbewegungen bieten nichts grundsätzlich Neues, sie müssen nur anders beschrieben werden.

Alles schwingt und rotiert: Die Maschinendynamik

Das Hauptthema dieses Kapitels sind *Schwingungen*, die zu den wichtigsten Bewegungsformen der Mechanik und der Technik gehören. Zunächst werden anhand der sogenannten harmonischen Schwingungen (zum Beispiel Federpendel, Fadenpendel) die Begriffe und Größen eingeführt, mit denen man Schwingungen beschreiben kann. Harmonische Schwingungen sind der Idealfall. In einem nächsten Schritt werden reale Schwingungen betrachtet, die beispielsweise gedämpft, angeregt oder auch resonant sein können. Schwingungsfähige Systeme können mehr als eine Schwingungsform gleichzeitig ausführen oder auch gekoppelt sein. Dies wird im dritten Abschnitt dieses Kapitels dargestellt. Im letzten Abschnitt wird dieser Aspekt noch erweitert: Ausgedehnte Körper (zum Beispiel ein Bündel Stäbe) bestehen aus einer unendlich großen Anzahl schwingungsfähiger Massen, die, da sie miteinander gekoppelt sind, gemeinsam eine Anzahl sogenannter Fundamentalschwingungen ausführen können, die ebenfalls erläutert werden.

Teil IV: Unter Druck gesetzt: Festigkeitslehre

In den drei vorangegangenen Teilen dieses Buches werden Körper als *starr* angenommen. Das heißt, sie bewegen sich, können sich zudem drehen, ändern aber ihre Form und Ausdehnung nicht. Das ist in der Realität nicht der Fall. Dies ist das Thema der sogenannten *Festigkeitslehre*, die sich im Wesentlichen der sogenannten *Kontinuumsmechanik* bedient. Der letztere Begriff deutet an, dass auch hier wiederum eine Näherung angewandt wird: Ein Körper wird als homogenes Kontinuum betrachtet; sein innerer atomarer Aufbau spielt (fast) keine Rolle.

Die Antwort eines Körpers auf eine äußere Belastung erfolgt in drei Schritten:

✔ Der Körper verformt sich zunächst elastisch, also reversibel. Nach Ende der Belastung nimmt er wieder seine ursprüngliche Form an.

✔ Bei größeren Belastungen verformt sich der Körper plastisch, also irreversibel. Nach Ende der Belastung bleibt ein Teil der Verformung zurück.

✔ Der Körper versagt schließlich völlig, das heißt, er bricht, reißt, platzt und so weiter.

Diese drei Antworten von Körpern auf Belastungen werden in den Kapiteln 12 bis 14 behandelt. Zuvor werden jedoch in Kapitel 11 einige grundlegende Begriffe eingeführt, mit denen man die auf einen Körper wirkenden Belastungen beschreiben kann.

Ziehen, drücken oder biegen: Die Grundbegriffe

In Kapitel 11 wird zunächst gezeigt, dass man zur Beschreibung der Verformung von Körpern besser mit Spannungen (also Kräften pro Fläche) arbeitet als mit den Kräften selbst. Es gibt drei fundamentale mechanische Spannungen: Zug-, Druck- und Schubspannungen.

Danach wird dargestellt, dass es fünf grundlegende Beanspruchungsarten gibt:

✔ Zugbeanspruchung

✔ Druckbeanspruchung

✔ Schub- oder Scherbeanspruchung

✔ Biegebeanspruchung

✔ Torsionsbeanspruchung

Es wird erläutert, welche Spannungen beziehungsweise Kräfte und Drehmomente in jedem dieser Fälle wirken; zudem wird gezeigt, dass ein Körper auch mehreren dieser Belastungen gleichzeitig unterworfen sein kann.

Wieder in Form kommen: Elastische Verformung

Wenn die Belastungen nicht zu groß sind, reagieren Materialien elastisch, das heißt reversibel. Nach Ende der Belastung nimmt der Körper seine ursprüngliche Form wieder an. In diesem Bereich gilt das *Hooke'sche Gesetz*, demzufolge die Verformung proportional zur Belastung ist. Das Verhalten der Materialien wird durch vier *elastische Konstanten* beschrieben:

✔ Der Elastizitätsmodul beschreibt den Widerstand gegen eine eindimensionale Zugbelastung.

- ✔ Der Kompressionsmodul beschreibt den Widerstand gegen einen isostatischen Druck.
- ✔ Der Schubmodul beschreibt den Widerstand gegen eine tangentiale Schubbeanspruchung.
- ✔ Die Poisson-Zahl oder Querkontraktionszahl beschreibt, wie sich der Querschnitt eines Körpers verringert, wenn man ihn in die Länge zieht.

Diese Konstanten sind nicht unabhängig voneinander. In Kapitel 12 werden sie definiert und erläutert; zudem wird gezeigt, wie sie untereinander zusammenhängen.

Die Form ändern: Plastische Verformung

Wenn die Belastungen zu groß werden, werden die Körper plastisch verformt, das heißt, ein Teil der Verformung bleibt auch nach Ende der Belastung zurück. Dies ist das Thema von Kapitel 13. Zunächst werden die auftretenden Effekte anhand von Spannungs-Dehnungs-Kurven erläutert, wobei vor allem zwei technologisch wichtigen Fragen nachgegangen wird:

- ✔ Wann setzt die plastische Verformung eines Körpers ein?
- ✔ Wie weit reicht der plastische Bereich oder wann kommt es zum Bruch?

In einem zweiten Schritt wird auf die Mechanismen der plastischen Verformung eingegangen. Es wird gezeigt, dass plastische Verformung auf dem Gleiten atomarer Ebenen gegeneinander beruht und dass dabei Fehler im Kristallaufbau, die sogenannten Versetzungen, eine wichtige Rolle spielen.

Schließlich wird in diesem Kapitel noch eine weitere Materialeigenschaft eingeführt, die *Härte*, die auch auf plastischer Verformung beruht und angibt, wie weit man die Oberfläche eines Materials eindrücken kann.

Marmor, Stein und Eisen bricht: Bruchmechanik und andere Versagensmechanismen

Kein Material ist unzerstörbar. Mit anderen Worten: Wenn die äußeren Beanspruchungen groß genug sind, wird jedes Material versagen. Bei dreidimensionalen Körpern nennt man dieses Versagen *Bruch*. Abhängig von der Art des Materials können Brüche allerdings völlig verschiedene Formen annehmen:

- ✔ Spröder Bruch
- ✔ Verformungsbruch (duktiler Bruch)
- ✔ Ermüdungsbruch
- ✔ Kriechbruch

Diese Bruchmechanismen sowie die Frage, bei welchen Materialien sie auftreten und wie man sie beschreiben kann, sind Thema des 14. und letzten Kapitels über die Festigkeitslehre. In diesem Kapitel wird noch ein weiterer Versagensmechanismus eingeführt, der nicht einen dreidimensionalen Körper als Ganzes betrifft, sondern nur seine Oberfläche. *Verschleiß* ist ein Volumen- oder Massenabtrag von einer Oberfläche; er tritt auf, wenn sich zwei Oberflächen unter Belastung gegeneinander bewegen.

Teil V: Top-Ten-Teil

Der Top-Ten-Teil besteht aus zwei Kapiteln:

✔ In Kapitel 15 werden zehn wichtige Anwendungsgebiete der Technischen Mechanik vorgestellt. Dabei wird dargelegt, welche Zielsetzungen diese Fachgebiete haben und welche Aspekte der Technischen Mechanik dabei eine wichtige Rolle spielen.

✔ In Kapitel 16 werden zehn Internetseiten vorgestellt, die Ihnen bei Ihrer Beschäftigung mit der Technischen Mechanik durchaus weiterhelfen können.

IN DIESEM KAPITEL

Definition von Vektoren

Darstellung von Vektoren

Rechnen mit Vektoren

Alles über Dreiecke

Definition der Winkelfunktionen

Rechnen mit Sinus und Kosinus

Kapitel 2
Ganz ohne Mathematik geht es nicht

Physik ist nicht denkbar ohne Mathematik; dies gilt auch für die Technische Mechanik. Im Gegenteil: Der Erfolg der Physik und der Technischen Mechanik beruht gerade darauf, dass man die Zusammenhänge und Probleme mathematisch formulieren kann. Daher gibt es an dieser Stelle eine schlechte und eine gute Nachricht für Sie. Zuerst die schlechte: In diesem Buch spielen die Mathematik und Gleichungen eine große Rolle. Nun kommt die gute Nachricht: Die Mathematik in diesem Buch ist so einfach wie möglich gehalten. Sie beschränkt sich auf folgende Themen:

✓ **Algebra:** Gleichungen werden addiert, durcheinander dividiert oder nach einer bestimmten Größe aufgelöst. Mit anderen Worten: Nichts Aufregendes. Das können Sie alles schon.

✓ **Vektorrechnung:** Viele Größen in der Mechanik sind Vektoren, haben also sowohl einen Betrag als auch eine Richtung. Sie können sich daher leicht vorstellen, dass Vektoren in diesem Buch eine wirklich große Rolle spielen. Die wichtigsten Tatsachen über Vektoren werden in diesem Kapitel noch einmal erläutert.

✓ **Trigonometrie:** Dreiecke und die Winkel in Dreiecken oder zwischen zwei Vektoren spielen in der Mechanik bei der Beschreibung von Situationen und dem Lösen von Aufgaben ebenfalls eine sehr große Rolle. Daher werden in diesem Kapitel auch die wichtigsten Grundlagen der trigonometrischen Funktionen, mit denen man diese Winkel beschreiben kann, kurz zusammengefasst.

Nicht alle Aufgabenstellungen der Technischen Mechanik können ohne Differenzial- und Integralrechnung gelöst werden. In diesem Buch werden aber nur die Ergebnisse solcher Rechnungen benutzt; Sie müssen die Rechnungen nicht selbst nachvollziehen. Daher wird in diesem Buch auf die Differenzial- und die Integralrechnung verzichtet.

Auf die Richtung kommt es an: Vektorrechnung

Wozu braucht man Vektoren?

Stellen Sie sich vor, Sie und Ihr Partner steigen gleichzeitig in Kassel (meiner Heimatstadt) in Ihre Autos und fahren zwei Stunden lang mit einer Durchschnittsgeschwindigkeit von 100 km/h, legen also 200 km zurück. Nach der Fahrt suchen Sie nach Ihrem Partner und stellen nach einiger Verwirrung und einigen Telefonaten fest, dass einer von Ihnen in Frankfurt ist, der andere aber in Essen; sie sind also 250 km voneinander entfernt (Abbildung 2.1). Irgendetwas ist falsch gelaufen, aber was? Ganz offensichtlich ist die Größe »zurückgelegter Weg« durch die Angabe der Fahrstrecke nicht eindeutig bestimmt, auch die Richtung muss angegeben werden.

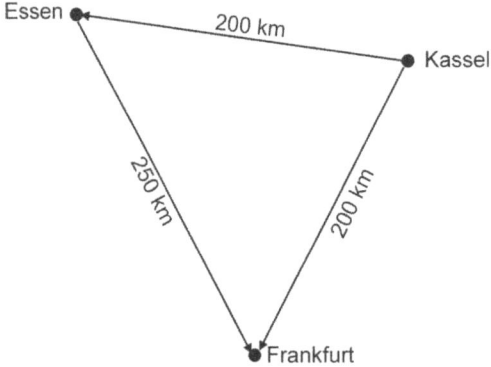

Abbildung 2.1: Zur Notwendigkeit von Vektoren

Der zurückgelegte Weg oder in der Physik einfach der Weg ist also eine Größe, die aus zwei Angaben bestehen muss, einer Zahlenangabe (200 km) und einer Richtung (»nach Frankfurt«, »Südsüdwest«). Derartige Größen nennt man *Vektoren*. Viele physikalische Größen, die Sie schon kennen oder die Sie in diesem Buch kennenlernen werden, sind Vektoren. Dazu gehören neben dem Weg natürlich auch Geschwindigkeit und Beschleunigung, außerdem die Kraft und das Drehmoment, elektrische und magnetische Felder und viele mehr.

Es gibt aber auch physikalische Größen, die keine Richtung besitzen; solche Größen nennt man *Skalare*. Skalare bestehen also ausschließlich aus einer Zahl (und eventuell der dazugehörigen Einheit). Wichtige Beispiele für skalare physikalische Größen sind die Zeit, aber auch Arbeit und Energie.

Die folgenden Abschnitte beschäftigen sich damit, wie Vektoren definiert sind, wie man sie darstellt und wie man mit ihnen rechnet.

Was ist eigentlich ein Vektor?

 Ein Vektor ist eine (physikalische) Größe, die sowohl einen *Betrag* als auch eine *Richtung* besitzt.

Ein Beispiel für einen Vektor ist die Geschwindigkeit. Sie besitzt sowohl einen Betrag (100 km/h) als auch eine Richtung. Diese kann auf verschiedene Arten angegeben werden:

- »Nach Frankfurt«
- »Südsüdwest«
- Grafisch in Form eines Pfeils
- In Komponentenschreibweise auf der Basis des kartesischen Koordinatensystems

Die beiden ersten Angaben sind ein wenig vage. Deshalb werden im folgenden Abschnitt die beiden letzteren Darstellungsweisen von Vektoren näher vorgestellt.

Pfeile oder Zahlen: Die Darstellung von Vektoren

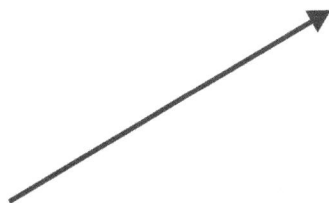

Abbildung 2.2: Ein Vektor

Man kann einen Vektor in Form eines Pfeils darstellen, wie in Abbildung 2.2 gezeigt ist. Die Länge des Pfeils gibt den Betrag des Vektors an, seine Richtung natürlich die Vektorrichtung. Die Spitze des Pfeils deutet schließlich den *Richtungssinn* an.

Die uns umgebende Welt ist dreidimensional. Daher sind auch Vektoren in der Physik und der Mechanik dreidimensional. Allerdings sind die meisten grafischen Darstellungen von Vektoren nur zweidimensional, weil sie dann einfacher zu zeichnen und auch zu verstehen sind. Außerdem sind fast alle in diesem Buch diskutierten Fragestellungen zweidimensional. Sie sollten aber stets im Hinterkopf haben, dass Vektoren eigentlich dreidimensionale Größen sind.

Die zweite Möglichkeit der Darstellung von Vektoren beruht auf dem *kartesischen Koordinatensystem*, das Sie wahrscheinlich noch aus Ihrer Schulzeit kennen.

Ein Vektor **a** wird durch die Angabe seiner Komponenten a_x in x-Richtung, a_y in y-Richtung und a_z in z-Richtung gekennzeichnet:

$$\mathbf{a} = \begin{pmatrix} a_x \\ a_y \\ a_z \end{pmatrix}$$

Beachten Sie, dass Vektoren in diesem Buch stets **fett** dargestellt sind.

Um ein Beispiel anzuführen:

$$\mathbf{b} = \begin{pmatrix} 5 \\ -11 \\ 4 \end{pmatrix}$$

bedeutet, dass man vom Ausgangspunkt des Vektors 5 Einheiten in x-Richtung gehen muss, dann −11 Einheiten in y-Richtung und schließlich 4 Einheiten in z-Richtung, um den Endpunkt des Vektors, also seine Spitze zu finden.

An dieser Stelle folgt noch eine Anmerkung zur Schreibweise oder Darstellung von Vektoren: Man kann sie sowohl als *Zeilenvektor* als auch als *Spaltenvektor* darstellen:

$$\text{Zeilenvektor:} \quad \mathbf{a} = \begin{pmatrix} a_x & a_y & a_z \end{pmatrix} \quad \text{Spaltenvektor:} \quad \mathbf{a} = \begin{pmatrix} a_x \\ a_y \\ a_z \end{pmatrix}$$

Selbst wenn an dieser Stelle die Mathematiker aufheulen: Im Rahmen dieses Buches sind beide Darstellungen gleichwertig; ich verwende sie, wie es gerade am besten passt (im laufenden Text zumeist Zeilenvektoren, in Gleichungen Spaltenvektoren). Unterschiede zwischen ihnen werden erst dann bedeutsam, wenn man tief in die Mathematik eintaucht.

 Die Länge eines Vektors wird *Betrag* genannt. Er wird durch zwei senkrechte Striche gekennzeichnet. |**a**| bedeutet also »Betrag des Vektors **a**«. Für die Berechnung von |**a**| aus den Komponenten des Vektors gilt folgende Beziehung:

$$|\mathbf{a}| = \left| \begin{pmatrix} a_x \\ a_y \\ a_z \end{pmatrix} \right| = \sqrt{a_x^2 + a_y^2 + a_z^2}$$

Dies ist nichts anderes als der Satz von Pythagoras in drei Dimensionen.

Für den Betrag des oben betrachteten Vektors **b** gilt also

$$|\mathbf{b}| = \sqrt{b_x^2 + b_y^2 + b_z^2} =$$
$$= \sqrt{5^2 + (-11)^2 + 4^2} = \sqrt{162} = 12{,}7$$

Addition und Subtraktion von Vektoren

Man kann zwei Vektoren so addieren, dass sich ein neuer Vektor ergibt:

$$\mathbf{a} + \mathbf{b} = \mathbf{c}$$

Die Addition eines Vektors und einer reinen Zahl ist nicht möglich; das würde der Addition von Äpfeln und Birnen beziehungsweise von 5 Metern und zwei Sekunden entsprechen. Man kann die Addition sowohl grafisch als auch mithilfe von Formeln durchführen. Bei der grafischen Addition setzt man den Startpunkt des zweiten Vektors an das Ende des ersten. Dabei ist die Reihenfolge nicht von Bedeutung, wie Abbildung 2.3 zeigt. Richtung und Länge des Vektors **c** hängen nicht von der Reihenfolge der Addition ab.

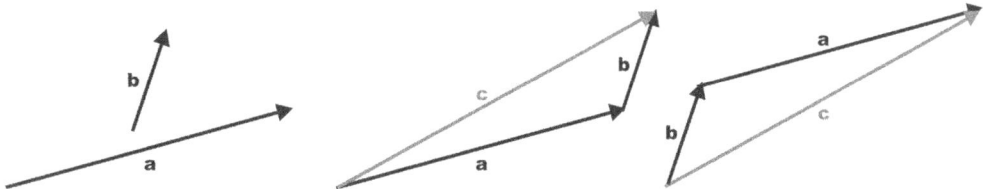

Abbildung 2.3: Addition zweier Vektoren *a* und *b*

Mathematisch erfolgt die Addition zweier Vektoren durch Addition der einzelnen Komponenten, also:

$$\mathbf{a} + \mathbf{b} = \begin{pmatrix} a_x \\ a_y \\ a_z \end{pmatrix} + \begin{pmatrix} b_x \\ b_y \\ b_z \end{pmatrix} = \begin{pmatrix} a_x + b_x \\ a_y + b_y \\ a_z + b_z \end{pmatrix} = \begin{pmatrix} c_x \\ c_y \\ c_z \end{pmatrix} = \mathbf{c}$$

Auch hier wird deutlich, dass es nicht auf die Reihenfolge ankommt, in der man die Vektoren addiert; es gilt also:

$$\mathbf{a} + \mathbf{b} = \mathbf{b} + \mathbf{a}$$

Ein einfaches Beispiel ist die Addition dreier Vektoren, die jeweils die Länge 1 in eine der drei Richtungen des kartesischen Koordinatensystems besitzen:

$$\mathbf{a} + \mathbf{b} + \mathbf{c} = \begin{pmatrix} 1 \\ 0 \\ 0 \end{pmatrix} + \begin{pmatrix} 0 \\ 1 \\ 0 \end{pmatrix} + \begin{pmatrix} 0 \\ 0 \\ 1 \end{pmatrix} = \begin{pmatrix} 1 + 0 + 0 \\ 0 + 1 + 0 \\ 0 + 0 + 1 \end{pmatrix} = \begin{pmatrix} 1 \\ 1 \\ 1 \end{pmatrix}$$

Dieses Beispiel ist grafisch in Abbildung 2.4 dargestellt.

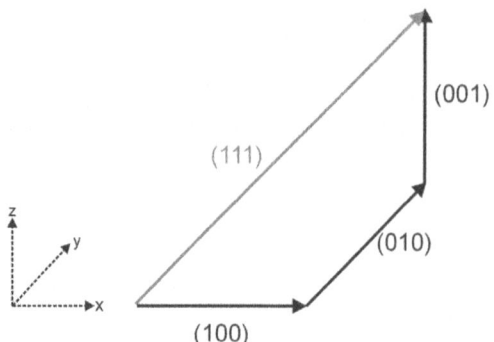

Abbildung 2.4: Addition dreier Vektoren der Länge 1 in den drei Richtungen des Koordinatensystems

Ebenso einfach wie die Addition zweier Vektoren ist ihre Subtraktion; das Ergebnis ist wiederum ein Vektor. Formelmäßig wird sie durch die folgende Gleichung beschrieben:

$$\mathbf{a} - \mathbf{b} = \begin{pmatrix} a_x \\ a_y \\ a_z \end{pmatrix} - \begin{pmatrix} b_x \\ b_y \\ b_z \end{pmatrix} = \begin{pmatrix} a_x - b_x \\ a_y - b_y \\ a_z - b_z \end{pmatrix} = \begin{pmatrix} d_x \\ d_y \\ d_z \end{pmatrix} = \mathbf{d}$$

Grafisch kann man die Subtraktion einfach durchführen, wenn man in Abbildung 2.3, die die Addition darstellt, den Vektor **b** einfach um 180° dreht, wie Abbildung 2.5 zeigt.

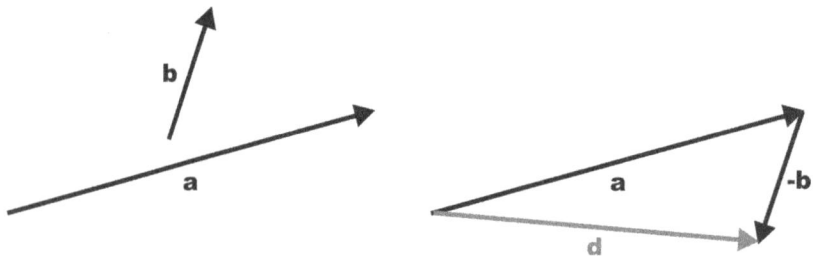

Abbildung 2.5: Subtraktion zweier Vektoren

Drei Mal Multiplizieren

Sie kennen natürlich die Multiplikation von Zahlen. Für einfache Aufgaben wie

$7 \cdot 9 = 63$ oder $17 \cdot 38 = 646$

benutzen Sie das Einmaleins, für etwas schwierigere wie

$375 \cdot 421 = 157\,875$

Ihren Taschenrechner. Was ist aber mit Vektoren? Kann man sie nicht nur addieren, sondern auch multiplizieren? Die Antwort ist einfach: Ja, natürlich. Der Haken an der Sache ist, dass es drei verschiedene Möglichkeiten gibt, Vektoren zu multiplizieren. Alle drei spielen eine wichtige Rolle in der Physik im Allgemeinen und besonders auch in der Technischen Mechanik, sodass sie im Folgenden näher beschrieben werden:

✔ Multiplikation eines Vektors mit einem Skalar; das Ergebnis ist ein Vektor.

✔ Multiplikation zweier Vektoren, sodass sich als Ergebnis eine Zahl (ein Skalar) ergibt; dies ist das sogenannte *Skalarprodukt*.

✔ Multiplikation zweier Vektoren, sodass sich als Ergebnis wieder ein Vektor ergibt; dies ist das sogenannte *Vektor-* oder *Kreuzprodukt*.

Ganz einfach: Multiplikation eines Vektors mit einer Zahl

Die Multiplikation eines Vektors mit einer Zahl ist am einfachsten. Der Ausdruck $n\mathbf{a}$ besagt: Man nehme den Vektor a n-mal:

$$n\mathbf{a} = n \begin{pmatrix} a_x \\ a_y \\ a_z \end{pmatrix} = \begin{pmatrix} na_x \\ na_y \\ na_z \end{pmatrix}$$

Wie in Abbildung 2.6 gezeigt ist, ändert sich dabei die Richtung des Vektors nicht, nur der Betrag wird um den Faktor $|n|$ größer (oder kleiner).

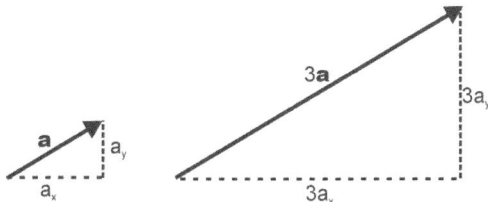

Abbildung 2.6: Multiplikation eines Vektors **a** mit der Zahl 3

Ziemlich einfach: Das Skalarprodukt

Etwas komplizierter ist das Skalarprodukt zweier Vektoren, das einen Skalar, also eine Zahl ergibt. Es spielt allerdings in der Physik und auch in der Mechanik eine große Rolle. So ist zum Beispiel die physikalische Größe *Arbeit* eine Größe, die selbst ungerichtet ist; sie ist definiert als Skalarprodukt zweier Vektoren, der Kraft F und des zurückgelegten Weges r, die beide gerichtete Größen sind:

$$W = \mathbf{F} \cdot \mathbf{r}$$

Der Punkt in dieser Gleichung deutet an, dass es sich hierbei um ein Skalarprodukt handelt.

Das *Skalarprodukt* zweier Vektoren *a* und *b* ist definiert als

$$S = \mathbf{a} \cdot \mathbf{b} = \begin{pmatrix} a_x \\ a_y \\ a_z \end{pmatrix} \cdot \begin{pmatrix} b_x \\ b_y \\ b_z \end{pmatrix} = a_x b_x + a_y b_y + a_z b_z$$

Anhand der Definition sehen Sie sofort, dass es sich bei dem Ergebnis um eine Zahl handelt. Außerdem folgt automatisch, dass das Skalarprodukt 0 ist, wenn die beiden Vektoren senkrecht aufeinander stehen. Dies zeigt das folgende Beispiel. Für die beiden Vektoren

$$\mathbf{a} = \begin{pmatrix} a_x \\ 0 \\ 0 \end{pmatrix} \quad \text{und} \quad \mathbf{b} = \begin{pmatrix} 0 \\ b_y \\ 0 \end{pmatrix}$$

die aufeinander senkrecht stehen, ergibt sich als Skalarprodukt

$$S = a_x \cdot 0 + 0 \cdot b_y + 0 \cdot 0 = 0$$

Dies ist nicht nur für die Mathematik von Bedeutung, sondern hat auch überraschende physikalische Konsequenzen: Da für die Arbeit $W = \mathbf{F} \cdot \mathbf{r}$ gilt, wird nur dann Arbeit verrichtet, wenn Kraft und Weg nicht senkrecht aufeinander stehen. Andernfalls gilt $W = 0$. Wenn Sie einen Koffer der Masse m um die Höhe **h** heben, verrichten Sie die Arbeit

$$W = \mathbf{F} \cdot \mathbf{r} = m\mathbf{g} \cdot \mathbf{h}$$

wobei Sie diese Arbeit gegen die Gewichtskraft $m\mathbf{g}$ verrichten (**g** ist die Erdbeschleunigung). Weg und Kraft besitzen die gleiche Richtung. Wenn Sie diesen Koffer in der Höhe **h** über 1 km bis zum Bahnhof tragen, verrichten Sie allerdings keine Arbeit! Kraft und Weg stehen senkrecht aufeinander! Das heißt, 1 m Heben ist Arbeit, 1 km Tragen nicht. Sie sehen also, wie wichtig Richtungen für die Bestimmung physikalischer Größen sind (weitere Details zu diesem Thema finden Sie in Kapitel 3).

Es gibt noch eine zweite Möglichkeit, das Skalarprodukt zu berechnen. Dazu muss man allerdings den Winkel kennen, den die beiden Vektoren miteinander einschließen (Abbildung 2.7).

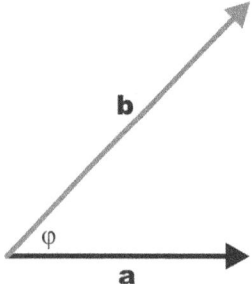

Abbildung 2.7: Zur Berechnung des Skalarprodukts mithilfe des eingeschlossenen Winkels

Dann kann man das Skalarprodukt der Vektoren **a** und **b** auch schreiben als

$$\mathbf{a} \cdot \mathbf{b} = |\mathbf{a}||\mathbf{b}| \cos \varphi$$

wobei die Kosinus-Funktion weiter unten eingeführt wird.

Andererseits kann man natürlich für den Winkel φ auch schreiben:

$$\cos \varphi = \frac{\mathbf{a} \cdot \mathbf{b}}{|\mathbf{a}||\mathbf{b}|}$$

sodass man φ berechnen kann, wenn man sowohl **a** und **b** als auch deren Beträge kennt.

Betrachten Sie die beiden Vektoren

$$\mathbf{a} = \begin{pmatrix} 5 \\ 3 \\ 2 \end{pmatrix} \quad \text{und} \quad \mathbf{b} = \begin{pmatrix} 1 \\ -4 \\ 3 \end{pmatrix}$$

Wie groß ist das Skalarprodukt von **a** und **b**, und welchen Winkel schließen sie ein? Das Skalarprodukt berechnet sich nach der obigen Definition folgendermaßen:

$$\begin{aligned}\mathbf{a} \cdot \mathbf{b} &= a_x b_x + a_y b_y + a_z b_z \\ &= 5 \cdot 1 + 3 \cdot (-4) + 2 \cdot 3 = 5 - 12 + 6 = -1\end{aligned}$$

Um den Winkel zwischen den beiden Vektoren zu bestimmen, muss man zunächst die Beträge von **a** und **b** berechnen:

$$|\mathbf{a}| = \sqrt{5^2 + 3^2 + 2^2} = 6{,}16$$
$$|\mathbf{b}| = \sqrt{1^2 + (-4)^2 + 3^2} = 5{,}1$$

Für den Kosinus des Winkels zwischen den beiden Vektoren ergibt sich dann:

$$\cos \varphi = \frac{\mathbf{a} \cdot \mathbf{b}}{|\mathbf{a}|\,|\mathbf{b}|} = \frac{-1}{6{,}16 \cdot 5{,}1} = -0{,}0318$$

Mithilfe der inversen Kosinus-Funktion, die im nächsten Abschnitt definiert wird (Sie finden sie auf Ihrem Taschenrechner), erhält man:

$$\varphi = \cos^{-1}(-0{,}0318) = 91{,}8°$$

Etwas komplizierter: Das Kreuzprodukt

Am komplexesten unter den Vektormultiplikationen, aber dennoch nicht weniger wichtig für die Physik und die Technische Mechanik ist das sogenannte *Kreuzprodukt* (manchmal auch *Vektorprodukt* genannt). Dabei liefert die Multiplikation zweier Vektoren wiederum einen Vektor.

Das Kreuzprodukt zweier Vektoren **a** und **b** ist ein Vektor, dessen Betrag der Fläche entspricht, die von **a** und **b** aufgespannt wird, und dessen Richtung senkrecht auf dieser Fläche, also senkrecht auf **a** und **b**, steht (Abbildung 2.7).

Mathematisch ausgedrückt lautet die Definition des Kreuzprodukts folgendermaßen:

$$\mathbf{a} \times \mathbf{b} = \begin{pmatrix} a_x \\ a_y \\ a_z \end{pmatrix} \times \begin{pmatrix} b_x \\ b_y \\ b_z \end{pmatrix} = \begin{pmatrix} a_y b_z - a_z b_y \\ a_z b_x - a_x b_z \\ a_x b_y - a_y b_x \end{pmatrix} = \begin{pmatrix} c_x \\ c_y \\ c_z \end{pmatrix} = \mathbf{c}$$

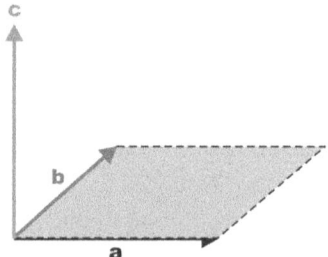

Abbildung 2.8: Das Kreuzprodukt zweier Vektoren

Das folgende Beispiel veranschaulicht noch einmal diese Definition. Betrachten Sie zwei Vektoren in der x-y-Ebene (das heißt, ihre z-Komponenten sind null):

$$\mathbf{a} \times \mathbf{b} = \begin{pmatrix} a_x \\ a_y \\ 0 \end{pmatrix} \times \begin{pmatrix} b_x \\ b_y \\ 0 \end{pmatrix} = \begin{pmatrix} a_y \cdot 0 - 0 \cdot b_y \\ 0 \cdot b_x - a_x \cdot 0 \\ a_x b_y - a_y b_x \end{pmatrix} = \begin{pmatrix} 0 \\ 0 \\ c_z \end{pmatrix} = \mathbf{c}$$

Man sieht sofort, dass der neue Vektor $\mathbf{c}$ senkrecht auf der x-y-Ebene steht, denn c_x und c_y sind gleich null.

Das Kreuzprodukt spielt in der Mechanik eine wichtige Rolle. Dabei stellt sich stets die Frage: In welche Richtung zeigt der resultierende Vektor des Kreuzprodukts? Um dies festzustellen, gibt es ein einfaches Hilfsmittel: Bilden Sie mit Daumen und Zeigefinger Ihrer rechten Hand die Ebene nach, die von $\mathbf{a}$ und $\mathbf{b}$ aufgespannt wird, wobei der Daumen in Richtung von $\mathbf{a}$ zeigt, der Zeigefinger in Richtung von $\mathbf{b}$. Stellen Sie den Mittelfinger dann senkrecht zu dieser Ebene. Er zeigt in die Richtung von $\mathbf{c}$. Dies ist die *Rechte-Hand-Regel*, die in diesem Buch vielfach benutzt wird.

Eine weitere Schlussfolgerung, die man aus der Definition des Kreuzprodukts ziehen kann, lautet wie folgt:

 Wenn zwei Vektoren $\mathbf{a}$ und $\mathbf{b}$ in die gleiche Richtung zeigen, dann ist ihr Kreuzprodukt $\mathbf{a} \times \mathbf{b}$ gleich null.

Betrachten Sie zwei Vektoren, die in die gleiche Richtung zeigen. Das kann man folgendermaßen darstellen:

$$\mathbf{b} = k\,\mathbf{a} = k \begin{pmatrix} a_x \\ a_y \\ a_z \end{pmatrix} = \begin{pmatrix} k a_x \\ k a_y \\ k a_z \end{pmatrix}$$

wobei *k* eine beliebige Zahl ist. Beide Vektoren zeigen in die gleiche Richtung, besitzen aber eine unterschiedliche Länge. Für das Kreuzprodukt ergibt sich also:

$$\mathbf{a} \times \mathbf{b} = \begin{pmatrix} a_x \\ a_y \\ a_z \end{pmatrix} \times \begin{pmatrix} ka_x \\ ka_y \\ ka_z \end{pmatrix} = \begin{pmatrix} a_y ka_z - a_z ka_y \\ a_z ka_x - a_x ka_z \\ a_x ka_y - a_y ka_x \end{pmatrix} = k \begin{pmatrix} a_y a_z - a_z a_y \\ a_z a_x - a_x a_z \\ a_x a_y - a_y a_x \end{pmatrix} = k \begin{pmatrix} 0 \\ 0 \\ 0 \end{pmatrix} = \mathbf{0}$$

In gleicher Weise kann man zeigen, dass der Betrag von **c** am größten ist, wenn **a** und **b** senkrecht aufeinander stehen (Abbildung 2.8).

Für den Betrag ׀**c**׀ des Kreuzprodukts gilt

$|\mathbf{c}| = |\mathbf{a}||\mathbf{b}|\sin \varphi$

wobei φ der Winkel zwischen **a und b** ist.

Das Kreuzprodukt birgt noch eine besondere Tücke. Wenn man mit normalen Zahlen rechnet, kann man sowohl bei der Addition als auch bei der Multiplikation die Reihenfolge der Rechnung vertauschen: *k* + *l* = *l* + *k* und *k* · *l* = *l* · *k*. Dies gilt auch für die Addition von Vektoren und deren Skalarprodukt: **a** + **b** = **b** + **a** und **a** · **b** = **b** · **a**. Es gilt aber nicht für das Kreuzprodukt von Vektoren! Betrachten Sie noch einmal die obige Definition; Sie werden feststellen, dass folgende Beziehung gilt:

a × **b** = −**b** × **a**

Einige von Ihnen mögen jetzt vielleicht murren: »Ganz schön kompliziert, dieses Kreuzprodukt! Braucht man das überhaupt?« Die Antwort ist: Ja! Eine der wichtigsten Größen der Technischen Mechanik, das Drehmoment, ist zum Beispiel das Kreuzprodukt aus dem Vektor, der von der Drehachse zum Angriffspunkt der Kraft weist, und der angelegten Kraft, wie in Kapitel 4 dargestellt wird.

Wenn Sie Aufgaben zur Vektorrechnung lösen müssen, dann ist das Programm *Calc3d* eine sehr große Hilfe. Sie können es unter http://www.calc3d.com/edownload.html frei herunterladen. Dann haben Sie folgende Möglichkeiten:

✔ Berechnung des Betrags eines Vektors

✔ Addition von Vektoren

✔ Multiplikation eines Vektors mit einer Zahl

✔ Berechnung des Skalarprodukts zweier Vektoren

✔ Berechnung des Kreuzprodukts zweier Vektoren

✔ Und, und, und

Auf den Winkel kommt es an: Trigonometrie

In der Physik im Allgemeinen, aber insbesondere in der Mechanik und der Technischen Mechanik gibt es viele Fälle, in denen man zur Lösung einer Problemstellung oder einer Aufgabe zunächst einmal die Geometrie der betrachteten Situation zurate ziehen muss. Man muss Strecken, deren Längen und die Winkel zwischen ihnen in Beziehung zueinander setzen. Dabei spielen Dreiecke eine große Rolle. Es ist an dieser Stelle also sinnvoll, sich noch einmal die wichtigsten Tatsachen über Dreiecke in Erinnerung zu rufen. Dies folgt in den nächsten Abschnitten.

Mein Hut, der hat drei Ecken

Abbildung 2.9 zeigt ein Dreieck. Es ist üblich, die Längen der drei Seiten mit a, b und c zu bezeichnen, die den einzelnen Seiten gegenüberliegenden Winkel mit α, β und γ.

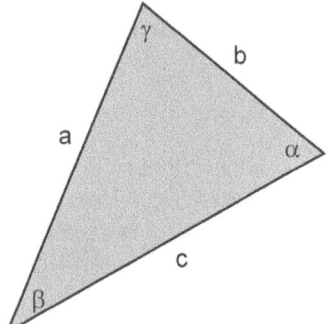

Abbildung 2.9: Ein Dreieck

 An dieser Stelle ist es wichtig festzuhalten, dass die Summe der Winkel in einem Dreieck immer 180° beträgt. Es gilt also für jedes beliebige Dreieck:

$$\alpha + \beta + \gamma = 180°$$

Kennt man also zwei Winkel eines Dreiecks, so liegt der dritte fest. Die Kenntnis der drei Winkel eines Dreiecks erlaubt aber noch keine Aussagen über seine Größe und seine Ausrichtung. Dreiecke, die in allen drei Winkeln übereinstimmen, nennt man *ähnliche Dreiecke*.

Das Erkennen und Ausnutzen ähnlicher Dreiecke spielt eine wichtige Rolle bei der Analyse und Lösung von Problemstellungen in der Mechanik. In diesem Buch finden Sie mehrere Beispiele, die zeigen, dass ähnliche Dreiecke äußerst hilfreich sein können. Daher werden an dieser Stelle noch einmal die verschiedenen Erkennungsmerkmale ähnlicher Dreiecke zusammengefasst:

Zwei Dreiecke sind ähnlich, wenn sie entweder

✔ in allen drei Winkeln übereinstimmen,

✔ in allen Verhältnissen entsprechender Seiten übereinstimmen,

✔ in einem Winkel und dem Verhältnis der anliegenden Seiten übereinstimmen

✔ oder im Verhältnis zweier Seiten und im Gegenwinkel der größeren Seite übereinstimmen.

Dreiecke können alle möglichen Formen annehmen. Drei davon sind von besonderer Bedeutung (Abbildung 2.10):

✔ **Gleichseitige Dreiecke:** Alle drei Seiten sind gleich: $a = b = c$. Daher sind auch die drei Winkel gleich. Sie betragen $\alpha = \beta = \gamma = 60°$.

✔ **Gleichschenklige Dreiecke:** Hier sind zwei der drei Seiten gleich lang (etwa a und b). Daher sind auch zwei der drei Winkel gleich (in diesem Fall α und β).

✔ **Rechtwinklige Dreiecke:** In diesem Fall beträgt einer der Winkel 90°.

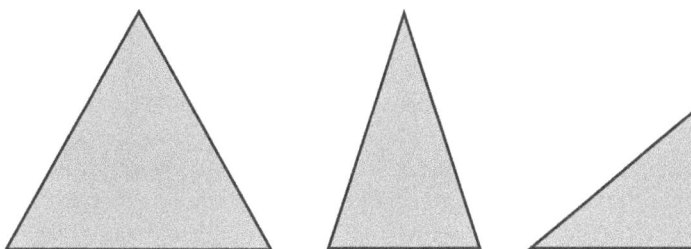

Abbildung 2.10: Ein gleichseitiges (links), ein gleichschenkliges (Mitte) und ein rechtwinkliges Dreieck (rechts)

Sie sind oft nützlich: Sinus- und Kosinussatz

Wenn man versucht, sich einer Aufgabe oder einem Problem zu nähern, und dazu Skizzen oder Diagramme benutzt, bieten in vielen Fällen der Sinus- und der Kosinussatz Lösungsmöglichkeiten. Da diese beiden Sätze sehr wichtig sind, werden sie in diesem Abschnitt kurz vorgestellt.

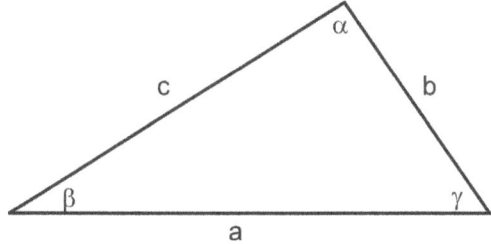

Abbildung 2.11: Zum Sinussatz

Der Sinussatz besagt, dass in einem Dreieck das Verhältnis einer Seite zum Sinus des gegenüberliegenden Winkels für alle drei Seiten eines gegebenen Dreiecks gleich ist (siehe auch Abbildung 2.11). Es gilt also:

$$\frac{a}{\sin \alpha} = \frac{b}{\sin \beta} + \frac{c}{\sin \gamma}$$

Der Kosinussatz setzt die Länge der Seiten eines Dreiecks zum Kosinus der Winkel in Beziehung. Er lautet:

$$c^2 = a^2 + b^2 - 2ab \sin \gamma$$

Wenn γ = 90° ist, reduziert sich diese Gleichung wieder auf den Satz von Pythagoras. Entsprechende Beziehungen gelten natürlich auch für die anderen beiden Winkel. (Beispiele für die Anwendung beider Sätze finden Sie in den Aufgaben 2.10 und 4.10.)

Sinus- und Kosinussatz gelten für alle Dreiecke. Für die Physik, die Mechanik und daher auch für dieses Buch sind besonders die rechtwinkligen Dreiecke von Bedeutung. Der folgende Abschnitt ist daher den rechtwinkligen Dreiecken gewidmet.

Rechte Winkel

Der vorangegangene Abschnitt über Vektoren hat deutlich gemacht, dass es in der Physik im Allgemeinen und auch in der Mechanik nicht nur darauf ankommt, welchen Wert eine bestimmte Größe besitzt. In vielen Fällen ist auch die Richtung dieser Größe ausschlaggebend. Wenn man zwei Vektoren zueinander in Beziehung setzt, ist auch der Winkel zwischen ihnen von großer Bedeutung. Denken Sie an das Beispiel mit dem Koffer: Arbeit wird nur verrichtet, wenn Kraft und Weg nicht senkrecht aufeinander stehen. Bei der Beschreibung von Winkeln zwischen Vektoren oder allgemein Richtungen werden häufig die sogenannten trigonometrischen Funktionen verwendet, die im Folgenden noch einmal kurz zusammengefasst werden.

Abbildung 2.12 zeigt ein rechtwinkliges Dreieck. Neben dem rechten Winkel gibt es zwei weitere, die in der Abbildung mit α und β gekennzeichnet sind. Nimmt man den Winkel α als Ausgangspunkt, so gelten die folgenden Definitionen:

✔ Die *Gegenkathete a* ist die Seite gegenüber dem Winkel α.

✔ Die *Ankathete b* ist die kurze Seite, die an α grenzt.

✔ Die *Hypotenuse c* ist die lange Seite des Dreiecks.

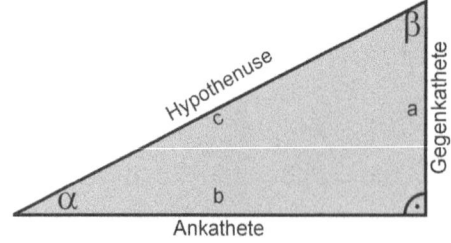

Abbildung 2.12: Ein rechtwinkliges Dreieck

Für ein rechtwinkliges Dreieck gelten für die trigonometrischen Funktionen folgende Definitionen:

- ✔ $\sin \alpha = \dfrac{\text{Gegenkathete}}{\text{Hypotenuse}} = \dfrac{a}{c}$

- ✔ $\cos \alpha = \dfrac{\text{Ankathete}}{\text{Hypotenuse}} = \dfrac{b}{c}$

- ✔ $\tan \alpha = \dfrac{\text{Gegenkathete}}{\text{Ankathete}} = \dfrac{a}{b}$

- ✔ $\cot \alpha = \dfrac{\text{Ankathete}}{\text{Gegenkathete}} = \dfrac{b}{a}$

All diese Funktionen finden Sie natürlich auf Ihrem Taschenrechner. Es gibt auch Fälle, in denen man eine der trigonometrischen Funktionen eines Winkels, nicht aber dessen Größe selbst kennt. Angenommen, Sie wissen, dass die Gegenkathete eines Winkels 2 cm lang ist, die Hypotenuse des Dreiecks 5 cm. Damit ergibt sich sin α = a/c = 5 cm/2 cm = 0,4. Wie groß ist der Winkel α in diesem Fall?

In diesem Fall muss man die sogenannten *inversen trigonometrischen Funktionen* benutzen. Sie tragen etwas seltsame Namen wie Arkussinus (arcsin), häufig werden sie auch durch ein hochgestelltes $^{-1}$ angezeigt, da es sich hier um die Umkehrfunktionen der trigonomischen Funktionen handelt. Diese Funktionen sind wie folgt definiert:

- ✔ $\alpha = \sin^{-1} \dfrac{a}{c} = \arcsin \dfrac{a}{c}$

- ✔ $\alpha = \cos^{-1} \dfrac{b}{c} = \arccos \dfrac{b}{c}$

- ✔ $\alpha = \tan^{-1} \dfrac{a}{b} = \arctan \dfrac{a}{b}$

- ✔ $\alpha = \cot^{-1} \dfrac{b}{a} = \text{arccot} \dfrac{b}{a}$

Auch diese Funktionen finden Sie auf Ihrem Taschenrechner. Für die obige Fragestellung liefert er die folgende Antwort: Wenn sin α = 0,4 ist, dann ist $\alpha = \sin^{-1} 0{,}4 = 23{,}6°$.

Es ist an der Zeit, ein Beispiel vorzustellen: Von einem rechtwinkligen Dreieck ist nur bekannt, dass der Winkel α 25,7° beträgt und die längste Seite 10 cm. Wie groß sind die Winkel und die Seiten des Dreiecks? Die Winkelsumme in einem Dreieck beträgt 180°; somit folgt für den verbleibenden Winkel:

$b = 180° - 90° - 25{,}7° = 64{,}3°$

Die längste Seite in einem rechtwinkligen Dreieck ist immer die Hypotenuse c. Damit ergibt sich c = 10 cm. Für die Seite *a*, die dem Winkel α gegenüberliegt, folgt daraus:

$$\sin \alpha = \frac{a}{c}$$
$$a = \sin \alpha \cdot c = \sin 25{,}7° \cdot 10 \text{ cm} = 4{,}35 \text{ cm}$$

Damit bleibt nur noch die Länge der Seite *b* offen. Für deren Berechnung ergeben sich mehrere Möglichkeiten; eine davon ist:

$$\sin \beta = \frac{b}{c}$$
$$b = \sin \beta \cdot c = \sin 64{,}3° \cdot 10 \text{ cm} = 9 \text{ cm}$$

Die oben angegebenen Definitionen der trigonometrischen Funktionen gelten zunächst für rechtwinklige Dreiecke, das heißt für Winkel kleiner als 90°. Allerdings sind die Funktionen nicht auf diesen Bereich beschränkt. Wenn Sie Ihren Taschenrechner nach sin(230°) fragen, wird er Ihnen −0,766 antworten.

Betrachten Sie Abbildung 2.13, die ein zweidimensionales kartesisches Koordinatensystem zeigt. Der Winkel von 230° liegt im sogenannten dritten *Quadranten*, in dem sowohl *x* als auch *y* negativ ist. Man kann 230° natürlich auch als 180°+50° schreiben. Im vierten Quadranten entspricht dieser Winkel 360° − 50° = 310°. Allerdings ergibt sin(310°) ebenfalls −0,766. In gleicher Weise erhält man für sin(130°) = sin(180° − 50°) = 0,776, den gleichen Wert wie für 50°. Wenn man den Sinus eines Winkels kennt, muss man also wissen, in welchem Quadranten man sich befindet, um diesen Winkel mithilfe der inversen Sinusfunktion eindeutig bestimmen zu können:

✔ sin α ist positiv: Der Winkel beträgt entweder α (Quadrant I) oder −α (Quadrant IV).

✔ sin α ist negativ: Der Winkel beträgt entweder 180° − α (Quadrant II) oder 180° + α (Quadrant III).

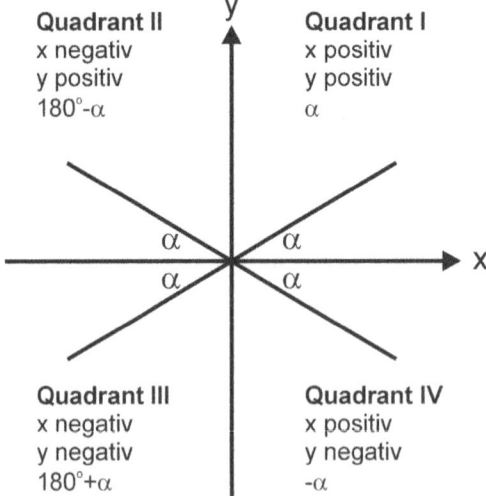

Abbildung 2.13: Zur Berechnung der trigonometrischen Funktionen in den vier Quadranten

Das war ziemlich viel Mathematik in diesem Kapitel. Sie werden sicherlich erleichtert sein zu erfahren, dass es damit jetzt endlich vorbei ist und das eigentliche Thema dieses Buches in den Vordergrund rückt: die Technische Mechanik.

Aufgaben

Aufgabe 2.1
Berechnen Sie die Beträge der Vektoren
a = (3, −12, −4) und **b** = (−3, −4, −5).

Aufgabe 2.2
Gegeben seien die Vektoren **a** = (1, −3, 2) und **b** = (3, 5, −1). Berechnen Sie (i) **a** + **b**, (ii) 5**a** und (iii) 2**a** − 3**b**.

Aufgabe 2.3
Gegeben seien die Vektoren **a** = (2, −7, 2), **b** = (−3, 0, 5) und **c** = (0, 5, −6). Berechnen Sie (i) 3**a** − 4**b** und (ii) 4**a** + 3**b** − 5**c**.

Aufgabe 2.4
Gegeben seien die Vektoren **a** = (1, −2, 3), **b** = (6, 7, 1) und **c** = (5, −4, 5). Berechnen Sie das Skalarprodukt (i) **a** · **b**, (ii) **a** · **c** und (iii) **b** · **c**.

Aufgabe 2.5
Berechnen Sie das Skalarprodukt der Vektoren **u** und **v** mit **u** = (2, −7, 9) und **v** = (−13, −7, 5).

Aufgabe 2.6
Berechnen Sie das Kreuzprodukt (i) **v** × **w** und (ii) **w** × **v** mit **v** = (3, −5, 7) und **w** = (−2, 4, 6).

Aufgabe 2.7
Berechnen Sie das Kreuzprodukt **c** × **d** mit
$$\mathbf{c} = \begin{pmatrix} 3 \\ 7 \\ -5 \end{pmatrix} \text{ und } \mathbf{d} = \begin{pmatrix} 18 \\ 42 \\ -30 \end{pmatrix}$$

Aufgabe 2.8
Eine 8,3 m lange Leiter wird an eine Hauswand gelehnt. Wie hoch reicht sie hinauf, wenn ihr unteres Ende 1,9 m von der Hauswand entfernt ist?

Aufgabe 2.9
Berechnen Sie die Länge der Diagonale d eines Quadrats mit der Seite a = 12 cm.

Aufgabe 2.10
Der Sinussatz ist ein nützliches Hilfsmittel zur Berechnung unbekannter Seiten beziehungsweise Winkel in einem beliebigen Dreieck; er stellt eine Beziehung zwischen den Winkeln und den gegenüberliegenden Seiten her. Wenn a, b und c die Seiten eines Dreiecks sind und α, β und γ die ihnen gegenüberliegenden Winkel, so beschreibt der Sinussatz folgenden Zusammenhang:
$$\frac{a}{\sin \alpha} = \frac{b}{\sin \beta} = \frac{c}{\sin \gamma}$$

Betrachten Sie ein Dreieck mit a = 9,8 cm, b = 8 cm und α = 65°. Berechnen Sie die fehlenden Seiten und Winkel.

> **IN DIESEM KAPITEL**
>
> Alles über Massepunkte
>
> Weg, Geschwindigkeit und Beschleunigung
>
> Fall und Wurfbewegungen
>
> Energie und Impuls
>
> Winkelgeschwindigkeit und Winkelbeschleunigung

Kapitel 3
Alles ist in Bewegung: Die Kinematik

Man sagt der Physik nach, dass sie sehr kompliziert sei und viele äußerst schwierige Formeln benutze. Dies ist zum Teil richtig, vor allem, wenn es um die Beschreibung komplexer realer Systeme geht. Aber diese Komplexität wird durch die zu beschreibende Welt vorgegeben. Die Physik selbst und damit auch die Technische Mechanik versuchen, so einfach wie möglich zu bleiben. Beide versuchen, zu abstrahieren und eine Situation auf die absolut notwendigen Informationen zurückzuführen. Betrachten Sie das folgende Beispiel:

Ein silbergrauer Mercedes der C-Klasse mit einer Länge von 4,5 m, einer Breite von 1,7 m und einem Leergewicht von 1500 kg fährt mit einer durchschnittlichen Geschwindigkeit von 120 km/h von Kassel nach Frankfurt (200 km). Er ist mit vier Personen besetzt, zwei Männern vorne und zwei Frauen hinten. Alle vier sind angeschnallt. Die beiden Frauen essen Kekse, die beiden Männer unterhalten sich. Im Radio läuft HR3. Wie lange braucht das Auto von Kassel nach Frankfurt?

Die Physik reduziert zur Beantwortung dieser Frage die notwendigen Informationen auf das Wesentliche. Sie nimmt an, dass es sich bei dem Auto um eine punktförmige Masse von 1800 kg (einschließlich der Insassen) handelt, einen sogenannten *Massepunkt*. Für die Beantwortung der obigen Frage ist selbst die Masse irrelevant. Für die Berechnung der Fahrzeit t braucht man nur die mittlere Geschwindigkeit v und die Entfernung s als Eingabe:

$$t = \frac{s}{v} = \frac{200\,\text{km}}{120\,\text{km/h}} = 1{,}67\,\text{h}$$

Alle anderen Informationen sind überflüssig. Sie mögen von Bedeutung sein, wenn etwa das Auto in einen Unfall verwickelt ist. Dann können Länge und Breite des Wagens, eventuell das Gesamtgewicht und die Tatsache wichtig werden, dass die Insassen angeschnallt waren. Aber erst dann muss man über die entsprechenden Formeln nachdenken. Der Radiosender wird wahrscheinlich niemals eine Rolle spielen.

Die Physik versucht, solange es geht, die Bewegung von Körpern als die von dimensionslosen *Massepunkten* darzustellen: Das Auto ist ein punktförmiger Körper der Masse m, der sich mit einer Geschwindigkeit v bewegt. Erst wenn diese Vorstellung zu einfach wird, etwa weil sich der Körper dreht (wie etwa das Auto beim Schleudern), müssen zum Beispiel seine Abmessungen und vielleicht auch die Massenverteilung berücksichtigt werden. Aber selbst dabei macht die Physik noch Vereinfachungen. Sie nimmt an, dass der Körper bei Drehungen seine Form beibehält (etwa das Auto beim Schleudern) und sich nicht deformiert. Erst wenn auch diese Annahme nicht mehr aufrechtzuerhalten ist, zieht man in Betracht, dass sich Körper während eines physikalischen Prozesses verformen können.

Bewegung pur: Kinematik

Die *Kinematik* oder *Bewegungslehre* beschäftigt sich mit der Bewegung von Körpern. Dabei reduziert sie allerdings die betrachteten Systeme auf das Wesentliche. Körper bewegen sich, werden beschleunigt oder abgebremst, ohne dass nach der Ursache der Bewegung oder Beschleunigung gefragt wird. Mehr noch: Wie bereits beschrieben, reduziert die Kinematik die sich bewegenden Körper auf dimensionslose Punkte, die allerdings eine Masse m besitzen. Diese dimensionslosen Punkte nennt man *Massepunkte*. Im Folgenden werden die beiden wichtigsten Bewegungsarten solcher Massepunkte betrachtet: Entweder bewegen sie sich geradeaus, in diesem Fall spricht man von gradlinigen *Translationsbewegungen*. Oder sie beschreiben Kreisbahnen, vollführen also eine *Kreisbewegung*. Beide Fälle sind in Abbildung 3.1 dargestellt.

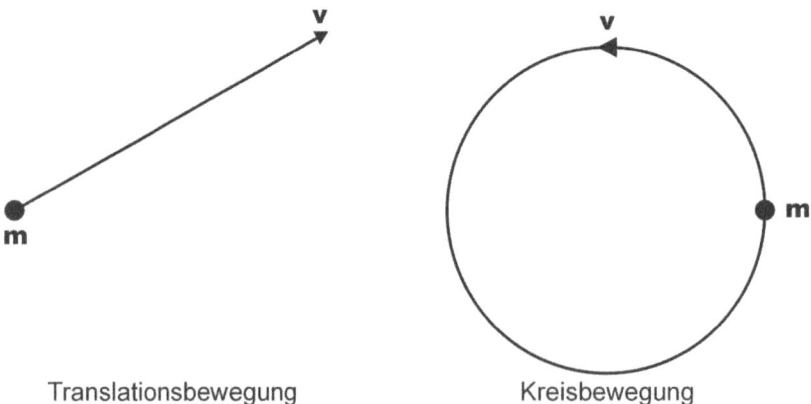

Abbildung 3.1: Bewegungen von Massepunkten

Im folgenden Abschnitt werden beide Bewegungsarten vorgestellt und die Größen eingeführt, mit denen sie beschrieben werden können.

Geradeaus: Gradlinige Translationsbewegungen

Zur Beschreibung der Translationsbewegung eines Massepunkts m, wie sie in Abbildung 3.1 dargestellt ist, reichen drei Größen: der Ort des Massepunkts als Funktion der Zeit oder, damit gleichbedeutend, die in einer gewissen Zeit zurückgelegte Strecke $\Delta\mathbf{s}$, dazu kommen die Geschwindigkeit $\mathbf{v}$ und, falls sich die Geschwindigkeit ändert, auch die Beschleunigung $\mathbf{a}$.

Die *Geschwindigkeit* eines Körpers/Massepunkts ist das Verhältnis des in einem gewissen Zeitintervall Δt zurückgelegten Weges $\Delta\mathbf{s}$ zum Zeitraum Δt:

$$\mathbf{v} = \frac{\Delta s}{\Delta t}$$

Die Einheit der Geschwindigkeit ist infolgedessen m/s.

Wenn Sie Autofahrer sind, wissen Sie, dass es praktisch unmöglich ist, Ihren Massepunkt (sei es ein VW Polo oder ein Mercedes) längere Zeit zu fahren, ohne die Geschwindigkeit zu ändern. Wenn Sie beispielsweise auf die Autobahn fahren, beschleunigen Sie zunächst auf 140 km/h und müssen bald darauf bremsen, weil vor Ihnen ein Stau ist.

Jegliche Änderung der Geschwindigkeit eines Körpers nennt man *Beschleunigung*. Diese ist definiert als Änderung der Geschwindigkeit $\Delta\mathbf{v}$ in einem Zeitintervall Δt:

$$\mathbf{a} = \frac{\Delta v}{\Delta t}$$

Die Einheit der Beschleunigung ist m/s^2; wenn im eindimensionalen Fall Δv in einem Zeitintervall negativ ist, die Geschwindigkeit sich also verringert, ist a negativ, und man spricht von Verzögerung oder vom *Bremsen*.

Alle drei bislang betrachteten Größen $\mathbf{s}$, $\mathbf{v}$ und $\mathbf{a}$ sind Vektoren; sie besitzen also neben ihrem Betrag noch eine Richtung. Allerdings spielte diese Eigenschaft bislang keine Rolle. Man muss diese Tatsache aber immer im Hinterkopf haben. Sie werden bald Beispiele kennenlernen, bei denen der Vektorcharakter dieser Größen durchaus eine Rolle spielt. Ändert sich beispielsweise die Richtung einer Geschwindigkeit, wobei ihr Betrag allerdings konstant bleibt, ist diese Bewegung trotzdem beschleunigt, da sich die Geschwindigkeit ändert. Eine Änderung der Geschwindigkeit verlangt aber notwendigerweise eine Beschleunigung.

Jetzt fehlt eigentlich nur noch eine Beziehung zwischen dem zurückgelegten Weg und der Beschleunigung bei einer gleichmäßig beschleunigten Bewegung. Stellen Sie sich vor, Sie stehen auf einem Turm und lassen jenseits der Brüstung einen Ball nach unten fallen (Vorsicht, dass Sie niemanden treffen!). Durch die Erdbeschleunigung, die später in Kapitel 8 genauer behandelt wird, wird der Ball konstant beschleunigt, bis er nach einer Zeit t mit der Endgeschwindigkeit $\mathbf{v}_E$ auf dem Boden auftrifft. Da während der gesamten Fallbewegung die Beschleunigung $\mathbf{a}$ konstant ist, muss die Durchschnittsgeschwindigkeit die Hälfte der Endgeschwindigkeit $\mathbf{v}_m = \mathbf{v}_E/2$ betragen. Damit ergibt sich:

$$\mathbf{v}_E = \mathbf{a}t \quad \text{und} \quad \mathbf{v}_m = \frac{1}{2}\mathbf{a}t$$

Setzt man die Ausdrücke ineinander ein und berücksichtigt, dass man es mit Durchschnittsgeschwindigkeiten zu tun hat, erhält man:

$$s = v_m t = \frac{1}{2} a t^2$$

Zusammen mit den beiden Gleichungen

$$\Delta s = v \Delta t \quad \text{und} \quad \Delta v = a \Delta t$$

hat man nun drei Gleichungen, mit denen die gleichmäßig beschleunigte Bewegung eines Massepunkts genau beschrieben werden kann.

»Halt!«, werden Sie als aufmerksamer Leser sagen. »Da stimmt etwas nicht. Nimmt man die beiden letzten Gleichungen, so ergibt sich $s = at^2$ und nicht $s = (1/2)at^2$.« Das Problem ist, dass in diesem Abschnitt mit Durchschnittsgeschwindigkeiten gerechnet wurde und nicht, wie es physikalisch und mathematisch korrekt wäre, mit den *Momentanwerten*. Dazu muss man allerdings die Differenzialrechnung benutzen, die den Faktor 1/2 liefert. Zu Ihrer Beruhigung sei es noch einmal erwähnt: Die drei obigen Gleichungen über die Beziehungen zwischen *s*, *v* und *a* sind vollkommen richtig.

Manchmal ist es ganz aufschlussreich, die Bewegung eines Körpers in einem sogenannten Weg-Zeit-Diagramm darzustellen und zu analysieren. Dies ist in Abbildung 3.2 anhand einiger einfacher Bewegungen dargestellt:

✔ **v = 0** (Stillstand): Die Kurve verläuft parallel zur Zeitachse im Abstand $s = s_0$, dem Ursprungsort des Massepunkts.

✔ **v = const** (gleichförmige Bewegung): Die Kurve bildet eine Gerade mit der Steigung *v*.

✔ **v = at** (gleichmäßig beschleunigte Bewegung): Die Kurve steigt quadratisch mit der Zeit an.

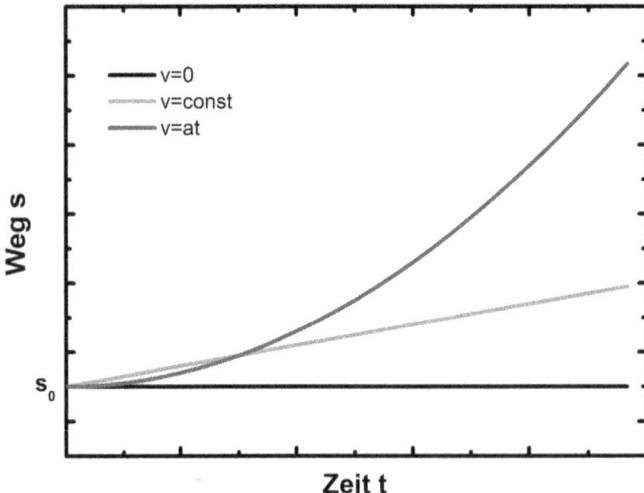

Abbildung 3.2: Weg-Zeit-Diagramm für einige einfache Bewegungen

Eine konstante Beschleunigung nach unten: Der freie Fall

Stellen Sie sich vor, Sie stehen in 275 m Höhe oben auf dem Eiffelturm und haben eine Kugel in der Hand, die 1 kg wiegt und einen Durchmesser von 10 cm hat. Sie überlegen, was passiert, wenn ... Sie sollten es hier aber doch beim Überlegen belassen und den Versuch nicht wirklich durchführen. Machen Sie also nur ein Gedankenexperiment: Wenn Sie die Kugel über die Brüstung halten und loslassen *würden*, würde sie nach unten fallen. Grund ist die Gravitationskraft, die auf der Erde zur *Erdbeschleunigung* g = 9,81 m/s^2 führt, die auf der Erde auf jeden Körper in Richtung des Erdmittelpunkts wirkt, wie in Kapitel 8 noch ausführlicher dargestellt wird. In Gedanken fragen Sie sich: Wie lange braucht die Kugel, um bis zum Boden zu fallen, und welche Geschwindigkeit hat sie kurz davor?

Mithilfe der obigen Darstellung sollten diese Fragen einfach zu beantworten sein. Dabei wird jetzt statt der vektoriellen Darstellung die für geradlinige Bewegung vollkommen ausreichende skalare Form verwendet. Es gilt die Beziehung

$$s = \frac{1}{2}at^2$$

die man nach der Fallzeit t auflösen kann:

$$t = \sqrt{2\frac{s}{a}} = \sqrt{2\frac{s}{g}} = \sqrt{2\frac{275\,\text{m}}{9{,}81\,\text{m/s}^2}} = 7{,}5\,\text{s}$$

Nach 7,5 s würde die Kugel also auf dem Boden aufschlagen. Bei konstanter Beschleunigung nimmt die Geschwindigkeit mit der Zeit folgendermaßen zu:

$$v = at$$
$$= 9{,}81\,\text{m/s} \cdot 7{,}5\,s = 73{,}5\,\text{m/s} \quad \text{oder} \quad 264\,\text{km/h}$$

Wirklich ganz einfach, oder? Vielleicht ist Ihnen aufgefallen, dass in keiner dieser Gleichungen die Masse des Körpers oder seine Form eine Rolle spielen. Das widerspricht aber jeder Erfahrung. Den obigen Gleichungen zufolge spielt es keine Rolle, ob Sie eine Kugel, eine Feder oder ein Blatt Papier vom Eiffelturm herunterfallen lassen. Alle drei Körper würden gleichzeitig mit gleicher Geschwindigkeit am Boden auftreffen. Das wird aber nicht passieren. Der Grund für diesen Widerspruch ist, dass bei derartigen Fallbewegungen nicht nur die Gewichtskraft auf den Körper wirkt, sondern auch der *Luftwiderstand*, eine Art der *Reibung* (die Reibung wird in Kapitel 7 behandelt). Die Luft bremst durch Reibung den Körper ab. Es wirkt also eine der Bewegung entgegengesetzte Kraft auf die Körper (Kräfte werden ausführlich im nächsten Kapitel vorgestellt), die sie abbremst. Die Größe dieser Reibungskraft hängt allerdings von der Natur der fallenden Körper ab; sie ist bei einer Feder größer als bei einer Kugel.

Die obigen Gleichungen gelten also in dieser Form nur, wenn keine Reibungskräfte auftreten, der Eiffelturm beispielsweise auf dem Mond stünde, der keine Atmosphäre besitzt. Dann müsste man allerdings die Erdbeschleunigung von 9,81 m/s^2 durch die Mondbeschleunigung von 1,62 m/s^2 ersetzen.

Für die durch den Luftwiderstand hervorgerufene Kraft gilt folgende Beziehung:

$$F_W = \frac{1}{2} c_W \rho_L A\, v^2$$

Dabei sind die einzelnen Größen folgendermaßen definiert:

- ✔ c_W ist der sogenannte *Luftwiderstandsbeiwert*, den Sie sicherlich von Ihrem Auto her kennen. Er berücksichtigt die Form des Körpers und ist eine dimensionslose Zahl.

- ✔ ρ_L ist die Dichte der Luft. Das ist leicht einzusehen: Je dichter die Luft, desto größer ist der Widerstand gegen eine Bewegung.

- ✔ A ist der Querschnitt des Körpers. Auch hier gilt: Je größer A, desto größer ist der Luftwiderstand F_W.

- ✔ v ist die Geschwindigkeit. Die Gleichung besagt, dass der Luftwiderstand umso größer ist, je größer die Geschwindigkeit ist, wobei v sogar im Quadrat steht. Wenn Sie Radfahrer sind, kennen Sie diesen Effekt: Je schneller Sie werden, umso stärker kommt der Wind von vorne.

Eine genaue Berechnung des zurückgelegten Weges und der Geschwindigkeit als Funktion der Zeit ist in diesem Fall nicht ohne Differenzialrechnung möglich. Man kann aber auf einfache Weise bestimmen, welche Geschwindigkeit die Kugel bei ihrem Fall maximal erreichen kann. Aus der Gleichung für F_W wird deutlich, dass der Luftwiderstand zunimmt, wenn die Geschwindigkeit größer wird. Einerseits wird v durch die Erdbeschleunigung immer größer, auf der anderen Seite bewirkt die Zunahme von v eine Zunahme des Widerstands. Irgendwann werden beide Prozesse ins Gleichgewicht kommen; dies ist der Fall, wenn die sogenannte *stationäre Fallgeschwindigkeit* v_{stat} erreicht wird. Dies ist der Fall, wenn der Luftwiderstand genauso groß ist wie die Gewichtskraft mg:

$$mg = F_W$$
$$mg = \frac{1}{2} c_w \rho_L A\, v_{stat}^2$$
$$v_{stat} = \sqrt{2 \frac{mg}{c_w \rho_L A}}$$

Mit den Werten $c_W = 0{,}2$ für eine Kugel und $\rho_L = 1{,}2$ kg/m³ erhält man schließlich:

$$v_{stat} = \sqrt{2 \frac{1\text{ kg} \cdot 9{,}81\text{ m/s}^2}{0{,}2 \cdot 1{,}2\text{ kg/m}^3 \cdot \pi (0{,}05\text{ m})^2}} = 102\text{ m/s}$$

Das bedeutet, dass die Kugel nicht weiter beschleunigt wird, sobald sie eine Geschwindigkeit von 102 m/s erreicht hat.

Benzin sparen: Der c_W-Wert

Wenn Sie Autofahrer sind, sind Sie sicherlich daran interessiert, Benzin zu sparen. Werfen Sie noch einmal einen Blick auf die Gleichung für den Luftwiderstand. Dort finden Sie mehrere Einsparmöglichkeiten. Die erste ist der Luftwiderstandsbeiwert c_W (auch *Strömungswiderstandskoeffizient* genannt). Die folgende Liste enthält einige c_W-Werte für technische Körper und für einige Kraftfahrzeugtypen:

- Kugel: 0,2
- Runde Scheibe, quadratische Platte: 1,1
- Fallschirm: 1,33
- Moderner PKW: 0,3
- LKW: 0,8
- Geländelimousine (SUV): 0,35–0,4
- Tragflügel beim Flugzeug: 0,08

Auf den ersten Blick sind die c_W-Werte von SUVs nicht so viel größer als die von normalen PKWs, aber Sie müssen auch noch die (projizierte) Fläche mit einbeziehen, die auch in der Gleichung steht. Und dann schneiden SUVs schlecht ab. Ein erster Tipp zum Benzinsparen lautet also: Fahren Sie keinen SUV. Der zweite Tipp ist: Fahren Sie auf dem Mond. Da ρ_L auf dem Mond gleich null ist, gibt es dort keinen Luftwiderstand. Ein dritter, und diesmal ernst gemeinter Tipp lautet: Fahren Sie nicht so schnell. Die Geschwindigkeit geht quadratisch in den Luftwiderstand ein. Wenn Sie also 160 statt 120 km/h fahren, nimmt der Luftwiderstand um einen Faktor $(160/120)^2 = 1{,}78$ zu! Wenn Sie Benzin sparen wollen, sollten Sie also langsamer fahren.

Eins nach dem anderen: Überlagerung von Geschwindigkeiten

In vielen Fällen führen Körper komplizierte Bewegungen aus, die man allerdings auf mehrere einfache Bewegungen zurückführen kann. Denken Sie an einen Kran, der sich gleichförmig auf Schienen mit einer Geschwindigkeit v_x in x-Richtung bewegt und gleichzeitig eine Last mit einer Geschwindigkeit v_z nach oben hebt. Die Last führt zur selben Zeit zwei Bewegungen aus: eine in x- und eine in z-Richtung.

Weg, Geschwindigkeit und Beschleunigung sind Vektoren. Man kann sie daher wie Vektoren in einzelne Komponenten zerlegen, aber auch rechnerisch oder grafisch wie Vektoren addieren.

Für die an dem Kran hängende Last gilt daher (siehe Abbildung 3.3):

$$\mathbf{v}_L = \begin{pmatrix} v_x \\ 0 \\ v_z \end{pmatrix} \quad \text{und} \quad |\mathbf{v}_L| = \sqrt{v_x^2 + v_z^2}$$

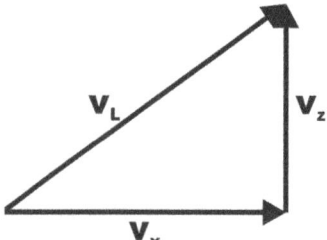

Abbildung 3.3: Zerlegung einer Geschwindigkeit in zwei Komponenten

Es gilt das sogenannte *Überlagerungsprinzip*: Bei zusammengesetzten Bewegungen kann man das Gesamtergebnis ermitteln, indem man die Einzelbewegungen gedanklich *nacheinander* durchführt. Die Reihenfolge ist dabei beliebig.

Waagerechter Wurf

Betrachten Sie einmal das Lieblingsspielzeug der Physiker, den Billardtisch. Sie versetzen einer Kugel einen Stoß, sodass sie mit einer konstanten Geschwindigkeit von 5 m/s über den Tisch rollt. Unglücklicherweise hat der Tisch keine Bande, sodass die Kugel vom Tisch fällt. Was passiert in dieser Situation? Aufgrund der Schwerkraft beginnt die Kugel, zu Boden zu fallen, sobald sie den Tisch verlässt. Das ist eine mit g beschleunigte Bewegung in negative z-Richtung ($-z$-Richtung). Gleichzeitig behält die Kugel ihre ursprüngliche gleichförmige Bewegung von 5 m/s in x-Richtung bei. Hier überlagern sich also zwei Bewegungen, eine gleichförmige und eine beschleunigte. In diesem Fall sind zudem die beiden Bewegungen senkrecht zueinander. Man kann die Geschwindigkeit $\mathbf{v}(t)$ daher einfach in Vektorform darstellen:

$$\mathbf{v}(t) = \begin{pmatrix} v_x \\ v_y \\ v_z \end{pmatrix} = \begin{pmatrix} v_{x0} \\ 0 \\ -gt \end{pmatrix}$$

In gleicher Weise kann man für den zurückgelegten Weg schreiben:

$$\mathbf{s}(t) = \begin{pmatrix} s_x \\ s_y \\ s_z \end{pmatrix} = \begin{pmatrix} v_{x0} t \\ 0 \\ -\frac{1}{2} g t^2 \end{pmatrix}$$

In Abbildung 3.4 ist die Bewegung der Kugel in einem x-z-Diagramm dargestellt.

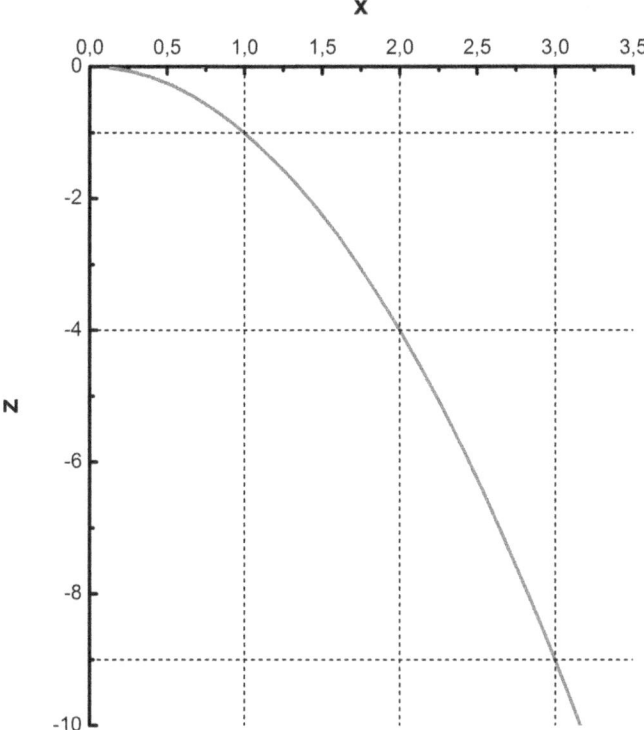

Abbildung 3.4: Der waagerechte Wurf

In x-Richtung ist die Geschwindigkeit konstant, wenn man für diesen Fall den Luftwiderstand einmal vernachlässigt. Der zurückgelegte Weg ist also in jedem Zeitintervall gleich. Auf der anderen Seite nimmt die in −z-Richtung zurückgelegte Strecke quadratisch mit der Zeit zu: Nach dem zweiten Zeitintervall ist s_z viermal so groß wie nach dem ersten, nach dem dritten sogar neunmal so groß.

Betrachten Sie jetzt noch einmal die fallende Billardkugel. Wie weit fliegt sie in x-Richtung, wenn der Tisch 1 m hoch ist? Zunächst einmal muss man die Zeit berechnen, die die Kugel braucht, um zu Boden zu fallen. Sie ergibt sich aus der Beziehung

$$s_z = \frac{1}{2}gt^2$$

Nach der Zeit t aufgelöst, ergibt dies:

$$t = \sqrt{2\frac{s_z}{g}} = \sqrt{2\frac{1 \text{ m}}{9{,}81 \text{ m/s}^2}} = 0{,}45 \text{ s}$$

In dieser Zeit fliegt die Kugel mit der Geschwindigkeit v_{x0} = 5 m/s in x-Richtung. Es folgt demnach:

$$s_x = v_{x0}t = 5 \text{ m/s} \cdot 0{,}45 \text{ s} = 2{,}25 \text{ m}$$

Die Kugel landet also im Abstand von 2,25 m vom Tisch auf dem Boden.

Diese Art von Bewegung wird in der Physik als *waagerechter Wurf* bezeichnet. Die Kugel beschreibt dabei eine *parabelförmige* Flugbahn.

Schiefer Wurf

Schießen Sie einen Fußball mit einer Geschwindigkeit von 30 m/s unter einem Winkel von 45° in den Himmel und beobachten Sie, was passiert. Der Ball fliegt von Ihnen weg, wobei er zunächst in die Höhe steigt. Irgendwann einmal erreicht er seinen höchsten Punkt und beginnt dann zu fallen. Solange er nicht wieder auf dem Boden angelangt ist, bewegt er sich immer weiter von Ihnen fort. Diesmal hat man es sogar mit drei überlagerten Bewegungen zu tun, die allerdings nur zu zwei Geschwindigkeitskomponenten führen:

✔ Die konstante Komponente der Anfangsgeschwindigkeit in x-Richtung v_{x0}.

✔ Die Komponente der Anfangsgeschwindigkeit in z-Richtung v_{z0}.

✔ Die durch die Erdbeschleunigung hervorgerufene beschleunigte Bewegung in -z-Richtung.

Drückt man das wieder in der Vektorschreibweise aus, so ergibt sich:

$$\mathbf{v}(t) = \begin{pmatrix} v_x \\ v_y \\ v_z \end{pmatrix} = \begin{pmatrix} v_{x0} \\ 0 \\ v_{z0} - gt \end{pmatrix}$$

Interessant ist hier natürlich vor allem die z-Komponente. Zur Zeit $t = 0$ ist $v_z = v_{z0}$. Je mehr Zeit vergeht, desto größer wird der zweite Term. Irgendwann wird er überwiegen, v_z wird also negativ, und der Ball beginnt wieder zu fallen, bis er schließlich auf dem Boden aufschlägt. Für den Weg s ergibt sich als Funktion der Zeit:

$$\mathbf{s}(t) = \begin{pmatrix} s_x \\ s_y \\ s_z \end{pmatrix} = \begin{pmatrix} v_{x0}t \\ 0 \\ v_{z0}t - \frac{1}{2}gt^2 \end{pmatrix}$$

Diese Art der Bewegung ist in Abbildung 3.5 dargestellt.

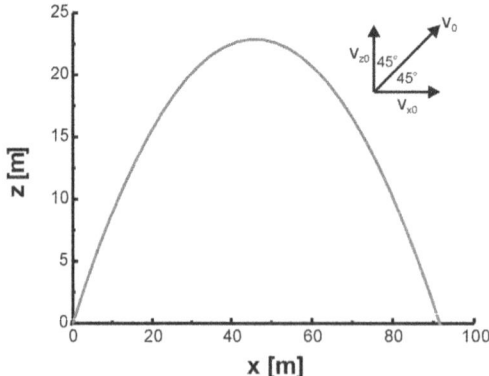

Abbildung 3.5: Der schiefe Wurf

An dieser Stelle interessieren vor allem die drei folgenden Fragen:

1. Wie hoch fliegt der Ball?
2. Wie weit fliegt der Ball?
3. Wie lange ist der Ball unterwegs?

Zunächst einmal muss man die Komponenten der Ausgangsgeschwindigkeit in x- und z-Richtung bestimmen. Aus Abbildung 3.5 kann man Folgendes entnehmen:

$$v_{x0} = v_0 \cos 45° = 30 \, \text{m/s} \cdot \cos 45° = 21{,}2 \, \text{m/s}$$
$$v_{z0} = v_0 \sin 45° = 30 \, \text{m/s} \cdot \sin 45° = 21{,}2 \, \text{m/s}$$

Der Scheitelpunkt der Flugkurve wird erreicht, wenn $v_z = 0$ ist, wenn also gilt:

$$v_{z0} = gt$$

Dieser Punkt ist nach

$$t_{\text{steig}} = \frac{v_{z0}}{g} = \frac{21{,}2 \, \text{m/s}}{9{,}81 \, \text{m/s}^2} = 2{,}2 \, \text{s}$$

erreicht. Für die Höhe, also den Weg in z-Richtung, die in dieser Zeit erreicht wird, gilt:

$$s_z = v_{0z} t_{\text{steig}} - \frac{1}{2} g t_{\text{steig}}^2$$
$$= 21{,}2 \, \text{m/s} \cdot 2{,}2 \, \text{s} - \frac{1}{2} \cdot 9{,}81 \, \text{m/s}^2 \cdot (2{,}2 \, \text{s})^2 = 22{,}9 \, \text{m}$$

Der Ball erreicht also eine Höhe von 22,9 m. Danach beginnt er wieder zu fallen. Um wieder zum Boden zu gelangen, braucht er die Zeit

$$t_{\text{fall}} = \sqrt{2 \frac{s_z}{g}} = \sqrt{2 \frac{22{,}9 \, \text{m}}{9{,}81 \, \text{m/s}^2}} = 2{,}16 \, \text{s}$$

In der gesamten Zeit fliegt der Ball mit konstanter Geschwindigkeit von 21,2 m/s in x-Richtung. Dabei legt er folgenden Weg zurück:

$$s_x = v_{x0} t = v_{x0} \left(t_{\text{steig}} + t_{\text{fall}} \right) = 21{,}2 \, \text{m/s} \cdot (2{,}2 + 2{,}16) \, \text{s} = 92{,}4 \, \text{m}$$

 Diese Art von Bewegung wird in der Physik *schiefer Wurf* genannt.

Immer dasselbe: Energie- und Impulserhaltungssatz

Es gibt neben der Masse, der Geschwindigkeit und der Beschleunigung zwei weitere Größen zur Beschreibung einer bewegten Masse. Dies sind ihr Impuls und ihre kinetische Energie.

Der Impuls **p** einer sich bewegenden Masse ist definiert als das Produkt aus der Masse m und der Geschwindigkeit **v**:

$$\mathbf{p} = m\,\mathbf{v}$$

Da die Geschwindigkeit ein Vektor ist, gilt dies auch für den Impuls. Er hat die gleiche Richtung wie die Geschwindigkeit. Seine Einheit ist kg m/s.

Die *kinetische Energie* einer sich bewegenden Masse ist gegeben durch:

$$E_{\text{kin}} = \frac{1}{2}mv^2$$

Die Einheit der Energie ist demzufolge kg m^2/s^2 oder *Joule*.

Die kinetische Energie ist nur eine von vielen verschiedenen Energiearten, die in diesem Buch eine Rolle spielen. Darauf wird weiter unten im Abschnitt »Energie« noch eingegangen.

Eines der wichtigsten Ergebnisse der Physik ist, dass sowohl der Impuls als auch die Energie *Erhaltungsgrößen* sind.

In einem abgeschlossenen System ist der Gesamtimpuls konstant:

$$\sum_i p_i = \text{konst.}$$

Man beachte, dass der Impuls ein Vektor ist. Daher müssen in dieser Gleichung nicht nur die Beträge, sondern auch die Richtungen der einzelnen Beiträge $\mathbf{p}_i$ berücksichtigt werden.

In einem abgeschlossenen System ist die Energie konstant:

$$\sum_i E_i = \text{konst.}$$

Sollten in dem betrachteten System nur Bewegungsenergien eine Rolle spielen, so gilt:

$$\sum_i E_{\text{kin},i} = \text{konst.}$$

In diesen Gleichungen bedeutet das Zeichen Σ »Summe über«, Σ_i heißt, dass die Summierung über alle i Teilchen durchgeführt werden muss, die das System bilden.

Was aber ist ein abgeschlossenes System? Betrachten Sie einen Billardtisch, auf dem sich eine Anzahl von Kugeln in Ruhe befindet. Sie nehmen Ihr Queue und stoßen eine der Kugeln an, verleihen ihr also Impuls und Energie. Danach treten Sie zurück und warten gespannt auf das Ergebnis Ihres Stoßes. Die Kugeln rollen, stoßen sich und ändern ihre Richtungen, aber sobald Sie Ihren Stoß gemacht haben, bilden die Kugeln auf dem Tisch (und der Tisch selbst) ein abgeschlossenes System, in dem Energie und Impuls konstant sind. Ein System ist also dann abgeschlossen, wenn es weder Energie von seiner Umgebung erhält noch Energie an diese abgibt.

Beispiel: Stöße

Wenn man es nur mit einem einzigen Massepunkt zu tun hat, sind Energie- und Impulserhaltungssatz eigentlich überflüssig. Der Körper der Masse m hat einen Impuls **p** und die kinetische Energie E_{kin}, und so bleibt es bis an das Ende aller Tage. Ziemlich langweilig! Interessant wird es erst, wenn man es mit Systemen mit mehr als einem Massepunkt zu tun hat.

Der Billardtisch bildet wieder ein ziemlich gutes Beispiel. Auf ihm befindet sich eine Anzahl von Kugeln entweder in Ruhe oder in Bewegung. Wenn sich auch nur eine der Kugeln bewegt, ist die Wahrscheinlichkeit sehr groß, dass sie auf eine der anderen Kugeln trifft. Dabei ändern sich die Geschwindigkeiten beider Kugeln sowohl in Bezug auf ihren Betrag als auch auf die Richtung. Einen solchen Prozess nennt man *Stoß*. Bei einem solchen Stoß kann sowohl Energie als auch Impuls von einer Kugel auf die andere übertragen werden, aber stets so, dass Gesamtimpuls und Gesamtenergie erhalten bleiben.

 Ganz allgemein muss man zwei verschiedene Arten von Stößen unterscheiden, je nachdem, welche Art Energie zwischen den Kugeln ausgetauscht wird:

✔ Bei *elastischen Stößen* wird nur Bewegungsenergie (kinetische Energie) ausgetauscht.

✔ Bei *inelastischen Stößen* wird ein Teil der Bewegungsenergie in sogenannte innere Energie umgewandelt.

Ein solcher inelastischer Stoß kann etwa zur Deformation (einer der Körper besteht aus einem verformbaren Material) oder gar zur Zerstörung eines der Stoßpartner führen (eine der Kugeln besteht aus Glas).

Im Folgenden wird ein Beispiel eines solchen Stoßprozesses näher betrachtet. Dabei wird eine vereinfachende Voraussetzung gemacht: Es handelt sich um *Massepunkte*, die direkt aufeinandertreffen. Effekte, die den Reiz des Billardspiels ausmachen, etwa der Effekt einzelner Kugeln, oder nicht zentrale Stöße, die zu Richtungsänderungen führen, spielen also keine Rolle. Daher kann man auch den Vektorcharakter der Größen vernachlässigen. Auf der anderen Seite wird sich zeigen, dass nur die Kombination von Energie- und Impulserhaltungssatz eine Lösung der folgenden Aufgabe liefert.

Betrachten Sie Abbildung 3.6. Sie zeigt ein System aus zwei Kugeln mit den Massen $2m$ und m. Die schwerere rollt mit der Geschwindigkeit $u_1 = u$ auf die ruhende zweite Kugel zu. Wie groß sind die Geschwindigkeiten v_1 und v_2 der Kugeln nach dem Stoß, und in welche Richtungen rollen die Kugeln?

Wenn man es mit Stößen zu tun hat, ist es üblich, die Geschwindigkeiten vor dem Stoß mit u, diejenigen nach dem Stoß mit v zu bezeichnen. Das hilft, Verwirrungen zu vermeiden.

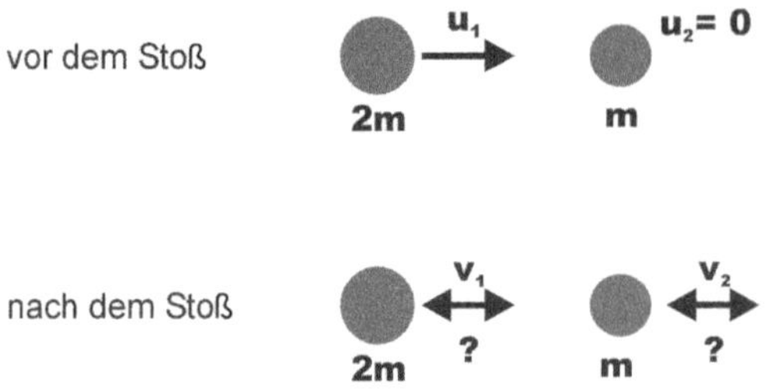

Abbildung 3.6: Elastischer Stoß zweier Massen

Der Impulserhaltungssatz besagt:

$$\sum p_{\text{vorher}} = \sum p_{\text{nachher}}$$
$$m_1 u_1 + m_2 u_2 = m_1 v_1 + m_2 v_2$$

Setzt man $m_1 = 2m$, $m_2 = m$, $u_1 = u$ und $u_2 = 0$ ein, so erhält man:

$$2mu + m \cdot 0 = 2mv_1 + mv_2$$
$$2mu = m(2v_1 + v_2)$$
$$u = v_1 + \frac{1}{2}v_2$$

Dies ist eine Gleichung mit zwei Unbekannten (v_1 und v_2); sie kann also ohne weitere Informationen nicht gelöst werden. Zum Glück gibt es aber den Energieerhaltungssatz:

$$\sum E_{\text{kin,vorher}} = \sum E_{\text{kin,nachher}}$$
$$\frac{1}{2}m_1 u_1^2 + \frac{1}{2}m_2 u_2^2 = \frac{1}{2}m_1 v_1^2 + \frac{1}{2}m_2 v_2^2$$

Setzt man wiederum die Werte ein, so erhält man:

$$\frac{1}{2}2mu^2 + \frac{1}{2}m \cdot 0 = \frac{1}{2}2mv_1^2 + \frac{1}{2}mv_2^2$$
$$2mu^2 = 2mv_1^2 + mv_2^2$$
$$u^2 = v_1^2 + \frac{1}{2}v_2^2$$

Jetzt hat man zwei Gleichungen für v_1 und v_2; eine enthält u, die andere u^2. Also ist jetzt eine Lösung möglich. Quadriert man die erste Gleichung und setzt sie in die zweite ein, so ergibt sich:

$$u^2 = \left(v_1 + \frac{1}{2}v_2\right)^2 = v_1^2 + \frac{1}{2}v_2^2$$
$$v_1^2 + 2v_1\frac{v_2}{2} + \frac{1}{4}v_2^2 = v_1^2 + \frac{1}{2}v_2^2$$
$$v_1 v_2 = \frac{1}{4}v_2^2$$
$$v_1 = \frac{1}{4}v_2$$

Die zweite, leichtere Masse hat also nach dem Stoß eine vierfach so große Geschwindigkeit wie die erste. Setzt man das in die obige Gleichung für u ein, ergibt sich:

$$u = v_1 + \frac{1}{2}v_2 = \frac{1}{4}v_2 + \frac{1}{2}v_2 = \frac{3}{4}v_2$$

Die zweite Kugel hat also nach dem Stoß gerade die Geschwindigkeit von Kugel 1 vor dem Stoß; da $v_1 = \frac{1}{2}\, v_2$, liegt auch die Geschwindigkeit v_1 fest, und man erhält das in Abbildung 3.7 dargestellte Ergebnis.

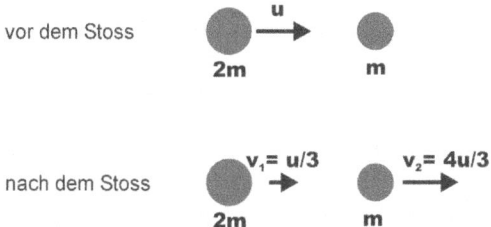

Abbildung 3.7: Das Ergebnis des elastischen Stoßes zweier Massen

Wenn Sie sicher sein wollen, dass dieses Ergebnis stimmt, dann machen Sie die Probe und setzen die Zahlen für v_1 und v_2 in die beiden Erhaltungssätze ein. Sie werden feststellen: Es stimmt! Wichtig an dieser Stelle ist, festzuhalten, dass man dieses Ergebnis nur erhält, wenn sowohl der Energie- als auch der Impulserhaltungssatz zur Lösung des Problems eingesetzt werden.

Kreisverkehr: Kreisbewegungen

Bislang wurden nur geradlinige Translationsbewegungen betrachtet. Beinahe genauso wichtig sind in der Physik gleichmäßige Kreisbewegungen, bei denen sich ein Massepunkt in einem festen Abstand r vom Mittelpunkt mit gleichmäßiger Umlaufgeschwindigkeit bewegt (Abbildung 3.8). Sie mögen nun sagen: »Na und? Man kennt den Ort zu jedem Zeitpunkt, kann also die Geschwindigkeit und gegebenenfalls die Beschleunigung berechnen.« Das ist natürlich richtig. Aber diese Vorgehensweise birgt ihre Tücken. Betrachten Sie die in Abbildung 3.8 dargestellte Kreisbewegung. Aus der Abbildung geht hervor, dass zu jedem Zeitpunkt die Geschwindigkeit **v** in Richtung der Tangente vom Kreis weg zeigt, sie verläuft also tangential zum Kreis. Aber die Geschwindigkeit ist ein Vektor. In der Abbildung ist eindeutig sichtbar, dass **v** seine Richtung während der Bewegung ständig ändert.

72 TEIL I Grundlagen

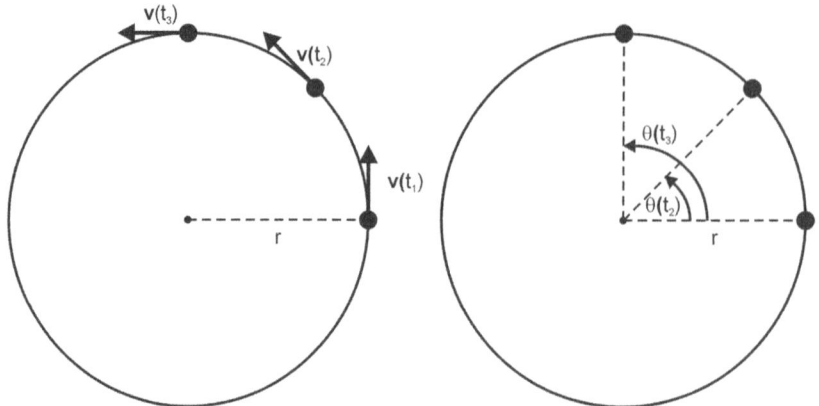

Abbildung 3.8: Zwei Darstellungen einer gleichförmigen Kreisbewegung

Karussell fahren: Die Winkelgeschwindigkeit

Da sich die Geschwindigkeit zu jedem Zeitpunkt ändert (wenn auch nur in Bezug auf die Richtung), so muss eine ständige Beschleunigung vorliegen.

Bei einer gleichmäßigen Kreisbewegung eines Massepunkts ändert sich die Geschwindigkeit fortwährend. Es muss also eine ständige Beschleunigung vorliegen.

Will man eine solche Kreisbewegung mit dem Geschwindigkeitsvektor **v** beschreiben, der in Abbildung 3.8 dargestellt ist, so muss man in Betracht ziehen, dass sich die Komponenten des Vektors **v** ständig ändern. Für die im linken Teil der Abbildung dargestellten Zeitpunkte gilt etwa:

$$\mathbf{v}(t_1) = \begin{pmatrix} 0 \\ v \end{pmatrix} \quad \mathbf{v}(t_2) = \begin{pmatrix} -\frac{1}{\sqrt{2}}v \\ \frac{1}{\sqrt{2}}v \end{pmatrix} \quad \mathbf{v}(t_3) = \begin{pmatrix} -v \\ 0 \end{pmatrix}$$

Diese Geschwindigkeit wird *Bahngeschwindigkeit* genannt. Das Arbeiten mit dieser Bahngeschwindigkeit ist also ziemlich kompliziert. Es gibt eine viel elegantere Methode, derartige Kreisbewegungen zu beschreiben. Man benutzt statt des Weges $s(t)$, den der Massepunkt auf der Kreisbahn zurücklegt, den überstrichenen Winkel $\theta(t)$ als Maß für den Fortschritt der Bewegung (rechtes Diagramm in Abbildung 3.8). Dann kann man ganz analog zur Geschwindigkeit die *Winkelgeschwindigkeit* ω einführen, die den pro Zeitintervall Δt überstrichenen Winkel $\Delta\theta$ beschreibt:

$$\omega = \frac{\Delta\theta}{\Delta t}$$

Die Einheit der Winkelgeschwindigkeit ist 1/s.

Reicht diese Definition zur Beschreibung einer Kreisbewegung aus? Natürlich nicht, denn man muss auch die Richtung angeben, genauso wie beim Vektor **v** für geradlinige Translationsbewegungen. Also muss auch **ω** ein Vektor sein. Sein Betrag ist klar; er ist durch die obige Gleichung gegeben. ω steht senkrecht auf der durch die Kreisbahn definierten Ebene und weist in Richtung der Rotationsachse. Der einfachste Weg zur Bestimmung der Richtung von ω ist die sogenannte *Rechte-Hand-Regel* (Daumenregel): Wenn man mit den Fingern seiner rechten Hand die Kreisbewegung nachahmt, zeigt der abgespreizte Daumen in die Richtung von ω. Dies ist in Abbildung 3.9 anhand einer Kreisbewegung in der x-y-Ebene dargestellt:

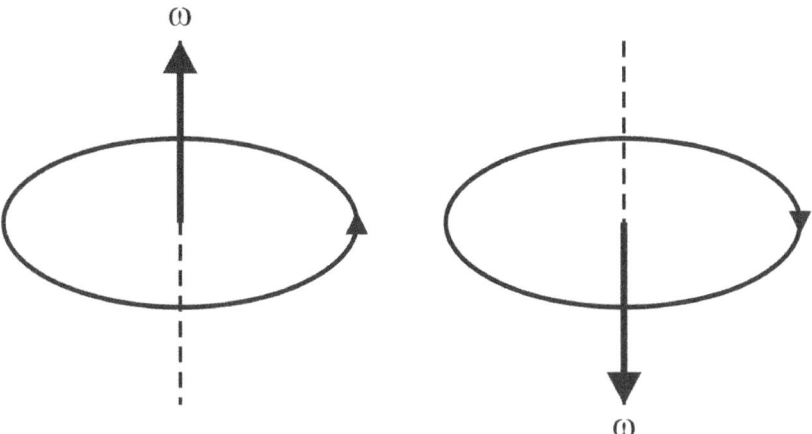

Abbildung 3.9: Die Richtung des Vektors ω bei Kreisbewegungen

Aus Abbildung 3.9 kann man Folgendes entnehmen:

✔ Bei Bewegungen gegen den Uhrzeigersinn zeigt ω nach oben.

✔ Bei Bewegungen im Uhrzeigersinn zeigt ω nach unten.

Prüfen Sie es mit Ihrer rechten Hand nach.

 Die Winkelgeschwindigkeit ω ist ein Vektor. Ihr Betrag gibt den pro Zeiteinheit überstrichenen Drehwinkel an, ihre Richtung die Lage der Bewegungsebene und den Umlaufsinn.

Aus Abbildung 3.10 geht hervor, wie die Winkelgeschwindigkeit ω mit der Bahngeschwindigkeit v zusammenhängt. Der Abbildung zufolge gilt (in skalarer Schreibweise):

$$\Delta s = r \Delta \theta$$

Daraus folgt:

$$v = \frac{\Delta s}{\Delta t} = r \frac{\Delta \theta}{\Delta t}$$
$$v = \omega r$$

Dies ist der gesuchte Zusammenhang zwischen Bahn- und Winkelgeschwindigkeit.

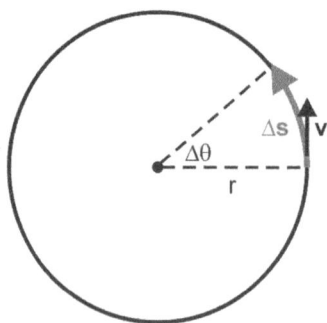

Abbildung 3.10: Zusammenhang zwischen Winkel θ und Weg s bei Kreisbewegungen

Bei Kreisbewegungen bewegt sich der Körper nicht ins Unendliche fort, sondern stetig auf seiner Bahn um den Mittelpunkt. Nach einer gewissen Zeit ist der ursprüngliche Zustand wieder erreicht. Diese Zeitspanne nennt man *Periode T*. In diesem Zusammenhang kann man noch eine weitere Größe einführen, die in diesem Buch immer wieder auftauchen wird: die Frequenz.

Als *Frequenz* bezeichnet man die Anzahl der periodischen Bewegungen n (hier der Umläufe) pro Zeiteinheit:

$$f = \frac{n}{t} = \frac{1}{T}$$

Die Einheit der Frequenz ist 1/s, sie trägt den Namen *Hertz*.

Nicht aus der Bahn geraten: Die Zentripetalbeschleunigung

Bei einer gleichmäßigen Kreisbewegung ist der Betrag der Geschwindigkeit konstant; allerdings verlangt diese ständige Richtungsänderung, dass der Körper beständig eine Beschleunigung erfährt, die zu dieser Richtungsänderung führt. Wohin ist diese Beschleunigung gerichtet? Die Antwort auf diese Frage ist ziemlich einfach: nach innen, zum Mittelpunkt des Kreises. Sonst würde der Massepunkt im linken Diagramm in Abbildung 3.8 immer geradeaus (in y-Richtung) weiterfliegen. Diese Beschleunigung nach innen bei einer Kreisbewegung nennt man *Zentripetalbeschleunigung*.

Die Zentripetalbeschleunigung hält einen Körper bei einer gleichmäßigen Kreisbewegung auf der Kreisbahn. Sie beträgt

$$a_z = \frac{v^2}{r}$$

und ist stets zum Kreismittelpunkt gerichtet.

Die Zentripetalbeschleunigung kann verschiedene Ursachen haben: Bei der Bewegung des Mondes um die Erde ist es die Gravitation; wenn man ein Spielzeugflugzeug um sich kreisen lässt, wird sie durch das Seil auf das Flugzeug übertragen.

Immer schneller werden: Die Winkelbeschleunigung

Bislang wurden in diesem Abschnitt gleichförmige Kreisbewegungen betrachtet: Ein Körper bewegt sich um einen Mittelpunkt mit einer Geschwindigkeit, die dem Betrag nach konstant ist, obwohl sich ihre Richtung stetig ändert. Man kann zur Beschreibung dieser Bewegung entweder den Weg s, die Geschwindigkeit **v** und die Beschleunigung **a** benutzen oder, wesentlich eleganter und einfacher, den überstrichenen Winkel θ und die Winkelgeschwindigkeit ω. Dabei ist der Vektor ω sowohl dem Betrag als auch der Richtung nach konstant.

Es gibt allerdings auch Fälle von Kreisbewegungen, bei denen sich nicht nur die Richtung, sondern auch der Betrag der Geschwindigkeit ändert. Denken Sie an ein Kettenkarussell: Jeder Sitz hängt zu Beginn einer Fahrt bewegungslos, beginnt sich langsam zu bewegen, bis eine gewisse Geschwindigkeit erreicht ist; dann fährt man eine Zeit lang mit dieser Geschwindigkeit, bis der Sitz wieder abgebremst wird und schließlich zum Stillstand kommt. Da sich v ändert, muss eine Beschleunigung vorliegen, die in diesem Fall nicht zum Kreismittelpunkt zeigt, sondern tangential vom Kreis weg (siehe Abbildung 3.11). Aus diesem Grund wird sie *Tangentialbeschleunigung* genannt.

Diese Beschleunigung kann man natürlich wieder – wie bei Translationsbewegungen – durch den Ausdruck

$$a = \frac{\Delta v}{\Delta t}$$

beschreiben. Das führt aber zu großen Schwierigkeiten, da sich bei einer solchen Bewegung **v** sowohl dem Betrag nach als auch in der Richtung ändert. Man müsste die Bewegung in Komponenten zerlegen, und, und, und. Man kann allerdings wieder den eleganten Weg wählen und zur Beschreibung eine der Winkelgeschwindigkeit analoge Größe wählen, die *Winkelbeschleunigung*.

$$\alpha = \frac{\Delta \omega}{\Delta t}$$

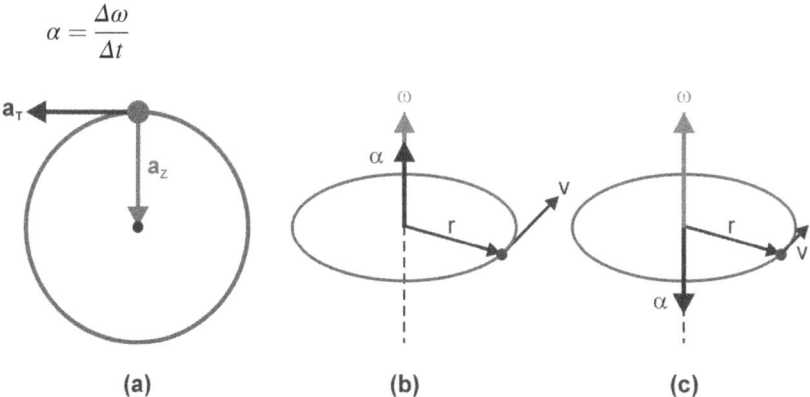

Abbildung 3.11: a) Zur Definition der Zentripetalbeschleunigung und der Tangentialbeschleunigung; b) Winkelgeschwindigkeit und -beschleunigung beim Beschleunigen der Kreisbewegung; c) beim Bremsen der Kreisbewegung

Für gleichförmige Kreisbewegungen ist $\alpha = 0$, da ω konstant ist und damit $\Delta\omega = 0$. α enthält daher nur die Änderungen des Betrages von **v**. Die Winkelbeschleunigung ist natürlich auch ein Vektor, der in die Richtung von ω zeigt, wenn es sich um eine Beschleunigung handelt, und in die entgegengesetzte Richtung, wenn die Bewegung abgebremst wird, wie in Abbildung 3.11 dargestellt ist.

Translation		Kreisbewegung		
Größe	Formel	Größe	Formel	Beziehung
Weg	s	Winkel	θ	$s = r\theta$
Geschwindigkeit	$\mathbf{v} = \dfrac{\Delta \mathbf{s}}{\Delta t}$	Winkelgeschwindigkeit	$\omega = \dfrac{\Delta \theta}{\Delta t}$	$\mathbf{v} = \omega \times \mathbf{r}$
Beschleunigung	$\mathbf{a} = \dfrac{\Delta \mathbf{v}}{\Delta t}$	Winkelbeschleunigung	$\alpha = \dfrac{\Delta \omega}{\Delta t}$	$\mathbf{a} = \alpha \times \mathbf{r}$
Beziehungen	$s = \dfrac{1}{2} a t^2$		$\theta = \dfrac{1}{2} \alpha t^2$	

Tabelle 3.1: Vergleich von Translations- und Kreisbewegungen

In diesem Kapitel wurde eine Reihe von Größen eingeführt. Sie sind in Tabelle 3.1 noch einmal zusammengefasst. Nicht alle Zusammenhänge, die in der Tabelle aufgeführt sind, wurden hier hergeleitet; wenn Sie daran interessiert sind, sollten Sie auf *Physik I für Dummies* zurückgreifen.

Aufgaben

Aufgabe 3.1
Die Ampel schaltet auf Rot, und Sie kommen innerhalb von 4,8 s zum Stehen. Ihre Geschwindigkeitsverringerung betrug $1{,}3 \cdot 10^{-3}$ km/s². Wie groß war Ihre ursprüngliche Geschwindigkeit in km/h?

Aufgabe 3.2
Sie stehen auf Ihrem Balkon und lassen einen Ball in den Garten fallen. Wie weit fällt er unter dem Einfluss der Erdbeschleunigung in 1,2 s?

Aufgabe 3.3
Sie lassen einen Stein in einen 800 m tiefen Schacht fallen. Nach welcher Zeit hört man den Aufschlag des Steins, wenn die Schallgeschwindigkeit $c = 340$ m/s beträgt?

Aufgabe 3.4
Stellen Sie sich vor, Sie wollen einen Sprung mit dem Fallschirm wagen; um an dem gewünschten Ort zu landen, müssen Sie im richtigen Moment springen. Ihr Flugzeug hat eine Höhe von $h = 13.000$ m und fliegt mit einer Geschwindigkeit von 740 km/h. In welchem horizontalen Abstand vom Ziel müssen Sie springen (der Luftwiderstand soll vernachlässigt werden)?

Aufgabe 3.5
Erinnern Sie sich noch an Schallplattenspieler? Eine Schallplatte macht 33 oder 45 Umdrehungen in einer Minute. Wie groß ist die Winkelgeschwindigkeit? Wie groß ist die Bahngeschwindigkeit eines Randpunkts, wenn die Platte einen Durchmesser von $d = 30$ cm hat?

Aufgabe 3.6
Wie Sie wissen, dreht sich die Erde an einem Tag einmal um ihre Achse. Wie groß ist die Radial- oder Zentripetalbeschleunigung, die Sie infolge dieser Rotation erfahren, wenn Sie sich am Äquator befinden (für den Erdradius gilt $r \approx 6.380$ km)?

Aufgabe 3.7
Der Radius der Umlaufbahn des Mondes um die Erde beträgt $3{,}85 \cdot 10^8$ m, und ein Umlauf dauert 27,3 Tage. Wie groß ist die Geschwindigkeit des Mondes während der Umrundung der Erde?

Aufgabe 3.8
Wie wäre es mit einer Ruderpartie auf der Fulda? Sie und Ihr Ruderboot haben eine Gesamtmasse von $m = 150$ kg. Sie springen von dem ruhenden Boot mit einer Geschwindigkeit von $v_1 = 8$ m/s auf das nahegelegene Ufer. Dabei bewegt sich das Boot mit der Geschwindigkeit $v_2 = -7$ m/s in die entgegengesetzte Richtung. Wie groß ist Ihre Masse (m_1) und die Masse des Bootes (m_2)?

Aufgabe 3.9
Eine Rakete hat beim Start die Masse $m = 30\,000$ kg, wovon 75 % aus Treibstoff bestehen. Die Verbrennungsgase werden mit einer Geschwindigkeit von $v = 800$ m/s relativ zur Erde ausgestoßen. Die Erdanziehung und der Luftwiderstand sollen nicht berücksichtigt werden; wie groß ist unter diesen Umständen die Endgeschwindigkeit der Rakete?

Aufgabe 3.10
Eine Stahlkugel mit der Masse $m_1 = 150$ g und der Geschwindigkeit u_1 stößt (elastischer Stoß) gegen eine ruhende Holzkugel mit der Masse $m_2 = 50$ g. Nach dem Stoß bewegt sich die Holzkugel mit einer Geschwindigkeit von $v_2 = 9$ m/s. Welche Geschwindigkeit hat die Stahlkugel vor (u_1) und nach (v_1) dem Stoß?

Teil II
Fest und unverrückbar: Die Statik

IN DIESEM TEIL ...

wird zunächst dargestellt, was Kräfte und Drehmomente sind, wie man sie identifiziert, wie man mit ihnen rechnet und welche Wirkungen sie hervorrufen können.

werden daran anschließend Begriffe wie Freiheitsgrade und Schwerpunkte eingeführt, mit denen man Eigenschaften wie die Stabilität und die Standfestigkeit eines Körpers beschreiben kann.

werden im folgenden Kapitel all diese Kenntnisse auf zwei spezielle, wichtige Bauteile, nämlich Lager und Balken sowie eine spezielle, ebenfalls wichtige Konstruktionsweise angewandt, das Fachwerk.

ist ein ganzes Kapitel der Reibung gewidmet.

> **IN DIESEM KAPITEL**
>
> Alles über Kräfte
>
> Mit Abstand Kraft gewinnen: Das Drehmoment
>
> Kräfte zerlegen und zusammensetzen
>
> Kräfte freimachen
>
> Alles über Kräftesysteme

Kapitel 4
Mit frischen Kräften

Die Statik ist das Teilgebiet der Mechanik, das sich mit dem Gleichgewicht von Kräften an Körpern beschäftigt. Damit ein ruhender Körper (etwa ein Kran) in Ruhe bleibt, muss die Summe aller Kräfte und Drehmomente, die auf diesen Körper wirken, gleich null sein. Dies ist die *Gleichgewichtsbedingung* der Statik. Damit man den Kran und alle seine Bestandteile richtig auslegen kann, muss man zumindest Folgendes wissen:

✔ Was ist eine Kraft? Was ist ein Drehmoment?

✔ Wie misst man Kräfte und Drehmomente?

✔ Wie rechnet man mit Kräften und Drehmomenten?

✔ Wie ermittelt man, welche Kräfte und Drehmomente auf einen Körper wirken?

Diese Fragen sind die Themen dieses Kapitels, das ausschließlich Kräften und Drehmomenten gewidmet ist. Sie werden vor allem lernen, mit Kräften zu arbeiten, sie zu identifizieren und sie je nach Aufgabenstellung zusammenzusetzen oder zu zerlegen. Das darauf folgende Kapitel beschäftigt sich dann mit Gleichgewichten, während in Kapitel 6 die Statik bestimmter Bauteile oder Konstruktionsweisen untersucht wird, etwa die von Lagern oder Fachwerken.

Ein starkes Team: Kraft und Drehmoment

Im obigen Abschnitt wurden die Begriffe *Kraft* und *Drehmoment* immer gemeinsam benutzt. Sie bezeichnen aber keineswegs das Gleiche. Kräfte wirken auf Körper unabhängig von deren Dimension, also auch auf Massepunkte. Das Drehmoment, das als Produkt aus Kraft und

Wirkabstand definiert ist, ist im Falle von Massepunkten bedeutungslos. Es spielt erst dann eine Rolle, wenn man es mit ausgedehnten Körpern zu tun hat und die Frage wichtig wird, an welcher Stelle des Körpers die Kraft angreift.

Auf die Kraft kommt es an

Die Kraft ist eine der zentralen Größen der Physik und damit auch der Technischen Mechanik. Man kann daher weder Physik noch Technische Mechanik betreiben, ohne eine Vorstellung davon zu haben, was Kräfte sind und wie sie wirken. Umso erstaunlicher ist es, dass man die Kraft als solche nicht erklären kann. Daher finden Sie an dieser Stelle keinen »Erinnerungs«-Abschnitt, der mit den Worten beginnt: »Die Kraft ist ...«.

Stattdessen ist es erforderlich, die Kraft über ihre Wirkung zu definieren. Der »Erinnerungs«-Abschnitt lautet also

Physikalische Kräfte können

✔ den Bewegungszustand eines Körpers ändern oder

✔ einen Körper deformieren.

Der Umkehrschluss daraus lautet: Immer, wenn sich der Bewegungszustand eines Körpers ändert oder wenn ein Körper deformiert wird, muss eine Kraft gewirkt haben.

Den Zusammenhang zwischen Bewegungsänderungen von Massepunkten und Kräften beschreibt das *zweite Newton'sche Gesetz*, das folgendermaßen ausgedrückt werden kann (die Newton'schen Gesetze werden ausführlich in Kapitel 8 behandelt):

Um einen Körper der Masse m eine Beschleunigung $\mathbf{a}$ zu verleihen, ist eine Kraft $\mathbf{F}$ erforderlich:

$$\mathbf{F} = m\,\mathbf{a}$$

Die Einheit der Kraft ist dementsprechend kg m/s^2 oder *Newton* (N). Wie die Beschleunigung ist auch die Kraft ein Vektor, die in die gleiche Richtung wie $\mathbf{a}$ zeigt.

Der obigen Darstellung zufolge können Kräfte auch Verformungen von Körpern bewirken. Dieser Zusammenhang zwischen Kräften und der Verformung von Körpern wird in Teil IV dieses Buches behandelt.

Es gibt eine Vielzahl von Kräften in der uns umgebenden Welt; einige davon sind in Tabelle 4.1 aufgelistet.

Mechanische Kräfte	Allgemeine Kräfte
Schwerkraft	Gravitationskraft
Reibungskraft	Elektrische Kräfte
Normalkraft	Magnetische Kräfte
Stützkraft	Zentrifugalkraft

Mechanische Kräfte	Allgemeine Kräfte
Zugkraft	Zentripetalkraft
Druckkraft	
Tangentialkraft	
Radialkraft	

Tabelle 4.1: Zusammenstellung wichtiger Kräfte

Darstellung von Kräften

Kräfte sind Vektoren, besitzen also sowohl einen Betrag als auch eine Richtung. Daher kann man sie genauso darstellen wie Vektoren, entweder grafisch als Pfeil (Abbildung 4.1) oder in Komponentenschreibweise (die Darstellung von Vektoren wird ausführlich in Kapitel 2 vorgestellt). Bei der grafischen Darstellung von Kräften deutet die Pfeilspitze an, in welche Richtung die Kraft wirkt.

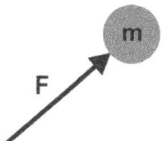

Abbildung 4.1: Eine Kraft **F** wirkt auf einen Körper.

In Komponentenschreibweise kann man eine Kraft folgendermaßen ausdrücken:

$$\mathbf{F} = \begin{pmatrix} F_x \\ F_y \\ F_z \end{pmatrix}$$

Die Schwerkraft beispielsweise, die schon in Kapitel 3 aufgetaucht ist, kann man demnach schreiben als

$$\mathbf{F}_G = \begin{pmatrix} F_x \\ F_y \\ F_z \end{pmatrix} = \begin{pmatrix} 0 \\ 0 \\ -mg \end{pmatrix}$$

da die Schwerkraft ausschließlich nach unten in $-z$-Richtung wirkt.

Messung von Kräften

Da die Kraft nur über ihre Wirkung definiert ist, ist eine Messung von Kräften ebenfalls nur über ihre Wirkung möglich. Und da es zwei grundverschiedene Wirkungen von Kräften gibt, gibt es auch zwei verschiedene Arten der Kraftmessung:

- ✔ dynamische Verfahren zur Messung von Kräften über die Messung von Beschleunigungen
- ✔ statische Verfahren zur Messung von Kräften über die Messung von Verformungen

Bei den *statischen Verfahren* zur Kraftmessung wird die elastische Verformung eines Körpers gemessen, die durch die Kraft hervorgerufen wird. Ein wichtiges Beispiel ist die Kraftmessung mithilfe von Schraubenfedern, wie in Abbildung 4.2 für zwei Fälle dargestellt ist. Man muss nur die sogenannte *Federkonstante* der benutzten Feder kennen. Die elastische Verformung von Federn, das Hooke'sche Gesetz, das diese Verformung beschreibt, und die Federkonstante werden in Kapitel 12 ausführlich dargestellt.

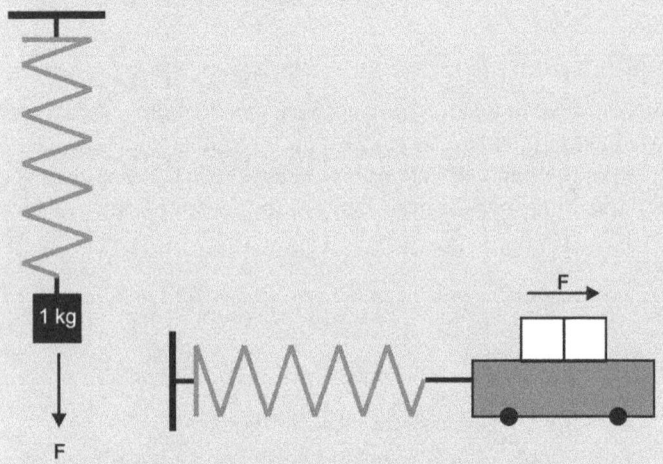

Abbildung 4.2: Statische Messung von Kräften mithilfe von Federn

Eine elegante Variante dieses Verfahrens sind die sogenannten *Dehnungsmessstreifen* (DMS), bei denen die durch die Kraft hervorgerufene Verformung zu einer Änderung des elektrischen Widerstands führt.

Bei den dynamischen Verfahren zur Kraftmessung wird die Beziehung $F = ma$ ausgenutzt. Dazu muss man zum einen die Masse m des Körpers kennen und zum anderen die Beschleunigung a messen. Zur Bestimmung von a gibt es mittlerweile eine Reihe moderner Sensoren, die zum Beispiel auf dem piezoelektrischen Effekt beruhen.

Die Kraft auf den Punkt bringen: Das Drehmoment

Die zweite, neben der Kraft für die Statik entscheidende Größe ist das *Drehmoment*. Im Gegensatz zur Kraft ist eine Definition dieser Größe einfach möglich. Das Drehmoment ist das Kreuzprodukt (Vektorprodukt) aus dem *Wirkabstand* **r** zwischen dem Bezugspunkt und dem Punkt, an dem die Kraft bei einem ausgedehnten Körper angreift, und der Kraft **F**. Sobald man es nicht mehr mit Massepunkten, sondern mit realen, ausgedehnten Körpern zu tun hat, ist es nicht länger irrelevant, an welcher Stelle des Körpers eine Kraft angreift.

Das wissen Sie eigentlich schon aus Ihrer Kindheit, vorausgesetzt, Sie haben gerne mit Wippen gespielt. Betrachten Sie Abbildung 4.3. Sie zeigt Folgendes:

✔ Die Wippe ist im Gleichgewicht, wenn sich auf jeder Seite die gleiche Masse im Abstand r vom Auflagepunkt befindet.

✔ Die Wippe ist im Gleichgewicht, wenn sich auf der einen Seite die Masse m im Abstand r, auf der anderen Seite aber die Masse 2m im Abstand r/2 befindet.

Die Wippe würde sich nach rechts neigen, wenn sich die Masse 2m auch im Abstand r befinden würde.

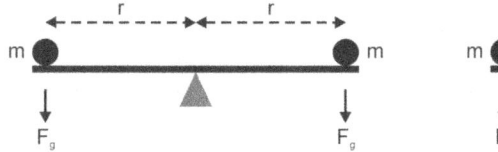
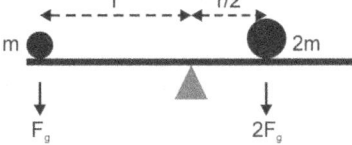

Abbildung 4.3: Darstellung einer Wippe

Diese Beobachtungen führen zunächst einmal zum sogenannten *Hebelgesetz*, das besagt:

Kraft × Kraftarm = Last × Lastarm

oder, anders ausgedrückt:

$$F_{Gl} \times r_l = F_{Gr} \times r_r$$

wobei die Indizes l und r für die linke und die rechte Seite der Wippe stehen.

Entscheidend für das Gleichgewicht ist also nicht allein die Masse und damit die Gewichtskraft, sondern das Vektorprodukt aus Gewichtskraft und Wirkabstand vom Lager. Verallgemeinert man dies, so gelangt man zu folgender Definition des Drehmoments:

Das *Drehmoment* τ ist das Vektorprodukt (Kreuzprodukt) aus einer Kraft **F** und dem Wirkabstand **r** zwischen dem Punkt, an dem die Kraft an einem Körper angreift, und einem Bezugspunkt (der Drehachse beispielsweise). (Häufig wird das Zeichen M für das Drehmoment verwendet; um Verwechselungen mit anderen Größen vorzubeugen, wird in diesem Buch τ benutzt (von englisch *torque* = Drehmoment.) Seine Definition lautet:

$$\boldsymbol{\tau} = \mathbf{r} \times \mathbf{F}$$

Die Einheit des Drehmoments ist dieser Definition zufolge Newton mal Meter, abgekürzt Nm.

Das klingt zunächst kompliziert, ist aber eigentlich relativ einfach. Betrachten Sie dazu Abbildung 4.4. Sie zeigt eine drehbar gelagerte Scheibe, an die eine Kraft **F** angreift.

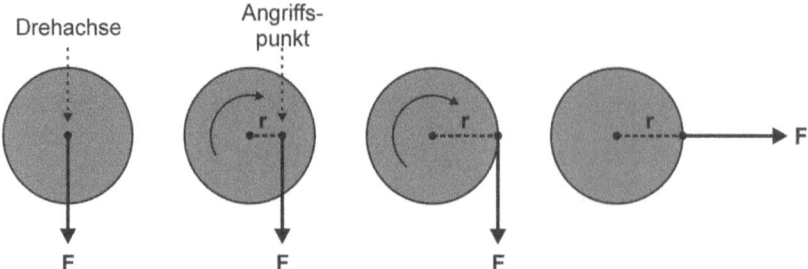

Abbildung 4.4: Zur Definition des Drehmoments

Greift die Kraft in der Mitte der Scheibe in der Position der Drehachse nach unten an, wird nichts passieren (Abbildung 4.4 links). Befindet sich der Angriffspunkt im Abstand **r** von der Drehachse, so wird die Scheibe sich zu drehen beginnen. Dieser Effekt wird umso größer sein, je weiter außen auf der Scheibe der Angriffspunkt ist, das heißt, je größer der Wirkabstand **r** ist. Greift die Kraft zwar außen am Rand der Scheibe an, wirkt jedoch nach rechts, so wird sich die Scheibe wiederum nicht bewegen, da Kraft und Wirkabstand in die gleiche Richtung zeigen (Abbildung 4.4 rechts). Im Prinzip ist das der gleiche Fall wie im linken Bild der Skizze: Die Kraft greift direkt an der Drehachse an.

Das Kreuzprodukt besagt, dass das Drehmoment am größten ist, wenn **F** und **r** senkrecht aufeinander stehen. Wenn **F** und **r** in die gleiche Richtung zeigen, ist es hingegen null, und nichts passiert. Schließlich ist das Produkt auch dann null, wenn die Kraft direkt am Lager oder Drehpunkt wirkt, weil in diesem Fall **r** = 0 ist. Wirkt die Kraft im Abstand **r**, so gilt:

$$\tau = |\mathbf{r}||\mathbf{F}| \cdot \sin \alpha$$

wobei α der Winkel zwischen **r** und **F** ist.

Betrachten Sie das in Abbildung 4.5 dargestellte Beispiel. Am rechten Rand der Scheibe befindet sich eine Öse, an der man ein Seil befestigen kann. Die Scheibe hat einen Durchmesser von 50 cm. Wie groß ist das Drehmoment, wenn man mit einer Kraft von 50 N an dem Seil zieht, im Fall 1 nach unten, im Fall 2 unter einem Winkel von 45° und im Fall 3 nach rechts?

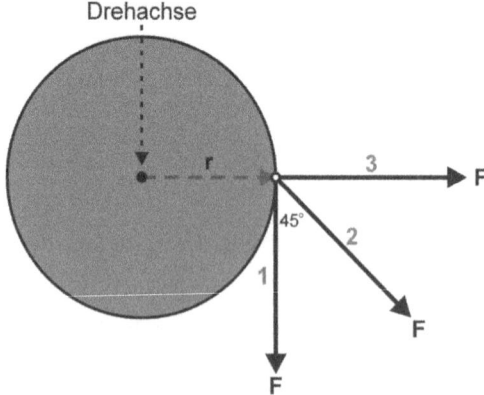

Abbildung 4.5: Der Einfluss des Winkels zwischen **r** und **F**

Die Formel für das Drehmoment lautet:

$$|\tau| = |\mathbf{r} \times \mathbf{F}| = 50\,\text{N} \cdot 0{,}5\,\text{m} \cdot \sin 45°$$

Damit ergibt sich für die drei Fälle:

1: $\tau = 50\,\text{N} \cdot 0{,}5\,\text{m} \cdot 1 = 25\,\text{Nm}$
2: $\tau = 50\,\text{N} \cdot 0{,}5\,\text{m} \cdot 0{,}71 = 17{,}7\,\text{Nm}$
3: $\tau = 50\,\text{N} \cdot 0{,}5\,\text{m} \cdot 0 = 0$

Jetzt ist noch eine Frage in Bezug auf das Drehmoment offen. Seiner Definition zufolge ist es ein Vektor, besitzt also eine Richtung. Wohin zeigt dieser Vektor τ? Aus der Definition von τ als

$\tau = \mathbf{r} \times \mathbf{F}$

und der Darstellung des Kreuzprodukts in Kapitel 2 ergibt sich, dass τ senkrecht auf $\mathbf{F}$ und $\mathbf{r}$ stehen muss, also in Abbildung 4.5 senkrecht zur Papierebene. Wendet man die ebenfalls in Kapitel 2 eingeführte *Rechte-Hand-Regel* (Drei-Finger-Regel) an, so ergibt sich für Abbildung 4.5, dass τ in die Papierebene hinein nach unten zeigt. Prüfen Sie es mit Ihrer rechten Hand nach.

Diese Eigenschaft hat der Vektor Drehmoment mit den beiden Vektoren Winkelgeschwindigkeit und Winkelbeschleunigung gemeinsam, die in Kapitel 3 eingeführt wurden und die ebenfalls Drehungen beziehungsweise Kreisbewegungen beschreiben: Alle drei Vektoren stehen senkrecht auf der von der Drehung aufgespannten Ebene; sie sind entweder parallel oder antiparallel zur Drehachse beziehungsweise Rotationsachse.

Mit Kraft arbeiten

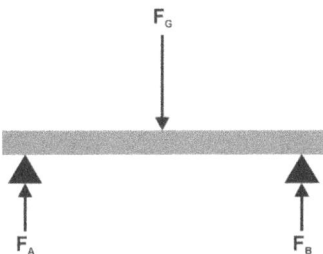

Abbildung 4.6: Die auf einen auf zwei Lagern ruhenden Balken wirkenden Kräfte

In vielen realen, für die Technische Mechanik wichtigen Fällen wirkt auf einen Körper mehr als eine Kraft. Manche davon sind allerdings nicht von vornherein offensichtlich. Betrachten Sie das Beispiel eines Balkens, der auf zwei Lagern aufliegt, wie Abbildung 4.6 zeigt. Sie wissen, dass auf den Balken die Gewichtskraft F_G wirkt. Demzufolge sollte der Balken zu Boden fallen. Dies ist aber nicht der Fall, es ist physikalisch unmöglich, da der Balken ja auf den

Lagern aufliegt. Grund sind die *Stützkräfte* F_A und F_B, die von den beiden Lagern auf den Balken ausgeübt werden und die Wirkung der Gewichtskraft aufheben; insofern werden sie auch Lagerkräfte genannt. Die Angriffspunkte von Stützkräften sind bei einer neuen Aufgabenstellung nicht immer sofort offensichtlich (erst, wenn Sie ein Meister der Technischen Mechanik sind). Es ist das erste Hauptziel jeder Aufgabe der Statik, alle in einer bestimmten Situation auf einen Körper wirkenden Kräfte zu finden und ihre Angriffspunkte zu ermitteln. Bevor die dazu geeigneten Verfahren vorgestellt werden, soll zuvor noch eine Reihe von Aspekten diskutiert werden, die bei diesen Verfahren zum Auffinden von Kräften ausgenutzt werden und die auf dem Vektorcharakter der Kraft beruhen:

✔ Verschiebung von Kräften entlang ihrer Wirklinie;

✔ Zusammensetzung verschiedener Kräfte zu einer Gesamtkraft;

✔ Zerlegung von Kräften in ihre Komponenten.

Die Linie entlang

Betrachten Sie den Wagen auf der schiefen Ebene in Abbildung 4.7. Er wird in Skizze a) durch eine Schubkraft F_s, die auf den Angriffspunkt A_s wirkt, nach oben geschoben. Man kann die gleiche Wirkung aber auch erreichen, wenn man – wie in Skizze b) – eine gleichgroße Zugkraft F_z im Punkt A_z angreifen lässt, die in der gleichen *Wirklinie* wie F_s liegt.

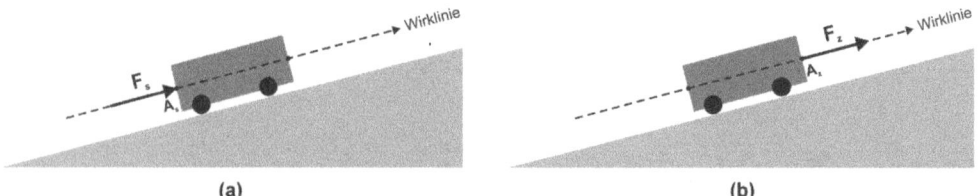

(a) (b)

Abbildung 4.7: Kräfte können entlang ihrer Wirklinie frei verschoben werden.

 Der *Längsverschiebungssatz* besagt, dass Kräfte auf ihrer Wirklinie beliebig verschoben werden können, ohne dass sich ihre Wirkung auf einen starren Körper ändert.

Man bezeichnet Kräfte auch als *linienflüchtige* Vektoren.

Addition von Kräften

Es wurde bereits erwähnt, dass auf einen Körper mehr als eine Kraft wirken kann. Allerdings kann ein Körper nur in eine einzige Richtung beschleunigt werden. Es ist daher erforderlich, dass man die einzelnen auf einen Körper wirkenden Kräfte zu einer Gesamtkraft zusammenfasst, die dann die Wirkung auf den Körper (Beschleunigung, Deformation) hervorruft.

$$\mathbf{F}_{ges} = \sum_{i=1}^{n} \mathbf{F}_i = m\mathbf{a}$$

Dabei bedeutet das Σ-Zeichen, dass die Summierung über alle *n* Einzelkräfte **F**$_i$ durchgeführt werden muss.

Stellen Sie sich vor, Sie gehen mit vier Hunden im Wald spazieren. Da jeder der Hunde seine eigene Leine hat und auch seinen eigenen Lieblingsbaum, ziehen alle vier Hunde in unterschiedliche Richtungen. Dies ist in Abbildung 4.8 dargestellt.

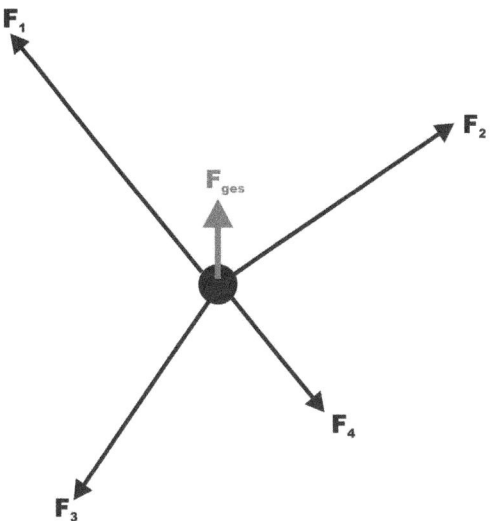

Abbildung 4.8: Mehrere Kräfte wirken zusammen auf einen Körper

Zur Ermittlung der Gesamtkraft F_{ges} gibt es zwei Möglichkeiten. Man kann sie entweder grafisch oder mathematisch bestimmen. Das Ergebnis der grafischen Addition ist in Abbildung 4.8 dargestellt. Die mathematische Lösung dieses Problems lautet:

$$\mathbf{F}_{ges} = \sum_{i}^{4} \mathbf{F}_i = \begin{pmatrix} -50\,\text{N} \\ 60\,\text{N} \end{pmatrix} + \begin{pmatrix} 60\,\text{N} \\ 40\,\text{N} \end{pmatrix} + \begin{pmatrix} -35\,\text{N} \\ -50\,\text{N} \end{pmatrix} + \begin{pmatrix} 25\,\text{N} \\ -30\,\text{N} \end{pmatrix} = \begin{pmatrix} 0\,\text{N} \\ 20\,\text{N} \end{pmatrix}$$

Die resultierende Gesamtkraft wirkt also mit 20 N in y-Richtung, also direkt nach oben.

Greifen mehrere Kräfte **F**$_i$ an einem Punkt eines Körpers an, so wirkt die Gesamtkraft

$$\mathbf{F}_{ges} = \sum_{i} \mathbf{F}_i$$

auf den Körper.

Die Situation wird komplizierter, wenn die Kräfte zwar am selben Körper, nicht aber am selben Punkt angreifen. Dieser Fall wird weiter unten in diesem Kapitel behandelt.

In die Bestandteile zerlegen

Manchmal ist es auch sinnvoll, Kräfte in ihre Komponenten zu zerlegen. Dies ist möglich, da Kräfte Vektoren sind; diese Herangehensweise ist manchmal sehr hilfreich, wenn die verschiedenen Komponenten einer Kraft verschiedene Wirkungen haben.

Zerlegung in senkrechte Komponenten

Betrachten Sie das Wägelchen auf der schiefen Ebene in Abbildung 4.9.

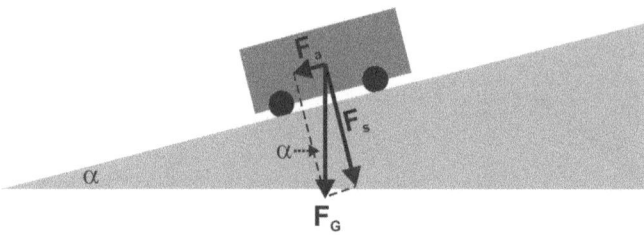

Abbildung 4.9: Schiefe Ebene: Zerlegung von Kräften

Auf den Wagen wirkt die Gewichtskraft F_G. Schon beim bloßen Anblick der Skizze wird klar, dass der Wagen nach unten rollen wird. Aber wie groß ist die Kraft, mit der er die Ebene herunter beschleunigt wird? Die Gewichtskraft wirkt nach unten, nicht entlang der Rampe. Aus der Darstellung in Abbildung 4.9 geht hervor, dass nur die Komponente $F_a = F_G \sin \alpha$ parallel zur Rampe zur Beschleunigung beiträgt:

$$a = \frac{F_G \sin \alpha}{m}$$

Die dazu senkrechte Komponente F_s dient lediglich dazu, den Wagen gegen die Rampe zu drücken. Diese Kraft wird erst dann von Bedeutung, wenn es um die Ermittlung der Reibungskraft geht, wie in Kapitel 7 dargestellt wird.

Betrachten Sie noch einmal die Kräftezerlegung in Abbildung 4.9. Sie ist vergrößert noch einmal in Abbildung 4.10 dargestellt. Man sieht, dass die beiden Komponenten F_a und F_s ein Rechteck bilden, dessen Diagonale die Ausgangskraft ist. Ein Rechteck ist auf der anderen Seite nur ein Spezialfall eines *Parallelogramms*.

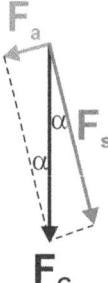

Abbildung 4.10: Zerlegung einer Kraft in zwei zueinander senkrechte Komponenten

Aus der Abbildung kann man entnehmen, dass die folgenden Beziehungen gelten:

$F_a = F_G \sin \alpha$
$F_s = F_G \cos \alpha$

Parallelogrammsatz

Den gerade gezeigten Vorgang kann man auch umkehren. Betrachten Sie die beiden Kräfte F_1 und F_2 in Skizze (1) in Abbildung 4.11. Man kann sie entlang ihrer Wirklinien so verschieben, dass sie einen gemeinsamen Ausgangspunkt (auch *Zentralpunkt* genannt) haben (Kräfte sind linienflüchtige Vektoren, wie oben dargestellt wurde). Dies ist in den Skizzen (2) und (3) der Abbildung gezeigt. Skizze (4) zeigt schließlich, dass man auf diese Weise ein Kräfteparallelogramm erhält, das nicht unbedingt rechtwinklig sein muss.

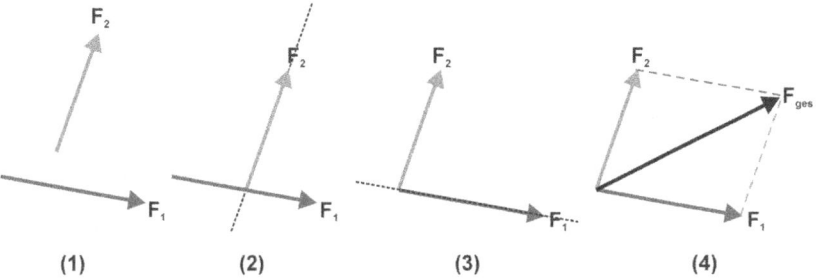

Abbildung 4.11: Kräfteparallelogramm zweier Kräfte F_1 und F_2

 Die Diagonale des so erhaltenen Kräfteparallelogramms ist die resultierende Gesamtkraft der beiden Kräfte, sie gibt sowohl ihre Richtung als auch ihren Betrag an. Dies ist der sogenannte *Parallelogrammsatz*.

Zerlegung in parallele Kräfte

In manchen Aufgabenstellungen ist es erforderlich, eine an einem Körper angreifende Kraft **F** in zwei parallele Kräfte F_1 und F_2 zu zerlegen. Dies ist in Abbildung 4.12 gezeigt.

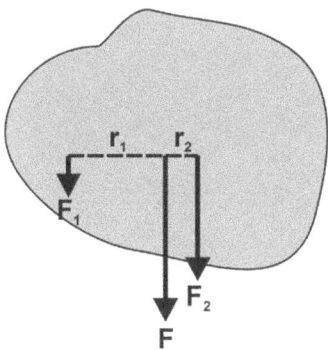

Abbildung 4.12: Zerlegung einer Kraft F in zwei parallele Kräfte

In diesem Fall muss der sogenannte *Momentensatz* verwendet werden, der genauer in Kapitel 5 diskutiert wird und der das folgende Ergebnis liefert:

$$F_1 = F \frac{r_2}{r_1 + r_2}$$
$$F_2 = F \frac{r_1}{r_1 + r_2}$$

Wie groß sind die beiden Kräfte F_1 und F_2, wenn die Ausgangskraft F = 50 N beträgt und die Abstände r_1 und r_2 30 und 10 cm sind? Einsetzen in die obigen Gleichungen ergibt:

$$F_1 = 50\,\text{N} \cdot \frac{10\,\text{cm}}{40\,\text{cm}} = 12{,}5\,\text{N}$$

$$F_2 = 50\,\text{N} \cdot \frac{30\,\text{cm}}{40\,\text{cm}} = 37{,}5\,\text{N}$$

Von allen Seiten: Kräftesysteme

Es wurde bereits erwähnt, dass bei vielen technischen Anwendungen nicht nur eine Kraft auf einen Körper wirkt, sondern ein ganzes System von Kräften. Diese Kräftesysteme sind für die Technische Mechanik so wichtig, dass sie hier klassifiziert und genauer diskutiert werden.

Ein Kräftesystem ist die Kombination einer beliebigen Anzahl von Kräften, die gleichzeitig an einem Bauteil (oder einem Körper) angreifen.

Übersicht über Kräftesysteme

Man unterscheidet dabei zwei grundverschiedene Fälle von Kräftesystemen:

✔ Zentrale Kräftesysteme

✔ Allgemeine Kräftesysteme

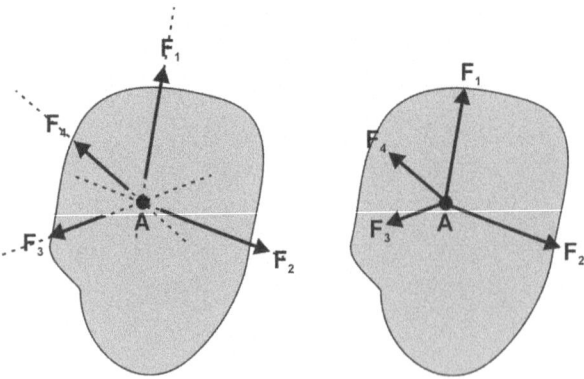

Abbildung 4.13: Ein zentrales Kräftesystem

Ein *zentrales Kräftesystem* liegt vor, wenn sich die Wirklinien aller beteiligten Kräfte in einem Angriffspunkt A schneiden, wie in Abbildung 4.13 dargestellt ist. Dieser Schnittpunkt oder Angriffspunkt wird auch *Zentralpunkt* genannt.

Dem oben eingeführten Längsverschiebungssatz zufolge können alle Kräfte auf ihrer jeweiligen Wirklinie zu diesem Zentralpunkt hin verschoben werden, wie es im rechten Diagramm der Abbildung 4.13 dargestellt ist. Auf diesen Punkt wirkt die Resultierende aller Kräfte, sodass kein Drehmoment auftreten kann.

 Ein allgemeines Kräftesystem liegt hingegen vor, wenn die Wirklinien der beteiligten Kräfte mehr als einen Schnittpunkt aufweisen, wie es in Abbildung 4.14 gezeigt ist.

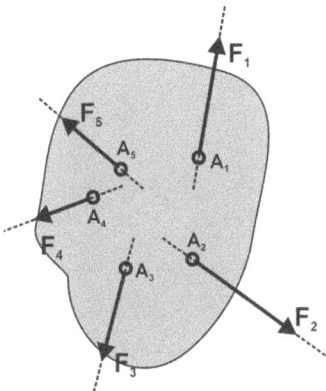

Abbildung 4.14: Ein allgemeines Kräftesystem

Ein weiteres Unterscheidungsmerkmal für Kräftesysteme ist die Dimensionalität. Wenn die Kräfte in einer Ebene liegen, handelt es sich um ein ebenes Kräftesystem; anderenfalls bilden sie ein räumliches, dreidimensionales System.

Zentrale ebene Kräftesysteme

Betrachten Sie noch einmal das zentrale Kräftesystem in Abbildung 4.13. Man kann die vier auf den Punkt A wirkenden Kräfte grafisch oder mathematisch zu einer Gesamtkraft

$$\mathbf{F}_{ges} = \mathbf{F}_1 + \mathbf{F}_2 + \mathbf{F}_3 + \mathbf{F}_4$$

zusammenfassen. Das bedeutet, dass auf den Punkt A die Kraft $\mathbf{F}_{ges}$ wirkt, die dem Körper eine Translationsbeschleunigung verleihen kann. Es ist aber kein Drehmoment vorhanden, das den Körper in Drehung versetzen kann.

 Ein zentrales Kräftesystem kann einen Körper verschieben, ihn aber nicht drehen.

Betrachten Sie folgendes Beispiel: Auf den Zentralpunkt eines Körpers wirkt ein zentrales Kräftesystem aus drei Kräften:

✔ F_1 hat einen Betrag von 40 N und schließt mit der x-Achse einen Winkel von 50° ein.

✔ F_2 hat einen Betrag von 60 N und schließt mit der x-Achse einen Winkel von 135° ein.

✔ F_3 hat einen Betrag von 70 N und schließt mit der x-Achse einen Winkel von 260° ein.

Diese Situation ist in Abbildung 4.15 grafisch dargestellt. Wie groß ist die resultierende Gesamtkraft F_{ges}, und in welche Richtung zeigt sie?

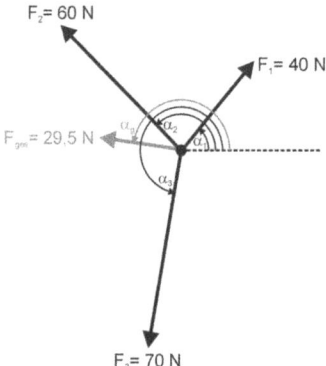

Abbildung 4.15: Ein zentrales ebenes Kräftesystem

Da Kräfte Vektoren sind, muss man zur Lösung der Aufgabe zunächst die Komponenten der einzelnen Vektoren bestimmen. Dazu benutzt man die folgenden Beziehungen:

$$F_{ix} = F_i \cos \alpha_i$$
$$F_{iy} = F_i \sin \alpha_i$$

wobei i = 1, 2, 3 ist. Wendet man diese Gleichungen auf die drei Vektoren aus Abbildung 4.15 an, so erhält man folgendes Ergebnis:

$$F_1 = \begin{pmatrix} 25,7\,N \\ 30,6\,N \end{pmatrix} \quad F_2 = \begin{pmatrix} -42,4\,N \\ 42,4\,N \end{pmatrix} \quad F_3 = \begin{pmatrix} -12,2\,N \\ -68,9\,N \end{pmatrix}$$

Die Gesamtkraft F_{ges} erhält man durch die Vektoraddition aller beteiligten Kräfte:

$$F_{ges} = F_1 + F_2 + F_3 = \begin{pmatrix} -28,9\,N \\ 4,1\,N \end{pmatrix}$$

Für den Betrag von F_{ges} erhält man mithilfe des Satzes von Pythagoras:

$$|F_{ges}| = \sqrt{F_x^2 + F_y^2} = \sqrt{(-28,9\,N)^2 + (4,1\,N)^2} = 29,2\,N$$

Nun muss noch der Winkel α_g der Gesamtkraft bestimmt werden. Dabei muss man berücksichtigen, dass F_x negativ, F_y aber positiv ist. $\mathbf{F}_{ges}$ muss also im zweiten Quadranten liegen (siehe Kapitel 2). Daher gilt:

$$\alpha_g = 180° - \tan^{-1}\left(\frac{4{,}1}{28{,}9}\right) = 172°$$

Bei zentralen ebenen Kräftesystemen ist es also möglich, mit den Mitteln der Vektoraddition die Gesamtkraft zu ermitteln.

Allgemeine ebene Kräftesysteme

Allgemeine Kräftesysteme zeichnen sich dadurch aus, dass sie keinen Zentralpunkt, also keinen gemeinsamen Angriffspunkt der Kräfte aufweisen. Aus diesem Grund können beim Angriff eines allgemeinen Kräftesystems auch Drehungen auftreten.

Ein allgemeines Kräftesystem kann einen Körper sowohl verschieben als auch drehen.

Doppelter Angriff: Das Kräftepaar

Ein einfaches, nicht nur für die Technische Mechanik außerordentlich wichtiges Beispiel für ein allgemeines Kräftesystem ist das sogenannte Kräftepaar.

Als Kräftepaar bezeichnet man zwei parallele, gleich große, aber entgegengesetzt gerichtete Kräfte F_1 und F_2, die an einem Körper an verschiedenen Angriffspunkten angreifen, wie es in Abbildung 4.16 dargestellt ist.

Steht die Verbindungslinie r zwischen den beiden Angriffspunkten senkrecht zu den beiden Kräften, so gibt es in Bezug auf einen beliebigen Punkt P (linke Skizze in Abbildung 4.16) auf dieser Linie zwei Drehmomente, deren Beträge folgendermaßen geschrieben werden können:

$$\tau_1 = F_1 r_1$$
$$\tau_2 = F_2 r_2$$

Die Summe dieser beiden Drehmomente in Bezug auf den Punkt P ist also

$$\tau = \tau_1 + \tau_2 = F_1 r_1 + F_2 r_2 = F(r_1 + r_2) = Fr$$

wobei die Tatsache ausgenutzt wird, dass beide Kräfte gleich groß sind, also $F_1 = F_2 = F$ gilt.

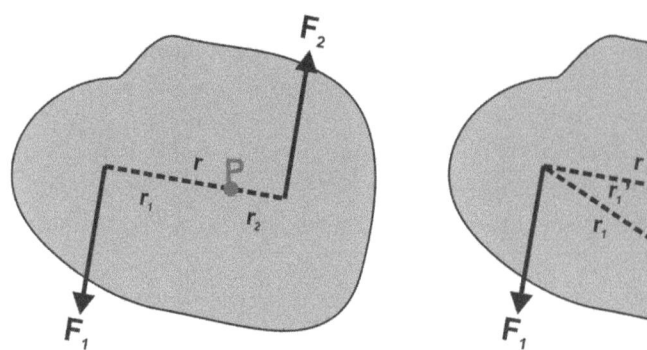

Abbildung 4.16: Ein Kräftepaar

Diese Beziehung gilt im Übrigen auch, wenn der Bezugspunkt P nicht auf der Verbindungslinie zwischen beiden Kräften liegt (rechte Skizze in Abbildung 4.16). Dann gilt:

$$\tau_1 = F_1 r_1 \sin \alpha = F_1 r_1'$$
$$\tau_2 = F_2 r_2 \sin \beta = F_2 r_2'$$

Damit erhält man schließlich folgende Gleichung:

$$\tau = \tau_1 + \tau_2 = F_1 r_1' + F_2 r_2' = F(r_1' + r_2') = Fr$$

Das Ergebnis ist das Gleiche wie im obigen Fall.

Wenn das Kräftepaar nicht senkrecht auf der Verbindungslinie der Angriffspunkte steht, sondern mit ihr einen Winkel γ einschließt, wie in Abbildung 4.17 dargestellt ist, ergibt sich:

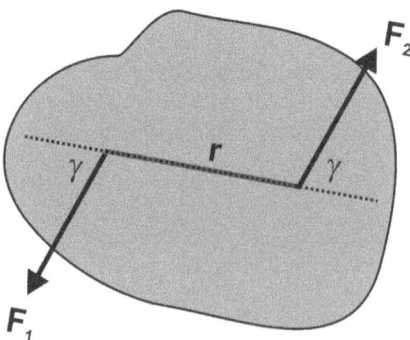

Abbildung 4.17: Ein unter einem Winkel angreifendes Kräftepaar

$$\tau = Fr \sin \gamma$$

Wenn der Winkel $\gamma = 0°$ ist, ist also auch das Drehmoment gleich 0, und das Kräftepaar hat keinen Einfluss auf den Körper.

Allgemein ausgedrückt erzeugt ein Kräftepaar an einem Körper ein Drehmoment τ, das gegeben ist durch das Kreuzprodukt:

$$\tau = r \times F$$

Dieses Drehmoment, und damit das Kräftepaar, verursacht eine Drehung des Körpers, aber keine Verschiebung (es gibt also keine Translationsbewegung!).

Technische Beispiele für das Auftreten von Kräftepaaren sind unter anderem Wellen, Tretkurbeln, Handkurbeln, Handräder, Schraubenzieher und Kreuzschraubenschlüssel.

In die Pedale treten

Betrachten Sie die in Abbildung 4.18 dargestellte Tretkurbel eines Fahrrads. Sie treten das Pedal mit einer Kraft F_1 = 150 N. Wie groß ist das Drehmoment, das Sie auf die Tretkurbel ausüben, wenn die Kurbel a) horizontal gerichtet ist (wie in der Abbildung gezeigt); b) einen Winkel von 45° mit der Horizontalen bildet oder c) senkrecht nach unten zeigt?

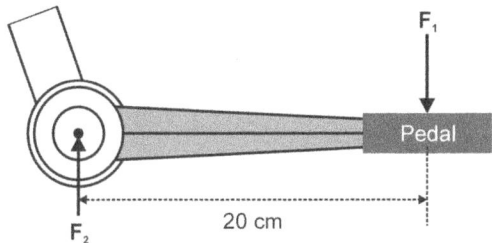

Abbildung 4.18: Die Tretkurbel eines Fahrrads

Als Folge Ihres Körpereinsatzes, also der Kraft F_1, tritt im Lager der Kurbel dem in Kapitel 8 vorgestellten dritten Newton'schen Gesetz zufolge eine gleich große, entgegengesetzt gerichtete Kraft F_2 auf, die mit F_1 ein Kräftepaar bildet und demzufolge ein Drehmoment τ hervorruft. Es ist definiert als das Kreuzprodukt aus der Kraft F_1, die konstant ist (Sie werden doch nicht nachlassen, oder?), und dem Wirkabstand r der beiden Kräfte F_1 und F_2. Wie groß ist das Drehmoment für die drei oben gefragten Stellungen der Kurbel?

Für das Drehmoment gilt die Beziehung

$$\tau = r \times F$$
$$\tau = |r||F| \sin \alpha$$

wobei α der Winkel zwischen der Kraft (die immer senkrecht nach unten wirkt) und der Kurbel ist. Nimmt man an, dass der Wirkabstand 20 cm beträgt, so erhält man für die drei Fälle:

$$\tau_a = -150\,\text{N} \cdot 0{,}2\,\text{m} \cdot \sin 90° = -150\,\text{N} \cdot 0{,}2\,\text{m} \cdot 1 = -30\,\text{Nm}$$
$$\tau_b = -150\,\text{N} \cdot 0{,}2\,\text{m} \cdot \sin 45° = -150\,\text{N} \cdot 0{,}2\,\text{m} \cdot 0{,}71 = -21{,}2\,\text{Nm}$$
$$\tau_c = -150\,\text{N} \cdot 0{,}2\,\text{m} \cdot \sin 0° = -150\,\text{N} \cdot 0{,}2\,\text{m} \cdot 0 = 0$$

Wenn sich also das Pedal unten befindet, üben Sie kein Drehmoment auf die Kurbel aus, unabhängig davon, wie fest Sie treten. Dies gilt natürlich auch, wenn sich das Pedal oben über dem Lager befindet. Aus diesem Grund stellt man üblicherweise vor dem Losradeln die beiden Pedale in waagerechter Richtung.

Kraft und Moment berechnen

Betrachten Sie das in Abbildung 4.19 dargestellte allgemeine Kräftesystem. Alle vier Kräfte sind parallel, es gibt also keinen Zentralpunkt. Die offensichtliche Frage ist: Wie sieht die resultierende Kraft bezüglich Betrag, Richtung und Angriffspunkt aus? Zudem muss man in diesem Fall auch die Möglichkeit einer Drehung des Körpers in Betracht ziehen, da es sich um ein allgemeines, nicht um ein zentrales Kräftesystem handelt. Das bedeutet, dass man mit Drehmomenten, nicht mit Kräften rechnen muss. Auf der anderen Seite wird die Aufgabe durch die Tatsache vereinfacht, dass alle Kräfte parallel zueinander sind und senkrecht auf ihrer Verbindungslinie stehen.

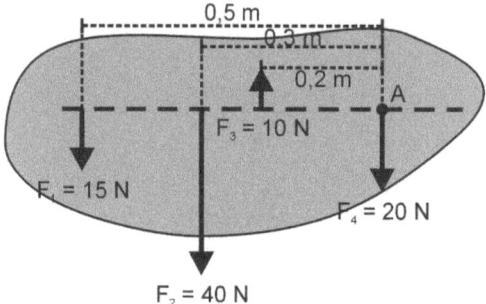

Abbildung 4.19: Ein Kräftesystem aus parallelen Kräften

Die resultierende Kraft muss zwei Bedingungen erfüllen:

✔ Sie muss die gleiche Verschiebewirkung haben wie die Einzelkräfte.

✔ Sie muss die gleiche Drehwirkung haben wie die Einzelkräfte.

Die erste Bedingung ist zu erfüllen, da alle Kräfte parallel zueinander sind (nach unten wirkende Kräfte werden negativ, nach oben wirkende positiv gezählt):

$$F_{ges} = -15\,N - 40\,N + 10\,N - 20\,N = -65\,N$$

Die resultierende Kraft zeigt also nach unten und beträgt −65 N.

Zur Berechnung der Drehwirkung muss man das Drehmoment betrachten. Nimmt man einen beliebigen Punkt A als Bezugspunkt, so ist das resultierende Drehmoment die Summe aller Einzelmomente bezüglich dieses Punkts:

$$\tau_{ges} = \tau_1 + \tau_2 + \tau_3 + \tau_4$$

Der Definition des Drehmoments zufolge muss für dieses Gesamtdrehmoment gelten:

$$\tau_{ges} = \mathbf{r}_0 \times \mathbf{F}_{ges}$$

Dabei ist r_0 der Abstand der Gesamtkraft vom Bezugspunkt A. Setzt man die obigen Werte ein, erhält man in diesem Fall:

$$\tau = F_{\text{ges}} r_0 = F_1 r_1 + F_2 r_2 + F_3 r_3 + F_4 r_4$$
$$r_0 = \frac{F_1 r_1 + F_2 r_2 + F_3 r_3 + F_4 r_4}{F_{\text{ges}}}$$
$$= \frac{(-15 \cdot 0{,}5 - 40 \cdot 0{,}3 + 10 \cdot 0{,}2 + 20 \cdot 0)\,\text{Nm}}{-65\,\text{N}} = 0{,}22\,\text{m}$$

Die resultierende Kraft F_{ges} greift also 22 cm links vom Bezugspunkt an. Sie hat einen Betrag von 65 N und zeigt nach unten. Das resultierende Drehmoment steht senkrecht auf der Papierebene und zeigt dabei in die Papierebene hinein, wie Sie anhand der Rechte-Hand-Regel leicht nachprüfen können. Für seinen Betrag gilt:

$$|\boldsymbol{\tau}_{\text{ges}}| = |\mathbf{r}_0 \times \mathbf{F}_{\text{ges}}| = 65\,\text{N} \cdot 0{,}22\,\text{m} = 14{,}3\,\text{Nm}$$

Räumliche Kräftesysteme

Bei räumlichen Kräftesystemen liegt eine Kombination von Kräften vor, die Komponenten in allen drei Richtungen x, y und z des kartesischen Koordinatensystems besitzen. Derartige Systeme können natürlich äußerst kompliziert sein. Dennoch kann man auch hier grundsätzlich zwei verschiedene Fälle unterscheiden:

✔ **Zentrale räumliche Kräftesysteme:** Die Wirklinien aller angreifenden Kräfte schneiden sich in einem Punkt. Die resultierende Gesamtkraft kann mithilfe der Vektorrechnung ermittelt werden, wenn man alle Komponenten der Einzelkräfte kennt, wie das weiter unten vorgestellte Beispiel zeigt. Zentrale räumliche Kräftesysteme können nur Verschiebungen erzeugen.

✔ **Allgemeine räumliche Kräftesysteme:** Es gibt sowohl eine resultierende Gesamtkraft als auch ein resultierendes Gesamtdrehmoment; es können also sowohl Verschiebungen als auch Drehungen auftreten. Es gibt keine allgemeine Regel zur Lösung derartiger Probleme, die in vielen Fällen jedoch auf ebene Systeme zurückgeführt werden können.

In jedem Fall ist es hilfreich, bei räumlichen Kräftesystemen die Vektorschreibweise zu benutzen. Wenn man die Komponenten aller an einem Punkt A angreifenden Kräfte F_i kennt, kann man für die an diesem Punkt angreifende Gesamtkraft schreiben:

$$\mathbf{F}_{\text{ges}} = \begin{pmatrix} F_{\text{ges},x} \\ F_{\text{ges},y} \\ F_{\text{ges},z} \end{pmatrix} = \begin{pmatrix} \sum F_{i,x} \\ \sum F_{i,y} \\ \sum F_{i,z} \end{pmatrix}$$

Um also beispielsweise die x-Komponente der Gesamtkraft zu bestimmen, muss man nur über die x-Komponenten der beteiligten Einzelkräfte summieren.

Als einfaches Beispiel soll im Folgenden ein System aus drei Kräften betrachtet werden, die alle aufeinander senkrecht stehen und somit in die drei Richtungen des kartesischen Koordinatensystems gelegt werden können. Aufgrund des Längsverschiebungssatzes kann man ihnen einen gemeinsamen Ursprung A zuordnen. Dies ist in Abbildung 4.20 dargestellt. Dabei haben die drei Kräfte folgende Größen:

- $F_x = 1000$ N
- $F_y = -1200$ N
- $F_z = -2000$ N

Die Aufgabenstellung dieses Problems lautet natürlich: Wie groß ist die resultierende Kraft, und in welche Richtung zeigt sie? Da alle Kräfte nur in jeweils eine Richtung des Koordinatensystems zeigen, kann man den Vektor der Gesamtkraft relativ einfach angeben:

$$\mathbf{F}_{ges} = \begin{pmatrix} F_x \\ F_y \\ F_z \end{pmatrix} = \begin{pmatrix} 1000 \text{ N} \\ -1200 \text{ N} \\ -2000 \text{ N} \end{pmatrix}$$

Damit kann man auch den Betrag der Gesamtkraft sofort berechnen:

$$|\mathbf{F}_{ges}| = \sqrt{(1000 \text{ N})^2 + (-1200 \text{ N})^2 + (-2000 \text{ N})^2} = 2538 \text{ N}$$

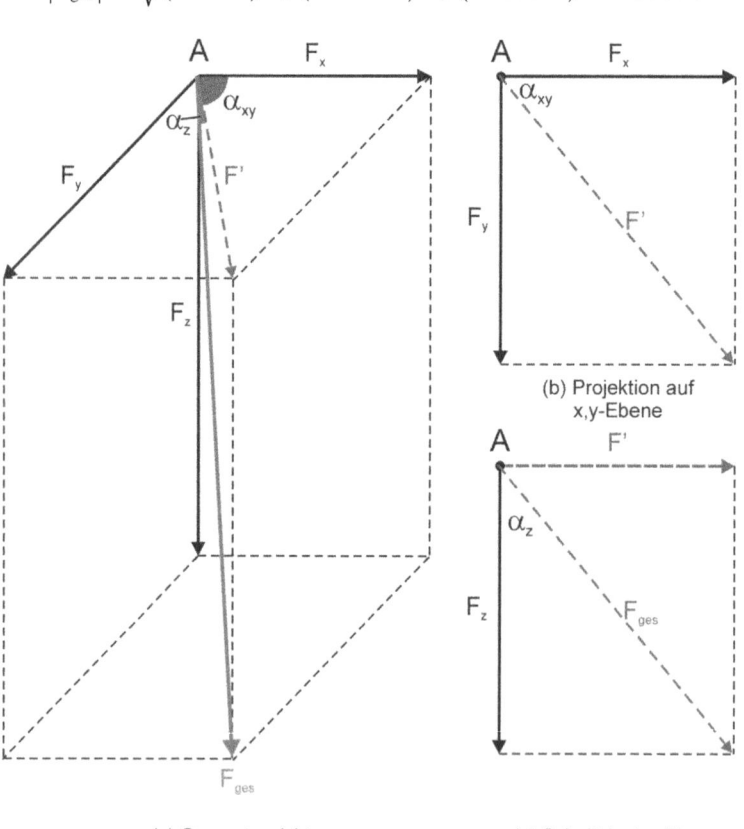

(a) Gesamtansicht

(b) Projektion auf x,y-Ebene

(c) Schnitt in der Ebene der Gesamtkraft

Abbildung 4.20: Ein Kräftesystem aus drei Kräften

Die Gesamtkraft beträgt also 2538 N. Aber in welche Richtung zeigt sie? Zur Klärung dieser Frage muss man ermitteln, welche Winkel **F**$_{ges}$ mit den drei Achsen x, y und z einschließt.

Betrachten Sie dazu noch einmal Abbildung 4.20. Skizze (b) zeigt die Projektion F' der resultierenden Gesamtkraft auf die x-y-Ebene. Für den Winkel α_{xy}, den diese Projektion mit der x-Komponente der Kraft einschließt, gilt:

$$\alpha_{xy} = \tan^{-1} \frac{F_y}{F_x} = \tan^{-1} \frac{1200 \text{ N}}{1000 \text{ N}} = 50{,}2°$$

Skizze (c) in Abbildung 4.20 zeigt einen Schnitt durch den Kräftequader in der Ebene der Gesamtkraft. Für den Winkel α_z ergibt sich aus dem Diagramm:

$$\alpha_z = \cos^{-1} \frac{F_z}{F_{ges}} = \cos^{-1} \frac{2000 \text{ N}}{2538 \text{ N}} = 38°$$

Mit diesen beiden Winkelangaben ist die Richtung der resultierenden Gesamtkraft eindeutig bestimmt.

Kräfte freimachen

Am Anfang jeder Beschäftigung mit der Statik eines beliebigen Bauteils steht immer die Frage, welche Kräfte auf dieses Bauteil wirken. Dabei muss man berücksichtigen, dass in der Realität die Bauteile nicht isoliert vorliegen, sondern in Kontakt mit anderen Bauteilen und Körpern sind. In jedem Fall eines Kontakts üben die beiden Körper gegenseitig eine Kraft aufeinander aus. Daraus ergibt sich eines der wichtigsten Prinzipien der Statik:

Jeder Körper übt auf die angrenzenden Oberflächen anderer Körper Kräfte aus, die man sich im Mittelpunkt der Berührungsfläche der jeweiligen Körper angreifend denken kann.

Um nun zu ermitteln, welche Kräfte auf einen Körper wirken, muss man diesen Körper *freimachen*. Bei dieser Technik werden nacheinander alle anderen Körper, die mit ihm in Kontakt sind, in Gedanken entfernt und durch die entsprechenden Kräfte ersetzt. Dies ist in Abbildung 4.21 am Beispiel eines Wanddrehkrans gezeigt. Er hat an drei Stellen Kontakt mit anderen Körpern: im Lager A mit der Wand, im Lager B mit dem Boden und schließlich noch mit der Last m. Abbildung 4.21 zeigt, dass diese angrenzenden Körper durch *vier* Kräfte ersetzt werden müssen, wobei sich außerdem zeigt, dass die Lager A und B keineswegs gleichwertig sind:

✔ Die Last m wird durch die Gewichtskraft F_G ersetzt.

✔ Das Lager A, ein sogenanntes *einwertiges Lager* (alles über Lager finden Sie in Kapitel 6), bewirkt nur eine Kraft F_A in $-x$-Richtung, die verhindert, dass der Kran kippt. Verschiebt man das Lager nach unten oder oben, gibt es jedoch keine entsprechende Bewegung des Krans. Also bewirkt dieses Lager keine Kraft in z-Richtung.

✔ Das Lager B ist hingegen zweiwertig. Egal, ob man es in z-Richtung (nach oben oder unten) oder in x-Richtung (nach rechts oder links) bewegt, der Kran macht jede Bewegung dieses Lagers mit. Infolgedessen muss dieses Lager durch zwei Kräfte F_{Bx} und F_{Bz} ersetzt werden. Um es anders auszudrücken: Das Lager B hält den Kran sowohl senkrecht als auch waagerecht in Position.

 Unter dem *Freimachen* oder *Freischneiden* eines Körpers versteht man die gedankliche Bestimmung der auf diesen Körper wirkenden Kräfte, indem man nacheinander alle angrenzenden Körper wegnimmt und sich überlegt, durch welche Kräfte man sie ersetzen muss.

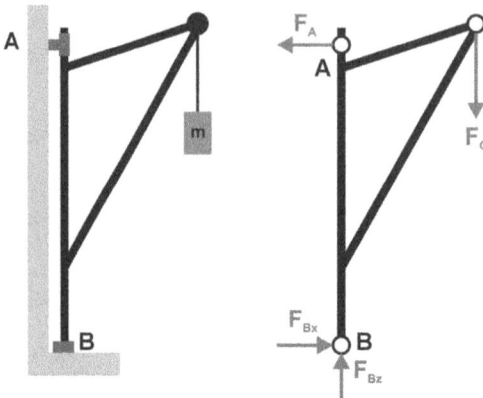

Abbildung 4.21: Freimachen eines Wanddrehkrans

Auf den ersten Blick kann man den Eindruck haben, dass das Freimachen eines komplizierten Bauteils eine schwierige Aufgabe ist. Es gibt allerdings einige einfache Regeln, die dieses Verfahren sehr erleichtern und die im folgenden Abschnitt kurz dargestellt werden.

Ziehen und Schieben

 Regel 1 beim Freimachen: Seile und andere flexible Elemente wie Riemen oder Ketten können nur *Zugkräfte* in Seilrichtung aufnehmen oder ausüben, aber keine Druckkräfte.

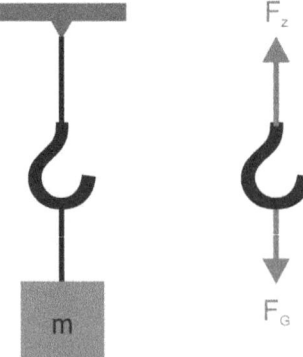

Abbildung 4.22: Freimachen eines Hakens

Das linke Diagramm in Abbildung 4.22 zeigt einen Haken mit einem Gewicht an einem Seil. Will man den *Haken* freimachen, so muss man das Seil und das Gewicht wegnehmen und durch die Zugkraft F_z des Seils und die Gewichtskraft F_G des Gewichts ersetzen.

Druck ausüben

Abbildung 4.23 zeigt eine Plattform, die über einen sogenannten *Zweigelenkstab* (mehr dazu finden Sie im Kasten über Stäbe) mit dem Boden verbunden ist. Der Stab ist durch zwei in diesem Fall zweiwertige Lager an der Plattform und am Boden befestigt. Infolgedessen kann er sowohl Druck- (jemand tritt auf die Plattform) als auch Zugkräfte aufnehmen (der Wind drückt die Plattform nach oben).

Regel 2 beim Freimachen: Stäbe können sowohl *Zug*- als auch *Druckkräfte* aufnehmen oder ausüben.

Die Form des Zweigelenkstabs spielt dabei keine Rolle; er kann gerade oder gekrümmt sein oder irgendeine beliebige Form besitzen.

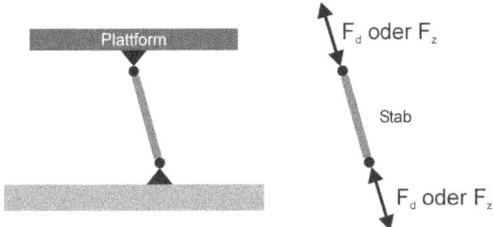

Abbildung 4.23: Freimachen eines Zweigelenkstabs

Den Stab brechen

Stäbe gehören zu den wichtigsten Bauteilen in der Technischen Mechanik; sie werden als Tragelemente in Tragwerken wie etwa Rahmen oder Fachwerken (Kapitel 6) verwendet. Verglichen mit ihrer Länge sind Stäbe dünn; das unterscheidet sie von *Balken*.

Es gibt vier wichtige Größen zur Charakterisierung eines Stabes: die Länge l, die Querschnittsfläche A, den Elastizitätsmodul E (Kapitel 12) sowie das Flächenträgheitsmoment I (Kapitel 11). Ein Stab kann an beiden Enden mit Kräften oder Drehmomenten belastet sein; zudem kann er an einem oder beiden Enden gelagert sein. Dabei können einwertige, zweiwertige und auch dreiwertige Lager zum Einsatz kommen.

Wenn ein Stab an beiden Enden ein- oder zweiwertige Lager besitzt, kann er nur Zug- oder Druckkräfte aufnehmen, aber keine Querkräfte oder Drehmomente. Einen solchen Stab nennt man auch *Pendelstütze* oder *Zweigelenkstab*. Ein solcher Stab kann generell keine Biegung oder Torsion aufnehmen.

Gegeneinander gepresst

Die zweite Gruppe von Regeln zum Freimachen von Körpern betrifft Fälle, in denen zwei Körper (großflächig) gegeneinandergedrückt werden.

Regel 3 beim Freimachen: Wenn sich zwei Körper großflächig berühren, können sie zwei Arten von Kräften aufnehmen:

✔ *Normalkräfte* stehen immer senkrecht zur Berührungsfläche.

✔ *Tangentialkräfte* liegen immer in der Berührungsfläche.

Berühren sich zwei Körper, so wirkt in jedem Fall eine Normalkraft F_N zwischen ihnen. Das ist in Abbildung 4.24(a) für den einfachsten Fall zweier ebener Körper dargestellt.

Tangentialkräfte können bei der Berührung zweier Körper zum Beispiel durch *Reibung* oder einen *Rollwiderstand* hervorgerufen werden (die Reibung wird ausführlich in Kapitel 7 vorgestellt). Betrachten Sie den freigemachten Körper auf der schiefen Ebene in Abbildung 4.24 (b). Die Gewichtskraft F_G und die Normalkraft F_N, die der Definition gemäß senkrecht zur Oberfläche des Körpers steht, können ihn nicht im Gleichgewicht halten. Der Körper würde die Rampe herunterrutschen, würde er nicht durch die tangential wirkende Reibungskraft F_R daran gehindert. Diese Reibungskraft muss beim Freimachen des Körpers natürlich ebenfalls berücksichtigt werden.

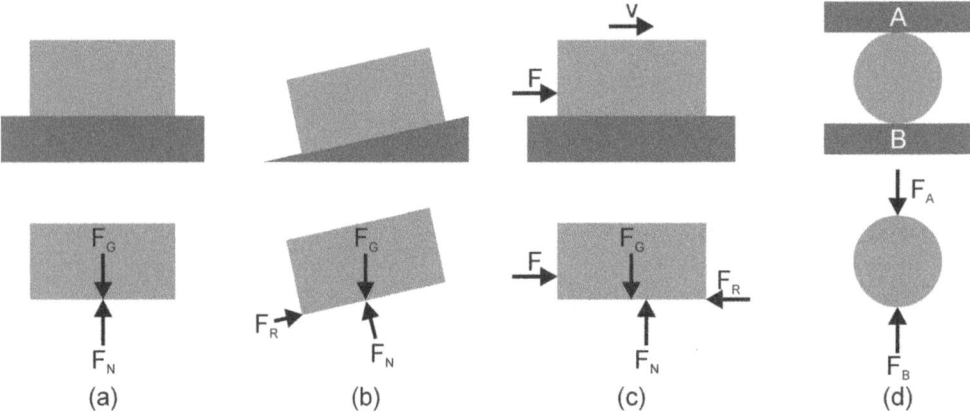

Abbildung 4.24: Freimachen von Körpern auf Unterlagen. Die obere Reihe stellt die Situation vor, die untere Reihe die freigemachten Körper. (a) Ein Körper auf einer Ebene; (b) ein Körper auf einer schiefen Ebene; (c) zwei sich gegeneinander bewegende Körper; (d) ein Rollkörper zwischen zwei Platten.

Eine tangentiale Reibungskraft wirkt auch, wenn sich zwei Körper gegeneinander bewegen (Abbildung 4.24(c)). Die Reibungskraft F_R ist in diesem Fall der antreibenden Kraft F entgegengesetzt. Hier ist noch eine Besonderheit zu beachten: Da die beiden Kräfte F und F_R in Abbildung 4.24(c) zwar parallel sind, aber nicht die gleiche Wirklinie haben, bilden sie ein *Kräftepaar*, das den Körper zu drehen versucht (das kann man leicht mithilfe zweier Bleistifte und einer Streichholzschachtel ausprobieren). Aus diesem Grund müssen die senkrecht wirkenden Kräfte F_G und F_N ebenfalls ein Kräftepaar bilden und können daher nicht die gleiche Wirklinie haben. Sie müssen vielmehr gegeneinander versetzt sein, um dieser Drehung entgegenzuwirken, wie Abbildung 4.24(c) zeigt.

 Regel 4 beim Freimachen: Bei Rollkörpern können nur sogenannte *Radialkräfte* und Tangentialkräfte auftreten.

Bei dem in Abbildung 4.24(d) dargestellten einfachen Fall einer ruhenden Kugel zwischen zwei Platten treten nur zwei Radialkräfte F_A und F_B auf. Sie besitzen die gleiche Wirklinie und sind im Gleichgewicht.

Lager

Die dritte Gruppe von Regeln für das Freimachen von Körpern betrifft Lager. Weiter oben in diesem Kapitel wurden bereits ein- und zweiwertige Lager sowie die sie repräsentierenden Kräfte dargestellt. Bei einwertigen Lagern wird eine, bei zweiwertigen Lagern werden zwei Kräfte beim Freimachen benötigt. Es gibt auch dreiwertige Lager; ein Beispiel ist der in Abbildung 4.25 dargestellte sogenannte Freiträger. Hier ergibt das Freimachen zwei zueinander senkrechte Kräfte und ein Drehmoment (in Kapitel 6 erfahren Sie alles Wissenswerte über Lager).

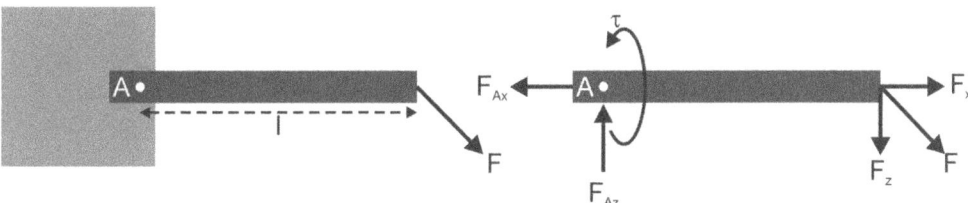

Abbildung 4.25: Freimachen eines dreiwertigen Lagers

In Bezug auf den Punkt A gilt für das in Abbildung 4.25 gezeigte dreiwertige Lager:

✔ $F_{Ax} = -F_x$

✔ $F_{Az} = F_z$

✔ $\tau = F_z \cdot l$

τ ist das sogenannte *Einspannmoment*.

 Regel 5 beim Freimachen (hier für ebene Probleme zusammengefasst): Bei Lagern hängt die Anzahl der Kräfte von der Wertigkeit des Lagers ab:

✔ einwertige Lager: eine Kraft

✔ zweiwertige Lager: zwei Kräfte

✔ dreiwertige Lager: zwei Kräfte und ein Drehmoment

Aufgaben

Aufgabe 4.1
Bei der Gartenarbeit finden Sie schon wieder einen Stein in Ihrer Staudenrabatte; ärgerlich schleudern Sie ihn mit einer Kraft von 60 N davon. Wie groß ist seine Masse, wenn er mit 2,5 m/s² beschleunigt wird?

Aufgabe 4.2
Sie üben eine Kraft von 15 N auf einen Ball der Masse 0,5 kg aus. Wie weit hat sich der Ball in 2,3 Sekunden bewegt, wenn er zuvor in Ruhe war?

Aufgabe 4.3
Da Kräfte Vektoren sind, können sie sowohl in der Komponentenschreibweise als auch durch die Angabe des Betrags und der Richtung beschrieben werden. Betrachten Sie die beiden folgenden Kräfte: **A** hat einen Betrag von 16 N und wirkt unter einem Winkel von 39°, **B** hat einen Betrag von 5 N und wirkt unter einem Winkel von 125°. Berechnen Sie die resultierende Gesamtkraft.

Aufgabe 4.4
Sie öffnen Ihre Wohnungstür, indem Sie am äußeren Rand mit einer Kraft von 90 N schieben. Die Tür ist 1,35 m breit und Sie schieben senkrecht zur Tür; wie groß ist das Drehmoment?

Aufgabe 4.5
Zwei Kinder sitzen auf einer Wippe, die eine Länge von $2L$ hat. Der Junge hat doppelt so viel Masse wie das Mädchen und sitzt $(1/3)L$ vom Drehpunkt entfernt. Wo muss das Mädchen sitzen, um den Jungen auszubalancieren?

Aufgabe 4.6
Ein Drehmoment von 470 Nm ist nötig, um eine Schraube in Ihrem Keller zu lösen. Wie viel Kraft müssen Sie aufbringen, wenn Ihr Schraubenschlüssel eine Länge von 50 Zentimetern hat?

Aufgabe 4.7
Betrachten Sie eine Rampe, die mit dem Boden einen Winkel von 30° bildet. Eine Kiste mit einer Masse von 10 kg liegt auf dieser Rampe. Bestimmen Sie die Kräfte, die entlang und senkrecht zur Rampe auf die Kiste wirken.

Aufgabe 4.8
Betrachten Sie einen Eisblock, der auf einer Rampe liegt, die mit dem Boden einen Winkel von 60° bildet. Wie groß ist seine Beschleunigung, wenn er hinunterschlittert und die Reibung nicht berücksichtigt wird?

Aufgabe 4.9
Stellen Sie sich vor, ein Eisblock liegt auf einer Rampe, die mit dem Boden einen Winkel von 40° bildet. Wie groß ist seine Endgeschwindigkeit, wenn er die 7 m lange Rampe hinunterschlittert und die Reibung nicht berücksichtigt wird?

Aufgabe 4.10
Der Kosinussatz ist ein wichtiges Hilfsmittel zur Bestimmung der Seiten in einem Dreieck. Für die drei Seiten a, b, c und den der Seite c gegenüberliegenden Winkel γ lautet er: $c^2 = a^2 + b^2 - 2ab \cdot \cos\gamma$.
Er wird Ihnen bei der Lösung der folgenden Aufgabe behilflich sein: Zwei Kräfte $F_1 = 2$ kN und $F_2 = 3$ kN wirken im Angriffspunkt A unter dem Winkel $\alpha = 120°$ zueinander. Berechnen Sie den Betrag der resultierenden Kraft F_r und den Winkel β zwischen den

Wirklinien von F_1 und F_r (siehe Abbildung 4.26).

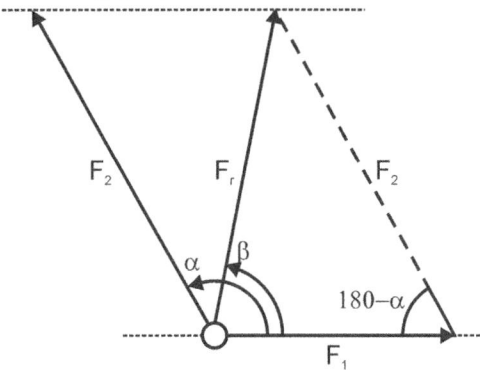

Abbildung 4.26: Skizze zur Aufgabe 4.10

IN DIESEM KAPITEL

Der Momentensatz

Schwerpunkte von Linien, Flächen und Volumen

Definition der Freiheitsgrade

Das Gleichgewicht finden

Standsicherheit

Kapitel 5
Immer in Ruhe bleiben: Schwerpunkt und Gleichgewicht

Die Hauptaufgabe der Statik ist es, zu untersuchen, ob sich ein Körper, auf den äußere Kräfte und Drehmomente wirken, im Gleichgewicht befindet und seinen Bewegungszustand nicht ändert oder ob diese äußeren Kräfte zu Translationsbewegungen und die Drehmomente zu Drehbewegungen des Körpers führen. In diesem Kapitel werden die Gleichgewichtsbedingungen entwickelt, um diese Fragen beantworten zu können. Bereits im vorangegangenen Kapitel wurden Kräfte und Drehmomente eingeführt und dargestellt, wie man mit ihnen rechnen und arbeiten kann. Allerdings müssen, bevor die Gleichgewichtsbedingungen aufgestellt werden können, noch zwei weitere Begriffe eingeführt werden, die bei dieser Diskussion notwendig sind:

✔ **Schwerpunkt:** Der Schwerpunkt oder Massemittelpunkt eines Körpers bestimmt den Punkt, an dem die Schwerkraft angreift. Umgekehrt ist er der Punkt, an dem man sich die gesamte Masse eines Körpers vereinigt vorstellen kann.

✔ **Freiheitsgrade:** Die Anzahl und Art der Freiheitsgrade eines Körpers gibt Auskunft darüber, welche Möglichkeiten ein Körper in einer bestimmten Situation hat, sich zu bewegen.

Demzufolge werden in diesem Kapitel drei große Themenbereiche behandelt: der Schwerpunkt, die Freiheitsgrade und schließlich die Gleichgewichtsbedingungen. Sie werden auch in dieser Reihenfolge vorgestellt. Zu Beginn der Diskussion wird jedoch zunächst kurz der Momentensatz vorgestellt, der in diesem Kapitel eine große Rolle spielt.

Der Momentensatz

Der *Momentensatz* wurde im vorangegangenen Kapitel schon mehrfach erwähnt. Er wird im Folgenden häufig bei der Berechnung des statischen Gleichgewichts benutzt und soll daher zunächst einmal kurz in seiner allgemeinsten Form vorgestellt werden. Er bezieht sich auf einen Körper, an dem ein Kräftesystem angreift. Betrachten Sie dazu Abbildung 5.1. Sie zeigt einen starren Körper, an dem ein ebenes Kräftesystem angreift. Wie in Kapitel 4 dargestellt, kann man dieses Kräftesystem zu einer resultierenden Kraft F_{res} zusammenfassen, durch die sich die Verschiebewirkung des Systems darstellen lässt. Allerdings muss die Resultierende auch in der Lage sein, die Drehwirkung des Kräftesystems richtig zu beschreiben. Dazu muss man ihre Position richtig bestimmen. An dieser Stelle hilft der Momentensatz weiter:

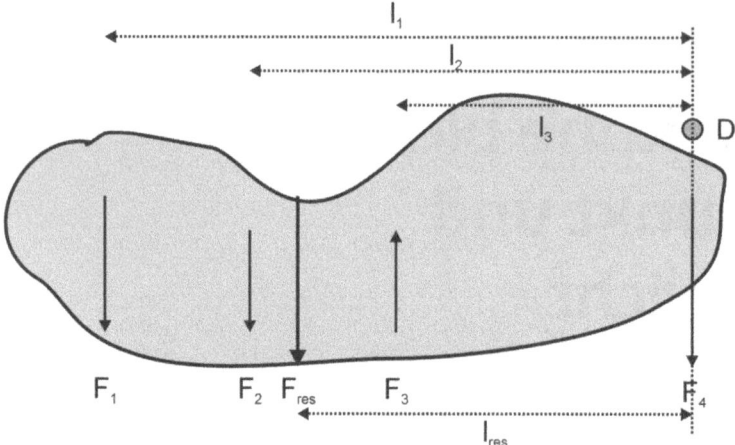

Abbildung 5.1: Ein ebenes Kräftesystem greift an einem starren Körper an. (Achtung! Die Abbildung ist nicht maßstäblich!)

Das Drehmoment der Resultierenden muss, bezogen auf einen Drehpunkt D, genauso groß wie die Summe der Drehmomente aller Kräfte in Bezug auf denselben Punkt sein. Dies lässt sich wie folgt mathematisch ausdrücken:

$$F_{res} \times l_{res} = F_1 \times l_1 + F_2 \times l_2 + F_3 \times l_3 + \ldots + F_n \times l_n$$

In den folgenden Abschnitten werden Sie diesem Satz noch mehrfach begegnen.

Man muss Schwerpunkte setzen

Um es mit einfachen Worten auszudrücken: Der Schwerpunkt eines Körpers ist der Punkt, den man unterstützen muss, damit ein Körper sich nicht bewegt (kippt, herunterfällt und so weiter).

Im Prinzip müssten Sie mit der Spitze Ihres Zeigefingers eine Tafel Schokolade balancieren können, wenn Sie genau deren Schwerpunkt treffen und eine ruhige Hand haben. Natürlich wissen Sie bei einer Tafel Schokolade genau, wo der Schwerpunkt liegen muss. Allerdings sollten Sie vor diesem Experiment keine Ecke abbeißen!

Bevor allerdings erläutert wird, wie man den Schwerpunkt eines Körpers auch rechnerisch bestimmen kann, ist es notwendig, einige Begriffe einzuführen.

Eine ganze Reihe von Schwerpunkten: Begriffsbestimmungen

Im Zusammenhang mit dem Schwerpunkt von Körpern spielt eine ganze Reihe von Begriffen eine Rolle, die hier zunächst kurz vorgestellt und dann im weiteren Verlauf näher erläutert werden.

- ✔ **Schwerpunkt:** Der Schwerpunkt eines Körpers ist der Punkt, an dem die *Schwerkraft* angreift.

- ✔ **Massemittelpunkt:** Wenn das Schwerefeld, das an einem Körper angreift, konstant ist, stimmt der Schwerpunkt mit dem Massemittelpunkt überein. Das ist der Punkt, an dem man sich die Gesamtmasse eines Körpers konzentriert vorstellen kann. Er weicht nur bei großen Körpern wie Planeten oder Asteroiden vom Schwerpunkt ab, weil hier zum Beispiel das Schwerefeld der Sonne nicht mehr über den Gesamtkörper konstant ist. Bei allen in diesem Buch behandelten Fragen stimmen Schwerpunkt und Massemittelpunkt jedoch überein.

- ✔ **Geometrischer Schwerpunkt:** Der geometrische Schwerpunkt eines Körpers ist sein Mittelpunkt. Er stimmt mit dem physikalischen Schwerpunkt oder Massemittelpunkt überein, wenn die Dichte des Körpers konstant ist. Wenn dies nicht der Fall ist, werden die Rechnungen komplizierter. Sie brauchen sich allerdings keine Sorgen zu machen: In diesem Buch werden nur homogene Körper mit konstanter Dichte betrachtet.

- ✔ **Flächenschwerpunkt:** Der Flächenschwerpunkt ist der Schwerpunkt eines Körpers, dessen Dicke konstant ist.

- ✔ **Linienschwerpunkt:** Der Linienschwerpunkt ist der Schwerpunkt eines Körpers, dessen Dichte und Querschnitt konstant sind.

Aus dieser Definition kann man bereits einige Schlussfolgerungen über den Schwerpunkt eines Körpers ziehen:

- ✔ Am Schwerpunkt eines Körpers angreifende Kräfte können dessen Rotationszustand nicht ändern, da sie wegen des fehlenden Hebels keine Drehmomente ausüben können. (Vergleichen Sie dazu auch die Definition des Drehmoments in Kapitel 4.)

- ✔ Bei vielen Anwendungen kann man sich die gesamte Masse eines Körpers in dessen Schwerpunkt zusammengezogen denken. Dann hat man es mit den *Massepunkten* zu tun, die in diesem Buch eine so wichtige Rolle spielen.

Im Rest dieses Kapitels wird angenommen, dass die Dichte der betrachteten Körper konstant ist, sodass Schwerpunkt und geometrischer Mittelpunkt übereinstimmen.

Den Schwerpunkt bestimmen

Wenn man den Schwerpunkt eines Körpers bestimmen will, muss man Folgendes beachten:

✔ Besitzt ein Körper eine *Symmetrieachse*, so liegt der Schwerpunkt auf dieser Achse. Besitzt ein Körper mehrere Symmetrieachsen, so liegt der Schwerpunkt im Schnittpunkt dieser Symmetrieachsen (Abbildung 5.2). Die Symmetrieachsen sind in diesem Zusammenhang also bestimmte *Schwerelinien* (siehe unten).

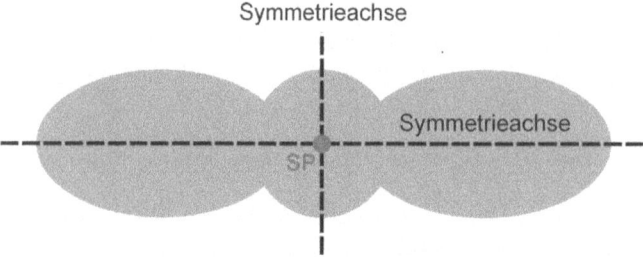

Abbildung 5.2: Ein Körper mit zwei Symmetrieachsen

✔ Der Schwerpunkt eines Körpers muss sich nicht unbedingt im Körper selbst befinden. Beispiele dafür sind etwa eine Tasse oder auch ein Ehering, aber auch technisch relevante Körper wie Hohlzylinder oder Reifen.

Bei vielen Körpern, vor allem bei regelmäßig geformten oder bei zusammengesetzten kann man den Schwerpunkt berechnen, wie im folgenden Abschnitt dargestellt wird. Bei völlig irregulären Körpern ist dies allerdings nur mit großem mathematischen Aufwand (etwa numerischen Verfahren) möglich. Für diese Fälle gibt es aber ein relativ einfaches experimentelles Verfahren, um den Schwerpunkt zumindest einigermaßen genau zu bestimmen.

Hängt man den Körper an einem beliebigen Punkt auf, so liegt der Schwerpunkt auf der senkrecht nach unten weisenden Linie, der sogenannten *Schwerelinie*. Wiederholt man den Vorgang mit einem zweiten Aufhängungspunkt, so liegt der Schwerpunkt im Schnittpunkt der beiden so ermittelten Schwerelinien. Zur Sicherheit kann man mithilfe weiterer Aufhängungspunkte noch weitere Schwerelinien erzeugen.

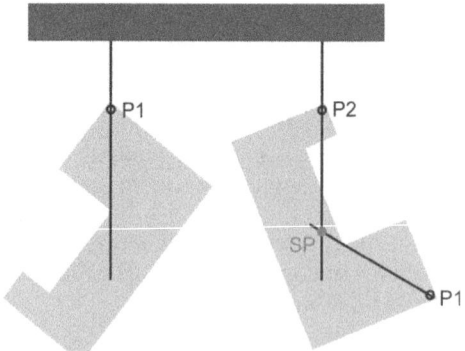

Abbildung 5.3: Experimentelle Bestimmung des Schwerpunkts eines Körpers

Den Schwerpunkt berechnen

Aus mathematischer Sicht kann man den Schwerpunkt eines Körpers, den man sich aus zahllosen *Masseelementen* Δm zusammengesetzt vorstellen kann, folgendermaßen definieren:

$$\mathbf{r}_{SP} = \frac{1}{M} \sum_i \mathbf{r}_i \Delta m_i$$

Diese Gleichung bedarf einiger Erläuterungen:

✔ Das Summenzeichen Σ bedeutet, dass man über alle Masseelemente aufsummieren muss, die den Körper bilden. *i* ist der Index, der das jeweilige Masseelement kennzeichnet.

✔ $\mathbf{r}_{SP}$ ist die Position des Schwerpunkts. Dabei handelt es sich um einen Vektor.

✔ *M* ist die Summe aller Masseelemente Δm unabhängig von deren Position im Körper, das heißt mit anderen Worten, die Gesamtmasse des Körpers ist:

$$M = \sum_i \Delta m_i$$

Betrachten Sie an dieser Stelle das folgende einfache eindimensionale Beispiel in Abbildung 5.4. Es zeigt einen Stab mit der Länge *L* = 100 cm, an dem drei Massen befestigt sind. Die Masse des Stabes soll vernachlässigt werden. Wo befindet sich der Schwerpunkt?

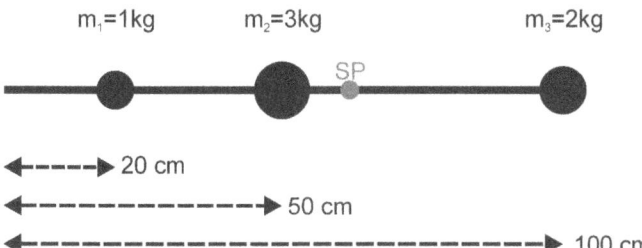

Abbildung 5.4: Ein Körper aus drei Masseelementen. SP steht für Schwerpunkt

Um diese Frage beantworten zu können, muss man zunächst den Nullpunkt der Vektoren festlegen. Dazu kann man beispielsweise das linke Ende des Stabes wählen. Danach muss die Gesamtmasse *M* der beteiligten Masseelemente berechnet werden:

$$M = \sum_i \Delta m_i = 1\,\text{kg} + 3\,\text{kg} + 2\,\text{kg} = 6\,\text{kg}$$

Schließlich kann man den Schwerpunkt berechnen. Da es sich nur um ein eindimensionales Problem handelt, spielen Richtungen hier keine Rolle. Man erhält:

$$r_{SP} = \frac{1}{M} \sum_i r_i \Delta m_i$$

$$= \frac{1}{6\,\text{kg}} (0{,}2\,\text{m} \cdot 1\,\text{kg} + 0{,}5\,\text{m} \cdot 3\,\text{kg} + 1\,\text{m} \cdot 2\,\text{kg}) = 0{,}62\,\text{m}$$

Der Schwerpunkt liegt also 62 cm rechts vom linken Ende des Stabes entfernt, wie in Abbildung 5.4 dargestellt ist.

Wenn man es mit zwei- oder dreidimensionalen Problemen zu tun hat, muss man allerdings mit Vektoren rechnen. Betrachten Sie dazu den in Abbildung 5.5(a) dargestellten Körper:

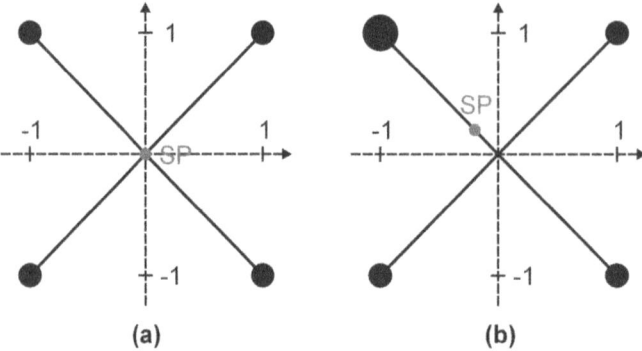

Abbildung 5.5: Zwei aus je vier Elementen bestehende zweidimensionale Körper

Er besteht aus vier gleichen Massen m, die kreuzweise an den Enden zweier Stäbe angeordnet sind. Sie sehen natürlich mit einem Blick auf die Abbildung sofort, wo der Schwerpunkt liegt: im Verbindungspunkt der beiden Stäbe. Dennoch ist es lehrreich, die Gleichung für den Schwerpunkt hinzuschreiben, die in diesem Fall vektoriell ist, aber nur zweidimensional. Es ist natürlich sinnvoll, den Ursprung des Koordinatensystems in den Schnittpunkt der Stäbe zu legen. Da die vier Massen gleich sind und ihre Summe gerade die Gesamtmasse ergibt, folgt:

$$\mathbf{r}_{SP} = \frac{1}{M} \sum_i \mathbf{r_i} \Delta m_i = \frac{m}{M} \sum_{i=1}^{4} \mathbf{r_i} = \frac{1}{4} \cdot \sum_{i=1}^{4} \mathbf{r_i}$$

Nun folgt »Vektorrechnung einfach«:

$$\mathbf{r}_{SP} = \frac{1}{4} \sum_{i=1}^{4} \mathbf{r_i} = \frac{1}{4} \left[\begin{pmatrix} -1 \\ 1 \end{pmatrix} + \begin{pmatrix} 1 \\ 1 \end{pmatrix} + \begin{pmatrix} 1 \\ -1 \end{pmatrix} + \begin{pmatrix} -1 \\ -1 \end{pmatrix} \right] = \begin{pmatrix} 0 \\ 0 \end{pmatrix}$$

Das heißt, der Schwerpunkt befindet sich im Punkt (0,0), dem Schnittpunkt der beiden Stäbe, wie Sie schon vorher vermutet haben. Wo aber liegt der Schwerpunkt, wenn eine der vier Massen (die links oben) doppelt so groß wie jede der drei anderen ist (siehe Abbildung 5.3 (b))? Vorhersagen sind hier nicht ganz so einfach. M beträgt jetzt $5m$, und die Gleichung für den Schwerpunkt lautet:

$$\mathbf{r}_{SP} = \frac{1}{M} \sum_{i=1}^{4} \mathbf{r_i} m_i = \frac{1}{M} \left[2m \cdot \begin{pmatrix} -1 \\ 1 \end{pmatrix} + m \cdot \begin{pmatrix} 1 \\ 1 \end{pmatrix} + m \cdot \begin{pmatrix} 1 \\ -1 \end{pmatrix} + m \cdot \begin{pmatrix} -1 \\ -1 \end{pmatrix} \right]$$

$$= \frac{m}{M} \left[2 \cdot \begin{pmatrix} -1 \\ 1 \end{pmatrix} + \begin{pmatrix} 1 \\ 1 \end{pmatrix} + \begin{pmatrix} 1 \\ -1 \end{pmatrix} + \begin{pmatrix} -1 \\ -1 \end{pmatrix} \right] = \frac{1}{5} \cdot \begin{pmatrix} -1 \\ 1 \end{pmatrix} = \begin{pmatrix} -0{,}2 \\ 0{,}2 \end{pmatrix}$$

Der Schwerpunkt dieses Körpers hat sich also vom geometrischen Mittelpunkt hin zu der schwereren Einzelmasse verschoben.

Natürlich bestehen reale Körper aus zu vielen Masseelementen, als dass man ihren Schwerpunkt auf dem hier skizzierten Weg berechnen könnte. Eine Abhilfe bietet in solchen Fällen die Integralrechnung. Glücklicherweise findet man für viele regelmäßige Körperformen die Lage des Schwerpunkts in Tabellen. Einige Flächen- und Linienschwerpunkte wichtiger Körper sind auch in Tabelle 5.1 und Tabelle 5.2 zusammengestellt.

Flächenschwerpunkt

Viele Körper in der Technik sind »zweidimensional« in dem Sinne, dass ihre Dicke, also ihre dritte Dimension, konstant ist. Wenn der Körper homogen ist, das heißt, auch die Dichte konstant ist, kennt man bereits eine Koordinate des Schwerpunkts dieser Körper. Sie liegt bei deren halber Dicke.

Zur Ermittlung des Schwerpunkts eines Körpers mit konstanter Dicke und konstanter Dichte ist es ausreichend, den sogenannten *Flächenschwerpunkt* zu bestimmen.

Dabei muss man drei Fälle unterscheiden:

1. Die zu untersuchende Fläche besitzt eine regelmäßige Form. Dann kann man die Lage des Schwerpunkts (mithilfe der Integralrechnung) berechnen; die Ergebnisse dieser Rechnungen findet man in Tabellen (einige besonders wichtige Fälle sind in Tabelle 5.1 aufgeführt).

2. Die Form des Körpers ist irregulär, kann aber in reguläre Teilflächen zerlegt werden. In diesem Fall kann man ihren Schwerpunkt mithilfe der Gleichungen berechnen, die im folgenden Abschnitt vorgestellt werden.

3. Die Form des Körpers ist völlig irregulär; in diesem Fall hilft nur, den Schwerpunkt durch das Aufhängeverfahren experimentell oder mathematisch mit aufwendigen numerischen Verfahren zu ermitteln, wie oben dargelegt wurde.

Wenn Sie den Schwerpunkt von Deutschland ermitteln wollen, ist die beste Möglichkeit, eine Deutschlandkarte auf einen Karton aufzukleben, sie genau entlang der Grenze auszuschneiden und dann mit der oben vorgestellten »Aufhängemethode« den Mittelpunkt festzustellen, der übrigens bei der Gemeinde Niederdorla (Unstrut-Hainich-Kreis in Thüringen) liegt.

Schwerpunkte einfacher Flächen

Körper	Schwerpunkt
Dreieck 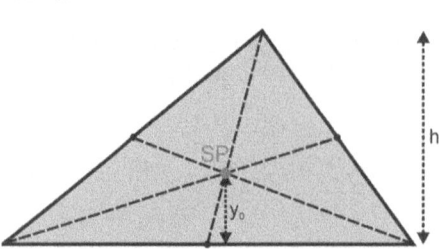	Der Schwerpunkt liegt im Schnittpunkt der drei *Seitenhalbierenden* (der Linien, die einen Eckpunkt mit dem Mittelpunkt der gegenüberliegenden Seite verbinden). Für den Schwerpunktsabstand gilt: $$y_0 = \frac{h}{3}$$
Parallelogramm 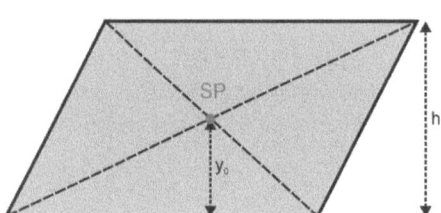	Der Schwerpunkt liegt im Schnittpunkt der Diagonalen des Parallelogramms. Außerdem gilt für den Schwerpunktsabstand: $$y_0 = \frac{h}{2}$$
Trapez 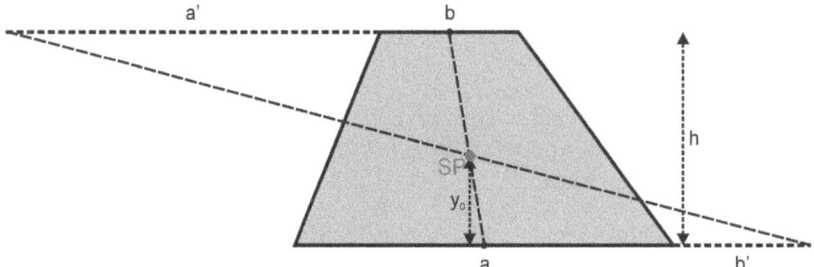	

1. Man setzt die Seite *a* nach links an die Seite *b*.
2. Man setzt die Seite *b* nach rechts an die Seite *a*.
3. Man verbindet die beiden Endpunkte miteinander.
4. Man verbindet die beiden Mittelpunkte der Seite *a* und *b* miteinander.
5. Der Schnittpunkt beider Linien ist der Schwerpunkt.

Für die Schwerpunktsabstände ergibt sich:

$$y_0 = \frac{h}{3} \frac{a + 2b}{a + b}$$

KAPITEL 5 Immer in Ruhe bleiben: Schwerpunkt und Gleichgewicht   117

Körper	Schwerpunkt
Halbkreis 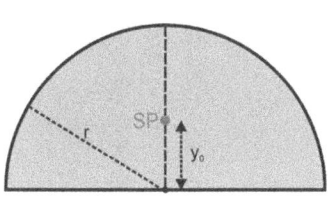	Für den Abstand des Schwerpunkts von der Basislinie gilt: $$y_0 = \frac{4r}{3\pi}$$
Kreisausschnitt 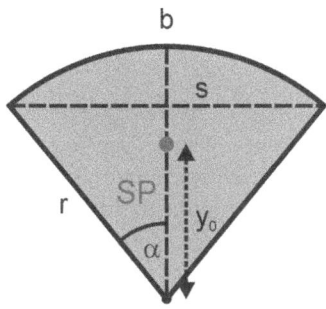	Der Schwerpunkt liegt natürlich auf der Symmetrieachse. Für den Abstand des Schwerpunkts vom Kreismittelpunkt gilt: $$y_0 = \frac{2}{3}\frac{rs}{b}$$ wobei b der Kreisbogen und s die Sehne des Kreisausschnitts ist: $$b = 2r\alpha$$ $$s = 2r\,\sin\,\alpha$$
Kreissegment 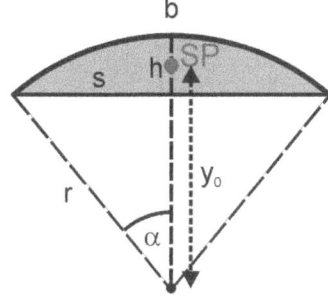	Der Schwerpunkt liegt natürlich auf der Symmetrieachse. Hier gilt für den Abstand des Körpers vom Kreismittelpunkt: $$y_0 = \frac{s^3}{12A}$$ wobei A die Fläche des Segments ist: $$A = \frac{r(b-s)+sh}{2}$$ Die Höhe h des Segments beträgt: $$h = r(1-\cos\,\alpha)$$

Tabelle 5.1: Position des Schwerpunkts für einige ausgewählte regelmäßige Flächen

In Tabelle 5.1 ist die Lage des Schwerpunkts für eine Reihe von regelmäßigen Körpern angegeben, die in der Technik eine wichtige Rolle spielen. Der *Schwerpunktsabstand* ist dabei der Abstand vom linken (x_0) oder unteren Rand (y_0) des Körpers. Weitere Daten finden Sie in einschlägigen Tabellen.

Schwerpunkte zusammengesetzter Flächen

Abbildung 5.6 zeigt einen flächenhaften Körper (etwa ein Metallblech), der aus zwei rechteckigen Teilstücken zusammengesetzt ist. Wo liegt der Schwerpunkt dieses Körpers?

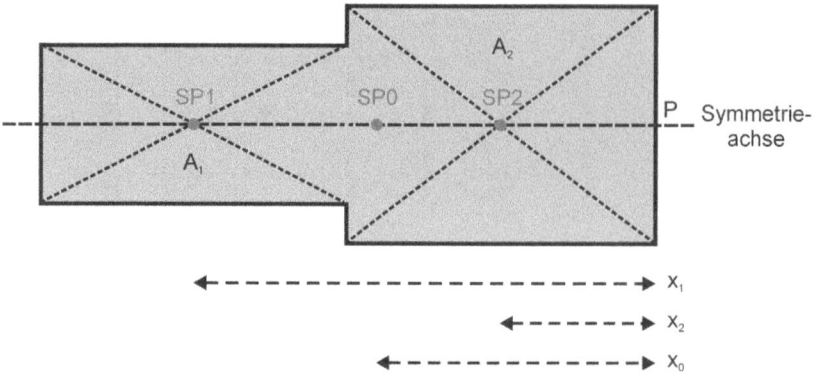

Abbildung 5.6: Ein aus zwei Rechtecken zusammengesetzter Körper

Die beiden Schwerpunkte SP1 und SP2 befinden sich auf den Schnittpunkten der Diagonalen des jeweiligen Rechtecks. Und da der Gesamtkörper eine waagerechte Symmetrieachse besitzt, ist klar, dass auch der Gesamtschwerpunkt SP0 auf dieser Linie liegen muss. Das heißt, die y-Komponente von SP0 ist bekannt; man muss nur noch die x-Komponente berechnen. Auf die Schwerpunkte SP1 und SP2 wirken die Gewichtskräfte:

$$F_1 = m_1 g \quad \text{und} \quad F_2 = m_2 g$$

Der Darstellung in Kapitel 4 zufolge kann man mithilfe des *Momentensatzes* diese beiden Kräfte zu einer resultierenden Gesamtkraft zusammenfassen, die im Schwerpunkt wirkt:

$$F_0 = m_0 g = (m_1 + m_2) g$$

Der oben vorgestellte Momentensatz besagt, dass die Summe der Drehmomente eines räumlichen Kräftesystems gleich dem Moment der Resultierenden dieses Kräftesystems für denselben Bezugspunkt ist. Wendet man dies auf den Punkt SP0 in diesem Fall an, erhält man:

$$F_0 x_0 = F_1 x_1 + F_2 x_2$$
$$x_0 = \frac{F_1 x_1 + F_2 x_2}{F_0}$$

Für die Kräfte in dieser Gleichung gilt:

$$F_i = m_i g = \rho d A_i g$$

wobei ρ die Dichte ist, d die Dicke der Scheibe und A_i die entsprechende Fläche. Da ρ und d (und natürlich auch g) in allen drei Fällen gleich sind, kann man die vorletzte Gleichung schreiben als:

$$x_0 = \frac{A_1 x_1 + A_2 x_2}{A_0} = \frac{A_1 x_1 + A_2 x_2}{A_1 + A_2}$$

und erhält somit die x-Komponente des Schwerpunkts des Körpers. Infolgedessen wird diese Gleichung auch als Schwerpunktformel bezeichnet,

KAPITEL 5 Immer in Ruhe bleiben: Schwerpunkt und Gleichgewicht

 Zur Bestimmung des Schwerpunkts eines aus regelmäßigen Teilflächen aufgebauten Körpers muss man die Einzelschwerpunkte und die Flächen der Teilstücke kennen.

Betrachten Sie an dieser Stelle das in Abbildung 5.7 dargestellte Beispiel. Es besteht aus zwei Halbkreisen, die allerdings nicht gleich groß sind, und einem Rechteck.

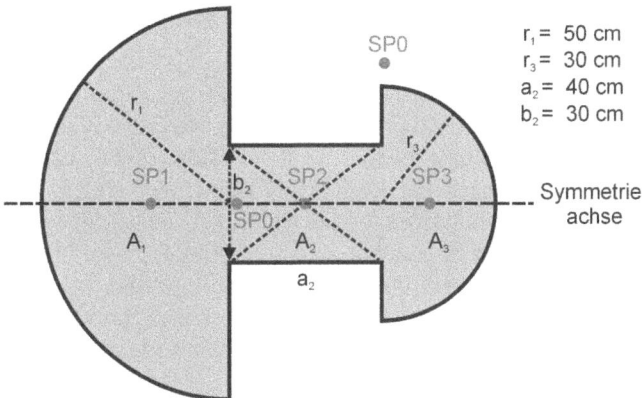

Abbildung 5.7: Ein Körper aus drei Teilflächen

Zunächst einmal gibt es auch hier eine waagerechte Symmetrieachse, auf der der Gesamtschwerpunkt SP0 liegen muss. Zur Bestimmung der Lage von SP0 auf der x-Achse muss man zunächst die Flächen der drei Teilstücke berechnen:

$$A_1 = \frac{1}{2}\pi r_1^2 = 0{,}39 \text{ m}^2$$
$$A_2 = a_2 b_2 = 0{,}12 \text{ m}^2$$
$$A_3 = \frac{1}{2}\pi r_3^2 = 0{,}14 \text{ m}^2$$

Die Gesamtfläche A beträgt also:

$$A_0 = A_1 + A_2 + A_3 = 0{,}65 \text{ m}^2$$

Danach muss man die Lage der Schwerpunkte der drei Teilstücke berechnen. Bei dieser Aufgabenstellung ist es sinnvoll, den Nullpunkt der x-Achse in den Schwerpunkt SP2 des Rechtecks zu legen, das heißt den Schnittpunkt der Diagonalen des Rechtecks. Da der linke Halbkreis größer ist als der rechte, muss der Schwerpunkt links von SP2 liegen, also einen negativen x-Wert aufweisen. Für die Schwerpunkte der beiden Halbkreise gilt entsprechend Tabelle 5.1:

$$x_1 = -\frac{x_2}{2} - \frac{4}{3\pi}r_1 = -0{,}412 \text{ m}$$
$$x_3 = \frac{x_2}{2} + \frac{4}{3\pi}r_3 = 0{,}327 \text{ m}$$

Nun muss man die Schwerpunktgleichung aufstellen:

$$x_0 = \frac{A_1 x_1 + A_2 x_2 + A_3 x_3}{A_0}$$

$$= \frac{-0{,}39 \text{ m}^2 \cdot 0{,}412 \text{ m} + 0{,}12 \text{ m}^2 \cdot 0 \text{ m} + 0{,}14 \text{ m}^2 \cdot 0{,}327 \text{ m}}{0{,}65 \text{ m}^2} = -0{,}18 \text{ m}$$

Wie vorhergesagt, liegt der Schwerpunkt links von SP2, in etwa auf der Grenze zwischen den Teilstücken 1 und 2.

Ein wichtiger Aspekt bei derartigen Aufgaben mit zusammengesetzten Flächen ist die richtige Wahl des Nullpunkts des Koordinatensystems. Natürlich hängt das Endergebnis nicht davon ab; unabhängig von der Wahl des Nullpunkts ist das Ergebnis stets das gleiche, nicht jedoch der Rechenaufwand. Leider gibt es hier keine allgemeingültige Regel. In Abbildung 5.6 ist es eigentlich unwichtig, wo der Nullpunkt liegt; in Abbildung 5.7 ist es sinnvoll, den Schwerpunkt des mittleren Teilstücks zu wählen, weil dadurch eine Art von Symmetrie erzeugt wird und zudem $x_2 = 0$ ist. Wenn eine Symmetrieachse vorliegt, sollte man auf alle Fälle den Nullpunkt auf dieser Achse wählen, weil dadurch das Problem eindimensional wird.

Von besonderem Interesse sind auch Körper, die zwar einen regelmäßigen Grundriss haben, bei denen aber regelmäßige Bereiche ausgestanzt sind, also fehlen. Ein Beispiel ist in Abbildung 5.8 dargestellt.

Die Abbildung zeigt einen rechteckigen Körper mit zwei Aussparungen:

✔ ein Rechteck am linken Rand,

✔ einen Kreis im rechten Teil.

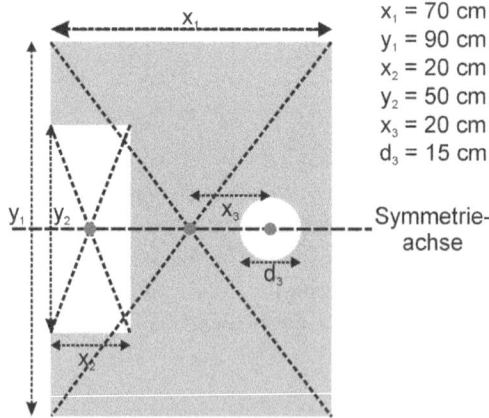

Abbildung 5.8: Eine Fläche mit ausgestanzten Bereichen

Zunächst einmal ist klar, dass wieder eine waagerechte Symmetrieachse vorliegt. Gäbe es die Aussparungen nicht, würde der Schwerpunkt auf dem Schnittpunkt der Diagonalen des großen Rechtecks liegen. Die Lage der Schwerpunkte der beiden anderen, allerdings fehlenden Teile ist auch klar. Beim kleinen Rechteck ist es wieder der Schnittpunkt der Diagonalen, beim Kreis sein Mittelpunkt.

Zunächst muss man wieder den Nullpunkt des Koordinatensystems festlegen. Es ist naheliegend, hier den Schwerpunkt des großen Rechtecks zu benutzen. Dann muss man wieder die Flächen der drei Teilstücke berechnen. Hier gilt:

$A_1 = x_1 x_2 = 6300 \text{ cm}^2$

$A_2 = x_2 y_2 = 1000 \text{ cm}^2$

$A_3 = \pi r_3^2 = 177 \text{ cm}^2$

Der nächste Schritt ist dann die Berechnung der Gesamtfläche, wobei man berücksichtigen muss, dass die Teilstücke 2 und 3 fehlen! A_2 und A_3 müssen also subtrahiert werden.

$A_0 = A_1 - A_2 - A_3 = 5123 \text{ cm}^2$

Die Positionen der Schwerpunkte SP2 und SP3 in Bezug auf den Nullpunkt sind ebenfalls leicht aus der Zeichnung herauszulesen:

$x_{SP2} = -\dfrac{x_1}{2} + \dfrac{x_2}{2} = -\dfrac{1}{2}(x_1 - x_2) = -25 \text{ cm}$

$x_{SP3} = x_3 = 20 \text{ cm}$

Nun muss man wieder den Momentensatz aufstellen, wobei wiederum berücksichtigt werden muss, dass die beiden Teilstücke 2 und 3 fehlen. Es gilt:

$F_0 x_0 = F_1 x_{SP1} - F_2 x_{SP2} - F_3 x_{SP3}$

Die Kräfte F_2 und F_3 müssen negativ sein, also nach oben zeigen, wie die Kräftebilanz des Schnitts durch den Körper entlang der Symmetrieachse in Abbildung 5.9 zeigt:

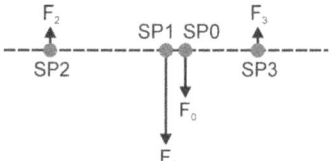

Abbildung 5.9: Schnitt durch den Körper in Abbildung 5.8 entlang der Symmetrieachse. Die Kräfte sind nicht maßstäblich eingezeichnet

Kürzt man Dicke, Dichte und die Erdbeschleunigung wie oben aus der Gleichung heraus, bleiben die einzelnen Flächen übrig, und man erhält:

$x_0 = \dfrac{A_1 x_{SP1} - A_2 x_{SP2} - A_3 x_{SP3}}{A_0}$

$= \dfrac{6300 \text{ cm}^2 \cdot 0 \text{ cm} - 1000 \text{ cm}^2 \cdot (-25 \text{ cm}) - 177 \text{ cm}^2 \cdot 20 \text{ cm}}{5123 \text{ cm}^2} = 4{,}2 \text{ cm}$

Der Schwerpunkt liegt 4,2 cm rechts vom Schwerpunkt SP1 des großen Rechtecks. Dies entspricht den Erwartungen: Der Gesamtschwerpunkt SP0 liegt nicht weit von SP1 entfernt, weil die fehlenden Flächen relativ klein sind. Er liegt rechts von SP1, weil die auf der linken Seite fehlende Fläche größer ist als die des kleinen Kreises auf der rechten Seite.

Auch Linien besitzen einen Schwerpunkt

Wenn man es mit Körpern zu tun hat, die einen konstanten Querschnitt (und eine konstante Dichte) besitzen, so reicht es aus, mit dem sogenannten *Linienschwerpunkt* zu arbeiten. Wie schon bei Flächenschwerpunkten muss man auch hier verschiedene Fälle unterscheiden:

✔ einfache Linien,

✔ zusammengesetzte Linien.

Schwerpunkte einfacher Linien

Ebenso wie bei Flächenschwerpunkten findet man die Linienschwerpunkte von regelmäßigen linienförmigen Körpern in entsprechenden Tabellen (oder auch im Internet). In Tabelle 5.2 sind einige besonders wichtige Fälle zusammengestellt.

Körper	Schwerpunkt
Strecke ![Strecke mit SP in der Mitte, Länge L] 	Der Schwerpunkt einer Strecke liegt natürlich in deren Mitte, das heißt $x_0 = \dfrac{L}{2}$
Dreiecksumfang 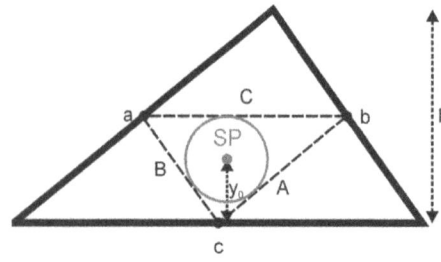	1. Man halbiert die Seiten a, b und c und erzeugt so das Dreieck mit den Seiten A, B, C. 2. Man zeichnet den sogenannten »Inkreis« in dieses Dreieck. 3. Der Mittelpunkt dieses Kreises ist der Schwerpunkt des Dreiecksumfangs. 4. Für den Schwerpunktsabstand gilt: $y_0 = \dfrac{h}{2} \dfrac{a+b}{a+b+c}$
Kreisbogen 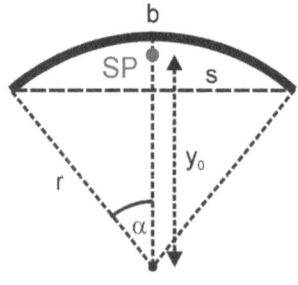	Der Schwerpunktsabstand beträgt: $y_0 = \dfrac{rs}{b}$ Zur Berechnung des Bogens b und der Sehne s siehe Tabelle 5.1: Position des Schwerpunkts für einige ausgewählte regelmäßige Flächen.

Tabelle 5.2: Schwerpunkte einiger ausgewählter Linien

Man sieht vor allem am Beispiel des Dreiecks, dass die Flächenschwerpunkte und die Linienschwerpunkte zweier gleichgeformter Körper nicht übereinstimmen müssen.

Schwerpunkte zusammengesetzter Linien

Die Lage des Schwerpunkts zusammengesetzter Linien lässt sich praktisch genauso berechnen wie bei zusammengesetzten Flächen. Der einzige Unterschied ist, dass sich im Momentensatz nicht nur die Dicke d, sondern der Querschnitt q herauskürzt und dort nicht mehr Flächen, sondern Längen stehen. Daher soll an dieser Stelle die Berechnung des Schwerpunkts zusammengesetzter Körper am Beispiel des in Abbildung 5.10 gezeigten linienförmigen Körpers noch einmal systematisch dargestellt werden.

1. **Identifizierung der beteiligten Teilkörper:** Der Körper besteht aus drei Linien:
   - die obere Strecke s_1,
   - die untere Strecke s_2,
   - der Kreisbogen b_3, der einen Winkel von 180° einschließt.

   Außerdem gibt es eine waagerechte Symmetrieachse, auf der der Schwerpunkt liegen muss.

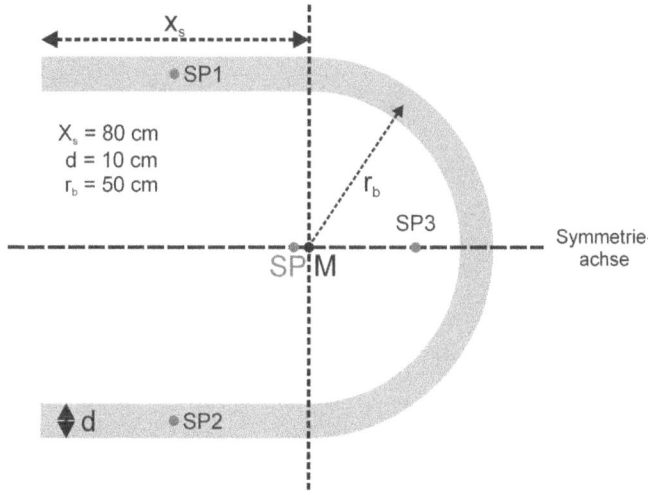

Abbildung 5.10: Ein linienförmiger Körper aus drei Teillinien

2. **Wahl des Nullpunkts des Systems:** In diesem Fall bietet sich der Mittelpunkt des Kreisbogens M an. Das hat zum einen den Vorteil, dass man die Lage des Schwerpunkts des Bogens direkt aus Tabelle 5.2 entnehmen kann, zum anderen enden die Strecken s_1 und s_2 auf der durch M verlaufenden senkrechten Linie.

3. **Bestimmung der Längen der Teilstücke** (im Falle von Flächenschwerpunkten der Flächen): Für die Längen der drei Teilstücke ergibt sich aus Abbildung 5.10:

$$l_{s1} = l_{s2} = x_s = 80 \text{ cm}$$
$$l_b = \pi r_b = 157 \text{ cm}$$

Für die Gesamtlänge ergibt sich:

$$l_0 = l_{s1} + l_{s2} + l_b = 317 \text{ cm}$$

4. **Bestimmung der Schwerpunkte der einzelnen Linien:** Aus den in Tabelle 5.2 angegebenen Daten ergibt sich:

$$x_1 = x_2 = -\frac{x_s}{2} = -40 \text{ cm}$$
$$x_3 = \frac{r_b s}{b}$$

wobei s die Sehne und b der Bogen des Kreisbogens ist. Da es sich um einen Kreisbogen von 180° handelt, gilt:

$$s = 2r_b = 100 \text{ cm} \quad \text{und} \quad b = \pi r_b = 157 \text{ cm}$$

Damit erhält man für x_3:

$$x_3 = \frac{50 \text{ cm} \cdot 100 \text{ cm}}{157 \text{ cm}} = 31{,}8 \text{ cm}$$

5. **Anwendung der Schwerpunktformel:** Da man es hier mit Längen anstelle von Flächen zu tun hat, muss man in der im vorangegangenen Abschnitt aufgestellten Gleichung die Flächen A_i durch die Längen l_i ersetzen:

$$x_0 = \frac{l_1 x_1 + l_2 x_2 + l_3 x_3}{l_0}$$
$$= \frac{2 \cdot 80 \text{ cm} \cdot (-40 \text{ cm}) + 157 \text{ cm} \cdot 31{,}8 \text{ cm}}{317 \text{ cm}} = -4{,}44 \text{ cm}$$

Der Linienschwerpunkt liegt also etwas mehr als 4 cm links vom Nullpunkt des Systems (dem Mittelpunkt des Kreisbogens).

Die Freiheit, sich zu bewegen: Freiheitsgrade

Thema der Statik ist die Frage nach dem Gleichgewicht von Körpern, Bauteilen oder technischen Konstruktionen. Ziel der Statik ist es, Bauteile oder Konstruktionen so auszulegen, dass sie sich *nicht* bewegen (nicht kippen, nicht drehen, nicht rutschen und so weiter). Wenn man diese Aufgabe lösen will, muss man zunächst einmal klären, wie sich ein Körper überhaupt bewegen kann. Mit anderen Worten: Man muss feststellen, welche Freiheitsgrade ein Körper hat.

KAPITEL 5 Immer in Ruhe bleiben: Schwerpunkt und Gleichgewicht | 125

 Als *Freiheitsgrad* bezeichnet man jede voneinander unabhängige Möglichkeit eines Körpers, sich zu bewegen.

Eine Sardine in einer Büchse hat keinen Freiheitsgrad, da sie dicht hineingepackt ist und sich nicht bewegen kann. Außerdem ist sie tot.

Abbildung 5.11 zeigt einen Massepunkt. Er kann sich frei in jede der drei Richtungen des Koordinatensystems bewegen, hat also drei Freiheitsgrade. Rotationsbewegungen hingegen spielen bei Massepunkten keine Rolle, da ein Massepunkt keine Ausdehnung hat.

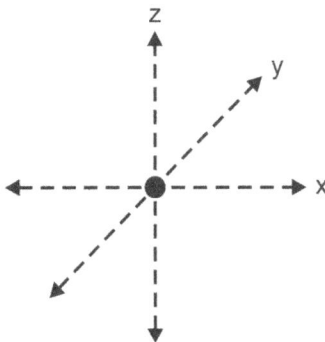

Abbildung 5.11: Die Freiheitsgrade eines Massepunkts

Betrachtet man hingegen einen ausgedehnten Körper, so kann dieser sich natürlich ebenfalls in jede der drei Raumrichtungen bewegen, genauso wie ein Massepunkt. Er hat also drei *Translationsfreiheitsgrade*. Er kann aber auch in jede der drei Raumrichtungen rotieren, wie Abbildung 5.12 zeigt.

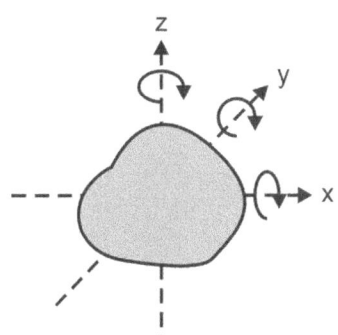

Abbildung 5.12: Die Rotationsfreiheitsgrade eines ausgedehnten Körpers

 Ein dreidimensionaler Körper besitzt im freien Raum sechs Freiheitsgrade:

✔ drei Translationsfreiheitsgrade in die drei Raumrichtungen,

✔ drei Rotationsfreiheitsgrade um die drei Achsen des Koordinatensystems.

Ein für die Statik und damit auch für dieses Buch wichtiger Sonderfall sind ausgedehnte Körper, die auf einer Ebene ruhen. Dies ist in Abbildung 5.13 dargestellt.

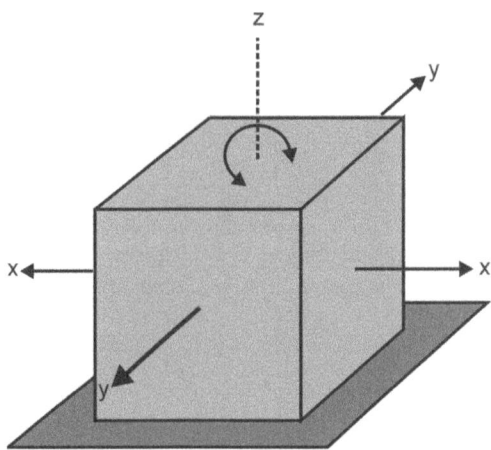

Abbildung 5.13: Freiheitsgrade eines Körpers, der auf einer Ebene ruht

Er besitzt drei Bewegungsmöglichkeiten und damit drei Freiheitsgrade:

✔ Er kann eine Translationsbewegung in x-Richtung ausführen.

✔ Er kann eine Translationsbewegung in y-Richtung ausführen.

✔ Er kann eine Rotationsbewegung um die z-Achse ausführen.

 In diesem »zweidimensionalen« Fall, der für die Statik besonders wichtig ist, besitzt ein Körper drei Freiheitsgrade: zwei Translationsfreiheitsgrade und einen Rotationsfreiheitsgrad.

Gleichgewicht und Standsicherheit

Gleichgewicht

Die wichtigsten Ergebnisse aus Kapitel 4 über Kräfte und Drehmomente können folgendermaßen zusammengefasst werden:

✔ Wirkt auf einen Körper eine Kraft F, so erfährt er eine Beschleunigung (er ändert seinen Bewegungszustand).

✔ Wirkt auf einen Körper ein Drehmoment τ, so dreht er sich (er ändert seinen Rotationszustand).

Diese Aussagen kann man auch umdrehen:

✔ Damit ein Körper seinen Bewegungszustand nicht ändert, darf keine resultierende Gesamtkraft auf ihn wirken.

✔ Damit ein Körper seinen Rotationszustand nicht ändert, darf kein resultierendes Drehmoment auf ihn wirken.

Ein Körper befindet sich im Gleichgewicht, wenn er seinen Bewegungszustand nicht ändert. Deshalb darf auf ihn weder eine resultierende Gesamtkraft noch ein resultierendes Gesamtdrehmoment wirken. Wenn man die Freiheitsgrade des Körpers mit berücksichtigt, kann man die Gleichgewichtsbedingungen noch genauer spezifizieren:

Für einen Körper auf einer ebenen Unterlage, der drei Freiheitsgrade besitzt, gelten die folgenden *Gleichgewichtsbedingungen*:

✔ Die Summe aller Kräfte in x-Richtung ist gleich null:

$$\sum F_x = 0$$

✔ Die Summe aller Kräfte in y-Richtung ist gleich null:

$$\sum F_y = 0$$

✔ Die Summe aller Drehmomente um die z-Achse ist gleich null:

$$\sum \tau_{(z)} = 0$$

Verallgemeinert man dies auf den dreidimensionalen Fall eines freien Körpers mit sechs Freiheitsgraden, so ergeben sich insgesamt sechs Gleichgewichtsbedingungen:

$$\sum F_x = 0 \qquad \sum \tau_{(x)} = 0$$
$$\sum F_y = 0 \qquad \sum \tau_{(y)} = 0$$
$$\sum F_z = 0 \qquad \sum \tau_{(z)} = 0$$

Man muss sich darüber klar sein, dass Gleichgewicht nicht unbedingt bedeutet, dass der Körper in Ruhe ist. Gleichgewicht bedeutet nach den Trägheitsgesetzen, dass sich der Bewegungszustand eines Körpers nicht ändert. Ein Körper ist also im Gleichgewicht,

✔ wenn er in Ruhe ist,

✔ wenn er sich mit konstanter Geschwindigkeit gradlinig fortbewegt,

✔ wenn er mit konstanter Winkelgeschwindigkeit rotiert.

Die Erde kreist seit mehr als 4,5 Milliarden Jahren um die Sonne. Ist die Erde dabei im Gleichgewicht? Nein! Sie bewegt sich auf einer Kreisbahn, wird also ständig durch die Zentripetalkraft in Richtung der Sonne beschleunigt (siehe Kapitel 3).

Man kann die oben aufgeführten Gleichgewichtsbedingungen auf zwei verschiedene Weisen nutzen:

✔ Man kann die Kräfte ausrechnen, die notwendig sind, um einen Körper im Gleichgewicht zu halten.

✔ Wenn man weiß, dass sich ein Körper im Gleichgewicht befindet, kann man unbekannte Kräfte ausrechnen.

128 TEIL II **Fest und unverrückbar: Die Statik**

Abbildung 5.14 zeigt eine Masse m, die an zwei Seilen befestigt ist. Das erste Seil ist an einem Aufhängungspunkt oberhalb des Körpers, das zweite auf der rechten Seite aufgehängt. Die Masse des Körpers ist bekannt, sie beträgt 50 kg. Ebenso sind die Winkel bekannt, die die Seile mit der Horizontalen einschließen: $\alpha = 60°$ und $\beta = 40°$. Wie groß sind die beiden Seilkräfte F_1 und F_2?

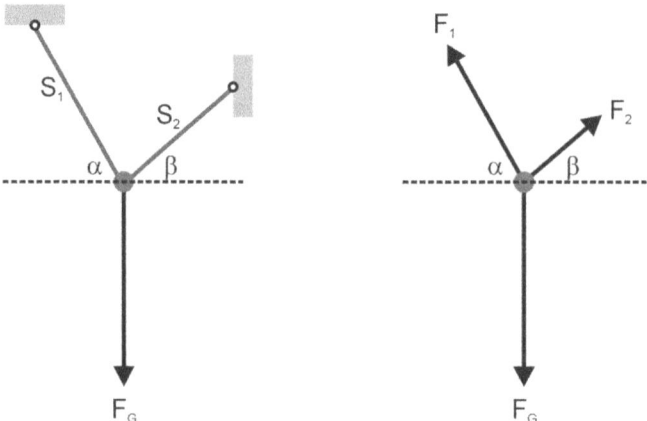

Abbildung 5.14: Ein Körper hängt an zwei Seilen, rechts: der freigemachte Körper.

Die Masse befindet sich im Gleichgewicht, denn sie bewegt sich nicht. Drehmomente spielen bei dieser Aufgabe keine Rolle, da es sich um ein zentrales Kräftesystem handelt (alle Kräfte greifen in einem Punkt an); zudem ist die Aufgabenstellung zweidimensional. Da die Gleichgewichtsbedingung für Drehmomente keine Rolle spielt, verbleiben zwei Gleichgewichtsbedingungen, die man zur Lösung dieses Problems heranziehen kann (im Folgenden werden die Kraftkomponenten positiv gewertet, die nach oben oder nach rechts zeigen):

✔ Die Summe aller Kräfte in x-Richtung muss gleich null sein:

$$\sum F_x = 0 = -F_{1x} + F_{2x}$$
$$= -F_1 \cos \alpha + F_2 \cos \beta$$

✔ Die Summe aller Kräfte in y-Richtung muss gleich null sein:

$$\sum F_y = 0 = F_{1y} + F_{2y} - F_G$$
$$= F_1 \sin \alpha + F_2 \sin \beta - mg$$

Damit ergibt sich aus den Gleichgewichtsbedingungen ein System aus zwei Gleichungen mit zwei Unbekannten (F_1 und F_2), das also lösbar ist. Löst man die Bedingung für die x-Richtung nach F_1 auf, erhält man:

$$F_1 = F_2 \frac{\cos \beta}{\cos \alpha}$$

Setzt man dies in die Gleichgewichtsbedingung für die y-Richtung ein, ergibt sich:

$$F_2 \frac{\cos \beta}{\cos \alpha} \sin \alpha + F_2 \sin \beta - mg = 0$$

Diese Gleichung kann man folgendermaßen schreiben, wenn man F_2 ausklammert:

$$F_2 \left(\frac{\cos \beta}{\cos \alpha} \sin \alpha + \sin \beta \right) - mg = 0$$

Auflösen nach F_2 ergibt schließlich:

$$F_2 = \frac{mg}{\frac{\cos \beta}{\cos \alpha} \sin \alpha + \sin \beta}$$

Nun muss man eigentlich nur noch die Zahlen einsetzen:

$$F_2 = \frac{50 \text{ kg} \cdot 9{,}81 \text{ m/s}^2}{\frac{\cos 40°}{\cos 60°} \sin 60° + \sin 40°} = 249 \text{ N}$$

Aus der obigen Beziehung zwischen F_1 und F_2 folgt dann:

$$F_1 = F_2 \frac{\cos \beta}{\cos \alpha} = 249 \text{ N} \frac{\cos 40°}{\cos 60°} = 381{,}5 \text{ N}$$

Die beiden Seilkräfte betragen also 381,5 N (F_1) und 249 N (F_2).

Abbildung 5.15 zeigt einen Balken, der auf zwei Lagern ruht: dem zweiwertigen Festlager A und dem einwertigen Loslager B (Lager werden ausführlich in Kapitel 6 diskutiert). Infolgedessen wirken die beiden Stützkräfte F_A und F_B in den Lagern nach oben. Zusätzlich wird der Balken von drei Kräften belastet, von denen zwei nach unten wirken (F_1 und F_3), F_2 aber nach oben. Die drei Kräfte sind bekannt, ebenso die Positionen, an denen sie angreifen. Zu berechnen sind daher in diesem Fall die Stützkräfte F_A und F_B.

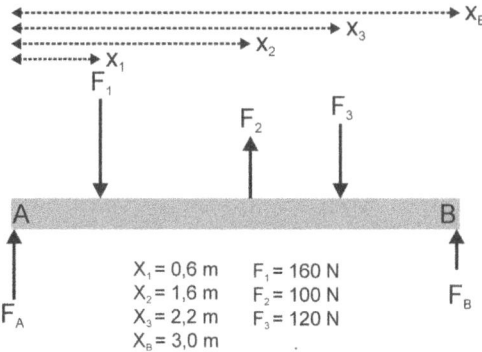

Abbildung 5.15: Kräfte wirken auf einen Balken

In diesem Fall hat man es nur mit Kräften in y-Richtung zu tun, während in x-Richtung keine Kräfte wirken, das heißt, die Forderung $\Sigma F_x = 0$ ist automatisch erfüllt. Darüber hinaus gibt es aber auch Drehmomente in Bezug auf das Lager A, sodass es wieder zwei Gleichgewichtsbedingungen gibt.

$$\sum F_y = 0 = F_A + F_B - F_1 + F_2 - F_3$$

$$\sum \tau_{(A)} = 0 = F_B x_B - F_1 x_1 + F_2 x_2 - F_3 x_3$$

Es liegt also wieder ein System aus zwei Gleichungen mit zwei Unbekannten (F_A und F_B) vor, das somit lösbar ist. Die zweite Gleichung enthält nur F_B; es ist also sinnvoll, zunächst diese Gleichung nach F_B aufzulösen:

$$F_B x_B = F_1 x_1 - F_2 x_2 + F_3 x_3$$

$$F_B = \frac{F_1 x_1 - F_2 x_2 + F_3 x_3}{x_B}$$

Setzt man die Zahlen ein, erhält man für die Stützkraft F_B:

$$F_B = \frac{160\,\text{N} \cdot 0{,}6\,\text{m} - 100\,\text{N} \cdot 1{,}6\,\text{m} + 120\,\text{N} \cdot 2{,}2\,\text{m}}{3\,\text{m}} = 66{,}7\,\text{N}$$

In der Gleichung für die Kräfte in y-Richtung ist jetzt nur noch die Stützkraft F_A unbekannt. Löst man nach F_A auf, ergibt sich:

$$F_A = -F_B + F_1 - F_2 + F_3$$
$$= -67\,\text{N} + 160\,\text{N} - 100\,\text{N} + 120\,\text{N} = 113\,\text{N}$$

Die beiden Stützkräfte sind also keineswegs gleich groß, sie betragen F_A = 113 N und F_B = 67 N.

Hier, wie auch im obigen Beispiel, mögen Sie sagen: »Was interessieren mich Seilkräfte oder Stützkräfte?« Aber dies sind genau die Kräfte, die man kennen muss, wenn man ein Bauteil (Seil, Lager) richtig auslegen will. Und genau das ist die Aufgabe der Statik bei solchen Aufgabestellungen.

In den beiden obigen Beispielen gibt es jeweils zwei Gleichgewichtsbedingungen, die berücksichtigt werden müssen: bei der Seilaufhängung zwei Kraftrichtungen, beim Balken eine Kraftrichtung und das Drehmoment. Damit wird jeweils ein System aus zwei Gleichungen aufgestellt, mit denen man jeweils zwei unbekannte Größen bestimmen kann. Es gibt aber für Körper in einer Ebene drei Gleichgewichtsbedingungen, sodass man im Prinzip drei Gleichungen aufstellen und drei Unbekannte bestimmen kann. Allerdings ist der Rechenaufwand entsprechend größer.

Werfen Sie in diesem Zusammenhang noch einmal einen Blick auf Abbildung 5.15. Stellen Sie sich vor, dass die Kraft F_1 nicht senkrecht auf den Balken wirkt, sondern schräg von rechts unter einem Winkel α. Dann müsste man zunächst einmal in den Gleichgewichtsbedingungen die Kraft in y-Richtung und das Drehmoment F_1 durch $F_1 \cdot \sin\alpha$ ersetzen. Zudem wirkt aber eine Kraft $F_1 \cdot \cos\alpha$ in die $-x$-Richtung, die durch eine entsprechende Stützkraft F_{Ax} im Festlager A kompensiert werden muss. Damit ergibt sich eine dritte Gleichgewichtsbedingung:

$$\sum F_x = 0 = F_{Ax} - F_1 \cos \alpha$$

Wenn der Winkel α bekannt ist, ist auch dieses System lösbar (siehe Aufgabe 5.5).

Arten des Gleichgewichts

Im vorangegangenen Abschnitt wurde das Gleichgewicht klar anhand der Gleichgewichtsbedingungen definiert. Unabhängig davon unterscheidet man drei Arten von Gleichgewicht, die anhand von Abbildung 5.16 und Abbildung 5.17 näher erläutert werden sollen. Abbildung 5.16 zeigt Kugeln auf drei verschiedenen Unterlagen. Sie alle befinden sich im Gleichgewicht. Auf sie wirkt nur die Schwerkraft F_G senkrecht nach unten, der durch entsprechende Stützkräfte entgegengewirkt wird. Aber selbst bei einem flüchtigen Blick auf das mittlere Bild werden Sie sagen: »Eieiei! Ob das gut geht?« Dieses Bild zeigt, dass man drei Arten von Gleichgewicht unterscheiden muss:

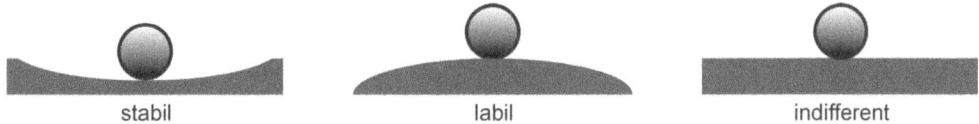

Abbildung 5.16: Formen des Gleichgewichts

- ✔ **Stabiles Gleichgewicht:** Wenn man die Kugel im linken Bild um ein kleines Stückchen nach links verschiebt, wird sie zurück in ihre Ausgangsposition rollen. Sie wird ein wenig hin und her wandern und dann, falls Reibungskräfte wirken, in ihre ursprüngliche Lage zurückkehren. Die Schwerkraft wirkt hier als sogenannte *Rückstellkraft* (siehe auch Kapitel 10). Diese Art von Gleichgewicht nennt man *stabil*.

- ✔ **Labiles Gleichgewicht:** Lenkt man die Kugel im mittleren Bild in der Abbildung auch nur ein winziges Stück aus, so wird sie herunterrollen und fallen. Dieses Gleichgewicht ist also instabil oder *labil*.

- ✔ **Indifferentes Gleichgewicht:** Lenkt man die Kugel im rechten Bild ein wenig nach rechts oder links aus, passiert nichts. Die Kugel fällt nicht, sie rollt aber auch nicht zurück. Dies nennt man *indifferentes Gleichgewicht*.

Diese drei Fälle sind in Abbildung 5.17 noch einmal am Beispiel eines Brettpendels dargestellt. In allen drei Fällen ist das Pendel im Gleichgewicht. Um welche Art von Gleichgewicht es sich handelt, hängt von der Position des Aufhängpunkts (Lagers) ab.

- ✔ Befindet sich das Lager oben am Ende des Bretts, antwortet das Pendel auf eine Auslenkung mit einigen Schwingungen (Schwingungen werden in Kapitel 10 erläutert) und kehrt dann unter dem Einfluss von Reibungskräften in die Ruhelage zurück (stabiles Gleichgewicht).

- ✔ Befindet sich das Lager unten am Ende des Bretts, so kippt das Pendel schon bei der kleinstmöglichen Auslenkung (labiles Gleichgewicht).

- ✔ Befindet sich das Lager in der Mitte des Bretts, passiert nach einer Auslenkung nichts. Das Gleichgewicht ist indifferent.

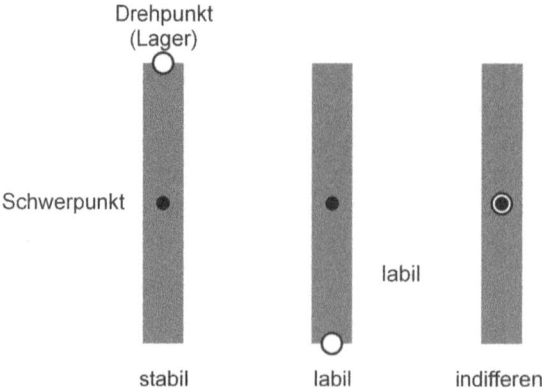

Abbildung 5.17: Die verschiedenen Gleichgewichtsformen bei einem stabförmigen Pendel

Fest auf den Füßen stehen: Standsicherheit

Ein weiterer wichtiger Aspekt im Zusammenhang mit dem Gleichgewicht von Körpern ist die Standsicherheit. Sie hängt im Wesentlichen von der Auflagefläche des Körpers sowie der Größe und den Angriffspunkten, insbesondere der Angriffshöhe der wirkenden Kräfte ab. Betrachten Sie Abbildung 5.18, die einen trapezförmigen Körper zeigt, der auf einer Unterlage ruht. Auf ihn wirkt von links eine Kraft F, die oberhalb des Schwerpunkts SP angreift. Die Grenzfläche zwischen Unterlage und Körper soll so rau sein, dass ein einfaches Wegrutschen des Körpers nach rechts nicht möglich ist.

Der Schwerpunkt des Körpers liegt auf der senkrechten Symmetrieachse beim Punkt (siehe Tabelle 5.1):

$$y_0 = \frac{h}{3}\frac{a+2b}{a+b}$$

Wird die Kraft F zu groß, beginnt der Körper zu kippen, also eine Drehbewegung auszuführen, wobei die Kippung um die sogenannte *Kippkante K* erfolgt.

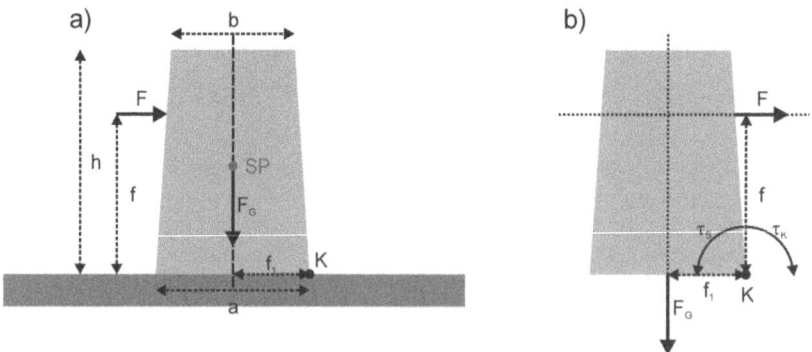

Abbildung 5.18: Ein trapezförmiger Körper auf einer Unterlage. a) Situationsbeschreibung; b) Herausarbeitung der wesentlichen Größen und Entstehung der beiden Drehmomente. Dabei wurde von der Tatsache Gebrauch gemacht, dass Kräfte linienflüchtig sind

Bei diesem Kippvorgang spielen zwei Drehmomente eine Rolle:

✔ Das *Kippmoment* versucht, den Körper zu kippen:

$$\tau_K = f \cdot F$$

✔ Das *Standmoment* wird durch die Schwerkraft F_G hervorgerufen. Es versucht, den Körper in Ruhe zu halten, wirkt also dem Kippen entgegen. Es ist gegeben durch:

$$\tau_S = f_1 \cdot F_G$$

wobei f_1 der Abstand der Kippkante vom Mittelpunkt der Auflagefläche ist.

In dem Beispiel in Abbildung 5.18 dreht das Kippmoment nach rechts, das Standmoment nach links. Solange τ_S größer ist als τ_K, bleibt der Körper in Ruhe. Das Verhältnis der beiden Drehmomente nennt man Standsicherheit.

 Als *Standsicherheit* bezeichnet man das Verhältnis von Standmoment und Kippmoment:

$$S = \frac{\tau_S}{\tau_K} = \frac{f_1 \cdot F_G}{f \cdot F}$$

Solange $S > 1$ ist, bleibt der Körper in Ruhe. Ist jedoch $S < 1$, kippt der Körper.

Die Standsicherheit eines Körpers hängt also von vier Größen ab:

✔ der Masse m des Körpers,

✔ der Auflagefläche des Körpers (die durch f_1 bestimmt wird),

✔ der angreifenden Kraft F,

✔ der Angriffshöhe f der Kraft.

Die beiden ersten bestimmen das Standmoment, die beiden letzten das Kippmoment.

Wie groß muss die Kraft F sein, um den in Abbildung 5.18 dargestellten Körper zu kippen, wenn er eine Masse von 50 kg besitzt, die Länge f_1 0,25 m beträgt und die Kraft in einer Höhe f von 0,4 m angreift? Damit der Körper kippt, muss die Standfestigkeit kleiner als 1 sein:

$$S = \frac{\tau_S}{\tau_K} = \frac{f_1 \cdot F_G}{f \cdot F} < 1$$

Auflösen der Gleichung nach der Kraft F ergibt:

$$F > \frac{f_1 \cdot F_G}{f} = \frac{50 \text{ kg} \cdot 9{,}81 \text{ m/s}^2 \cdot 0{,}25 \text{ m}}{0{,}4 \text{ m}} = 307 \text{ N}$$

Man muss also eine Kraft von mindestens 307 N aufwenden, um den Körper in Abbildung 5.18 zu kippen.

Betrachten Sie noch einmal Abbildung 5.18. Wenn keine äußere Kraft F auf das Trapez wirkt, befindet es sich im Gleichgewicht. Der Schwerkraft F_G, die auf den Schwerpunkt wirkt, wirkt eine entsprechende Stützkraft entgegen. Dies gilt auch für den linken Körper in Abbildung 5.19. In Bezug auf die Kippkante K gibt es zwar ein durch F_G hervorgerufenes Drehmoment $\tau = F_G f_1$, das aber nach links wirkt und keine Auswirkungen hat, da in diesem Fall die Stützkraft entgegenwirkt.

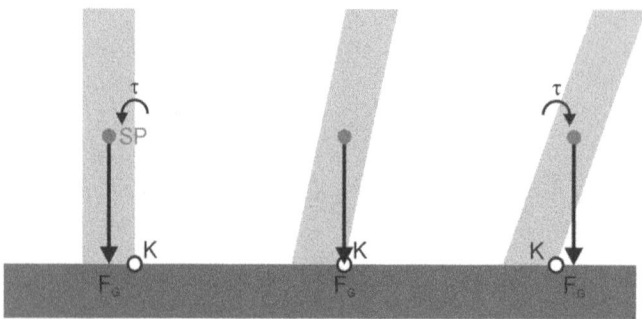

Abbildung 5.19: Der Einfluss der Lage des Schwerpunkts auf die Standfestigkeit eines Körpers

Im mittleren Bild der Abbildung ist ein ähnlicher Körper dargestellt, dessen Schwerpunkt allerdings genau über der Kippkante liegt. Da f_1 in diesem Fall gleich null ist, gibt es kein Drehmoment, und es passiert ebenfalls nichts. Anders ist dies, wenn der Schwerpunkt nicht mehr über der Auflagefläche liegt, sondern rechts davon (rechtes Diagramm in Abbildung 5.19). In diesem Fall dreht das Drehmoment nach rechts, und der Körper kippt nach rechts.

 Die *Standfestigkeit* eines Körpers hängt von der Lage seines Schwerpunkts bezüglich der möglichen Drehachse ab (das sind die Kanten der Auflagefläche). Befindet sich der Schwerpunkt oberhalb der Auflagefläche, ist der Körper im Gleichgewicht. Liegt das Lot des Schwerpunkts außerhalb der Auflagefläche, so kippt der Körper.

Fahrradfahren: Ein labiles Vergnügen

Bei einem Fahrrad ist die Breite der Auflage, das heißt die Dicke der Reifen, ziemlich klein. Sie beträgt nur wenige Zentimeter, je nach Reifentyp. Auf der anderen Seite liegt der Schwerpunkt ziemlich hoch, er befindet sich im Körper des Fahrers. Nimmt man eine Reifenbreite von 5 cm an (bei Rennrädern sind die Reifen viel schmaler) und eine Schwerpunkthöhe von 120 cm, so zeigt Abbildung 5.20, dass der kritische Winkel, ab dem das Fahrrad samt Fahrer zu kippen beginnt, gegeben ist durch

$$\alpha_{krit} = \tan^{-1} \frac{2{,}5 \text{ cm}}{120 \text{ cm}} = 1{,}2°$$

Weicht der Schwerpunkt eines Radfahrers nur um mehr als 1,2° von der Senkrechten ab, so beginnt er zu kippen.

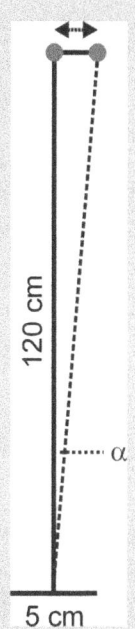

Abbildung 5.20: Zum kritischen Kippwinkel beim Fahrradfahren

Daher stellt sich an dieser Stelle die Frage, warum Radfahren überhaupt möglich ist. Wenn das Rad stillsteht, gibt es nur eine Möglichkeit, sonst fällt man beim kleinsten Windstoß um. Man muss die Auflagefläche vergrößern. Dazu gibt es zwei Möglichkeiten: Man stellt den Lenker quer oder, noch einfacher, einen Fuß auf den Boden.

Wenn das Rad fährt, hilft der Fahrer selbst durch Lenkbewegungen, das Gleichgewicht zu halten (das sogenannte Gegenlenken). Interessanterweise muss diese Lenkbewegung in die Richtung erfolgen, in die man zu kippen droht. Um ein Kippen nach rechts zu verhindern, muss man nach rechts gegenlenken. Damit wird eine Kreisbewegung eingeschlagen, die eine *Zentrifugalkraft* nach außen, also nach links hervorruft, die dem Kippen entgegenwirkt. Es heißt nicht umsonst: »Radfahren will gelernt sein«, aber auch: »Radfahren verlernt man nicht.« Ab 20 km/h wirken dann zumindest der heute geltenden Vorstellungen zufolge vor allem die Kreiselkräfte der Räder stabilisierend, obwohl diese Theorie neuerdings auch bezweifelt wird. Sie sehen daraus, dass auch uns heute selbstverständlich erscheinende Alltagserfahrungen in der Technischen Mechanik immer noch kontrovers diskutiert werden.

Aufgaben

Aufgabe 5.1

Abbildung 5.21: Zwei etwas seltsam aussehende Körper

Wo liegen die Schwerpunkte der beiden in Abbildung 5.21 dargestellten Körper?

Aufgabe 5.3

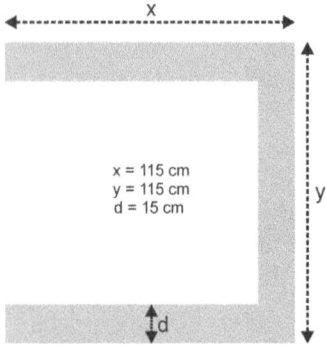

x = 115 cm
y = 115 cm
d = 15 cm

Abbildung 5.22: Ein zusammengesetzter Körper

Berechnen Sie den Schwerpunkt des in Abbildung 5.22 dargestellten Körpers auf der Basis zusammengesetzter *Flächen*.

Aufgabe 5.5

Abbildung 5.23: Ein Bolzen in einem Rohr

Wie viele Freiheitsgrade besitzt der in Abbildung 5.23 dargestellte, sich in einem Rohr befindende Bolzen?

Aufgabe 5.2
Bestimmen Sie den Schwerpunkt eines Kreisausschnitts (das heißt dessen Abstand vom Kreismittelpunkt), wenn der Radius 100 cm und der Winkel $\alpha = 20°$ beträgt.

Aufgabe 5.4
Berechnen Sie den Schwerpunkt des in Abbildung 5.22 dargestellten Körpers auf der Basis zusammengesetzter *Linien*.

Aufgabe 5.6
Bestimmen Sie die Stützkräfte F_{Ax}, F_{Ay} und F_{By} für den in Abbildung 5.14 dargestellten Balken, wenn die Kraft F_1 nicht senkrecht, sondern von rechts unter einem Winkel von 60° angreift.

Aufgabe 5.7
Wie groß muss die Grundfläche eines Quaders (dessen Grundfläche ein Quadrat ist) mit einer Masse von 83 kg mindestens sein, damit eine Kraft von F = 113 N, die in einer Höhe f von 72 cm angreift, ihn nicht kippen kann?

> **IN DIESEM KAPITEL**
>
> Alles über die Statik von Lagern
>
> Alles über die Statik von Balken
>
> Alles über die Statik von Fachwerken
>
> Erläuterung des Knotenpunktverfahrens und des Cremona-Plans

Kapitel 6
Statik angewandt: Lager, Balken und Fachwerke

Dieses Kapitel beschäftigt sich eingehend mit der Statik einiger spezieller Bauteile, die für technische Konstruktionen wichtig sind: Lager, Gelenke, Balken und Träger. Zudem wird die Statik einer wichtigen Konstruktionsweise dargestellt, des Fachwerks. Lager (und auch Gelenke) stellen die Verbindung von Bauteilen zu benachbarten Elementen dar. Sie können Kräfte aufnehmen, aber auch ausüben. Balken wie auch Stäbe sind Bauelemente, die in vielen technischen Konstruktionen eine Rolle spielen. Unter anderem auch in Fachwerken, die nur aus zwei Elementen bestehen: Stäben und Knoten. Auch wenn man Fachwerke vielleicht zunächst als eine Konstruktionsform der Vergangenheit ansehen mag (wenn man an die vielen alten Fachwerkhäuser denkt), sind sie im Gegenteil immer noch modern. Betrachten Sie zum Beispiel einen Baukran; Sie werden sofort erkennen, dass er zum großen Teil aus Fachwerken besteht.

Die Verbindung mit der Außenwelt: Lager und Gelenke

Lager wurden bereits in Kapitel 4 im Zusammenhang mit dem Freimachen von Körpern eingeführt. Sie spielen in der Technischen Mechanik und speziell in der Statik eine wichtige Rolle.

Lager stellen die Verbindung zwischen einem technischen Bauteil oder einem Tragwerk und dessen Umgebung her. Sie erfüllen dabei zwei Aufgaben:

✔ Sie fixieren die gewünschte Lage des Bauteils im Raum. Mit anderen Worten: Sie »fesseln« das Bauelement in Bezug auf eine oder mehrere Bewegungsmöglichkeiten.

✔ Sie übertragen Kräfte beziehungsweise Momente auf das Bauteil.

An dieser Stelle sollte man noch folgende Tatsachen in Bezug auf Lager festhalten: Im Prinzip stellt jeder Berührungspunkt eines Bauteils mit anderen Körpern ein Lager dar. An ihnen werden Kräfte auf das Bauteil ausgeübt, die natürlich unterschiedlich groß sein können.

Es ist die Aufgabe der Statik, zu berechnen, wie groß diese Kraft sein muss, damit ein Lager seine Aufgabe erfüllen kann. Wenn man ein 100-Liter-Weinfass an einem Seil aufhängt, dann ist dieses Seil zunächst ein Lager (ein einwertiges Lager). Es verhindert, dass das Fass zu Boden fällt, zerschellt und der Wein vergossen wird, was natürlich schade wäre. Aufgabe der Statik ist es zu ermitteln, wie das Seil ausgelegt sein muss, damit so etwas nicht passiert. Das Gleiche gilt im Übrigen auch für die Aufhängung des Seils an der Decke, die auch ein Lager darstellt.

Lagerkräfte

Wie kann ein einfacher Bock, auf dem ein Brett aufliegt, eine Kraft auf das Brett ausüben? Das Gleiche gilt für den Schreibtisch, auf den Sie ein Buch legen. Wie kann er eine Kraft auf das Buch ausüben? Das ist zunächst nicht leicht einzusehen. An dieser Stelle kommen Isaac Newton und sein drittes Gesetz ins Spiel, das ausführlich in Kapitel 8 behandelt wird. Es besagt:

Wenn ein Körper auf einen anderen Körper eine Kraft F ausübt, so übt dieser auf den ersten Körper eine gleich große, aber entgegengesetzte Kraft $-F$ aus.

Wenn also Ihr Buch eine Kraft $F_G = mg$ auf Ihren Schreibtisch ausübt, antwortet dieser mit einer gleich großen Stützkraft auf das Buch. In gleicher Weise antwortet der Bock auf das Brett, indem er die Belastung durch das Brett aufnimmt (einen Teil, wenn es mehrere Böcke gibt) und eine entsprechende Kraft auf das Brett ausübt. Mit anderen Worten: Das Lager reagiert auf die Belastung – ein leerer Schreibtisch übt keine Stützkräfte aus.

Die von einem Lager ausgeübten Kräfte werden mit unterschiedlichen Namen bezeichnet, die aber stets dasselbe bedeuten:

✔ *Stützkräfte*

✔ *Lagerkräfte*

✔ *Lagerreaktionen* (im Original lautet das dritte Newton'sche Gesetz »Actio = Reactio«, also Kraft = Gegenkraft).

Dabei muss man stets berücksichtigen, dass Lager nicht nur Kräfte, sondern auch Drehmomente aufnehmen können.

Aus der obigen Darstellung folgt aber auch, dass die Stützkräfte ein und desselben Lagers unterschiedlich sind, je nachdem, welche Belastungen wirken. Dies zeigt das in Abbildung 6.1 dargestellte Beispiel.

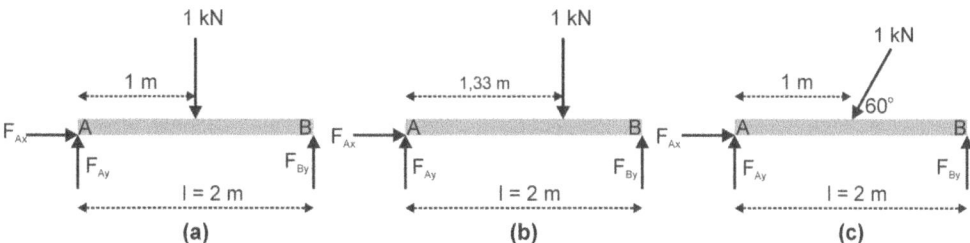

Abbildung 6.1: Ein Balken auf zwei Lagern

Abbildung 6.1 zeigt einen Balken auf zwei Lagern, von denen eines (A) ein Festlager ist, Lager B hingegen ein Loslager (zur Definition dieser Lagerarten siehe unten). Auf den Balken wirkt eine Kraft von 1 kN, aber an verschiedenen Stellen beziehungsweise unter verschiedenen Winkeln. In den Fällen (a) und (b) gibt es keine Kräfte in x-Richtung, also ist die entsprechende Stützkraft F_{Ax} gleich 0. Für die Stützkräfte F_{Ay} und F_{By} ergibt sich im Fall (a) aus den Gleichgewichtsbedingungen:

$$\sum F_y = F_{Ay} + F_{By} - F = 0$$
$$\sum{}_{(A)} \tau = F_{By} \cdot l - F \cdot \frac{l}{2} = 0$$

Aus der zweiten Gleichung ergibt sich:

$$F_{By} = \frac{F}{2} = 0{,}5 \, \text{kN}$$

Aus der ersten Gleichung folgt dann sofort, dass auch F_{Ay} = 0,5 kN ist. Die Kraft F wird also symmetrisch auf die Lager A und B verteilt. Wenn die Kraft allerdings nicht im Mittelpunkt des Balkens angreift, sondern rechts bei 2/3 l (Fall (b)), hat dies keine Auswirkung auf die erste Gleichgewichtsbedingung, aber für die zweite muss man jetzt schreiben:

$$\sum{}_{(A)} \tau = F_{By} \cdot l - F \cdot \frac{2l}{3} = 0$$

Löst man dies auf, erhält man:

$$F_{By} = \frac{2}{3} F = 0{,}67 \, \text{kN}$$

Für F_{Ay} ergibt sich daraus dann F_{Ay} = 0,33 kN, die Stützkräfte sind jetzt also asymmetrisch. Den dritten Fall (c) sollten Sie selbst versuchen zu lösen (Aufgabe 6.1). Hier sei nur so viel verraten: In diesem Fall ist F_{Ax} nicht länger null.

Wenn man ein Lager auslegen will, so muss man die zu erwartenden äußeren Kräfte kennen. Mit anderen Worten: Wenn Sie nur das »Kapital« von Karl Marx auf Ihren Schreibtisch legen wollen, brauchen Sie sich keine Gedanken zu machen. Sollte sich allerdings der Lieblingselefant Ihres Freundes darauf setzen wollen, werden Sie Ihren Schreibtisch ein wenig verstärken müssen.

Auf die Wertigkeit kommt es an: Lagerarten

Es gibt eine Vielzahl von Lagerarten und -ausführungen. Entsprechend gibt es auch eine Vielzahl von Klassifizierungen. Die wichtigste ist die zwischen zweidimensionalen und dreidimensionalen Lagern:

✔ Im zweidimensionalen Fall besitzt ein Körper, wie in Kapitel 5 dargestellt wurde, drei Freiheitsgrade (zwei Translationsbewegungen und eine Rotationsbewegung). Infolgedessen gibt es im ebenen Fall einwertige, zweiwertige und dreiwertige Lager, je nachdem, wie viele Bewegungsmöglichkeiten durch das Lager eingeschränkt werden sollen.

✔ Im dreidimensionalen Fall gibt es sechs Freiheitsgrade, insofern gibt es ein- bis sechswertige Lager.

Zweidimensionale Lager

Im zweidimensionalen Fall gibt es drei Klassen von Lagern, wie auch schon in Kapitel 4 dargestellt wurde:

✔ **Einwertiges Lager** (*Loslager*): Ein einwertiges Lager kann eine Kraft aufnehmen und ihr entgegenwirken.

✔ **Zweiwertiges Lager** (*Festlager*): Ein zweiwertiges Lager kann zwei Kräfte aufnehmen und ihnen entgegenwirken. Alternativ kann ein zweiwertiges Lager auch eine Kraft und ein Drehmoment aufnehmen.

✔ **Dreiwertiges Lager** (*Einspannung*): Ein dreiwertiges Lager kann zwei Kräfte und ein Drehmoment aufnehmen und ihnen entgegenwirken.

In der Statik ist es üblich, Lager in Skizzen eindeutig zu kennzeichnen und dabei auch die Art des jeweiligen Lagers deutlich zu machen. Dabei gibt es zwei Gruppen von Darstellungen, die in Tabelle 6.1 zusammengestellt sind. In der unteren Gruppe werden nur die Kräfte und Drehmomente symbolisch angezeigt; die obere benutzt feste Symbole, wobei es für das Loslager allerdings mehrere Varianten gibt. In diesem Buch werden beide Darstellungsweisen benutzt, in kleineren Skizzen zumeist die untere, in größeren Diagrammen die obere; von den drei Symbolen für das Loslager wird ausschließlich die linke Variante verwendet.

Wenn man sich mit der Statik befasst, ist es von äußerster Wichtigkeit, Lager in einer Situationsskizze eindeutig zu identifizieren und ihre Wertigkeit zu bestimmen. Auf der anderen Seite können Lager eine Vielzahl von Formen besitzen. Deshalb sollen im Folgenden für jede der drei Arten ebener Lager einige Beispiele vorgestellt und kurz diskutiert werden.

KAPITEL 6 Statik angewandt: Lager, Balken und Fachwerke   143

Loslager	Festlager		Einspannung
einwertig	zweiwertig		dreiwertig
eine Kraft	zwei Kräfte	eine Kraft und ein Drehmoment	zwei Kräfte und ein Drehmoment

Tabelle 6.1: Arten von zweidimensionalen Lagern und deren symbolische Darstellung

Loslager

In Abbildung 6.2 ist eine Reihe von einwertigen Lagern (Loslager) dargestellt:

✔ *Seile und Zweigelenkstäbe* (Pendelstützen) wurden bereits in Kapitel 4 als einwertige Loslager identifiziert.

✔ *Auflager:* Das Auflager ist wohl die einfachste Art eines Lagers. Ein Brett ruht auf einer Unterlage, und das ist alles.

✔ Auch eine *schiefe Ebene* stellt ein Lager dar. Wenn die Oberfläche glatt ist, wirkt eine Stützkraft, die Normalkraft, senkrecht zur Oberfläche und verhindert eine Bewegung des Körpers in diese Richtung. Wenn die Oberfläche rau ist und ein Rutschen des Körpers verhindert, handelt es sich sogar um ein zweiwertiges Lager.

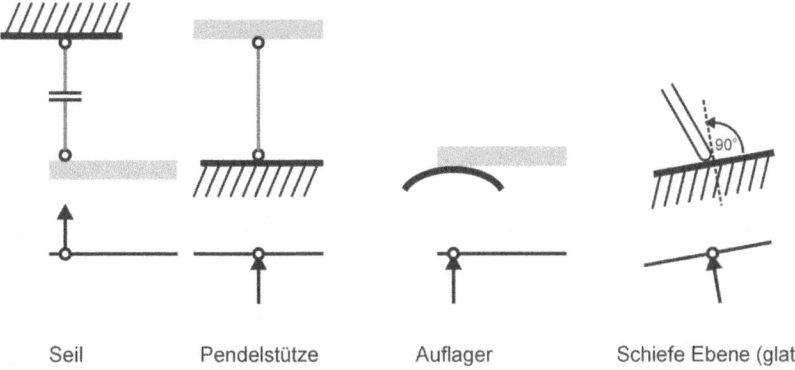

Abbildung 6.2: Beispiele von einwertigen Loslagern. In der unteren Reihe ist das freigemachte Lager schematisch skizziert

Festlager

Beispiele verschiedener Formen von zweiwertigen Lagern, das heißt Festlagern, sind in Abbildung 6.3 dargestellt.

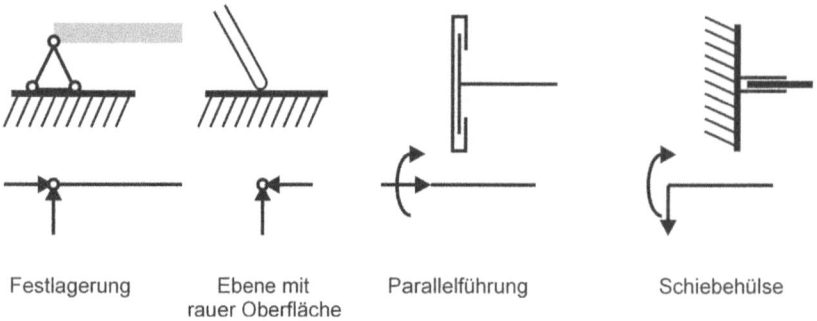

Festlagerung   Ebene mit   Parallelführung   Schiebehülse
                rauer Oberfläche

Abbildung 6.3: Beispiele von zweiwertigen Lagern. In der unteren Reihe ist das freigemachte Lager schematisch skizziert

Bei der in Abbildung 6.3 gezeigten *Festlagerung* kann sich der Balken (im Gegensatz zur Auflagerung) nicht mehr in x-Richtung nach rechts oder links bewegen.

Wenn man es mit einer rauen Oberfläche zu tun hat, behindert *Reibung* die Bewegung anderer Körper relativ zu ihr (die Reibung wird ausführlich in Kapitel 7 behandelt). Daher kann man die Reibung bis zum Durchrutschen als Lagerkraft oder Stützkraft in waagerechter Richtung betrachten. Zusammen mit der senkrechten Stützkraft bewirkt sie eine »Fesselung« des in der Abbildung dargestellten Körpers in x- und z-Richtung. Das Gleiche gilt für eine raue schiefe Ebene, da Reibungskraft und Normalkraft stets senkrecht aufeinander stehen (Kapitel 7).

Zweiwertige Lager, das heißt Festlager, können alternativ auch eine Kraft und ein Drehmoment aufnehmen. Ein Beispiel dafür ist die in Abbildung 6.3 dargestellte *Parallelführung*. Der dargestellte Körper kann sich weder in waagerechter Richtung bewegen noch sich drehen. Er kann sich aber immer noch nach oben oder unten bewegen (man müsste eine »Stellschraube« benutzen, um seine Höhe zu fixieren).

Auch im Falle der in Abbildung 6.3 dargestellten *Schiebehülse* werden eine Kraft und ein Drehmoment übertragen. Der Körper kann sich nur in x-Richtung bewegen. Man nennt diesen Fall auch eine *verschiebbare Einspannung*.

Einspannungen

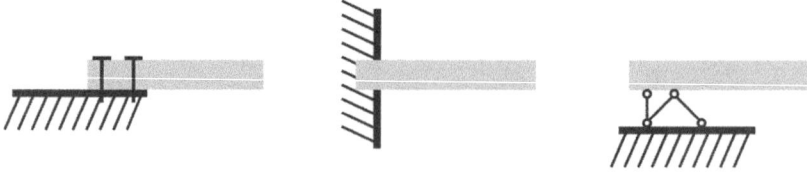

Abbildung 6.4: Dreiwertige ebene Lager

Abbildung 6.4 zeigt eine Reihe verschiedener technischer Realisierungen dreiwertiger ebener Lager. In allen drei Fällen betrifft die Fesselung alle drei Freiheitsgrade des Körpers.

Das läuft wie geschmiert: Kugellager

Kugellager oder allgemein *Wälzlager* sind Lager, bei denen gegeneinander bewegliche Bauteile durch rollende Körper voneinander getrennt sind. Die beiden Körper werden üblicherweise Innenring und Außenring genannt. Sie dienen vor allem zur Fixierung von Achsen oder Wellen und erlauben dabei deren Rotation und gegebenenfalls die von auf der Achse gelagerten Elementen, etwa Rädern. Sie können sowohl als Fest- als auch als Loslager ausgelegt sein und sowohl radiale als auch axiale Kräfte aufnehmen.

Hauptziel des Einsatzes von Kugellagern ist die Erzielung einer möglichst geringen Reibung (siehe Kapitel 7) und eines möglichst geringen Verschleißes (Kapitel 14). Zwischen den beiden Ringen und den Kugeln tritt vor allem Rollreibung auf.

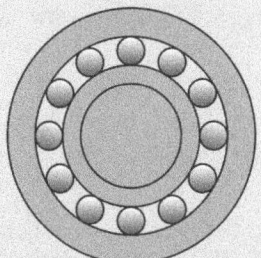

Abbildung 6.5: Ein Kugellager

Abbildung 6.5 zeigt ein Beispiel für die zahllosen Realisierungen von Kugellagern.

Dreidimensionale Lager

Die Statik bemüht sich – zumeist erfolgreich –, Probleme möglichst zweidimensional zu behandeln. Dies ist allerdings nicht immer möglich. Deshalb ist es manchmal notwendig, auch dreidimensionale Lager zu betrachten. Diese können, wie oben dargestellt, ein- bis sechswertig sein, entsprechend den Freiheitsgraden eines Körpers im dreidimensionalen Fall. Im Folgenden wird je ein Beispiel für höherwertige Lager vorgestellt (Abbildung 6.6):

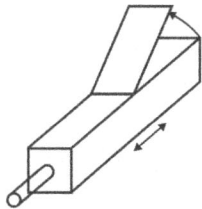 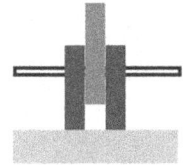 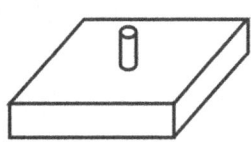

Axial verschiebbares Bolzenlager: Einspannung:
Scharnier: Fünfwertig Sechswertig
vierwertig

Abbildung 6.6: Beispiele mehrwertiger dreidimensionaler Lager

✔ Beim **axial verschiebbaren Scharnier** sind nur zwei Bewegungsrichtungen möglich: Das Gesamtsystem kann entlang der eingezeichneten Achse eine Translationsbewegung durchführen; zudem kann das eigentliche Scharnier eine Drehbewegung ausführen. Das Lager ist also vierwertig.

✔ Bei dem in Abbildung 6.6 dargestellten **Bolzenlager** kann sich der Körper nur noch um eine Achse drehen. Rotation um die anderen Achsen sowie jegliche Translationsbewegungen sind ausgeschlossen. Das Lager ist also fünfwertig.

✔ **Einspannung** (sechswertig): Der Stab hat keine Möglichkeit, sich zu bewegen.

Gelenke

Lager verbinden getragene mit tragenden Bauteilen. Es kann aber auch sein, dass ein Bauteil mit anderen Elementen Verbindung hat, die gleichwertig sind (beispielsweise zwei Balken). In diesem Fall nennt man die Verbindungsstelle Gelenk.

Gelenke sind Verbindungen zweier Bauteile, in denen einige Freiheitsgrade von einem zum anderen übertragen werden, andere hingegen nicht.

Wenn man es mit mechanischen Gelenken zu tun hat, ist es manchmal sinnvoll, sich die Gelenke des menschlichen Körpers (Knie, Ellbogen, Schulter) in Erinnerung zu rufen.

Es gibt drei Haupttypen von Gelenken, die sich dadurch unterscheiden, welche Bewegungen beide Partner nur gemeinsam und welche sie unabhängig voneinander durchführen können. Diese Typen sind schematisch in Abbildung 6.7 dargestellt.

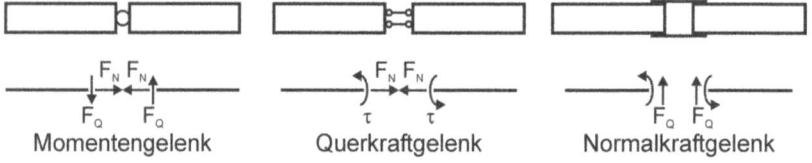

Abbildung 6.7: Haupttypen von Gelenken

✔ Bei einem *Momentengelenk* machen beide Partner Bewegungen in x-Richtung und in y-Richtung nur gemeinsam, sind in dieser Hinsicht also starr. Sie können sich aber gegeneinander verdrehen. Ein Momentengelenk überträgt also Normalkräfte F_N in x-Richtung sowie Querkräfte F_Q in y-Richtung, jedoch keine Drehmomente. Ein Beispiel für ein Momentengelenk sind Scharniere.

✔ Bei einem *Querkraftgelenk* können sich die Partner in y-Richtung gegeneinander verschieben. Bewegungen in x-Richtung können jedoch nur gemeinsam durchgeführt werden; ebenso wenig können sich die Partner gegenseitig verdrehen. Das Gelenk überträgt also Normalkräfte und Drehmomente.

✔ Im Gegensatz dazu erlaubt ein *Normalkraftgelenk* gewisse Verschiebungen der beiden Partner in x-Richtung gegeneinander, nicht aber in y-Richtung. Auch Drehungen können nur gemeinsam durchgeführt werden.

Balken

Balken gehören, wie auch Stäbe und Bögen, zu den *einfachen eindimensionalen Tragwerken*. Es gibt auch zusammengesetzte eindimensionale Tragwerke; zu ihnen zählen beispielsweise Rahmen oder die weiter unten ausführlich dargestellten Fachwerke, die keineswegs aus Balken, sondern aus Stäben bestehen, selbst wenn dies auf den ersten Blick überraschend sein mag.

Sowohl bei *Balken* als auch bei *Stäben* ist die Länge l sehr viel größer als die Breite b und die Dicke d:

$l \gg b, d$

Es gibt allerdings einen großen Unterschied zwischen Stäben und Balken:

✔ Bei Stäben wirken Kräfte nur in Richtung der Längsachse, sie nehmen also nur Normalkräfte (Zugkräfte, Druckkräfte) auf.

✔ Bei Balken wirken die Kräfte senkrecht zur Längsachse, sie nehmen also Querkräfte und Biegemomente auf (mehr zum Biegemoment finden Sie in Kapitel 11).

Dies bedeutet, dass ein und derselbe Träger sowohl ein Balken als auch ein Stab sein kann; es kommt darauf an, wie er eingesetzt wird. Der folgende Abschnitt beschäftigt sich mit Balken; mehr über Stäbe finden Sie in dem Abschnitt über Fachwerke weiter unten.

Abbildung 6.8: Einige gebräuchliche Balkenprofile

Balken müssen im Übrigen nicht rechteckig sein. Abbildung 6.8 zeigt einige gebräuchliche *Balkenprofile*.

Äußere und innere Kräfte

Bei Balken, wie bei vielen anderen Bauteilen auch, muss man zwischen inneren und äußeren Kräften unterscheiden:

✔ Zu den *äußeren Kräften* gehören alle von außen auf den Balken einwirkenden Belastungen (Kräfte und Drehmomente), aber auch die im vorangegangenen Abschnitt eingeführten Stütz- oder Lagerkräfte.

✔ Diese äußeren Kräfte bewirken *innere Kräfte*, die innerhalb des Balkens wirken und dort zum Beispiel elastische Verformungen hervorrufen können. Diese inneren Kräfte werden daher in Teil IV, insbesondere in Kapitel 11 weiter diskutiert.

An dieser Stelle beschränkt sich die Darstellung auf die äußeren Kräfte, die auf einen Balken wirken, und auf das Gleichgewicht dieser Kräfte, wobei die verschiedenen Stützkräfte bereits im vorangegangenen Abschnitt über Lager eingeführt wurden. Nur diese äußeren Kräfte sind in den in Kapitel 5 diskutierten Gleichgewichtsbedingungen zu berücksichtigen. Die inneren Kräfte spielen dabei keine Rolle.

Frei oder bestimmt: Die statische Bestimmtheit von Balken

In Kapitel 5 wurde dargestellt, dass für einen Körper im ebenen Fall drei Gleichgewichtsbedingungen existieren. Man kann also ein Gleichungssystem aufstellen, mit dessen Hilfe man drei unbekannte Größen (Kräfte) bestimmen kann, etwa drei Stützkräfte. Auf der anderen Seite hat ein Balken bei ebenen Aufgabenstellungen drei *Freiheitsgrade*.

Betrachten Sie an dieser Stelle Abbildung 6.9. Sie zeigt einen Balken auf Lagern mit verschiedenen Wertigkeiten.

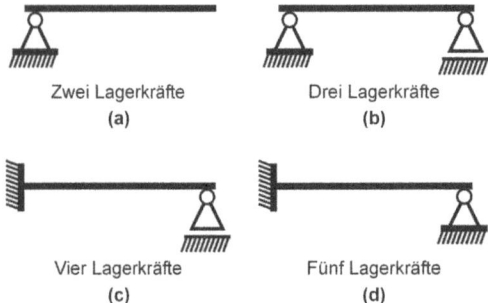

Abbildung 6.9: Ein Balken auf verschiedenen Lagern

✔ Im Fall (a) beträgt die Gesamtzahl der Lagerkräfte $l = 2$, da es sich um ein einzelnes Lager handelt, das zweiwertig ist. l ist also kleiner als die Anzahl der Freiheitsgrade f des Balkens. In diesem Fall ist

$$n = l - f = -1 < 0$$

Der Balken ist *statisch unterbestimmt*. Er ist instabil und könnte nach rechts kippen. Die Größe n nennt man die *statische Bestimmtheit* des Balkens.

✔ Im Fall (b) entspricht die Anzahl der Lagerkräfte (ein zweiwertiges und ein einwertiges Lager) der der Freiheitsgrade des Balkens:

$$n = l - f = 0$$

In diesem Fall ist der Balken *statisch bestimmt*.

✔ Im Fall (c) ist die Anzahl der Lagerkräfte *l* = 4 (eine Einspannung und ein Loslager), sodass gilt:

$$n = l - f = +1 > 0$$

In diesem Fall spricht man von einem *statisch einfach unbestimmtem* Balken.

✔ Beim letzten Fall schließlich gibt es fünf Lagerkräfte, das heißt für *n* gilt:

$$n = l - f = 2 > 0$$

Das System ist zweifach statisch unbestimmt.

Bezüglich der statischen Bestimmtheit eines Balkens (oder eines anderen statischen Systems) unterscheidet man drei Fälle, die von der Anzahl der Freiheitsgrade *f* einerseits und der Anzahl der wirkenden Lagerkräfte andererseits abhängen:

✔ *Statisch unterbestimmt:* n < 0. Das System ist instabil (labil). Mit anderen Worten, der Balken kann sich bewegen.

✔ *Statisch bestimmt:* n = 0. Dies ist der Idealfall.

✔ *Statisch unbestimmt:* n > 0. Dies ist zunächst einmal nicht schlecht, kann aber zu Problemen führen, wenn sich etwa der Balken thermisch ausdehnt.

Sie mögen sich an dieser Stelle vielleicht fragen: »Ist das nicht ein bisschen viel Aufwand für einen einzelnen Balken?« Vielleicht, aber man kann die obigen Ergebnisse verallgemeinern:

In vielen Fällen werden Träger, also auch Balken, nicht nur an den beiden Endpunkten gelagert, sondern auch auf Zwischenstützen. In diesen Fällen wird nur eines der Lager als Festlager ausgeführt, die anderen hingegen als Loslager. Grund sind mögliche thermische Ausdehnungen des Balkens. Wenn in waagerechter Richtung nur ein Punkt fixiert ist, stellen solche Ausdehnungen kein Problem dar, sind jedoch zwei oder mehr Punkte fest gelagert, könnte dies zu inneren Spannungen innerhalb des Balkens führen.

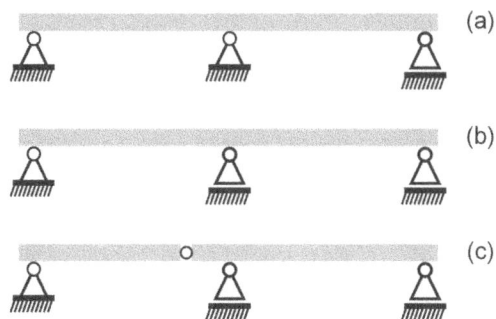

Abbildung 6.10: Ein Balken auf drei Lagern

Abbildung 6.10 zeigt in Skizze (a) den gerade geschilderten Fall eines Balkens auf zwei Fest- und einem Loslager. Es gibt also fünf Lagerkräfte; für die statische Bestimmtheit gilt also:

$$n = l - f = 5 - 3 = 2$$

Das System ist also zweifach unbestimmt. Liegt in dem System nur ein Festlager vor (Skizze (b) in Abbildung 6.10), so ergibt sich für die statische Bestimmtheit des Balkens:

$$n = l - f = 4 - 3 = 1$$

Das System ist also immer noch statisch unbestimmt, allerdings nur einfach. In der in der Abbildung dargestellten Situation kann zwar eine thermische Ausdehnung nicht mehr zu Problemen führen, wohl aber Verschiebungen der Lager gegeneinander (etwa in y-Richtung). Wie gelangt man an dieser Stelle zu einem statisch bestimmten System? Man führt ein weiteres Element ein, indem man den Balken durchschneidet und die beiden Teile durch ein *Gelenk* verbindet, in dem in Abbildung 6.10 dargestellten Fall etwa durch ein Querkraftgelenk zwischen den ersten beiden Lagern (Skizze (c)). Ein solches Gelenk könnte leicht Verschiebungen der Lager gegeneinander in y-Richtung ausgleichen. Dieses Gelenk hat zwei Auswirkungen auf die Bilanz für die statische Bestimmtheit:

✔ Einerseits erhöht sich die Anzahl der unbekannten Kräfte, da die im Gelenk wirkenden Kräfte zunächst nicht bekannt sind.

✔ Andererseits erhöht sich die Anzahl der Freiheitsgrade, denn jetzt hat man es nicht nur mit einem, sondern mit zwei Balken zu tun (der Balken wurde gerade durchgesägt). Die Anzahl der Freiheitsgrade beträgt jetzt also:

$$f = b \cdot 3 = 2 \cdot 3 = 6$$

wobei b die Anzahl der Balken angibt.

Da jeder Freiheitsgrad eines Balkens eine Gleichung zur Berechnung einer unbekannten Kraft liefert, kann man jetzt also sechs unbekannte Kräfte berechnen. Andererseits treten in einem Gelenk zumeist zwei unbekannte Kräfte auf, die bestimmt werden müssen. Damit kann man folgende Gleichung für die statische Bestimmtheit eines ebenen *Tragwerks* aus b Balken mit l Lagerkräften und g Gelenkkräften aufstellen:

$$n = l + g - 3b$$

Dabei muss man immer im Hinterkopf haben, dass l die Anzahl der Lagerkräfte ist, nicht die der Lager. Für das in Abbildung 6.10(c) dargestellte Beispiel ist $l = 4$ (ein zweiwertiges und zwei einwertige Lager). Ebenso ist g nicht die Anzahl der Gelenke, sondern der Gelenkkräfte. Die Wertigkeit eines Querkraftgelenks ist $g = 2$. Damit ergibt sich für den in (c) dargestellten Fall:

$$n = l + g - b \cdot 3 = 4 + 2 - 6 = 0$$

Das System ist also statisch bestimmt. Es handelt sich folglich um den Idealfall. Zum Abschluss dieses Abschnitts sollen noch einige wichtige Punkte bezüglich der statischen Bestimmtheit eines Balkens beziehungsweise eines aus mehreren Balken bestehenden Tragwerks festgehalten werden:

✔ In einem statisch bestimmten System werden weder durch Wärmedehnungen noch durch Lagerverschiebungen Spannungen hervorgerufen.

✔ Statisch unterbestimmte Systeme sind instabil.

✔ Statisch unbestimmte Systeme sind zwar nicht der Idealfall, aber in vielen Fällen ausreichend. Allerdings sind sie nur schwer zu berechnen. Zudem können äußere Einflüsse wie Temperaturausdehnungen Probleme hervorrufen.

Diese Darstellung lässt sich folgendermaßen zusammenfassen: Ein Tragwerk ist statisch bestimmt, wenn man alle unbekannten Lagerkräfte und -momente mithilfe der Gleichgewichtsbedingungen berechnen kann.

Altehrwürdig und doch modern: Fachwerke

Sie kennen sicherlich viele alte Stadtkerne, die von Fachwerkhäusern geprägt sind. Beispiele in der unmittelbaren Umgebung meiner Heimatstadt Kassel sind Hannoversch Münden, Melsungen und Fritzlar. Sie mögen vielleicht denken, dass Fachwerke eine in der Vergangenheit erfolgreiche Konstruktionsweise waren, aber heute keine Rolle mehr spielen. Das ist sehr weit gefehlt.

Auch heute noch spielen Fachwerke beim Bau von Tragkonstruktionen eine große Rolle. Am auffälligsten ist dies vielleicht bei Kränen. Betrachten Sie einen großen Baukran und vergleichen Sie seine Bauweise mit der von Fachwerkhäusern. Die Ähnlichkeit ist verblüffend, wenngleich die Anordnung der Stäbe bei Kränen regelmäßiger ist als bei den alten Häusern. Andere moderne Anwendungen von Fachwerken sind Brücken, Baugerüste, Strommasten oder Dachkonstruktionen. Die Gründe für die Verwendung von Fachwerken liegen zum einen in der hohen Tragfestigkeit, zum anderen aber auch im geringen Materialaufwand, der Gewichtsersparnis und, etwa bei Kränen und Brücken, auch in der optischen Transparenz. Nachteile sind die große räumliche Ausdehnung im Vergleich zu massiven Konstruktionen, aber auch die arbeitsintensive Fertigung.

Nichts als Stäbe und Knoten: Wichtige Begriffe

Ein *Fachwerk* ist eine Konstruktion aus Stäben, die an den Enden miteinander verbunden sind. In den einzelnen Stäben treten nur Zug- und Druckkräfte auf: Dies bedingt eine hohe Tragfestigkeit. Äußere Kräfte greifen nur in den Verbindungspunkten (Knoten) an.

Fachwerkträger bestehen aus zwei oder mehr parallelen Fachwerken.

Fachwerke bestehen aus zwei grundlegenden Elementen: Stäben und Knoten (Abbildung 6.11):

✔ Die *Stäbe* sind Profilträger. Sie können entweder schräg angeordnet sein (dann nennt man sie *Streben*) oder aber senkrecht (dann werden sie *Pfosten* genannt). Waagerecht verlaufende Stäbe heißen *Gurte*.

✔ Die *Knoten* sind die Punkte, in denen die Stäbe miteinander verbunden sind (das heißt, es handelt sich um Gelenke). Diese Knoten müssen zumeist große Kräfte übertragen; daher sind ihre Auslegung und Realisierung von großer Bedeutung.

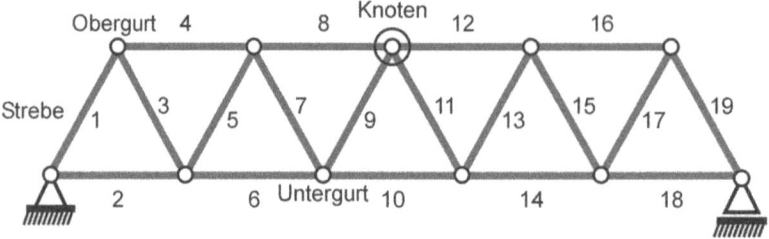

Abbildung 6.11: Ein Streben-Fachwerk aus 19 Streben und 11 Knoten

Das geometrische Grundelement eines Fachwerks ist der *Dreiecksverband*, die einfachste Form einer starren Figur. Durch Aneinanderreihung solcher Dreiecksverbände kann man verschiedenste Fachwerkformen realisieren, etwa das Streben-Fachwerk (Abbildung 6.11) oder das Pfosten-Streben-Fachwerk (Abbildung 6.12). Der Obergurt kann parallel zum Untergurt angeordnet sein, aber auch dem Verlauf des Biegemoments (Kapitel 11) im Träger angepasst sein. In Abbildung 6.11 bis Abbildung 6.13 sind drei spezielle Typen von Fachwerken dargestellt, von denen es insgesamt sehr viele Varianten gibt.

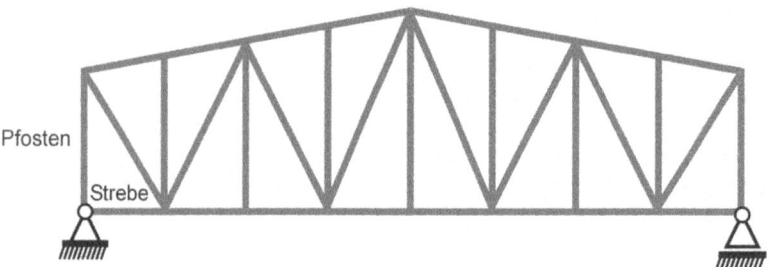

Abbildung 6.12: Ein Pfosten-Streben-Fachwerk

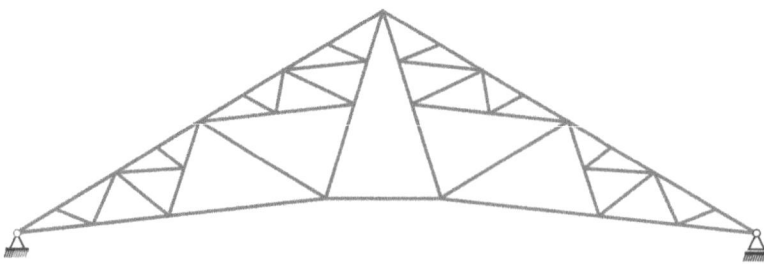

Abbildung 6.13: Ein Polonceau-Fachwerk

Zusätzlich gibt es noch drei Begriffe, mit denen man Fachwerke klassifizieren kann. Sie sollen im Folgenden kurz vorgestellt werden:

✔ *Ideales Fachwerk:* In einem idealen Fachwerk werden in den Knoten keine Drehmomente übertragen. In diesem Fall wirken nur Zug- und Druckkräfte auf die Stäbe.

✔ *Reales (nicht ideales) Fachwerk:* Bei einem realen Fachwerk treten neben Zug- und Druckkräften auch noch Reibung und Drehmomente auf, die etwa durch das Eigengewicht der Stäbe verursacht werden.

✔ *Einfaches Fachwerk:* Bei einem einfachen Fachwerk werden, ausgehend von einem Stab, jeweils ein Knoten und zwei Stäbe hinzugefügt (Abbildung 6.11).

Bestimmt oder unbestimmt?

Abbildung 6.14 zeigt einen Dreiecksverband; er stellt die einfachste Form der Grundelemente eines Fachwerks dar. Die Konstruktion in der Abbildung umfasst die folgenden Komponenten:

✔ Die Stäbe 1, 2 und 3:

✔ Die Knoten I, II und III;

✔ Die beiden Lager A (Festlager) und B (Loslager).

Äußere Kräfte werden nur über die Knoten in das Fachwerk eingeleitet, nicht über die Stäbe (hier die Kraft F über den Knoten II). In den beiden Lagern A und B wirken die Kräfte F_{Ax}, F_{Ay} und F_{By}. Bestünde das Element aus einem massiven homogenen Material (Vollwandträger), befände es sich im Gleichgewicht (mit anderen Worten, das System wäre *äußerlich statisch bestimmt*). Im Falle von Fachwerken muss man allerdings berücksichtigen, dass sich die Stäbe gegeneinander verschieben können. Zur Untersuchung dieser Frage muss man ermitteln, ob das System auch *innerlich statisch bestimmt* ist.

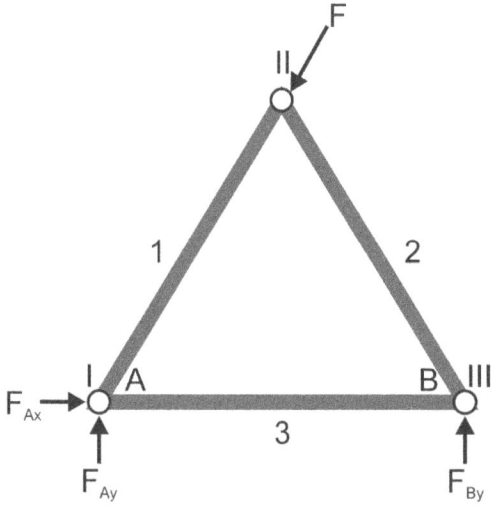

Abbildung 6.14: Ein Dreiecksverband

Die Antwort auf diese Frage ist durch die Anzahl der Stäbe s und die Anzahl der Knoten k gegeben.

✔ Mögliche Kräfte wirken in den Stäben als Zug- oder Druckkräfte, sodass man es mit s Kräften zu tun hat. Hinzu kommt noch die Anzahl der Kräfte in den Lagern, die in der obigen Konstruktion drei beträgt (F_{Ax}, F_{Ay} und F_{By}). Insgesamt wirken in dem in Abbildung 6.14 dargestellten System also s + 3 Kräfte.

✔ Auf der anderen Seite kann man für jeden Knoten in dem System aus der Forderung, dass er sich nicht bewegen darf, die in Kapitel 5 diskutierten Gleichgewichtsbedingungen aufstellen:

$$\sum_{i=1}^{N} F_x = 0 \quad \text{und} \quad \sum_{i=1}^{N} F_y = 0$$

wobei N für die einzelnen Knoten steht. Somit erhält man also pro Knoten zwei Gleichungen, mit denen man das System beschreiben kann. Die Anzahl der Gleichgewichtsbedingungen in einem Fachwerk ist also 2k.

Wie schon in Kapitel 5 dargestellt und oben im Abschnitt über Balken weiter diskutiert wurde, muss die Anzahl der Gleichungen in einem System genauso groß sein wie die Anzahl der unbekannten Größen (Kräfte). Ein Fachwerk mit k Knoten und s Stäben liefert 2k Gleichungen und enthält s + 3 Kräfte. Man kann also schlussfolgern:

Damit ein System *(innerlich) statisch bestimmt* ist, muss die Anzahl der zur Verfügung stehenden Gleichungen gleich der Anzahl der unbekannten Kräfte sein, also:

$2k = s + 3$

Gewöhnlich wird diese Gleichung in folgender Form geschrieben:

$s = 2k - 3$

Eine alternative Darstellung ist

$n = s + 3 - 2k$

wobei n die im vorangegangenen Abschnitt eingeführte statische Bestimmtheit ist.

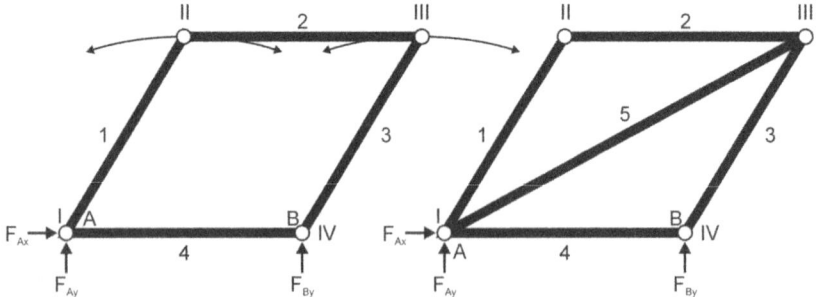

Abbildung 6.15: Links: ein bewegliches Fachwerk; rechts: ein statisch bestimmtes Fachwerk

Abbildung 6.15 zeigt ein aus vier Knoten und vier Stäben bestehendes sogenanntes bewegliches Fachwerk. Es kann eine Drehung ausführen, wie in der Abbildung dargestellt ist. Die Bilanz der Anzahl der Stäbe und Knoten zur Ermittlung der statischen Bestimmtheit lautet:

$$s = 4 < 2k - 3 = 5$$

Das System ist also statisch unterbestimmt (instabil), was zur Folge hat, dass eine Drehbewegung möglich ist. Um dem entgegenzuwirken, kann man einen weiteren Stab 5 einfügen (die rechte Skizze in Abbildung 6.15), der vom Knoten I zum Knoten III verläuft (alternativ kann man auch eine Strebe von II nach IV wählen). Dann gilt:

$$s = 5 = 2k - 3 = 5$$

Durch diese zusätzliche Strebe ist das in Abbildung 6.15 rechts dargestellte Fachwerk statisch bestimmt, die im linken Teil der Abbildung angedeutete Drehung ist nicht mehr möglich.

An dieser Stelle verstehen Sie die Bedeutung des berühmten Ivar-Stützkreuzes des bekannten schwedischen Möbelhauses.

Die obige Definition der statischen Bestimmtheit kann man noch verallgemeinern. In vielen Fällen ist ein Fachwerk nicht nur an zwei, sondern an mehreren Stellen gelagert (denken Sie hier etwa an Brückenpfeiler). Aus den oben dargestellten Gründen wird nur eines dieser Lager als Festlager ausgeführt, die anderen als Loslager. Wenn l die Anzahl der Lager ist, ergeben sich also $l + 1$ Stütz- oder Lagerkräfte. Dann muss man die obige Gleichung $2k = s + 3$ für die statische Bestimmtheit wie folgt erweitern:

$$2k = s + l + 1$$

ie Anzahl der Kräfte ist also nicht mehr $s + 3$, wie im Fall zweier Lager, sondern $s + l + 1$. Schreibt man diese Gleichung um, so erhält man:

$$s + l + 1 - 2k = 0$$

In diesem Fall ist ein System also statisch bestimmt. Was passiert aber, wenn diese Gleichung nicht null ergibt?

Für ein ebenes Fachwerk mit l Lagern, s Stäben und k Knoten gilt:

✔ $s + l + 1 - 2k < 0$: Das System ist *statisch unterbestimmt*;

✔ $s + l + 1 - 2k = 0$: Das System ist *statisch bestimmt*;

✔ $s + l + 1 - 2k > 0$: Das System ist *statisch unbestimmt*.

Statisch unterbestimmt bedeutet, dass das System instabil oder labil ist (wie das obige Beispiel in Abbildung 6.15 gezeigt hat). Bei statisch unbestimmten Systemen können durch Verdrehungen, Verformungen oder etwa Temperaturausdehnungen neue Kräfte oder Drehmomente auftreten, was bei statisch bestimmten Systemen nicht der Fall ist.

Zum Abschluss dieser Diskussion ist es sinnvoll, die Begriffe innere und äußere statische Bestimmtheit noch einmal genau zu definieren.

Ein System ist *äußerlich statisch bestimmt*, wenn man die äußeren Lagerkräfte allein mithilfe der Gleichgewichtsbedingungen bestimmen kann.

Ein System ist *innerlich statisch bestimmt*, wenn man die einzelnen *Stabkräfte* mithilfe der Gleichgewichtsbedingungen an jedem Knoten bestimmen kann.

Ermittlung der Stabkräfte

Abbildung 6.16 zeigt ein einfaches Fachwerk aus fünf Knoten und sieben Stäben, das im Folgenden als Beispiel für die Erläuterung dreier Verfahren dienen soll, mit denen man die Stabkräfte in einem Fachwerk bestimmen kann. Diese Stabkräfte müssen bekannt sein, wenn man die notwendigen Dimensionen bestimmen will (schließlich will niemand, dass eine Brücke einstürzt oder eine Dachkonstruktion zusammenbricht).

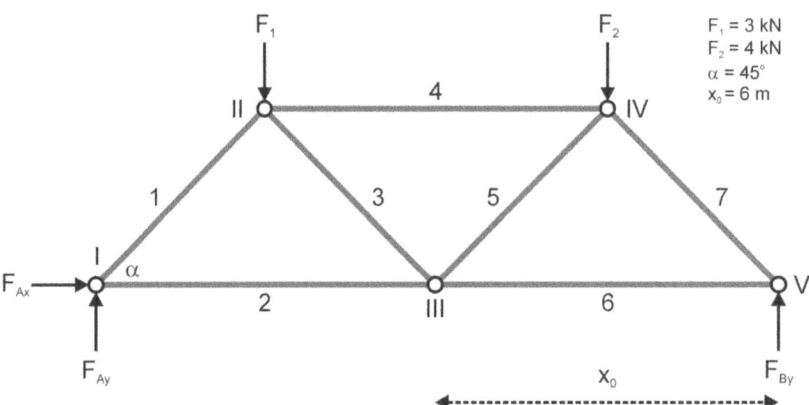

Abbildung 6.16: Ein Fachwerk aus sieben Stäben und fünf Knoten

Das Fachwerk in Abbildung 6.16 besteht aus folgenden Komponenten:

✔ sieben Stäbe 1–7:

✔ fünf Knoten I–V;

✔ zwei Lagern, von denen eines ein Festlager ist (Lager A in Knoten I).

Zunächst einmal soll ermittelt werden, ob das in Abbildung 6.16 dargestellte Fachwerk innerlich statisch bestimmt ist. Dazu muss die Bedingung $s = 2k - 3$ erfüllt sein. Setzt man die Zahlen ein, so ergibt sich:

$$s = 7 = 2 \cdot 5 - 3 = 10 - 3$$

Das System ist also innerlich statisch bestimmt.

Es gibt drei Verfahren, mit deren Hilfe man die Stabkräfte in einem Fachwerk rechnerisch oder zeichnerisch ermitteln kann:

✔ **Knotenpunktverfahren:** Bei diesem Verfahren, das auch *Rundschnittverfahren* genannt wird, werden rechnerisch und zeichnerisch alle Stabkräfte ermittelt.

✔ **Ritter'sches Schnittverfahren:** Mit diesem Verfahren können einzelne Stabkräfte berechnet werden.

✔ **Cremona-Plan:** Diese Methode erlaubt eine zeichnerische Ermittlung aller Stabkräfte.

In den folgenden Abschnitten werden diese Verfahren anhand des in Abbildung 6.16 dargestellten Fachwerks erläutert.

Nur das Äußere zählt: Ermittlung der Stützkräfte

Bei allen drei Methoden ermittelt man zunächst die Lager- oder Stützkräfte, die in dem System wirken. Dazu muss man von allen inneren Kräften abstrahieren und nur die äußeren Kräfte betrachten, wie in Abbildung 6.17 dargestellt ist. Dabei betrachtet man das Fachwerk als einen Körper, auf den nur äußere Kräfte wirken.

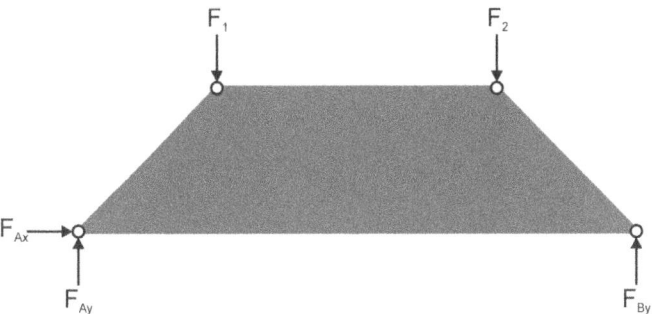

Abbildung 6.17: Zur Bestimmung der Stützkräfte des in Abbildung 6.16 dargestellten Fachwerks

Diese Fragestellung wurde in Kapitel 5 in Zusammenhang mit Abbildung 5.14 (Kräfte auf einen Balken) ausführlich diskutiert. Aus den Gleichgewichtsbedingungen kann man die folgenden Gleichungen ableiten:

$$\sum F_x = 0 = F_{Ax}$$
$$\sum F_y = 0 = F_{Ay} + F_{By} - F_1 - F_2$$
$$\sum \tau_{(A)} = 0 = F_{By} \cdot 2x_0 - F_2 \cdot 1{,}5x_0 - F_1 \cdot 0{,}5x_0$$

Da keine äußeren Kräfte in x-Richtung wirken, ist die Kraft $F_{Ax} = 0$. Man muss also nur noch F_{Ay} und F_{By} bestimmen. Die unterste Gleichung enthält nur F_{By}, daher sollte man diese Gleichung zunächst nach F_{By} auflösen:

$$F_{By} = \frac{F_1 \cdot 0{,}5x_0 + F_2 \cdot 1{,}5x_0}{2x_0} = \frac{3 \text{ kN} \cdot 0{,}5 + 4 \text{ kN} \cdot 1{,}5}{2} = 3{,}75 \text{ kN}$$

Dies kann man direkt in die mittlere Gleichung des Systems einsetzen und erhält dadurch:

$$F_{Ay} = -F_{By} + F_1 + F_2 = (-3{,}75 + 3 + 4)\ \text{kN} = 3{,}25\ \text{kN}$$

Nachdem die äußeren Stützkräfte bestimmt sind, kann jetzt mit der Ermittlung der einzelnen Stabkräfte begonnen werden.

Knoten um Knoten: Das Knotenpunktverfahren

Beim Knotenpunktverfahren besteht der nächste Schritt darin, diese Stabkräfte zu berechnen, indem man sich Knoten für Knoten vornimmt, die Kräfte an jedem von ihnen freimacht, mithilfe der Gleichgewichtsbedingungen berechnet und sie gleichzeitig zeichnerisch darstellt.

Dabei muss man folgende Regeln beachten:

- ✔ Man trägt zunächst die äußeren Kräfte ein; Stützkräfte zeigen in positive y-Richtung, die belastenden in negative y-Richtung.

- ✔ Die bereits bekannten Stabkräfte zeichnet man entsprechend ihres Wirksinns ein.

- ✔ Zugkräfte wirken vom Knoten weg, Druckkräfte auf ihn zu.

- ✔ Unbekannte Kräfte werden zunächst als Zugkräfte betrachtet, weisen also vom Körper fort.

- ✔ Wenn das Ergebnis eine positive Kraft liefert, handelt es sich um eine Zugkraft, in anderem Fall handelt es sich um eine Druckkraft, sodass man nicht nur den Betrag einer Stabkraft, sondern auch ihren Wirksinn erhält.

Die freigemachten Knoten des Beispielfachwerks aus Abbildung 6.16 sind in Tabelle 6.2 dargestellt; zudem enthält die Tabelle auch eine zeichnerische Darstellung der in jedem Knoten wirkenden Kräfte.

Knoten I

Da für jeden Knoten aufgrund der beiden Gleichgewichtbedingungen zwei unbekannte Kräfte bestimmt werden können, beginnt man das Verfahren mit einem Knoten, in dem nur zwei Kräfte unbekannt sind. Dies ist zum Beispiel für Knoten I der Fall, in dem drei Kräfte angreifen, von denen die Stabkräfte F_{S1} und F_{S2} unbekannt sind, während die Stützkraft des Lagers A bekannt ist (3,25 kN). Die beiden Gleichgewichtsbedingungen in x- und y-Richtung lassen sich für diesen Knoten wie folgt schreiben:

$$\sum_I F_x = F_{S1} \cos\alpha + F_{S2} = 0$$
$$\sum_I F_y = F_{Ay} + F_{S1} \sin\alpha = 0$$

Da die zweite Gleichung nur eine unbekannte Kraft enthält, beginnt man zweckmäßigerweise mit ihr und löst sie nach F_{S1} auf:

$$F_{S1} = -\frac{F_{Ay}}{\sin \alpha} = -\frac{3{,}25 \text{ kN}}{\sin 45°} = -4{,}60 \text{ kN}$$

Da F_{S1} negativ ist, handelt es sich um eine Druckkraft. Jetzt kann man F_{S2} aus der ersten Gleichung bestimmen:

$$F_{S2} = -F_{S1} \cos \alpha = -(-4{,}6 \text{ kN}) \cdot \cos 45° = 3{,}25 \text{ kN}$$

F_{S2} ist positiv und damit eine Zugkraft.

Knoten V

Knoten V ist analog zu Knoten I, es gibt nur leichte Unterschiede, zum Beispiel in Bezug auf die Größe der Stützkraft F_{By}. Die Rechnung verläuft analog zu der beim Knoten I; deshalb wird an dieser Stelle nur das Ergebnis angegeben:

- ✔ F_{S6} = 3,75 kN (Zugkraft)

- ✔ F_{S7} = −5,3 kN (Druckkraft)

Freigemachte Knoten	Darstellung der Kräfte
Knoten I 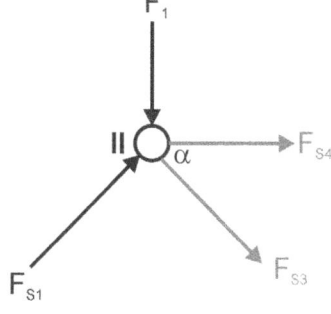	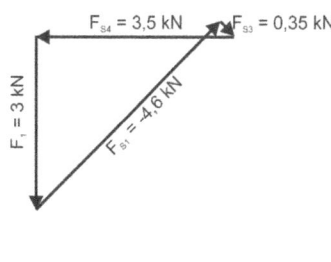
Knoten II	

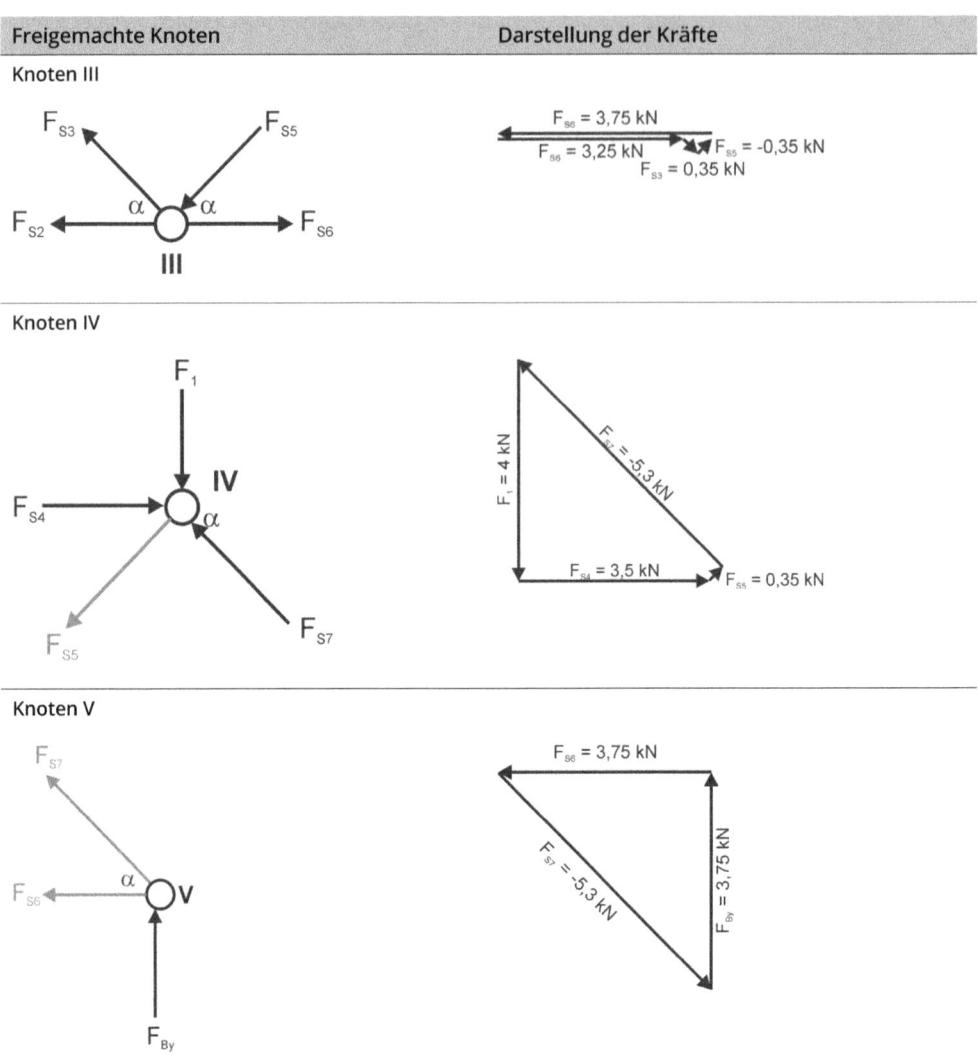

Tabelle 6.2: Freimachen der Knoten des in Abbildung 6.16 dargestellten Fachwerks und die dabei ermittelten Kräfte. In der linken Spalte sind die bei der Rechnung unbekannten Kräfte grau gekennzeichnet

Wenn Sie allerdings Zeit und Lust haben, können Sie sich einmal selbst mit diesem Problem beschäftigen (siehe Aufgabe 6.4). Nach Betrachtung von zwei der fünf Knoten kennt man also schon vier der sieben Stabkräfte. Das sind gute Fortschritte! Als Nächstes bieten sich die Knoten II und IV an, die geometrisch ähnlich sind. Im Folgenden wird zunächst Knoten II betrachtet.

Knoten II

Am Knoten II wirken vier Kräfte, von denen zwei bekannt (F_1 und F_{S1}) und zwei unbekannt sind (F_{S3} und F_{S4}). Die äußere Kraft F_1 wirkt senkrecht nach unten. Von F_{S1} ist außerdem bekannt, dass es sich um eine Druckkraft von $-4{,}6$ kN handelt, sie muss also auf den Knoten zu wirken. Die unbekannten Kräfte F_{S3} und F_{S4} werden zunächst als Zugkräfte angenommen, die vom Knoten wegzeigen. Aus diesem Grund wirkt die y-Komponente von F_{S3} nach unten. Damit ergibt sich für die Gleichgewichtsbedingungen:

$$\sum\nolimits_{II} F_x = +F_{S1} \cos\alpha + F_{S3} \cos\alpha + F_{S4} = 0$$
$$\sum\nolimits_{II} F_y = -F_1 + F_{S1} \sin\alpha - F_{S3} \sin\alpha = 0$$

Löst man die Gleichung für die y-Richtung nach F_{S3} auf, so ergibt sich:

$$F_{S3} = \frac{-F_1 + F_{S1} \sin\alpha}{\sin\alpha} = \frac{-3 \text{ kN} + 4{,}6 \text{ kN} \cdot \sin 45°}{\sin 45°} = 0{,}353 \text{ kN}$$

F_{S3} ist also eine (allerdings kleine) Zugkraft. Setzt man dies in die Gleichung für die x-Richtung ein und löst sie nach F_{S4} auf, ergibt sich:

$$F_{S4} = -F_{S1} \cos\alpha - F_{S3} \cos\alpha = -(F_{S1} + F_{S3}) \cos\alpha w$$
$$= -(4{,}6 + 0{,}353) \cos 45° = -3{,}5 \text{ kN}$$

F_{S4} ist also eine Druckkraft.

Knoten IV

Dieser Knoten ist weitgehend analog zu Knoten II, deshalb folgt hier nur das Ergebnis der Rechnung (Sie können sie selbst durchführen; Sie finden die Anleitung bei den Lösungen der Aufgaben).

✔ F_{S4} = −3,5 kN (Druckkraft)

✔ F_{S5} = −0,353 kN (Druckkraft)

Allerdings erlauben diese beiden Ergebnisse zwei wichtige Schlussfolgerungen:

✔ Der für F_{S4} erhaltene Wert ist der gleiche, der bei der Betrachtung von Knoten II erhalten wurde. Die Rechnung scheint also richtig zu sein, was sehr beruhigend ist.

✔ Die beiden Kräfte in den mittleren Streben 3 und 5 sind betragsmäßig gleich, besitzen aber entgegengesetzte Vorzeichen. Ganz offensichtlich gleicht sich hier die Asymmetrie der Belastungen auf der rechten und der linken Seite des Fachwerks aus.

Knoten III

Hurra, jetzt sind alle sieben Stabkräfte bestimmt, und man könnte hier Schluss machen. Warum sollte man sich an dieser Stelle die Arbeit machen, sich auch noch den letzten Knoten III vorzunehmen? Das ist falsch gedacht: Die Auswertung der Gleichgewichtsbedingungen an Knoten III erlaubt eine Art Kontrollrechnung. Wenn die Summen der Kräfte in x- und y-Richtung nicht jeweils null sind, hat man etwas falsch gemacht und muss sich auf Fehlersuche begeben. Deshalb folgen hier die beiden Gleichgewichtsbedingungen für Knoten III:

$$\sum\nolimits_{III} F_x = F_{S2} + F_{S3} \cos\alpha + F_{S5} \cos\alpha - F_{S6} = 0$$
$$\sum\nolimits_{III} F_y = F_{S3} \sin\alpha - F_{S5} \sin\alpha = 0$$

Für die y-Richtung sieht man sofort, dass die Gleichgewichtsbedingung erfüllt ist, da F_{S3} und F_{S5} betragsmäßig gleich groß sind, aber ein entgegengesetztes Vorzeichen besitzen. Für die x-Richtung ergibt sich:

$$3{,}25 \text{ kN} + 0{,}35 \cdot \cos 45° \text{ kN} + 0{,}353 \cdot \cos 45° \text{ kN} - 3{,}75 \text{ kN} = 0$$

Es ist schon beruhigend, am Ende einer so langen Rechnung zu wissen, dass man alles richtig gemacht hat.

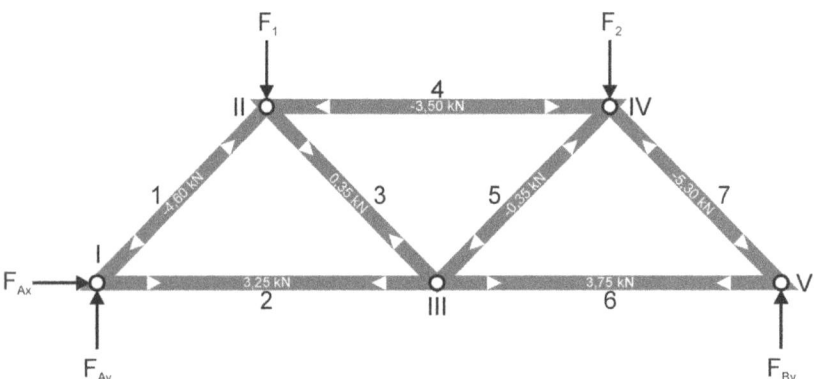

Abbildung 6.18: Ergebnis der Anwendung des Knotenpunktverfahrens am Fachwerk aus Abbildung 6.16

Abbildung 6.18 fasst die Ergebnisse dieser langen Rechnung noch einmal zusammen. Nur drei der sieben Stabkräfte sind Zugkräfte, die anderen vier hingegen Druckkräfte. Interessant ist, wie schon erwähnt, dass die beiden Kräfte F_{S3} und F_{S5} betragsmäßig gleich sind, aber unterschiedliche Vorzeichen besitzen.

Ritter'sches Schnittverfahren

Wie Sie im letzten Abschnitt leidvoll festgestellt haben, ist die Berechnung aller Stabkräfte eines Fachwerks mithilfe des Knotenpunktverfahrens möglich, aber mühsam. Allerdings kann man mit seiner Hilfe *alle* Stabkräfte berechnen. Andererseits kann ein komplexeres Fachwerk sehr viele Stäbe enthalten. In manchen Fällen kann es jedoch ausreichen, nur einige wenige Stabkräfte zu berechnen, etwa, wenn man von vornherein weiß, welche Stäbe am meisten belastet sind. In diesen Fällen hilft das Ritter'sche Schnittverfahren oder Ritter-Verfahren, mit dem man drei Stabkräfte berechnen kann. Dieses Verfahren soll im Folgenden anhand des Beispielfachwerks aus Abbildung 6.16 kurz vorgestellt werden.

Wie bei allen drei in diesem Kapitel vorgestellten Verfahren zur Ermittlung der Stabkräfte in einem Fachwerk müssen zu Beginn die Stützkräfte ermittelt werden, was in diesem Fall bereits oben erledigt wurde. Dann schneidet man das Fachwerk an der Stelle, für die man sich interessiert, in zwei Teile, wie in Abbildung 6.19 dargestellt ist. Dabei müssen zwei Regeln beachtet werden:

✔ Der Schnitt durch das Fachwerk darf nur drei Stäbe treffen.

✔ Diese drei Stäbe dürfen keinen gemeinsamen Knoten besitzen.

Wie Sie in Abbildung 6.19 sehen, sind in dem gewählten Schnitt, der die Stabkräfte F_{S2}, F_{S4} und F_{S4} betrifft, diese Bedingungen erfüllt.

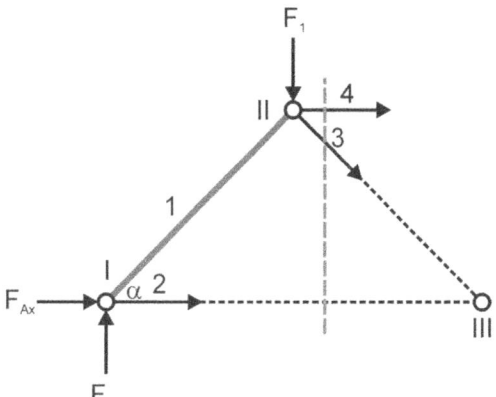

Abbildung 6.19: Linker Teil des Fachwerks nach einem Schnitt durch die Stäbe 2, 3 und 4

Im Folgenden wird das linke Teilstück dieses geschnittenen Systems betrachtet. Die geschnittenen, also im Folgenden zu untersuchenden Stäbe sind in diesem Fall 2, 3 und 4. Die damit verbundenen Kräfte sind in Abbildung 6.19 zunächst als Zugkräfte eingezeichnet, wirken also von den Knoten fort. Dann wählt man sich drei Knoten, für die diese Kräfte von Bedeutung sind. Dabei müssen diese Knoten nicht unbedingt in dem betrachteten Teilstück liegen (dies ist in dem in Abbildung 6.19 dargestellten Teilstück gar nicht möglich, da es nur zwei Knoten enthält). Im Folgenden werden die drei Knoten I, II und III (außerhalb) untersucht.

Für jeden dieser Knoten stellt man dann eine *Drehmomentbilanz* auf. Das bedeutet, für jeden der drei Knoten wird untersucht, welche Drehmomente auf ihn wirken, und setzt deren Summe gleich null:

$$\sum_{(\text{Knoten})} \tau = 0$$

Das liefert ein Gleichungssystem mit drei Unbekannten, das also lösbar ist. In dem hier vorliegenden Fall ist das Gleichungssystem besonders einfach zu lösen, da die ersten beiden Gleichungen nur je eine Unbekannte enthalten. In Abbildung 6.20 sind die drei Knoten und die auf sie wirkenden Drehmomente dargestellt.

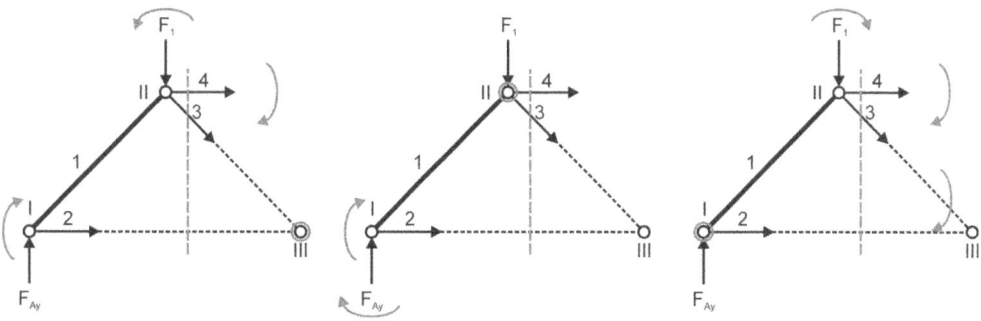

Abbildung 6.20: Drehmomente der Knoten III, II und I

Zunächst wird Knoten III betrachtet. Auf ihn wirken drei Drehmomente:

✔ Die Stützkraft F_A versucht, den Knoten III im Uhrzeigersinn zu drehen, und ist daher positiv.

✔ Die äußere Kraft F_1 versucht, ihn gegen den Uhrzeigersinn zu drehen.

✔ Die unbekannte Zugkraft F_{S4} dreht hingegen den Knoten wieder im Uhrzeigersinn.

Berücksichtigt man die Abstände der Angriffspunkte dieser Kräfte vom Knoten III, ergibt sich folgende Gleichgewichtsbedingung:

$$\sum_{(III)} \tau = F_A \cdot x_0 - F_1 \cdot \frac{x_0}{2} + F_{S4} \cdot \frac{x_0}{2} = 0$$

Nach F_{S4} aufgelöst, ergibt diese Gleichung (beachten Sie, dass man x_0 herauskürzen kann):

$$F_{S4} = 2(-F_A + \frac{1}{2}F_1) = 2(-3{,}25 \text{ kN} + \frac{1}{2} 3 \text{ kN}) = -3{,}5 \text{ kN}$$

Das ist genau das Ergebnis, das auch schon beim Knotenpunktverfahren herauskam!

Die an den Knoten II und I wirkenden Drehmomente sind in der mittleren und der rechten Skizze in Abbildung 6.20 dargestellt. Für den Knoten II ergibt sich:

$$\sum_{(II)} \tau = F_A \cdot \frac{x_0}{2} - F_{S2} \cdot \frac{x_0}{2} = 0$$

woraus sich sofort ergibt:

$$F_{S2} = F_A = 3{,}25 \text{ kN}$$

was wiederum mit dem obigen Ergebnis übereinstimmt. Für Knoten I müssen wieder drei Drehmomente einbezogen werden, wobei man berücksichtigen muss, dass die Kraft F_{S3} unter dem Winkel α angreift:

$$\sum_{(I)} \tau = F_1 \cdot \frac{x_0}{2} + F_{S3} \cdot x_0 \cdot \cos\alpha + F_{S4} \cdot \frac{x_0}{2} = 0$$

$$F_{S3} = -\frac{\frac{1}{2}F_1 + \frac{1}{2}F_{S4}}{\cos\alpha} = -\frac{\frac{1}{2} \cdot 3 \text{ kN} - \frac{1}{2} \cdot 3{,}5 \text{ kN}}{\cos 45°} = 0{,}35 \text{ kN}$$

Es ist ziemlich befriedigend, dass man beim Ritter'schen Schnittverfahren für alle drei untersuchten Stabkräfte das gleiche Ergebnis erhält wie beim Knotenpunktverfahren.

Im Kreis herum zeichnen: Der Cremona-Plan

Das Knotenpunktverfahren liefert rechnerisch und zeichnerisch (siehe die in der rechten Spalte in Tabelle 6.2 dargestellten Skizzen) alle in einem Fachwerk wirkenden Stabkräfte, das Ritter'sche Schnittverfahren rechnerisch einzelne Stabkräfte. Das dritte Verfahren zur Stabkraftberechnung liefert ebenfalls alle Kräfte, allerdings auf *zeichnerischem* Weg. Es wurde von dem italienischen Mathematiker und Statiker Antonio Luigi Gaudenzio Giuseppe Cremona 1865 entwickelt und wird infolgedessen Cremona-Plan genannt. Dabei wird eine maßstäbliche Skizze erstellt, in dem jede Stabkraft nur einmal auftritt (beim Knotenpunktverfahren tritt jede Kraft zweimal in den Skizzen auf, da jede Kraft auf zwei Knoten wirkt). Im Folgenden wird der Cremona-Plan für das in diesem Kapitel behandelte Modellfachwerk (Abbildung 6.16) aufgestellt.

Dazu müssen, wie bei den anderen beiden Verfahren auch, die Stützkräfte ermittelt werden, was in diesem Fall bereits geschehen ist. Danach geht man folgendermaßen vor (Abbildung 6.21 und Abbildung 6.22):

1. Zunächst muss man die äußeren Kräfte in den Plan einzeichnen. Dabei muss man einen bestimmten Umlaufsinn beibehalten, entweder gegen den Uhrzeigersinn (etwa $F_A \to F_B \to F_2 \to F_1$) oder im Uhrzeigersinn ($F_A \to F_1 \to F_2 \to F_B$). Somit erhält man einen geschlossenen *Kräftezug*, wie ihn Skizze (0) in Abbildung 6.21 zeigt.

2. Dann beginnt man, die an den einzelnen Knoten wirkenden Kräfte Knoten für Knoten einzutragen. Dabei muss der ursprünglich gewählte Umlaufsinn einbehalten werden, während die Reihenfolge der Knoten beliebig ist. Die Knoten sollten allerdings nur zwei unbekannte Kräfte enthalten. Ein geeigneter Startpunkt ist Knoten I (Skizze (1) in Abbildung 6.21), der die bekannte Stützkraft F_A enthält. Hier müssen die Kräfte F_{S2} und F_{S1} hinzugefügt werden. Dies erreicht man, indem man von der Spitze von F_A eine waagerechte Hilfslinie nach rechts zeichnet und eine zweite vom Startpunkt von F_A unter dem Winkel α ebenfalls nach rechts. Der Schnittpunkt der beiden Hilfslinien ist der Treffpunkt der beiden unbekannten Kräfte.

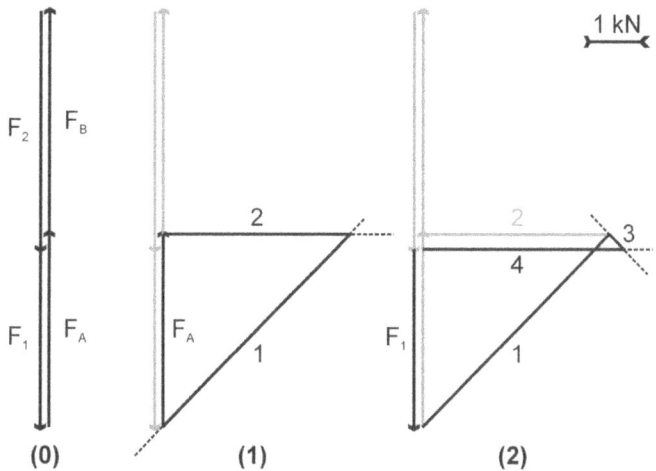

Abbildung 6.21: Cremona-Plan des Beispielfachwerks aus Abbildung 6.16 (Teil 1)

3. Knoten II bietet sich als Nächster an, in den entstehenden Cremona-Plan eingebaut zu werden. An diesem Knoten wirken vier Kräfte, und jetzt ist es wichtig, den gewählten Umlaufsinn gegen den Uhrzeigersinn einzuhalten. Dieser Knoten betrifft die beiden bekannten Kräfte F_1 und F_{S1}. Daran müssen zunächst F_{S3} und dann F_{S4} angefügt werden. F_{S3} wirkt schräg nach rechts (unter dem Winkel α), F_{S4} verläuft waagerecht und muss wieder an F_1 anschließen.

4. Der nächste Knoten, der eingefügt werden soll, ist Knoten V. Er enthält die Kräfte F_B, F_{S7} und F_{S6}. Das Vorgehen ist ähnlich wie beim analogen Knoten I; man zeichnet zwei Hilfslinien ein, eine vom Fuß von F_B nach rechts, die zweite von seiner Spitze schräg nach unten unter dem Winkel α. Der Schnittpunkt dieser beiden Linien bestimmt die Kräfte F_{S7} und F_{S6}.

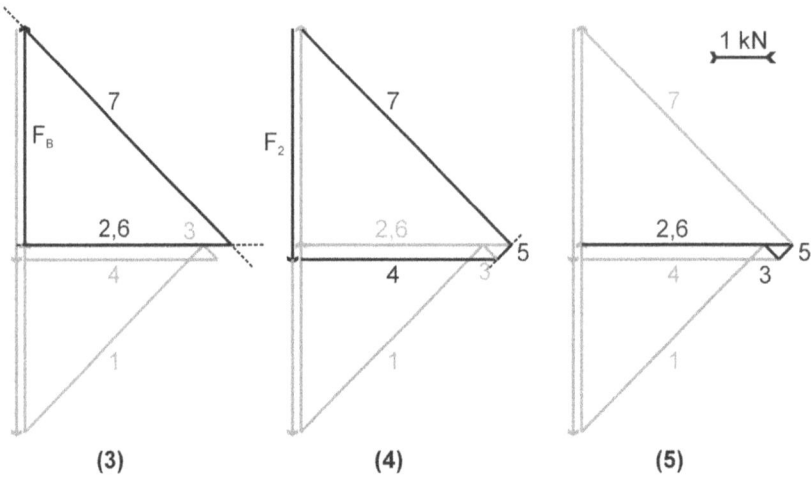

Abbildung 6.22: Cremona-Plan des Beispielfachwerks aus Abbildung 6.16 (Teil 2)

5. Knoten IV ist analog zu Knoten I des Beispielfachwerks.

6. Eigentlich ist der Cremona-Plan jetzt bereits komplett, aber wie beim Knotenpunktverfahren ist es sinnvoll, zur Kontrolle auch noch den verbleibenden Knoten III zu betrachten (Abbildung 6.22, Skizze (5)). Es ist deutlich zu sehen, dass die Kräfte F_{S2}, F_{S3}, F_{S5} und F_{S6} einen geschlossenen Kräftezug bilden. Das wiederum heißt: Der in der Abbildung dargestellte Cremona-Plan ist richtig.

Jetzt muss man nur noch ein Lineal nehmen und die Größe der einzelnen Kräfte ausmessen.

Aufgaben

Aufgabe 6.1
Bestimmen Sie die Stützkräfte F_{Ax}, F_{Ay} und F_{By} für den in Abbildung 6.1(c) dargestellten Balken.

Aufgabe 6.2

Abbildung 6.23: Ein Tragwerk aus drei Balken

Ist das in Abbildung 6.23 dargestellte, aus drei Balken bestehende Tragwerk statisch bestimmt?

Aufgabe 6.3
Ein Fachwerk besteht aus 17 Stäben und 11 Knoten. Ist das System statisch bestimmt oder nicht? Wenn es nicht bestimmt ist: Wie viele Stäbe muss man hinzufügen oder entfernen, damit es statisch bestimmt ist?

Aufgabe 6.4
Bestimmen Sie die am Knoten V in Abbildung 6.16 wirkenden Kräfte (vergleiche auch Tabelle 6.2).

Aufgabe 6.5
Bestimmen Sie die am Knoten IV in Abbildung 6.16 wirkenden Kräfte (vergleiche auch Tabelle 6.2).

Aufgabe 6.6

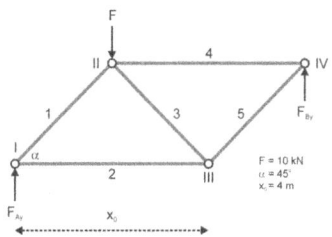

Abbildung 6.24: Ein Fachwerk aus fünf Stäben und vier Knoten

Abbildung 6.24 zeigt ein Fachwerk aus fünf Stäben und vier Knoten. Ist das Fachwerk statisch bestimmt?

Aufgabe 6.7
Bestimmen Sie die Stützkräfte F_A und F_B des Fachwerks in Abbildung 6.24.

Aufgabe 6.8
Berechnen Sie mithilfe des Knotenpunktverfahrens alle Stabkräfte des Fachwerks in Abbildung 6.24.

Aufgabe 6.9
Zeichnen Sie den Cremona-Plan des Fachwerks in Abbildung 6.24.

> **IN DIESEM KAPITEL**
>
> Widerstand gegen jede Bewegung
>
> Dreierlei Reibung: Haft-, Gleit- und Rollreibung
>
> Beschreibung durch Reibungskoeffizienten
>
> Durchdrehende Räder: Reibung kann nützlich sein
>
> Mit Reibung bremsen

Kapitel 7
Sich aneinander reiben

Stellen Sie sich vor, Sie haben eine einzelne Billardkugel auf einem Billardtisch. Sie nehmen Ihr Queue, stoßen die Kugel an und treten zurück, um sie zu beobachten. Die Kugel rollt, trifft auf die Bande, wird dort reflektiert und rollt immer weiter. Aber dabei wird sie immer langsamer, und nach einer gewissen Zeit kommt sie zum Stillstand. Nach dem ersten Newton'schen Gesetz (oder Trägheitsgesetz), das in Kapitel 8 ausführlich behandelt wird, sollte das aber nicht der Fall sein. Das Gesetz besagt, dass ein Körper seinen Bewegungszustand nicht ändert, solange keine äußere Kraft auf ihn wirkt. Auf den ersten Blick wirkt auf die Billardkugel keine Kraft, sobald Sie sie mit dem Queue angestoßen haben. Da aber der Wahrheitsgehalt des Trägheitsgesetzes außer Frage steht (schließlich stammt es von Isaac Newton), muss demnach eine Kraft auf die Kugel wirken und sie abbremsen. Diese Kraft ist die *Reibung* oder *Reibungskraft*.

Reibung spielt bei (fast) allen Bewegungsvorgängen eine Rolle. Wenn Sie Radfahrer sind, kennen Sie wahrscheinlich den Spruch: »Der Wind kommt immer von vorn.« Auch der Gegen- oder Fahrtwind ist eine Widerstandskraft, die Luftwiderstand oder Luftreibung genannt wird. Die Reibung spielt also bei allen Bewegungen eine Rolle, und sie ist immer der Bewegung entgegengesetzt. In Kapitel 6 wurde außerdem dargestellt, dass Reibungskräfte auch in der Statik eine Rolle als Stützkräfte spielen.

Sie mögen nun denken: »Wie viel einfacher und energiesparender wäre eine Welt, in der es keine Reibung gibt.« Damit liegen Sie völlig falsch! Ohne Reibung würde die heutige Welt nicht funktionieren. Kein Auto würde fahren, kein Zug würde rollen, und auf Ihrem alten Plattenspieler, auf den Sie so stolz sind, würde sich keine Platte drehen. Warum ist die Reibung bei diesen Anwendungen so wichtig?

Stellen Sie sich vor, Sie wollen an einem eiskalten Morgen zur Arbeit oder zur Uni fahren, kommen aus dem Haus, setzen sich in Ihr Auto und wollen losfahren. Doch nichts da! Da die Straßen spiegelblank vereist sind, drehen die Räder Ihres Autos durch. Der Grund ist einfach: Die Reibung fehlt. Ohne Reibung drehen die Räder eines Autos oder eines Zuges durch; gleichermaßen kann der Transmissionsriemen Ihres Plattenspielers den Plattenteller nicht antreiben.

Reibung ist also einerseits hinderlich, auf der anderen Seite notwendig und hilfreich. Infolgedessen ist es erforderlich, sich ausführlich mit der Reibung, ihren verschiedenen Formen, ihrer mathematischen Beschreibung und auch ihrer Ausnutzung für technische Zwecke zu beschäftigen. Das sind die Themen dieses Kapitels.

Die Reibung ist im Übrigen nicht nur im Zusammenhang mit Bewegungen von Bedeutung, sie spielt auch – wie bereits erwähnt – in der Statik eine große Rolle, da sie zu den Kräften gehört, die einen Körper im Gleichgewicht halten können; das wurde in den Kapiteln 4 und 6 bereits dargestellt.

Und sie bewegt sich doch

Die folgende Situation haben Sie sicherlich schon einmal erlebt: Sie müssen eine Bücherkiste, die mitten im Wohnzimmer auf dem Teppich steht, in eine Ecke ziehen oder schieben. Sie wenden all Ihre Kraft auf, aber ohne Erfolg. Sie wollen schon fast aufgeben, aber plötzlich, bei einer letzten Kraftanstrengung, passiert es: Sie bewegt sich doch! Und nachdem die Kiste einmal in Bewegung geraten ist, ist es deutlich leichter, sie in die gewünschte Ecke zu befördern. Da Sie naturwissenschaftlich interessiert sind, stellen Sie sich sofort zwei Fragen: Warum ist eine so große Kraft erforderlich, um die Kiste in Bewegung zu setzen? Und warum wird die erforderliche Kraft geringer, sobald sich die Kiste einmal bewegt? Sie wissen, dass auf die Kiste die Gewichtskraft mg wirkt; diese ist aber nach unten gerichtet und sollte einer horizontalen Bewegung nicht im Wege stehen. Es muss also eine Kraft geben, die in die der Bewegung entgegengesetzte Richtung zeigt. Das ist die Reibungskraft. Die Tatsache, dass sich die Kiste leichter bewegt, nachdem sie einmal in Gang gekommen ist, deutet darauf hin, dass es verschiedene Arten der Reibung gibt.

Reibung ist die Hemmung einer Bewegung, die zwischen zwei sich berührenden Körpern auftritt.

Haften, Gleiten, Rollen: Arten der Reibung

Das obige Beispiel hat deutlich gezeigt, dass es zumindest zwei Arten der Reibung gibt. Tatsächlich sind es noch mehr; drei davon sind für die Technische Mechanik von großer Bedeutung (eine vierte Form ist der oben schon erwähnte Fahrtwiderstand, der durch den Luftwiderstand hervorgerufen wird):

✔ **Haftreibung:** Diese Kraft tritt auf, wenn man einen Körper auf einer Unterlage (oder gegen einen anderen Körper) in Bewegung versetzen will. Sie haben sie beobachtet, als Sie versuchten, die Kiste anzuschieben.

✔ **Gleitreibung:** Sie tritt auf, wenn man einen sich gegen einen anderen Körper bewegenden Körper in Bewegung halten will. Die Gleitreibung ist im Allgemeinen kleiner als die Haftreibung, wie Sie anhand der Kiste selbst bemerkt haben.

✔ **Rollreibung oder Rollwiderstand:** Diese Art der Reibung tritt auf, wenn sich ein Körper gegenüber einem anderen abrollt. Sie beruht auf der elastischen Verformung der beteiligten Partner. Ein Beispiel ist das Rollen von Rädern auf einer Straße oder einer Schiene.

Glücklicherweise kann man diese drei Reibungsarten mathematisch gleich beschreiben, was die Sache sehr vereinfacht. Diese Beschreibung wird im folgenden Abschnitt vorgestellt. Haft- und Gleitreibung beschreiben dabei die Bewegung zweier Festkörper mit großer Kontaktfläche gegeneinander, während die Rollreibung in Fällen gilt, in denen die Kontaktfläche zunächst einmal idealerweise punktförmig ist (oder im Fall von Walzen linienförmig), wobei sich allerdings weiter unten herausstellen wird, dass der Rollwiderstand genau aus dem Grund auftritt, dass es zumindest bei einem der beiden beteiligten Körper zu Verformungen kommt, die Kontaktfläche also nicht punktförmig ist.

Es kommt nur auf die Reibungskoeffizienten an

Betrachten Sie Abbildung 7.1. Sie zeigt einen Körper auf einer Unterlage. Sie wenden die Kraft F_{Zug} an, um den Körper nach rechts zu ziehen. Sie haben schmerzlich erfahren, dass es eine Reibungskraft F_R gibt, die dieser Bewegung entgegengesetzt ist, also nach links zeigt. Gleichzeitig drückt der Körper mit der Gewichtskraft F_G auf die Unterlage. Aus dem *dritten Newton'schen Gesetz* folgt allerdings, dass die Unterlage mit einer gleich großen Kraft auf den Körper wirkt (siehe dazu auch Kapitel 8). Diese Kraft ist in Abbildung 7.1 nach oben gerichtet; sie wird *Normalkraft* genannt. Diese Normalkraft wirkt immer senkrecht zur Oberfläche (daher ihr Name). Sie sorgt dafür, dass Körper und Unterlage gegeneinander gepresst werden. Die Erfahrung zeigt nun, dass die Reibungskraft proportional zu dieser Normalkraft ist.

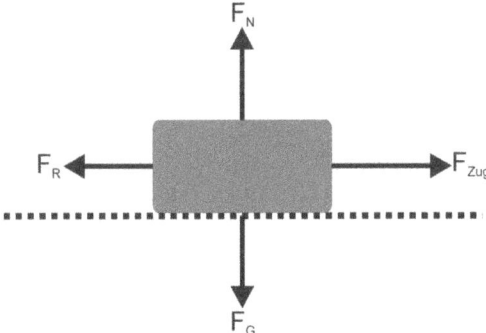

Abbildung 7.1: Zur Definition der Normalkraft und der Reibungskraft

Die Reibungskraft ist proportional zur Normalkraft. Es gilt also:

$F_R = \mu_R F_N$

Der Proportionalitätsfaktor μ_R ist dimensionslos; er wird *Reibungskoeffizient* genannt (der Index R steht hier ganz allgemein für Reibung, ohne zwischen den Arten der Reibung zu unterscheiden).

Dieses Gesetz gilt für alle drei hier betrachteten Arten der Reibung: die Haftreibung, die Gleitreibung und die Rollreibung. In allen drei Fällen hängt die Größe des Reibungskoeffizienten von *beiden* an dem Vorgang beteiligten Partnern ab. Man kann also nicht sagen: Der Reibungskoeffizient von Stahl beträgt 0,2. Man muss stets den Reibungspartner angeben: Der Reibungskoeffizient von Stahl gegen Stahl beträgt 0,2. Im Prinzip reicht selbst diese Angabe nicht. Der Reibungskoeffizient hängt auch von der Temperatur und, wesentlich stärker noch, von der Umgebung ab, in der der Prozess stattfindet. So spielt zum Beispiel die Luftfeuchtigkeit bei Gleitprozessen durchaus eine Rolle. Noch größer ist der Einfluss des umgebenden Mediums: Sie wissen natürlich, dass man die Reibung verringern kann, wenn man die Kontaktfläche zwischen beiden Körpern einölt.

 Der Reibungskoeffizient hängt also von beiden Reibungspartnern und den Umgebungsbedingungen ab.

Eine zunächst überraschende Konsequenz der obigen Definition der Reibungskraft wurde schon von Leonardo da Vinci entdeckt. Betrachten Sie dazu Abbildung 7.2. Sie zeigt zwei Körper der gleichen Masse m auf einer Unterlage. Ihre Oberflächen sind gleich behandelt, aber die Kontaktfläche des zweiten Körpers ist wesentlich größer als die des ersten:

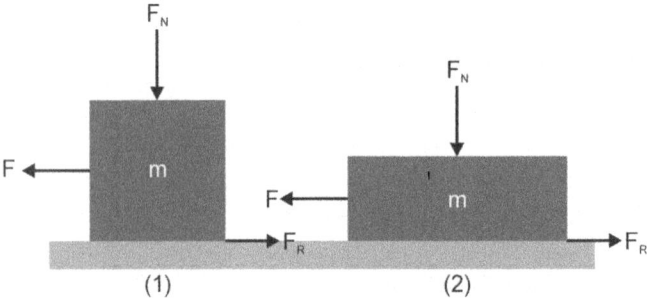

Abbildung 7.2: Reibung zweier Körper mit unterschiedlicher Kontaktfläche

Beide Körper werden durch eine horizontale Kraft F nach links gezogen. Die nach rechts gerichtete Reibungskraft F_R behindert diese Bewegung. Intuitiv würde man erwarten, dass die Reibungskraft im zweiten Fall größer ist als im ersten, weil die Reibung ein Effekt der Oberfläche und die Kontaktfläche des zweiten Körpers größer ist. Genau dies ist aber nicht der Fall: Die Kontaktfläche spielt in der Definition der Reibungskraft keine Rolle!

$F_R = \mu_R F_N = \mu_R m g$

Die Gewichtskraft steht senkrecht zur Kontaktfläche; somit ist die Normalkraft einzig und allein durch die Masse bestimmt. Die Kontaktfläche spielt dagegen, wie schon betont, keine Rolle. Der Reibungskoeffizient ist eine dimensionslose Konstante, die ebenfalls unabhängig von der Kontaktfläche ist.

Stellen Sie sich vor, Ihre Bücherkiste stünde nicht auf dem Teppich in Ihrem Wohnzimmer, sondern mitten auf einem Eishockeyfeld. Die Kraft, die notwendig ist, sie in Bewegung zu versetzen, ist in diesem Fall sehr viel geringer. (Das Problem dabei ist allerdings, auf das Eis zu gehen und die Kiste anzuschieben, ohne hinzufallen. Da fehlt dann die Reibung zwischen Ihren Schuhen und dem Eis.)

Es wurde bereits erwähnt, dass das Reibungsgesetz

$$F_R = \mu_R F_N$$

für alle drei hier betrachteten Reibungsarten gilt. Es gibt aber wichtige Unterschiede zwischen Haft- und Gleitreibung einerseits und der Rollreibung andererseits. Im ersten Fall bewegen sich zwei Körper auf einer großen Kontaktfläche gegeneinander, bei der Rollreibung ist die Kontaktfläche dagegen klein (gäbe es keine Rollreibung, wäre sie punktförmig). Im ersten Fall, der auch *Festkörperreibung* oder *Coulomb'sche Reibung* genannt wird, spielen Form und Größe der Körper keine Rolle, bei der Rollreibung hingegen wohl. Daher werden im Folgenden beide Arten von Reibung unabhängig voneinander behandelt. Zunächst wird die Coulomb'sche Reibung betrachtet.

Die Haftreibung zwischen zwei Körpern wird also durch die folgende Gleichung beschrieben:

$$F_{RH} = \mu_H F_N$$

Diese Formel besitzt die oben angegebene Form für Reibungskräfte. Sie kennen sie natürlich noch aus Ihrer Schulzeit. Allerdings ist sie in dieser Form nicht ganz richtig, obwohl sie den für dieses Buch wesentlichen Kern trifft. Betrachten Sie dazu noch einmal Abbildung 7.1, in der vier Kräfte eingezeichnet sind. Die beiden Kräfte F_G und F_N heben sich gegenseitig auf, die Zugkraft und die Reibungskraft müssen gleich groß sein, damit der Körper nicht beschleunigt wird, sondern in Ruhe ist. Daher kann die Reibungskraft nicht größer als die von außen angelegte Kraft sein; ansonsten müsste sich der Körper nach links bewegen. Daher muss in diesem Bereich betragsmäßig $F_R = F_{zug}$ sein; insbesondere ist die Reibungskraft gleich null, wenn keine äußere Kraft anliegt. Wenn allerdings die äußere Kraft größer wird als ein bestimmter Wert, dann beginnt sich der Körper zu bewegen.

Die obige Gleichung muss daher im Prinzip wie folgt geschrieben werden:

$$F_{RH,max} = \mu_H F_N$$

wobei $F_{R,max}$ die zu überwindende Kraft ist, um den Körper in Bewegung zu versetzen. Kombiniert man diese Gleichungen, so erhält man:

$$F_H \leq F_{RH,max} = \mu_H F_N$$

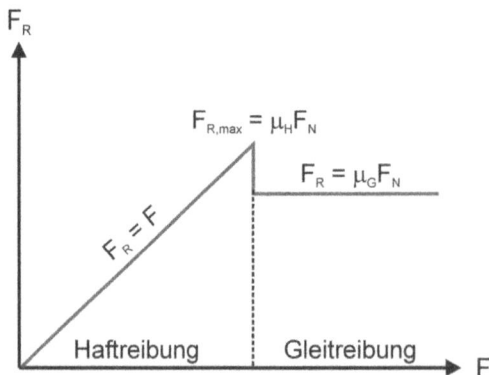

Abbildung 7.3: Entwicklung der Reibungskraft in Abhängigkeit von der angelegten Kraft

Diese Beziehungen sind noch einmal in Abbildung 7.3 dargestellt. Wenn man eine äußere Kraft F anlegt, nimmt die Reibungskraft mit $F_R = F$ zu. Wenn allerdings ein bestimmter Wert erreicht wird, der durch den Haftreibungskoeffizienten und die Normalkraft bestimmt ist, beginnt der Körper zu gleiten. Für diesen Prozess ist der Gleitreibungskoeffizient ausschlaggebend, der im Folgenden näher diskutiert wird. Wichtig an dieser Stelle ist zunächst, dass die zu überwindende Reibungskraft, die im Haftreibungsfall entscheidend ist, durch den folgenden Ausdruck gegeben ist:

$$F_{\text{RH,max}} = \mu_H F_N$$

Für den anschließenden Gleitreibungsprozess gilt die folgende Beziehung:

$$F_{\text{RG}} = \mu_G F_N$$

Dabei ist μ_H stets größer als μ_G. Die Werte von μ_H sind stets größer als null; sie können auch größer als eins sein. In diesem Fall ist die Reibungskraft größer als die Normalkraft. Einige Werte von μ_H und μ_G sind in Tabelle 7.1 zusammengestellt.

Materialpaarung	Haftreibungskoeffizient μ_H	Gleitreibungskoeffizient μ_G
Stahl auf Stahl	0,08–0,25	0,06–0,20
Stahl auf Teflon	0,04	0,04
Stahl auf Eis	0,027	0,014
Aluminium auf Aluminium	1,05	1,04
Holz auf Holz	0,54	0,34
Hanfseil auf Holz	0,5	
Leder auf Metall	0,3–0,5	0,3
Gummi auf Beton	0,65	

Tabelle 7.1: Haft- und Gleitreibungskoeffizienten für eine Reihe von technisch wichtigen Materialpaarungen

Im Fall der Coulomb'schen Reibung liegt die Ursache der Reibungseffekte im Übrigen im mikroskopischen oder gar nanoskopischen Bereich, obwohl die Auswirkungen makroskopischer Natur sind. Weitere Einzelheiten finden Sie in dem Kasten »Kleine, feine Zacken«.

Feine, kleine Zacken: Die nanoskopische Ursache der Reibung

In diesem Abschnitt wurden bisher die Festkörperreibung und ihre Auswirkung makroskopisch betrachtet, also anhand von Körpern, deren Abmessungen im Bereich von Millimetern bis Metern liegen. Die Ursache der Coulomb'schen Reibung ist allerdings mikroskopischer oder sogar nanoskopischer Natur. In dieser Größenskala ist kein Material völlig glatt, auch wenn man es noch so sehr poliert. Dies ist schematisch in Abbildung 7.4 dargestellt.

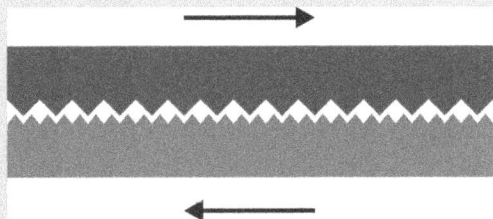

Abbildung 7.4: Zur nanoskopischen Ursache der Reibung

Es ist leicht vorstellbar, dass es bei einer Bewegung der beiden in Abbildung 7.4 dargestellten Körper zu erheblichen »Reibereien« kommt. Diese – wenn auch nanoskopisch kleinen – Zacken und Hervorhebungen an beiden Körpern sperren sich gegen eine Bewegung der Oberflächen gegeneinander.

Das bedeutet auch, dass die *nominelle Kontaktfläche*, die durch die äußeren Dimensionen der beiden Körper gegeben ist, wenig mit der *wirklichen Kontaktfläche* zweier Körper zu tun hat. Die Fläche, auf der die beiden Körper wirklich in Kontakt miteinander sind, ist viel kleiner als die nominelle Kontaktfläche.

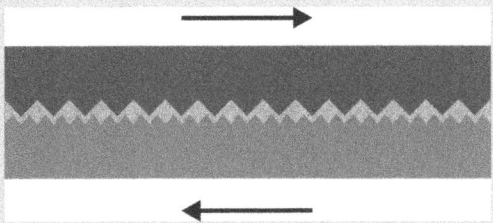

Abbildung 7.5: Zum Effekt von Schmiermitteln bei der Reibung

Dieser mikroskopische/nanoskopische Ursprung der Reibung erklärt auch den Effekt von *Schmiermitteln* zwischen zwei gegeneinander gleitenden Körpern. Schmiermittel trennen die beiden Körper voneinander, sodass sie nicht in direktem Kontakt sind. Vielmehr gleiten beide Körper gegen das Schmiermittel, wie Abbildung 7.5 zeigt.

Jetzt wollen Sie aber sicher noch wissen, welche Kraft Sie aufwenden müssen, um Ihre Bücherkiste auf dem Teppich in Gang zu setzen und in die Ecke zu schieben oder zu ziehen. Nehmen Sie an, der Haftreibungskoeffizient des Paares Kiste/Teppich liegt bei 0,5, die Kiste wiegt 50 kg (Bücher, alles nur Bücher). Die Kraft, die Sie aufwenden müssen, muss im Falle des Anschiebens größer als die Reibungskraft sein:

$$F_{\text{Kiste}} > F_{\text{RH,max}} = \mu_H F_N$$

Da der Fußboden waagerecht ist, ist die Normalkraft gleich der Gewichtskraft F_G. Damit erhält man:

$$F_{\text{Kiste}} > F_{\text{RH,max}} = \mu_H F_N = \mu_H F_G$$
$$> \mu_H mg = 0{,}5 \cdot 50 \text{ kg} \cdot 9{,}81 \text{ m/s}^2$$
$$\approx 245 \text{ N}$$

Sie brauchen also etwa 245 N, um Ihre Bücherkiste in Bewegung zu versetzen.

Noch einmal: Die schiefe Ebene

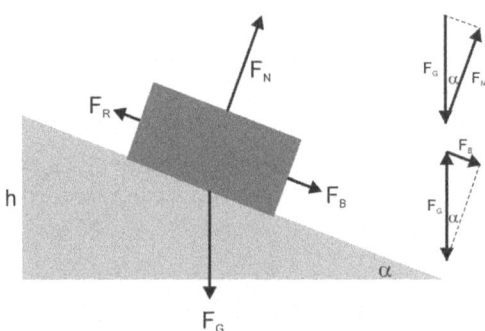

Abbildung 7.6: Ein Körper auf einer schiefen Ebene. Die beiden rechten Skizzen zeigen die Zerlegung der Gewichtskraft in ihre Komponenten

Wie bereits ausgeführt wurde: Schiefe Ebenen gehören zu den Lieblingsthemen der Physiker. Betrachten Sie Abbildung 7.6. Auf einer schiefen Ebene mit dem Neigungswinkel α befindet sich ein Körper der Masse m. Angenommen, man könnte die Höhe h der Ebene und damit ihren Neigungswinkel verändern. Wie groß muss α sein, damit der Körper zu rutschen beginnt, wenn der Haftreibungskoeffizient $\mu_H = 0{,}3$ ist?

Aus Abbildung 7.6 geht hervor, dass der Körper die Ebene herunterzurutschen beginnt, wenn folgende Bedingung erfüllt ist:

$$F_B > F_{\text{RH,max}}$$

Das bedeutet, dass die entlang der Ebene nach unten gerichtete Beschleunigungskraft F_B größer sein muss als die entgegengesetzt gerichtete Reibungskraft F_R. Für die Reibungskraft gilt:

$$F_{\text{RH,max}} = \mu_H F_N$$

Die Normalkraft F_N steht immer senkrecht auf der Oberfläche. Aus Abbildung 7.6 geht hervor, dass in diesem Fall gilt:

$$F_N = F_G \cos \alpha$$

Die Beschleunigungskraft F_B ist die Komponente der Gewichtskraft F_G, die parallel zur Ebene zeigt:

$$F_B = F_G \sin \alpha$$

Damit ergibt sich als Bedingung:

$$F_B > F_{RH,max}$$
$$F_G \sin \alpha > \mu_H F_G \cos \alpha$$
$$\sin \alpha > \mu_H \cos \alpha$$
$$\frac{\sin \alpha}{\cos \alpha} > \mu_H$$

Was um alles in der Welt ist aber $\sin \alpha / \cos \alpha$? Das ist eigentlich ganz einfach. Erinnern Sie sich an die Definitionen der trigonometrischen Funktionen in Kapitel 2. Für ein normales rechtwinkliges Dreieck gilt:

$$\frac{\sin \alpha}{\cos \alpha} = \frac{a/c}{b/c} = \frac{a}{b} = \tan \alpha$$

Damit ergibt sich also als Bedingung dafür, dass der Körper zu rutschen beginnt:

$$\tan \alpha > \mu_H = 0,3$$
$$\alpha > 16,7°$$

Dieses Ergebnis ist überraschend einfach. Es besagt, dass der Neigungswinkel der Ebene, der notwendig ist, damit der Körper zu rutschen beginnt, nur vom Reibungskoeffizienten des Materialsystems gegeneinander abhängt. Weder die Masse des Körpers noch seine Form und Größe spielen eine Rolle. Wenn $\mu_H = 0,6$ anstelle von 0,3 ist, dann muss $\alpha = 31°$ betragen. Da der Gleitreibungskoeffizient kleiner als der Haftreibungskoeffizient ist, wird der Körper weiter die Ebene herunterrutschen, bis er mit einer gewissen Geschwindigkeit den Fuß der Rampe erreicht hat. Dort wird er weitergleiten, bis er schließlich zur Ruhe kommt. Der Grund dafür ist natürlich die Reibung. Da es in waagerechter Richtung keine beschleunigende Kraft mehr gibt, wird die Reibung die Bewegung schließlich völlig abbremsen.

Huckepack

Es folgt noch ein etwas komplizierteres Beispiel, an dem Sie Ihr Wissen über die Reibung sehr gut testen können.

Zwei Körper der Massen $m_1 = 5$ kg und $m_2 = 2$ kg liegen übereinander auf einer waagerechten Unterlage. Auf den oberen Körper wirkt nach rechts die Kraft F. Die Reibungskoeffizienten betragen

Grenzfläche I: $\mu_{RH}^{I} = 0{,}20$ und $\mu_{RG}^{I} = 0{,}12$

Grenzfläche II: $\mu_{RH}^{II} = 0{,}13$ und $\mu_{RG}^{II} = 0{,}10$

Die Situation ist in Abbildung 7.7 dargestellt. Sie zeigt zudem die Freimachung der beiden Körper. Wie groß muss die Kraft F sein, damit sich ein Körper oder beide in Bewegung setzen. Wie verhält sich der zweite Körper dabei?

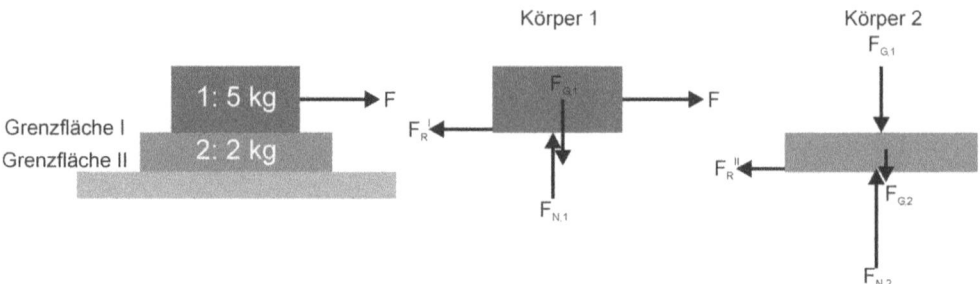

Abbildung 7.7: Zwei übereinandergestapelte Körper auf einer Unterlage. Die beiden anderen Skizzen zeigen die freigemachten Körper.

Für den oberen Körper 1 gilt in Bezug auf die Reibungskraft:

$$F_{R,1} = \mu_{RH,max}^{I} \cdot F_{N,1} = \mu_{RH,max}^{I} \cdot m_1 g = 0{,}2 \cdot 5 \text{ kg} \cdot 9{,}81 \text{ m/s}^2 = 9{,}8 \text{ N}$$

In gleicher Weise erhält man für den Körper 2:

$$F_{R,2} = \mu_{RH,max}^{II} \cdot F_{N,2} = \mu_{RH,max}^{II} \cdot (m_1 + m_2)g = 0{,}13 \cdot 7 \text{ kg} \cdot 9{,}81 \text{ m/s}^2 = 8{,}9 \text{ N}$$

Die einer Bewegung entgegengesetzte Reibungskraft ist für Grenzfläche II kleiner als für Grenzfläche I. Also bleibt Körper 1 in Bezug auf Körper 2 in Ruhe, und beide Körper beginnen sich gemeinsam nach rechts zu bewegen, wenn man eine Kraft von 8,9 N an den Körper 1 anlegt.

Eine weitere Frage im Zusammenhang mit der in Abbildung 7.7 dargestellten Situation lautet: Stellen Sie sich vor, der Körper 1 bewegt sich schon gegen den Körper 2, während dieser noch in Ruhe ist. Wie groß darf die Kraft F maximal sein, damit sich nicht auch noch der zweite Körper in Bewegung setzt?

Da Körper 1 schon in Bewegung ist, muss hier der Gleitreibungskoeffizient verwendet werden. Damit der Körper in Bewegung bleibt, muss F größer sein als die Gleitreibungskraft:

$$F_{R,1} = \mu_{RG}^{I} \cdot F_{N,1} = \mu_{RG}^{I} \cdot m_1 g = 0{,}12 \cdot 5 \text{ kg} \cdot 9{,}81 \text{ m/s}^2 = 5{,}9 \text{ N}$$

Auf der anderen Seite darf F nicht größer sein als die Haftreibungskraft an der Grenzfläche II, die oben zu 8,9 N berechnet wurde. Um diesen Fall zu realisieren, ist eine Kraft zwischen 5,9 und 8,9 N erforderlich.

Wenn man es sich noch einmal überlegt, war dieses Beispiel gar nicht so schwierig.

Räder müssen rollen: Die Rollreibung

Die Rollreibung (auch *Rollwiderstand* genannt) beruht auf einem völlig anderen Prinzip als die Festkörperreibung, auch wenn sie durch dieselbe Formel beschrieben wird:

$$F_{RR} = \mu_R F_N$$

Sie tritt auf, wenn ein Körper auf einer Unterlage rollt oder sich auf ihr wälzt. Im Idealfall ist der Kontakt zwischen einer Kugel und einer Unterlage punktförmig, wie die linke Skizze in Abbildung 7.8 zeigt.

Abbildung 7.8: Zur Entstehung der Rollreibung

Aber die Realität sieht anders aus. Wenn etwa ein Rad auf eine Unterlage drückt, dann verformen sich entweder Rad oder Unterlage oder – das gilt für die meisten Fälle – beide elastisch (in Kapitel 9 erfahren Sie alles über elastische Verformung). Bei einem Auto, das auf einer Straße steht, kann man das leicht beobachten, denn die Reifen sind nicht völlig rund, sondern im Bereich des Kontakts mit der Straße etwas abgeflacht. Die Straße selbst hingegen erscheint unverändert. Anders ist das bei einem Eisenbahnrad auf einer Schiene. Hier gibt eher die Schiene elastisch nach als das Rad.

Wenn ein Rad also auf einer Unterlage rollt, müssen ständig neue Bereiche des Rades oder der Unterlage neu deformiert werden. Zudem muss das Rad dabei ständig über die Kippkante D kippen, wie man in Abbildung 7.9 sehen kann.

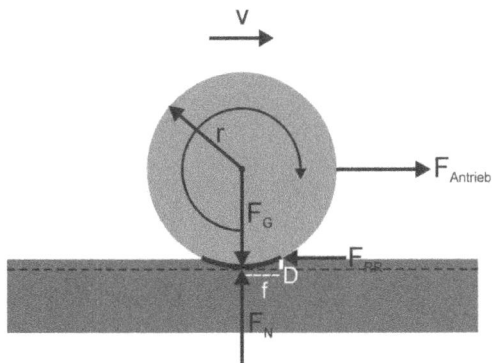

Abbildung 7.9: Zur Berechnung der Rollreibung

 Es hat sich gezeigt, dass dieser Effekt zu einer Rollreibungskraft führt, die wie folgt ausgedrückt werden kann:

$$F_{RR} = \frac{f}{r} F_N$$

Dabei ist F_N die Normalkraft, r der Rollradius, also der Radius des Rades, und f der sogenannte *Hebelarm der Rollreibung* oder die *Rollreibungslänge*. Sie entspricht dem Abstand des Kipppunkts D von Mittelpunkt des Kontakts. Diese Gleichung hat die Form:

$$F_{RR} = \mu_R F_N$$

Demzufolge kann man für den Rollreibungswiderstand oder Rollreibungskoeffizienten schreiben:

$$\mu_R = \frac{f}{r}$$

Der Rollreibungskoeffizient hängt von der Geometrie des rollenden Körpers, den beteiligten Materialien und der Belastung im Kontaktbereich ab (dies ist bei Haft- und Gleitreibung anders, hier spielt die Geometrie keine Rolle). Er ist umso kleiner, je größer der Radius des Rades ist. Dies gilt im Übrigen auch für eine Kugel, die auf einer Unterlage rollt. Üblicherweise sind die Werte von μ_R sehr viel kleiner als die in Tabelle 7.1 aufgelisteten Werte für den Haft- und den Gleitreibungskoeffizienten. Einige Beispiele sind in Tabelle 7.2 zusammengestellt.

Rollpartner	Rollreibungskoeffizient
Eisenbahnrad/Schiene	0,0025
Autoreifen/Asphalt	0,010–0,015
Autoreifen/Schotter	0,02
Fahrradreifen/Asphalt	0,0035
Kugellager: Kugel/Lager aus Stahl	0,0005–0,001

Tabelle 7.2: Einige Werte des Rollreibungskoeffizienten

Stellen Sie sich eine Lokomotive vor, die jede Achse mit 2,4 t belastet. Der Hebelarm der Rollreibung beträgt 0,05 cm (das ist nicht sehr viel). Wie groß ist die Rollreibungskraft, wenn die Räder der Lokomotive einen Durchmesser von 1 m beziehungsweise 0,8 m haben? Wenn sich die Lok auf ebener Strecke bewegt, ist die Normalkraft gleich der Gewichtskraft. Es ergibt sich also für ein Rad mit 1 m Durchmesser (man beachte: In der Formel steht der Radius, eine Achse besitzt zwei Räder):

$$F_{RR} = \mu_R F_N = \frac{f}{r} mg$$
$$= \frac{5 \cdot 10^{-4} \text{m}}{5 \cdot 10^{-1} \text{m}} \, 1{,}2 \cdot 10^3 \text{kg} \cdot 9{,}81 \text{ m/s}^2$$
$$= 11{,}8 \text{ N}$$

Wenn das Rad nur 80 cm Durchmesser hat, erhöht sich der Rollwiderstand auf 14,8 N. Man sieht also, dass bei gleicher Masse und damit gleicher Normalkraft Räder (und auch Kugeln) umso leichter rollen, je größer ihr Durchmesser ist.

Betrachtet man die Bewegung eines Fahrzeugs, das mit konstanter Geschwindigkeit auf einer ebenen Fahrbahn fährt, so müssen folgende Widerstände überwunden werden:

✔ der Luftwiderstand,

✔ der Rollwiderstand (Rollreibung),

✔ die Reibung in den Lagern der Räder.

Die beiden letzten Beiträge fasst man üblicherweise im sogenannten *Fahrwiderstand* zusammen.

 Damit sich die Räder eines Autos oder einer Lokomotive drehen, muss die Haftreibungskraft F_{RH} größer sein als der Fahrwiderstand F_F. Dies ist die sogenannte *Rollbedingung*. Andernfalls gleiten die Räder über die Fahrbahn, statt zu rollen.

Man kann den Fahrwiderstand, der genau wie alle Reibungskräfte eine Kraft ist, mithilfe eines Reibungskoeffizienten beschreiben, der in diesem Fall Fahrwiderstandszahl μ_F heißt:

$$F_F = \mu_F F_N$$

Reibung: Hinderlich und nützlich zugleich

Auf den ersten Blick mag man denken, dass eine Welt ohne Reibung sehr viel besser wäre, da man unendlich viel Energie sparen könnte. Aber überraschenderweise ist das Gegenteil der Fall. Ohne Reibung würde unsere heutige technologische Welt nicht funktionieren:

✔ Ohne Reibung würden Auto- oder Eisenbahnräder nicht rollen, sondern einfach nur durchdrehen, vorausgesetzt es gelänge, den Zug in Bewegung zu versetzen. Zugräder würden ohne Reibung über die Schiene gleiten, nicht rollen.

✔ Ohne Reibung könnten Sie nicht einmal gehen, wie Sie leicht feststellen können, wenn Sie versuchen, auf einer Eisfläche zu laufen.

✔ Ohne Reibung könnte man weder Auto- noch Eisenbahnräder einfach bremsen.

Reibung kann also sowohl von Nachteil als von Vorteil sein. Unabhängig davon muss man sie in der Technischen Mechanik, in der sie eine große Rolle spielt, natürlich immer berücksichtigen.

Reibung behindert Bewegung

Reibung verursacht bei vielen technischen Vorgängen Verluste; einige Beispiele wurden in diesem Kapitel bereits vorgestellt, weitere folgen in diesem Abschnitt. Sie zeigen, dass man die Reibung bei technischen Vorgängen berücksichtigen muss; sie verringert die Leistung von Maschinen und setzt damit ihren Wirkungsgrad herab. Reibung ist immer dann von Nachteil, wenn sie Bewegungen hemmt, die ohne Reibung viel besser funktionieren würden. Beispiele dafür sind:

- ✔ der Fahrwiderstand bei Autos, Lokomotiven, Fahrrädern und so weiter,
- ✔ die Bewegung von Maschinenteilen gegeneinander,
- ✔ die Bewegung von Wellen in Lagern.

Reibung hat auch ihre Vorteile

Auf der anderen Seite kann die Reibung, wie bereits erwähnt, von großem Nutzen sein. Dies betrifft unter anderem die durch die Reibung verursachten Stützkräfte oder auch das gewollte Bremsen von Bewegungen. Beispiele dafür finden sich sowohl in der Statik als auch in der Dynamik:

- ✔ durch Reibung hervorgerufene Stützkräfte, die einen Körper in ihrer Position halten,
- ✔ durch Reibung hervorgerufene gewollte Bremskräfte,
- ✔ durch Reibung hervorgerufene Seilreibungskräfte, die zur Fixierung von Körpern dienen,
- ✔ durch Reibung verursachte Übertragung von Kräften, etwa durch Transmissionsriemen.

In den folgenden Abschnitten werden einige Beispiele vorgestellt, in denen die Reibung von Nachteil ist, weil sie gewünschte Bewegungen verhindert, sowie Fälle, in denen sie sowohl positive als auch negative Aspekte bei einem Vorgang hat, und schließlich solche, in denen die Reibung vorteilhaft ausgenutzt wird.

Reibung ist überall: Das Fahrrad

Wahrscheinlich sind Sie schon einmal Fahrrad gefahren und besitzen sogar ein Fahrrad. Aber haben Sie Fahrradfahren schon einmal unter dem Gesichtspunkt der Reibung betrachtet? Wahrscheinlich nur, wenn Sie sich über den lästigen Gegenwind beschwert haben, der zum Teil auf dem Luftwiderstand beruht, wie bereits dargestellt wurde. Tatsächlich spielt beim Fahrradfahren Reibung an vielen Stellen eine wichtige Rolle. Einige davon sind nützlich, andere zum Teil sehr hinderlich:

- ✔ Der **Luftwiderstand** bremst die Fahrt.
- ✔ Die **Rollreibung** gegen die Straße bremst ebenfalls die Fahrt.
- ✔ Die **Reibung in den Lagern** (zum Beispiel in der Tretkurbel und den Laufrädern) bremst die Fahrt, wenn Sie in die Pedale treten.
- ✔ Die Reibung hilft Ihnen, anzufahren, ohne dass die Reifen Ihres Rades durchdrehen.
- ✔ Der **Dynamo**, mit dem Sie Licht für die Fahrradlampen erzeugen, bremst zwar durch Reibung die Fahrt, aber dass dadurch Strom erzeugt wird, ist ein durchaus erwünschter Effekt.
- ✔ Natürlich funktionieren auch die **Bremsen** Ihres Rades durch Reibung.

✔ Reibung sorgt dafür, dass Ihre Schuhe nicht von den Pedalen rutschen.

✔ Reibung tritt schließlich auch noch in den **Schläuchen** der Brems- und Schaltzüge auf, aber diese Effekte können eher vernachlässigt werden.

Dieses Beispiel ist äußerst aufschlussreich, weil es zeigt, dass Reibung in vielen technischen wie auch alltäglichen Vorgängen eine wichtige Rolle spielt, oftmals in Bereichen, in denen man es nicht vermutet. Außerdem macht das Beispiel klar, dass die Reibung zwar Verluste verursacht, eine Welt ohne Reibung aber nicht funktionieren würde.

Den negativen Auswirkungen der Reibung kann man entgegenwirken, wenngleich sie nicht völlig ausgeschaltet werden können. Beispiele dafür sind reibungsarme Materialien, reibungsarme Lager (siehe den Kasten über Kugellager in Kapitel 6) oder die Verbesserung der Wirkungsweise von Schmiermitteln. Auch gegen den Luftwiderstand kann man etwas tun: Denken Sie etwa an die futuristisch aussehenden Helme, die Radrennfahrer zum Beispiel beim Zeitfahren tragen.

Auf der anderen Seite sollten Sie an die positiven Aspekte der Reibung beim Radfahren denken und die Nachteile dankend in Kauf nehmen, auch wenn Sie sich manchmal quälen müssen. Ohne Reibung würden Sie überhaupt nicht fahren können.

Reibung in Lagern

Bewegung und Kraft übertragende Wellen, die sich in Lagern drehen, spielen in unzähligen technischen Anwendungen eine Rolle. Denken Sie an den Antrieb von Autos oder an Kraft übertragende Wellen in Maschinen. Die Reibung führt hier natürlich zu Verlusten, ist also von Nachteil.

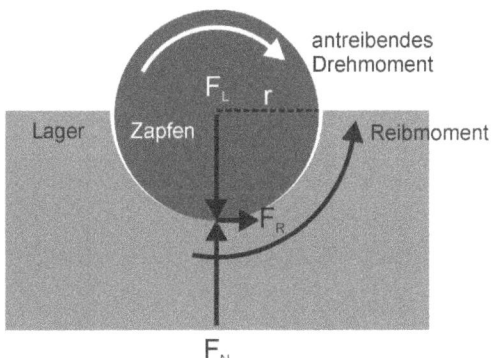

Abbildung 7.10: Ein Zapfen einer Welle dreht sich in einem Lager.

Abbildung 7.10 zeigt den Zapfen (auch *Tragzapfen* genannt) einer Welle auf einem Lager. Es belastet das Lager mit einer Kraft F_L und erfährt vom Lager eine Normalkraft F_N gleicher Größe. Wenn die Welle anzulaufen beginnt, wirkt außerdem die Reibungskraft $F_{RH} = \mu_H F_N$. Diese Kraft ist mit einem Reibungsdrehmoment oder *Reibmoment* verbunden, das, wie die Abbildung zeigt, durch

$$\tau_R = F_R r = \mu_H F_N r$$

gegeben ist, wobei r der Radius des Zapfens ist. Diesen Vorgang nennt man auch *Anlaufreibung*.

Wenn die Welle angelaufen ist, verringert sich die Reibung, da dann der Gleitreibungskoeffizient gilt. Üblicherweise sind die Lager von Wellen geschmiert. Wenn sich zwischen Lager und Zapfen ein zusammenhängender Schmierfilm gebildet hat, wird der Reibungskoeffizient noch geringer. Zapfenreibungskoeffizienten liegen im Bereich von 0,001 und 0,01, sind also erstaunlich niedrig.

Die Reibung eines Tragzapfens an einem Lager kann also folgendermaßen beschrieben werden:

✔ Die Lagerkraft F_L und die Normalkraft F_N sind gleich groß, es gilt also:

$$F_R = \mu F_N = \mu F_L$$

✔ Durch die Reibungskraft F_R wird ein Reibmoment τ_R erzeugt, das dem antreibenden Drehmoment des Zapfens τ_Z entgegenwirkt.

Der Reibungsvorgang ist natürlich auch mit einer *Reibungsleistung* P_R verbunden. Sie ist das Produkt aus dem Reibmoment und der Winkelgeschwindigkeit der Welle:

$$P_R = \tau_R \omega = \mu_R F_L r \omega$$

Betrachten Sie eine Welle, die auf zwei Lagern aufliegt und jedes mit einer Kraft F_L = 2450 N belastet. Sie dreht sich mit 4500 Umdrehungen pro Minute. Der Durchmesser ihrer Zapfen ist 40 mm. Der Reibungskoeffizient beträgt nach dem Anlaufen 0,004. Wie groß sind Reibmoment und Reibungsleistung?

Für das Reibmoment gilt:

$$\tau_R = 2\mu_R F_L r = 2 \cdot 0{,}004 \cdot 2450 \text{ N} \cdot 0{,}02 \text{ m} = 0{,}4 \text{ Nm}$$

wobei der Faktor 2 berücksichtigt, dass die Welle auf zwei Lagern ruht. Für die Reibungsleistung gilt:

$$P_R = \tau_R \omega$$

Die Winkelgeschwindigkeit der Wellen und damit des Zapfens ist gegeben durch:

$$\omega = 2\pi f$$
$$= 2\pi \cdot 4500 \text{ min}^{-1} = 471 \text{ s}^{-1}$$

Damit ergibt sich für die Reibungsleistung:

$$P_R = \tau_R \omega = 0{,}4 \text{ Nm} \cdot 471 \ s^{-1} = 188 \text{ W}$$

Der Reibungsverlust beträgt also 188 W. Dieser Verlust vermindert den *Wirkungsgrad* der Maschine, deren Bestandteil die Welle ist.

In die Höhe steigen: Die Leiter

Ein markantes Beispiel für die positiven Auswirkungen von Reibung betrifft die Statik. Obwohl man Reibung zumeist mit Bewegungen in Verbindung bringt, spielt die Haftreibung in vielen Kräftebilanzen der Statik (siehe dazu auch Kapitel 6) eine Rolle und muss berücksichtigt werden (zumindest muss man prüfen, wie groß ihre Rolle ist und ob man sie vernachlässigen darf). Das kann man am Beispiel einer einfachen Leiter untersuchen, wie sie in Abbildung 7.11 dargestellt ist.

Die Abbildung zeigt eine Leiter der Länge L, die an einer Wand lehnt und von einer Person der Masse m bestiegen wird. Sie ruht im Lager B an der Wand, im Lager A auf dem Boden, mit dem sie den Winkel α einschließt.

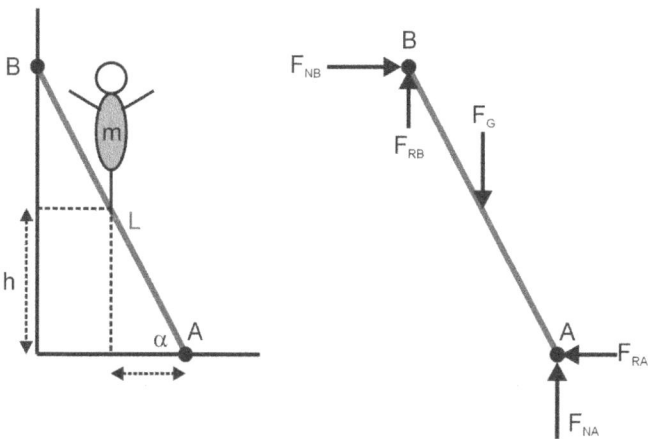

Abbildung 7.11: Eine Leiter (links) und ihre Freimachung (rechts). Die Kräfte sind nicht maßstäblich eingezeichnet.

Reibung spielt sowohl im Lager A als auch im Lager B eine Rolle. Gäbe es keine Reibung, würde die Leiter einfach wegrutschen. Bezieht man die Reibung mit ein, so ergibt eine Freimachung der Leiter, dass folgende Kräfte wirken (Abbildung 7.11 rechts):

✔ Im Lager B wirkt die Normalkraft F_{NB} nach rechts, die Reibungskraft F_{RB} nach oben, wobei gilt:

$$F_{RB} = \mu_B F_{NB}$$

✔ Im Lager A wirkt die Normalkraft F_{NA} nach oben und die Reibungskraft F_{RA} nach links, wobei wieder gilt:

$$F_{RA} = \mu_A F_{NA}$$

✔ Schließlich wirkt die Gewichtskraft F_G an dem in der Skizze eingezeichneten Punkt.

Insgesamt ergeben sich die folgenden Gleichgewichtsbedingungen der Statik (siehe Kapitel 5) für ein ebenes Kräftesystem:

✔ Die Summe der Kräfte in x-Richtung muss null sein:

$$\sum F_x = F_{NB} - F_{RA} = F_{NB} - \mu_A F_{NA} = 0$$

✔ Die Summe der Kräfte in y-Richtung muss null sein:

$$\sum F_y = F_{RB} + F_{NA} - F_G = \mu_B F_{NB} + F_{NA} - F_G = 0$$

✔ Die Summe aller Drehmomente in Bezug auf Punkt A muss gleich null sein. Dazu gibt es drei Beiträge:
  • das durch die Kraft F_{NB} hervorgerufene Drehmoment

  $$\tau_1 = F_{NB} \sin \alpha$$

  • das durch die Kraft F_{RB} hervorgerufene Drehmoment

  $$\tau_2 = \mu_B F_{NB} L \cos \alpha$$

  • das durch die Gewichtskraft hervorgerufene Drehmoment

  $$\tau_3 = F_G h \cot \alpha$$

Damit ergibt sich für die dritte Gleichgewichtsbedingung:

$$\sum \tau_i = F_{NB} L \sin \alpha + \mu_B F_{NB} L \cos \alpha - F_G h \cot \alpha = 0$$

Puuh! Hätten Sie gedacht, dass die Statik einer einfachen Leiter so kompliziert ist? Obwohl, wenn man es recht bedenkt, ist die Mathematik immer noch einfach. Sie beruht nur auf Algebra und Trigonometrie. Man muss nur ziemlich viele Komponenten berücksichtigen. Andererseits müssen Sie, wenn Sie die Statik beherrschen wollen, auch schwierigere Aufgaben lösen können. Darüber hinaus zeigt dieses Beispiel auch noch einmal, wie wichtig das Freimachen der Körper (in diesem Fall der Leiter) ist.

Dennoch soll an dieser Stelle die Rechnung abgekürzt werden. Man hat ein System von drei Gleichungen mit drei Unbekannten (F_{NA}, F_{NB} und h); das System ist also lösbar. Für die Steighöhe h, bei der die Leiter zu rutschen beginnt, ergibt sich in Abhängigkeit vom Neigungswinkel:

$$h = \frac{L \tan \alpha}{\mu_B + \frac{1}{\mu_A}} (\sin \alpha + \mu_B \cos \alpha)$$

Daraus ergeben sich folgende Schlussfolgerungen:

✔ Wenn μ_A (die Reibung am Fußpunkt der Leiter) null ist, rutscht die Leiter sofort weg (der Nenner in der Gleichung wird unendlich groß).

✔ Das Gewicht der Person, die auf die Leiter steigt, spielt keine Rolle.

Nimmt man an, dass beide Reibungskoeffizienten gleich groß sind (0,3), die Leiter 2,5 m lang ist und der Winkel α 70° beträgt, so erhält man für die Steighöhe:

$$h = \frac{2{,}5 \text{ m} \cdot \tan 70°}{0{,}3 + \frac{1}{0{,}3}} (\sin 70° + 0{,}3 \cdot \cos 70°) = 2 \text{ m}$$

Betragen die beiden Reibungskoeffizienten allerdings nur 0,1, so ist die maximale Steighöhe nur 67 cm.

Seilreibung

Seile spielen auch heute noch in der technischen Welt eine große Rolle; dies gilt sowohl für statische als auch für dynamische Anwendungen. Seile werden zum Aufhängen und Befestigen von Körpern benutzt. Denken Sie in diesem Zusammenhang auch an Hängebrücken, die an Stahltrossen aufgehängt sind. Mithilfe eines Seils, das um einen Körper geschlungen ist, lassen sich durch relativ kleine Zugkräfte an einem Seilende große Haltekräfte am anderen Seilende erzeugen: Schiffe werden immer noch mit Seilen an Pollern festgemacht. Außerdem werden Seile auch zum Antrieb von Maschinen (etwa durch Transmissionsriemen) oder zum Bremsen verwendet (Bandbremsen).

Bei allen Anwendungen von Seilen spielt die sogenannte *Seilreibung* eine große Rolle. Und wie in den meisten Fällen, in denen Reibung beteiligt ist, kann sie entweder nützlich oder hinderlich sein, manchmal sogar beides gleichzeitig. Außerdem muss man auch hier wieder zwischen Haftreibung (*Seilhaftung*) und Gleitreibung unterscheiden.

Betrachten Sie Abbildung 7.12. Sie zeigt eine unbewegliche Rolle, über die ein Seil läuft, an dessen Enden zwei unterschiedliche Massen befestigt sind. Beim ersten flüchtigen Blick wer-

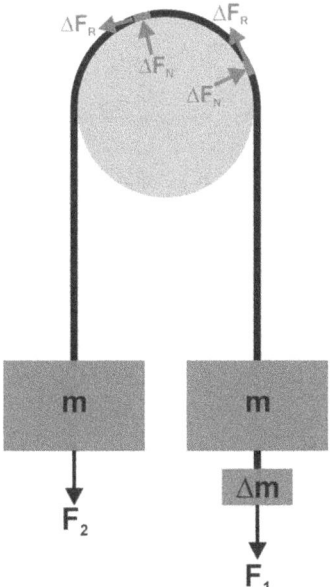

Abbildung 7.12: Zur Seilreibung. Der Umschlingungswinkel α beträgt in diesem Fall 180°.

den Sie sagen: »Vorsicht! Gleich wird es scheppern.« Das wäre auch der Fall, wenn es keine Reibung gäbe. In der Realität wirkt an jedem Teilstück des Seils aufgrund der Normalkraft zwischen Seil und Rolle eine Seilreibungskraft ΔF_R (zwei dieser Teilkräfte sind in der Abbildung eingezeichnet). Die gesamte Seilreibungskraft F_R erhält man aus der Aufsummierung all dieser Teilkräfte:

$$F_R = \sum \Delta F_R = \mu_H \sum \Delta F_N$$

Zur genauen Berechnung der Reibungskraft ist allerdings die Integralrechnung erforderlich. Derartige Rechnungen liefern die folgende *Seilreibungsgleichung*, die nach ihren Entwicklern auch *Euler-Eytelwein-Gleichung* genannt wird:

Wenn ein Seil einen runden Körper mit einem Winkel α umschlingt, zwischen Seil und Körper der Haftreibungskoeffizient μ_H wirkt und an einem Ende des Seils die Kraft F_2 wirkt, ist das System in Ruhe, solange die Kraft F_1 am anderen Ende des Seils folgenden Grenzwert nicht überschreitet:

$$F_1 = F_2 e^{\mu_H \alpha}$$

Bei dieser Gleichung müssen Sie Folgendes beachten:

✔ e ist die sogenannte Euler'sche Zahl: e = 2,7182. Sie finden die e-Funktion (e^x) auf Ihrem Taschenrechner.

✔ Der Winkel muss im Bogenmaß angegeben werden, sonst explodiert Ihr Taschenrechner:

$$\alpha = 2\pi \frac{\alpha°}{360°}$$

✔ Die Kraft F_1 ist immer die größere der beiden Kräfte.

Die Seilreibungsgleichung besagt Folgendes:

✔ Die Kraft F_1 ist proportional zu F_2, das heißt je größer F_2, desto größer kann F_1 sein.

✔ Die Kraft F_1 kann umso größer sein, je größer der *Umschlingungswinkel* α ist.

✔ Der Radius der Rolle spielt keine Rolle.

Wenn das Seil den Körper nicht nur einmal, sondern mehrfach umschlingt (wie etwa bei einem Poller), muss man jede Umschlingung mitzählen, sodass α größer als 2π sein kann.

Betrachten Sie noch einmal Abbildung 7.12. Hier beträgt $\alpha = 180° \triangleq \pi$. Wie groß kann Δm sein, wenn $m = 50$ kg ist und der Haftreibungskoeffizient 0,38 beträgt? Aus der Seilreibungsgleichung folgt:

$$\frac{F_1}{F_2} = e^{\mu_H \alpha} \quad \Rightarrow \quad \frac{m + \Delta m}{m} = e^{\mu_H \alpha}$$

Löst man diese Gleichung nach Δm auf, so erhält man:

$$m + \Delta m = m \cdot e^{\mu_H \alpha}$$
$$\Delta m = m \cdot e^{\mu_H \alpha} - m$$
$$\Delta m = m \cdot (e^{\mu_H \alpha} - 1) = 50 \text{ kg} \cdot \left(e^{0,38 \cdot \pi} - 1\right) = 115 \text{ kg}$$

Die in der Abbildung dargestellte Zusatzmasse kann also sehr viel größer sein als die eigentliche Masse von 50 kg. Die Haftreibung des Seils an der Rolle führt also zu einer extremen Vergrößerung der *Handkraft* F_2.

In allen Fällen von Seilreibung hat man es mit einem Seil zu tun, das um einen runden Körper geschlungen ist (Zylinder, Walze, Rolle). Macht man dieses System frei, so gelangt man, wenn man das Seil gestreckt zeichnet, zu der in Abbildung 7.13 gezeigten Darstellung. Die kleinere der beiden Kräfte wird auch *Handkraft* genannt.

Abbildung 7.13: Freimachen eines Seils

Wenn Sie jemals mit einem Schiff gefahren sind, haben Sie folgenden Vorgang sicherlich schon einmal beobachtet: Beim Festmachen des Schiffes schlingt ein Mitglied der Crew ein Seil zwei- oder mehrmals um einen Poller, während er das andere Ende entweder in der Hand behält oder einfach an einem Haken einhängt.

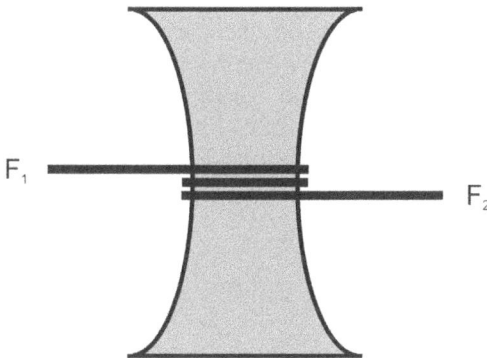

Abbildung 7.14: Ein Seil, das um einen Poller geschlungen ist

Wenn die Handkraft F_2 250 N beträgt, das Seil zweimal um den Poller gelegt wird und der Haftreibungskoeffizient zwischen Poller und Seil 0,42 ist, wie groß ist dann die Kraft F_1, mit der das Schiff gehalten wird? Für F_1 gilt:

$$F_1 = F_2 e^{\mu_H \alpha}$$
$$= 250 \text{ N} \cdot e^{0,42 \cdot 4\pi} = 49 \text{ kN}$$

Der Unterschied zwischen den beiden Kräften ist also gewaltig. Das liegt daran, dass der Umschlingungswinkel α im Exponentialterm steht.

Bei Seilen, die um einen runden Körper laufen, kann auch Gleitreibung auftreten. Dabei muss man zwei Fälle unterscheiden:

✔ Das Seil gleitet über die feststehende Rolle.

✔ Die Rolle dreht sich, während das Seil in Ruhe ist.

Auch in diesen Fällen gilt die Seilreibungsgleichung, wobei jetzt allerdings der Gleitreibungskoeffizient benutzt werden muss.

Voll in die Eisen steigen: Bremsen

Reibung bremst also alle Bewegungen. Das ist einerseits äußerst ärgerlich, etwa, wenn Sie mit dem Fahrrad unterwegs sind, andererseits aber manchmal ziemlich nützlich, um nicht zu sagen sogar lebensnotwendig. Stellen Sie sich vor, Sie fahren mit Ihrem Auto auf der Autobahn (etwa auf der A5 von Kassel nach Frankfurt) mit 160 km/h auf der linken Spur. Plötzlich schert vor Ihnen ein wesentlich langsamerer LKW auf Ihre Spur. Sie müssen also voll in die Eisen steigen und bremsen. Egal, welches Auto Sie fahren und welchen Typ Bremsen es besitzt, der Bremsmechanismus beruht in den meisten Fällen auf Reibung.

Reibung ist stets auch mit Energie verbunden. Ein sich bewegender Körper besitzt, wie in Kapitel 3 gezeigt wurde, die Bewegungsenergie

$$E_{kin} = \frac{1}{2}mv^2$$

wobei m die Masse des Körpers und v seine Geschwindigkeit ist. Wenn also die Bewegung eines Körpers durch Reibung abgebremst wird, nimmt seine Geschwindigkeit ab und damit auch seine kinetische Energie. Was passiert mit dieser Energie? Dem Energieerhaltungssatz zufolge kann sie nicht einfach verschwinden. Das passiert natürlich auch nicht; allerdings wird sie in eine Form der Energie umgewandelt, die man nicht so einfach wieder nutzen kann: in Wärme.

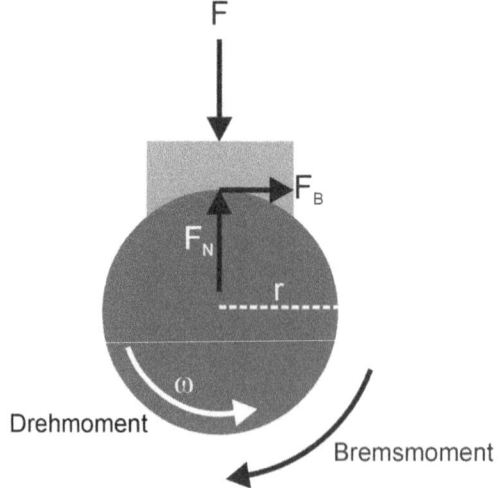

Abbildung 7.15: Bremsen eines Rades

Abbildung 7.15 zeigt als einfaches Beispiel ein Rad (oder eine Welle) mit dem Radius r, das sich mit der Winkelgeschwindigkeit ω dreht. In der Skizze wird ein Bremsklotz oder eine Bremsbacke mit der Kraft F gegen das Rad gedrückt und bremst es ab. Anhand dieser Skizze sollen im Folgenden einige im Zusammenhang mit Bremsvorgängen wichtige Begriffe erläutert werden:

✔ Als *Bremskraft* F_B bezeichnet man das Produkt aus Normalkraft und Reibungskoeffizienten:

$$F_B = \mu_R F_N$$

Die Bremskraft ist also genauso definiert wie die Reibungskraft (es handelt sich ja auch um eine Reibungskraft).

✔ Die Bremskraft bewirkt ein *Bremsmoment*, das dem Drehmoment des Rades entgegengesetzt ist:

$$\tau_B = F_B r = \mu_R F_N r$$

wobei r der Radius des Rades ist.

✔ Mit dem Bremsvorgang wird auch Arbeit verrichtet, da eine Kraft längs eines Weges wirkt (Näheres zur Arbeit finden Sie in Kapitel 8, die Bremsarbeit ist hier eine Art Vorgriff, um den Begriff des Bremsens vollständig zu behandeln). Dieser Weg entspricht der Strecke, die ein Punkt auf der Außenseite des Rades während des Bremsens zurücklegt. Für die *Bremsarbeit* gilt also:

$$W_B = F_B \cdot s = \tau_B \cdot \theta$$

Dabei ist θ der Drehwinkel.

✔ Schließlich wird beim Bremsen auch Leistung verbraucht (auch dazu finden Sie Näheres in Kapitel 8). Die *Bremsleistung* ist gegeben durch das Produkt aus dem Bremsmoment und der Winkelgeschwindigkeit des Rades:

$$P_B = \tau_B \cdot \omega$$

Solange ein Rad oder eine Welle sich drehen soll, sollte der Reibungskoeffizient etwa in den Lagern so gering wie möglich sein. Beim Bremsen ist dies natürlich anders. Die Reibungskoeffizienten zwischen Bremsen und Rad müssen viel höher sein. Allerdings dürfen sie auch nicht unendlich groß sein, da zum einen ein abrupter Stillstand katastrophale Auswirkungen hätte (nach dem Motto: von 100 auf 0 km/h in 0 Sekunden), zum anderen aber auch die Bremsen nicht überhitzen dürfen, da die Brems- oder Reibungsenergie in Form von Wärme abgeführt werden muss. Üblicherweise liegen die Reibungskoeffizienten etwa bei Fahrradbremsen zwischen 0,5 und 0,9.

Aufgaben

Aufgabe 7.1
Ein Stahlblock von 50 kg liegt auf einer ebenen Stahlunterlage.
- Wie groß ist die Kraft, die man benötigt, um den Block in Bewegung zu versetzen?
- Wie groß ist die Kraft, die man benötigt, um den Block in Bewegung zu halten?
- Wie groß ist die Kraft, die man benötigt, um den Block in Bewegung zu versetzen, wenn er auf einer Eisunterlage liegt?

Werte für die Reibungskoeffizienten finden Sie in Tabelle 7.1.

Aufgabe 7.2
Ein Körper mit der Masse $m = 47$ kg befindet sich auf einer schiefen Ebene mit dem Neigungswinkel $\alpha = 22°$. Der Haftreibungskoeffizient ist in diesem Fall 0,3. Ist der Körper in Ruhe oder rutscht er die Ebene herunter?

Aufgabe 7.3
Welche Kraft muss man aufwenden, um eine Kiste von 66 kg eine schiefe Ebene hinaufzuziehen, die eine Neigung von 18° hat, wenn der Gleitreibungskoeffizient 0,22 beträgt?

Aufgabe 7.4
Mit welcher Kraft F_D muss man einen Körper von 20 kg gegen eine Wand drücken, damit er nicht rutscht, wenn der Haftreibungskoeffizient zwischen Körper und Wand 0,33 beträgt?

Aufgabe 7.5
Wie weit kommt ein Eisschnellläufer, der eine Geschwindigkeit von 62 km/h besitzt, wenn er einfach weitergleitet, ohne zu beschleunigen oder zu bremsen, und der Gleitreibungskoeffizient der Schlittschuhe 0,016 beträgt?

Aufgabe 7.6
Wie groß ist der Fahrwiderstand eines Autos mit einer Masse von 1250 kg, wenn seine Fahrwiderstandszahl $\mu F = 0{,}032$ beträgt?

Aufgabe 7.7
Wie groß ist die Haltekraft, wenn das Seil in Abbildung 7.14 nicht zweimal, sondern viermal um den Poller geschlungen wird?

Aufgabe 7.8
Das Rad in Abbildung 7.15 habe einen Radius von 0,3 m und werde mit einer Kraft von 1 kN gebremst. Der Bremsreibungskoeffizient betrage 0,7. Wie groß sind Bremskraft, Bremsmoment und Bremsleistung, wenn sich das Rad zuvor mit 1000 Umdrehungen pro Minute gedreht hat?

Teil III
Endlich etwas Bewegung: Die Dynamik

IN DIESEM TEIL ...

erfahren Sie etwas über sich bewegende Körper, seien es dimensionslose Massepunkte oder ausgedehnte starre Körper. Ausgangspunkt jeder Änderung des Bewegungszustands eines Körpers ist eine Kraft oder ein Drehmoment.

lernen Sie die Größen zur Beschreibung derartiger Vorgänge kennen wie etwa Weg, Geschwindigkeit und Beschleunigung, die schon in Kapitel 3 vorgestellt wurden, und vor allem die Kraft, das Drehmoment, die Arbeit, die Energie und die Leistung. All diese Begriffe werden in diesem Teil vorgestellt und anhand von Beispielen erklärt. Dabei nimmt die Komplexität der betrachteten Systeme von Kapitel zu Kapitel zu.

finden Sie zunächst Massepunkte, danach ausgedehnte starre Körper und schließlich in der sogenannten Maschinendynamik komplexe Maschinenteile.

IN DIESEM KAPITEL

Kräfte und ihre Auswirkungen

Träge und schwere Masse

Alles über Arbeit

Verschiedene Formen der Energie

Leistung und Wirkung

Kapitel 8
Klein, aber dynamisch: Die Dynamik der Massepunkte

In der Dynamik geht es sehr viel lebendiger zu als in der Statik. Körper können sich bewegen, Arbeit verrichten, Energie aufnehmen oder Leistung abgeben und aufnehmen. Aber auch hier gibt es Unterschiede je nach Form und Dimensionalität der Körper. Daher werden in diesem Kapitel die wesentlichen Grundbegriffe der Dynamik zunächst am Beispiel dimensionsloser Massepunkte eingeführt. Im nächsten Schritt werden sie dann auf ausgedehnte reale Körper ausgeweitet, die sich bewegen und drehen können. Im letzten Schritt werden sie dann auf Körper in realen technischen Anwendungen übertragen. Das ist die sogenannte Maschinendynamik.

Im Folgenden geht es also zunächst um Themen wie Kraft, Arbeit, Energie, Leistung und Wirkung. Das sind Begriffe, bei denen Ihr Chef wahrscheinlich zustimmend mit dem Kopf nicken wird. Aber das Thema dieses Buches ist die Mechanik, der Inhalt dieses Kapitels speziell die Dynamik, sodass diese Begriffe äußerst angemessen erscheinen. Im Folgenden werden diese Größen zunächst einzeln definiert und ihre Bedeutung dargelegt, wobei sie in diesem Kapitel (fast) ausschließlich auf Massepunkte angewendet werden. Eine Ausweitung auf ausgedehnte starre Körper folgt dann im Anschluss in Kapitel 9.

Noch einmal: Kräfte

Wie schon in der Statik, so ist auch in der Dynamik die *Kraft* eine der entscheidenden Größen. In Kapitel 4 wurden Kräfte ausführlich diskutiert; es wurde dargestellt,

✔ wie Kräfte wirken,

✔ wie man mit Kräften rechnet,

✔ wie man Kräfte zerlegt und zusammensetzt.

Außerdem wurde in Kapitel 4 dargelegt, dass Kräfte zwei unterschiedliche Wirkungen haben können, wenn sie auf einen Körper wirken:

✔ Kräfte können Körper beschleunigen,

✔ Kräfte können Körper verformen.

Dieser Teil über die Dynamik beschäftigt sich mit der Beschleunigungswirkung von Kräften; ihr Einfluss auf die Deformation von Körpern wird in Teil IV behandelt.

Newton

Der Begriff der Kraft ist unweigerlich mit dem Namen *Sir Isaac Newton* verbunden. Die drei von Newton formulierten Gesetze (sie werden auch Newton'sche *Axiome* genannt) bilden die Grundlage, auf der die gesamte Mechanik aufgebaut ist. Diese drei Gesetze und einige auf ihnen basierende Schlussfolgerungen werden im Folgenden ausführlich dargestellt.

Nur keine Eile: Die Trägheit oder das erste Newton'sche Gesetz

Schon das erste Newton'sche Gesetz (das auch Trägheitsgesetz genannt wird) ist ein Augenöffner, vor allem, da es auf den ersten Blick jeder Erfahrung widerspricht. Es besagt:

 Solange keine äußere Kraft auf einen Körper einwirkt, behält dieser seinen Bewegungszustand bei.

Daraus ergeben sich zwei Schlussfolgerungen, von denen die erste sofort einsichtig ist, die zweite aber zum Nachdenken anregt:

✔ Ein unbewegter Körper bleibt so lange unbewegt, bis eine äußere Kraft auf ihn einwirkt.

✔ Ein sich mit einer gleichmäßigen Geschwindigkeit **v** bewegender Körper ändert seine Geschwindigkeit nicht, solange keine äußere Kraft auf ihn einwirkt.

Die Billardspieler unter Ihnen werden sagen: »Wenn nur eine einzige Kugel auf dem Tisch ist und man sie anstößt, dann müsste diese Kugel nach dem ersten Newton'schen Gesetz unendlich lange mit konstanter Geschwindigkeit rollen. Das ist aber nicht der Fall. Die Kugel wird allmählich langsamer und kommt irgendwann zum Stillstand.« Wo liegt der Widerspruch? Gilt Newton I doch nicht? Sie müssen die Frage anders stellen: Da die Kugel langsamer wird, muss Newton zufolge irgendeine Kraft vorhanden sein, die die Kugel bremst. Das ist natürlich die Ihnen aus Kapitel 7 bekannte *Reibung*, die dort ausführlich erläutert wird. Sie sorgt dafür, dass selbst auf dem relativ glatten Billardtisch die Kugeln irgendwann aufhören zu rollen. In diesem Zusammenhang: Haben Sie einmal versucht, Billard auf einem Rasen zu spielen?

Auf die Masse kommt es an: Das zweite Newton'sche Gesetz

Das erste Newton'sche Gesetz besagt, dass eine Kraft erforderlich ist, um den Bewegungszustand eines Körpers zu ändern. Das zweite Newton'sche Gesetz quantifiziert diese Zusammenhänge. Es besagt:

> Wenn auf einen Körper, insbesondere auf einen Massepunkt mit der Masse m eine Kraft **F** wirkt, so erfährt dieser die Beschleunigung **a** (Abbildung 8.1):
>
> $$\mathbf{F} = m\mathbf{a}$$
>
> Die Kraft ist ein Vektor; die Beschleunigung zeigt in dieselbe Richtung wie die Kraft. Die Einheit der Kraft ist, wie man der Formel entnehmen kann, kg m/s^2 oder auch *Newton* (N), wobei der Name der Einheit an dieser Stelle nicht wirklich verwundert.

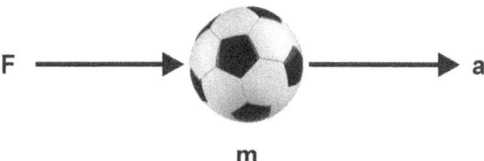

Abbildung 8.1: Beschleunigung eines Körpers durch eine Kraft F

Sie treten den Ball in Abbildung 8.1 mit einer Kraft von 100 N. Der Ball wiegt 450 g; Sie berühren ihn eine Zehntelsekunde lang. Welche Geschwindigkeit hat der Ball nach Ihrem Tritt? Durch die Kraft erhält der Ball eine Beschleunigung:

$$a = \frac{F}{m} = \frac{100 \text{ kg m/s}^2}{0{,}45 \text{ kg}} = 222 \text{ m/s}^2$$

Zwischen der Geschwindigkeit und der Beschleunigung gilt die Beziehung:

$$\Delta v = a \Delta t$$

Wenn der Ball vorher in Ruhe war, hat er nach dem Tritt die Geschwindigkeit:

$$v = 222 \text{ m/s}^2 \cdot 0{,}1 \text{ s} = 22{,}2 \text{ m/s}$$

Eine Kraft ist auch erforderlich, um einen Körper, der sich mit einer gewissen Geschwindigkeit v bewegt, abzubremsen. In diesem Fall ist die Beschleunigung negativ.

Doppelt gebremst

Ein Auto mit einer Masse von 1000 kg bewegt sich mit einer Geschwindigkeit von 95 km/h geradlinig fort. Es soll auf einer Strecke von 120 m vollständig abgebremst werden. Wie groß ist die erforderliche Bremskraft F_B, wenn die Reibungskraft F_R 600 N beträgt?

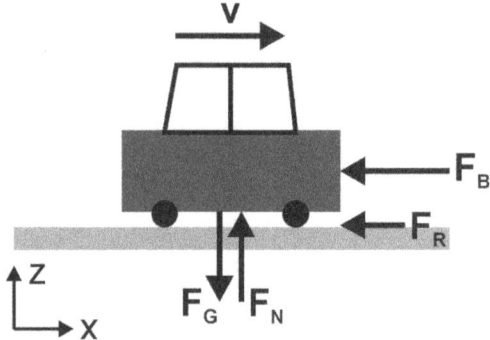

Abbildung 8.2: Ein Auto wird abgebremst

Bei einer derartigen Aufgabe muss man sich zunächst überlegen, welche Kräfte auf das Auto wirken (Abbildung 8.2):

✔ die Gewichtskraft $F_G = mg$ wirkt in $-z$-Richtung,

✔ die Normalkraft F_N wirkt in z-Richtung,

✔ die Reibungskraft F_R wirkt in $-x$-Richtung (nach links),

✔ die Bremskraft F_B wirkt in $-x$-Richtung (nach links).

Auf das Auto wirkt also nach links (das heißt abbremsend) die resultierende Kraft:

$$F_{\text{res}} = F_B + F_R = ma$$

wobei a negativ sein muss, da es sich um eine abgebremste Bewegung handelt. Für die Beschleunigung gilt die Beziehung:

$$s = \frac{1}{2}at^2 \quad \Rightarrow \quad a = \frac{2s}{t^2}$$

Andererseits gilt die Beziehung:

$$v = at \quad \Rightarrow \quad t = \frac{v}{a}$$

Setzt man dies in die obere Gleichung ein, so ergibt sich:

$$a = \frac{2s}{t^2} = \frac{2s}{v^2}a^2$$

Diese Gleichung kann man umformen in:

$$a = \frac{v^2}{2s}$$

Damit ergibt sich für die erforderliche Bremskraft:

$$F_B = ma - F_R = m\frac{v^2}{2s} - F_R$$

Setzt man die Zahlen ein, folgt schließlich:

$$F_B = \frac{1000\text{ kg} \cdot (95\text{ km/h})^2}{2 \cdot 120\text{ m}} - 600\text{ N}$$
$$= \frac{1000\text{ kg} \cdot (26{,}4\text{ m/s})^2}{2 \cdot 120\text{ m}} - 600\text{ N} = 2300\text{ N}$$

Bei der gegenwärtigen Aufgabenstellung wurden die Gewichtskraft F_G und die Normalkraft F_N in Abbildung 8.2 nicht zur Lösung benötigt. Wenn aber bei der gleichen Situation die Reibungskraft nicht bekannt ist, wohl aber der Reibungskoeffizient, kann man die Aufgabe trotzdem lösen, indem man die Normalkraft hinzuzieht. Es ist also stets von Vorteil, wenn man alle auf einen Körper wirkenden Kräfte kennt.

Dagegenhalten: Das dritte Newton'sche Gesetz

Das dritte Newton'sche Gesetz überrascht vielleicht noch etwas mehr als die beiden ersten. Es lautet:

Kräfte treten immer paarweise auf. Wenn ein Körper eine Kraft auf einen Gegenstand ausübt, dann erfährt er eine gleich große, entgegengesetzt gerichtete Kraft von diesem Gegenstand.

Das bedeutet: Wenn Sie beim Fußballspielen den Ball mit ziemlich viel Newton in Richtung Tor schießen, übt der Ball die gleiche Kraft (also ziemlich viel Newton) auf Ihr Schussbein aus. Das soll richtig sein? Natürlich ist es richtig. Schließlich stammt das Gesetz von Newton. Stellen Sie sich vor, die Masse des Balles beträgt nicht 450 g, wie es die Regel besagt, sondern 100 kg. Wenn Sie gegen den Ball treten, wird er sich kaum bewegen, aber Sie selbst heftig zurückprallen. Oder, wie es das dritte Newton'sche Gesetz im Original besagt:

Actio = Reactio oder Kraft = Gegenkraft

Ein gutes Beispiel ist der Tiefstart eines Sprinters. Der Läufer stößt mit großer Kraft gegen den Startblock; die Gegenkraft des Startblocks auf den Läufer hilft bei seiner Beschleunigung.

Betrachten Sie Abbildung 8.3. Jemand steht auf einem Wägelchen und zieht mithilfe eines Seils an einem Körper, dessen Masse genauso groß ist wie seine eigene und der auf einem gleichartigen Wagen ruht. Wenn man alle Reibungskräfte außer Acht lässt, sollte es für die Person auf dem Wagen kein Problem sein, den Körper zu sich heranzuziehen, oder? Genau das wird jedoch nicht passieren. Die Person übt eine Kraft F_P auf den Körper aus. Dem dritten

Newton'schen Gesetz zufolge übt aber der Körper eine gleich große, entgegengesetzt gerichtete Kraft F_K auf die Person aus und zieht sie so zu sich heran. Als Folge davon setzen sich *beide* Wagen in Bewegung und treffen sich in der Mitte.

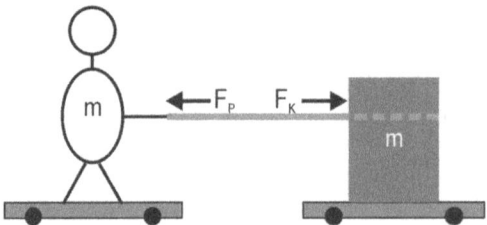

Abbildung 8.3: Zum dritten Newton'schen Gesetz

Träge und schwer: Die Masse

In allen vorangegangenen Kapiteln spielte die Masse von Körpern eine äußerst wichtige Rolle, aber es wurde nie dargelegt, was die Masse wirklich ist. Hier ist die Stelle gekommen, dieses Versäumnis nachzuholen. Es wird sich zeigen, dass Massen zwei Eigenschaften besitzen, die durchaus unterschiedlich sind:

✔ Massen sind träge.

✔ Massen sind schwer.

Besser nicht bewegen: Die träge Masse

Schreibt man das zweite Newton'sche Gesetz in der Form

$$\mathbf{a} = \frac{\mathbf{F}}{m}$$

so zeigt sich, dass bei konstanter Kraft die Beschleunigung umso geringer ist, je größer die Masse des Körpers ist. Die Masse eines Körpers widersetzt sich also jeglicher Beschleunigung.

 Diesen Widerstand einer Masse gegen Bewegungsänderungen durch äußere Kräfte nennt man *Trägheit*. m heißt in diesem Fall auch *träge Masse*.

Die Einheit der Masse ist das *Kilogramm* (kg); sie lässt sich nicht auf andere Einheiten zurückführen, sondern bezieht sich auf das sogenannte Urkilogramm, das in Paris aufbewahrt wird.

Es kann natürlich vorkommen, dass auf einen Körper nicht nur eine, sondern mehrere Kräfte einwirken (erinnern Sie sich an das Beispiel mit den vier Hunden in Kapitel 4). In diesem Fall lautet das zweite Newton'sche Gesetz:

$$\sum \mathbf{F} = m\mathbf{a}$$

In diesem Fall bildet man zunächst die Vektorsumme der Kräfte (Kapitel 4) und erhält dann die folgende Gleichung:

$$\sum \mathbf{F} = \mathbf{F}_{ges} = m\mathbf{a} \quad \text{oder} \quad \mathbf{a} = \frac{\sum \mathbf{F}}{m}$$

Newton und sein Apfel: Die schwere Masse

Die Legende besagt, dass Newton zur Entwicklung der obigen drei Gesetze inspiriert wurde, als er unter einem Apfelbaum lag und einen Apfel vom Baum herunterfallen sah. Wenn man etwas darüber nachdenkt, stellen sich dabei zwei Fragen (die sich Newton sicherlich auch gestellt hat):

✔ Warum fällt der Apfel überhaupt?

✔ Warum fällt der Apfel nach unten und nicht nach rechts oder links oder gar nach oben?

Die Antwort auf diese Frage erfolgt in zwei Schritten. Zunächst einmal kann man Folgendes feststellen:

Jeder Körper der Masse m wird von der Erde angezogen, erfährt also eine nach unten gerichtete Kraft. Diese *Gravitationskraft* (die auch *Gewichtskraft* oder *Schwerkraft* genannt wird) beträgt

$F = mg$

wobei g die *Erdbeschleunigung* ist. Sie beträgt 9,81 m/s² und ist zum Erdmittelpunkt gerichtet.

Man sollte beachten, dass die Masse in den beiden Gleichungen

$\mathbf{F} = m\mathbf{a}$

$\mathbf{F} = m\mathbf{g}$

nicht unbedingt das Gleiche sein muss. Im ersten Fall widersetzt sich die Masse der Beschleunigung, es handelt sich also um die sogenannte *träge Masse*. Im zweiten Fall handelt es sich um die sogenannte *schwere Masse*, die von der Erde durch die Gravitation angezogen wird. Bislang konnte allerdings kein Unterschied zwischen der trägen und der schweren Masse eines Körpers festgestellt werden, obwohl diese Gleichheit immer noch untersucht wird.

Die Erde fällt auf den Apfel: Die Gravitation

Aber zurück zu Newton und seinem Apfel und dessen Fall zur Erde. Warum fällt der Apfel auf die Erde zu und nicht umgekehrt die Erde auf den Apfel? Die Wahrheit ist, dass beide Prozesse gleichzeitig stattfinden! Ursache ist die Tatsache, dass sich zwei beliebige Massen gegenseitig anziehen. Die Kraft zwischen ihnen ist durch das *Gravitationsgesetz* gegeben:

$$F = -\gamma \frac{m_1 m_2}{r^2}$$

Dabei ist γ eine Konstante ($6{,}67 \cdot 10^{-11}$ Nm^2/kg^2) und r der Abstand zwischen den beiden Massen. F ist die sogenannte *Gravitationskraft*.

Da die Gravitationskonstante γ so klein ist, spielt die Gravitation zwischen alltäglichen Gegenständen keine Rolle. Zwischen zwei Massen von je einem Kilogramm in einem Abstand von 10 cm herrscht die Kraft

$$F = 6{,}67 \cdot 10^{-11} \text{ Nm/kg}^2 \frac{1 \text{ kg} \cdot 1 \text{ kg}}{(0{,}1 \text{ m})^2} = 6{,}67 \cdot 10^{-9} \text{ N}$$

was wirklich nicht besonders viel ist.

Aber noch einmal zurück zum Apfel. Dem Gravitationsgesetz zufolge wird der Apfel von der Erde angezogen. Aber auch die Erde wird vom Apfel angezogen und deshalb beschleunigt. Aber aufgrund der ungeheuer großen trägen Masse der Erde hat dieser Effekt natürlich keine Auswirkungen.

Dichte

Eine weitere, für die Technik äußerst wichtige und eng mit der Masse verbundene Größe ist die Dichte eines Körpers oder eines Materials.

Die *Dichte* eines Körpers ist der Quotient aus seiner Masse und seinem Volumen:

$$\rho = \frac{m}{V}$$

Dieser Definition zufolge ist die Einheit der Dichte kg/m^3, aber in vielen Fällen ist die Angabe g/cm^3 weitaus bequemer; man findet sie daher häufig in Tabellen. Dabei gilt: 1 g/cm^3 = 1000 kg/m^3.

Wie groß ist die Dichte eines Massepunkts mit einer Masse von 1 kg? Das ist natürlich eine Fangfrage; da ein Massepunkt keine Ausdehnung hat, ist sein Volumen $V = 0$ m^3. Also ist seine Dichte $\rho = 1$ kg/0 m^3 unendlich groß. Die Dichte ist keine geeignete Größe, um einen Massepunkt zu beschreiben.

Auch die folgende Frage ist wahrscheinlich unrealistisch. Sie finden auf der Straße eine durchsichtige Kugel, die Sie interessiert. Neugierig, wie Sie sind, vermessen Sie die Kugel: Sie hat einen Durchmesser von 1 cm (also einen Radius von 0,5 cm) und eine Masse von 1,84 g. Daraus können Sie die Dichte der Kugel bestimmen:

$$\rho = \frac{m}{V} = \frac{m}{\frac{4}{3}\pi r^3}$$

$$= \frac{1{,}84 \text{ g}}{\frac{4}{3}\pi \cdot (0{,}5 \text{ cm})^3} = 3{,}51 \text{ g/cm}^3$$

Sie schlagen in Tabellen nach und finden heraus, dass 3,51 g/cm^3 die Dichte von Diamant ist. Sie haben also fast 10 Karat Diamant in Ihrer Hand (1 Karat = 0,192 g). Wie bereits erwähnt, ein ziemlich unrealistisches Beispiel.

Rund ums Zentrum: Kreisbewegungen

In Kapitel 3 wurde dargestellt, dass eine konstante, nach innen gerichtete Beschleunigung erforderlich ist, um einen Körper bei einer gleichförmigen Kreisbewegung auf seiner Bahn zu halten. Das ist die *Zentripetalbeschleunigung*

$$a_z = \frac{v^2}{r}$$

Aus dem ersten Newton'schen Gesetz ergibt sich, dass eine Kraft erforderlich ist, um diese Beschleunigung hervorzurufen. Nach dem zweiten Gesetz von Newton ist diese Kraft proportional zur Masse des Körpers:

$$F_{zp} = m a_z = m \frac{v^2}{r}$$

Das ist die sogenannte *Zentripetalkraft* (Abbildung 8.4). Sie kann ganz verschiedene Ursachen haben: Es kann sich um die Zugkraft einer Schnur handeln, mit der Sie ein Modellflugzeug um sich kreisen lassen. Es kann sich aber auch um die Kraft eines Magnetfelds handeln, die ein Elektron auf eine Kreisbahn zwingt. Oder es handelt sich um die Gravitationskraft, die den Mond auf einer Kreisbahn um die Erde hält. Jetzt fehlt eigentlich nur noch Newton III, und daraus ergibt sich Folgendes: Zur Zentripetalkraft gibt es eine gleich große, entgegengesetzte, das heißt nach außen gerichtete Gegenkraft, die den Körper nach außen drückt. Sie kennen diese *Zentrifugalkraft*, die auch Fliehkraft genannt wird, natürlich: Das ist die Kraft, durch die Sie bei Kurvenfahrten nach außen gedrängt werden.

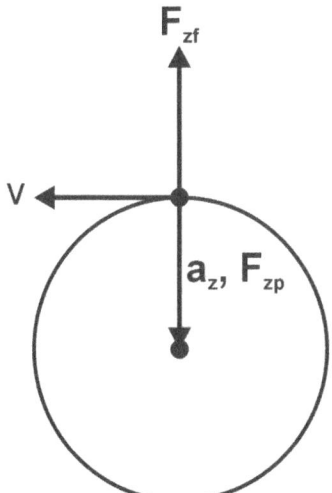

Abbildung 8.4: Zentripetal- und Zentrifugalkraft

Die Zentripetalkraft $\mathbf{F}_{zp}$ wirkt senkrecht zur Bahngeschwindigkeit entlang der Richtung des Radius in die Richtung des Kreismittelpunkts. Da $\mathbf{F}_{zp}$ und $\mathbf{r}$ in die gleiche Richtung zeigen, ist mit einer gleichmäßigen Kreisbewegung kein Drehmoment verbunden, denn es gilt:

$$\boldsymbol{\tau} = \mathbf{r} \times \mathbf{F} = rF \sin \alpha$$

Da der Winkel zwischen Kraft und **r** gleich null ist, ist auch $\tau = 0$.

Wenn allerdings auf den Körper eine *Tangentialbeschleunigung* wirkt, (Abbildung 8.5) ist die Situation anders. In diesem Fall steht $\mathbf{F}_T$ senkrecht auf **r**, und es ergibt sich ein Drehmoment:

$$\boldsymbol{\tau} = \mathbf{r} \times \mathbf{F} = F_T r$$

Dies kann man folgendermaßen umschreiben:

$$\tau = ma \cdot r = m\alpha r \cdot r = m\alpha r^2$$

wobei α die *Winkelbeschleunigung* ist. Diese Winkelbeschleunigung bewirkt eine Änderung der Winkelgeschwindigkeit ω (in Abbildung 8.5 wird ω größer).

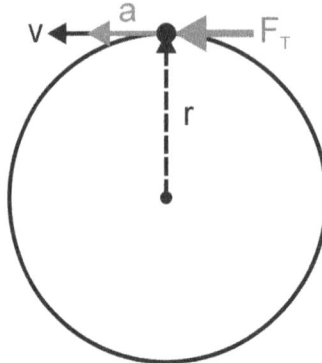

Abbildung 8.5: Eine beschleunigte Kreisbewegung

Auch Kräfte können träge sein: Das Prinzip von d'Alembert

Das zweite Newton'sche Gesetz lautet:

$$\mathbf{F} = m\mathbf{a}$$

Diese Gleichung kann man auch schreiben als:

$$\mathbf{F} - m\mathbf{a} = 0$$
$$\mathbf{F} + \mathbf{F}_T = 0$$

wobei $\mathbf{F}_T = -m\mathbf{a}$ die sogenannte Trägheitskraft ist.

Die *Trägheitskraft*

$$F_T = -m\mathbf{a}$$

ist der beschleunigenden Kraft entgegengesetzt und hat den gleichen Betrag.

Wenn Sie in einem Auto sitzen, das beschleunigt wird, erfahren Sie diese Trägheitskraft: Sie werden in Ihrem Sitz nach hinten oder, bei Kurvenfahrten, nach außen gedrückt. Da man diese Kraft aber nur erfährt, wenn man sich mit dem beschleunigten System bewegt, nennt man Trägheitskräfte auch *Scheinkräfte*.

Das *Prinzip von d'Alembert* besagt, dass für einen mitbeschleunigten Beobachter die Summe aus äußeren Kräften und Trägheitskräften gleich null ist:

$$\sum \mathbf{F} = 0$$

»Es gibt schon so viele Kräfte, die man berücksichtigen muss! Warum muss man sich da auch noch mit Scheinkräften beschäftigen?«, mögen Sie vielleicht murren. Aber die Berücksichtigung von Trägheitskräften bietet einen großen Vorteil:

Bei Verwendung von Trägheitskräften wird aus einer *dynamischen* »*Ungleichgewichtsaufgabe*« eine *statische* »*Gleichgewichtsaufgabe*«, denn es gilt:

$$\sum \mathbf{F} = 0$$

Man kann also die Methoden der Statik anwenden, um unbekannte Kräfte zu ermitteln.

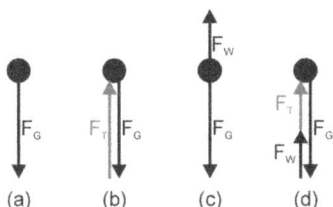

Abbildung 8.6: Kräftediagramme für den Fall eines Körpers unter Berücksichtigung der Trägheitskräfte

Abbildung 8.6(a) zeigt einen Körper im freien Fall. Solange man den Luftwiderstand vernachlässigen kann, wirkt auf den Körper nur die Gewichtskraft $F_G = mg$, die zur Beschleunigung a führt. Für einen auf dem Körper mitbewegten Beobachter wirkt außerdem die Trägheitskraft

$$F_T = -ma = -mg$$

der Kraft F_G entgegen, sodass die Summe der Kräfte, die auf den Körper wirken, genau null ergibt (Abbildung 8.6(b)). Diagramm (c) zeigt den gleichen Körper bei einem Fall, bei dem man den Luftwiderstand berücksichtigen muss. Dieser bewirkt eine nach oben gerichtete Kraft F_W, die die resultierende Gesamtkraft verringert:

$$F_{\text{res}} = F_G - F_W$$

Abbildung 8.6(d) schließlich zeigt diesen Fall unter Einbeziehung der Trägheitskraft. Um diese Darstellung zu erhalten, muss die resultierende Kraft einfach umgedreht werden. Es ist also $F_T = -F_{res}$, sodass insgesamt gilt:

$$\sum F = F_G + F_W + F_T = 0$$

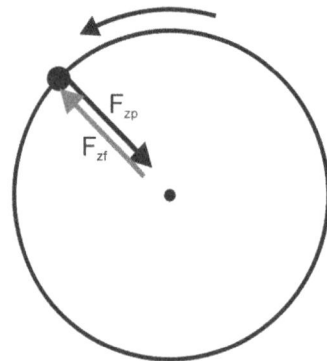

Abbildung 8.7: Die Zentrifugalkraft als Trägheitskraft

Bereits im vorangegangenen Abschnitt wurde eine weitere Trägheitskraft eingeführt. Obwohl sie nicht als solche gekennzeichnet wurde, ist auch die Zentrifugalkraft eine Trägheitskraft. Sie wird nur von jemandem erfahren, der sich mit dem beschleunigten System mitbewegt, etwa als eine nach außen drückende Kraft in einem Auto, das durch eine Kurve fährt.

Betrachten Sie Abbildung 8.6 und Abbildung 8.7 genauer, so wird Ihnen Folgendes auffallen:

Wendet man das D'Alembert'sche Prinzip an und arbeitet mit Trägheitskräften, so bilden die auf einen Körper wirkenden Kräfte einen *geschlossenen Kräftezug*. Anders ausgedrückt: Für einen mit dem Körper beschleunigten Beobachter befindet sich der Körper im statischen Gleichgewicht.

Ein Container mit einer Masse von 2000 kg soll mit einer Beschleunigung von $a = 1{,}2$ m/s^2 von einem Kran nach oben gezogen werden (Abbildung 8.8). Wie groß ist die erforderliche Zugkraft F_Z?

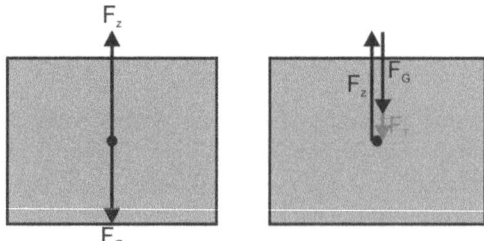

Abbildung 8.8: Hochziehen einer Last

Im rechten Diagramm ist die Situation unter Einbeziehung der Trägheitskraft dargestellt. Die statische Gleichgewichtsbedingung lautet daher:

$$\sum F = F_Z - F_G - F_T = 0$$

Auf eine Vektordarstellung kann in diesem Fall verzichtet werden, da die Kräfte nur in z- oder −z-Richtung zeigen. Setzt man die bekannten Größen ein, so erhält man:

$$F_Z - mg - ma = 0$$

Die Erdbeschleunigung wirkt nach unten, die resultierende Beschleunigung nach oben. Aus diesem Grund muss vor dem dritten Term der Gleichung ein Minuszeichen stehen, denn die Trägheitskraft wirkt demzufolge nach unten. Damit folgt:

$$F_z = mg + ma = m(g + a)$$
$$= 2000 \text{ kg} \cdot (9{,}81 + 1{,}2) \text{ m/s}^2 = 2000 \text{ kg} \cdot 11 \text{ m/s}^2 = 22 \text{ kN}$$

Im Schweiße deines Angesichts: Die Arbeit

Neben der Kraft ist die Arbeit die zweite zentrale Größe in der Mechanik beziehungsweise in der Dynamik. Sie denken natürlich: »Ich weiß, was Arbeit ist!« Aber im Folgenden werden Sie feststellen müssen, dass Sie im physikalischen Sinn weder Arbeit verrichten, wenn Sie einen Koffer zum Bahnhof tragen, noch, wenn Sie *Technische Mechanik für Dummies* studieren.

Arbeit gleich Kraft mal Weg

Dies ergibt sich zwangsläufig aus der folgenden Definition der Arbeit:

Die *Arbeit* ist definiert als das Produkt der Kraft, die man auf einen Körper ausübt, und dem Weg, den der Körper infolgedessen in der Richtung der Kraft zurücklegt:

$$W = \mathbf{F} \cdot \mathbf{s}$$

Anhand dieser Definition erkennt man, dass die Einheit der Arbeit kg m/s^2 · m = kg m^2/s^2 oder Joule ist.

Das klingt zunächst ziemlich einfach. Aber Vorsicht! Sowohl die obige Formulierung als auch die Formel haben ihre Fallstricke. In der Formel steht das Skalarprodukt zweier Vektoren (**F** und **s**), in der Definition findet man die Formulierung »in Richtung der Kraft«. Zusammengenommen bedeutet das, dass nur dann Arbeit verrichtet wird, wenn Kraftvektor und Wegvektor zumindest eine gemeinsame Komponente aufweisen. Mathematisch ausgedrückt, gilt für die Arbeit:

$$W = Fs \cos \theta$$

wobei θ der Winkel zwischen Kraft und Weg ist. Anschaulich bedeutet es, dass die Arbeit maximal ist, wenn beide Vektoren in die gleiche Richtung zeigen, aber null, wenn sie senkrecht aufeinander stehen. Das ist in Abbildung 8.9 dargestellt.

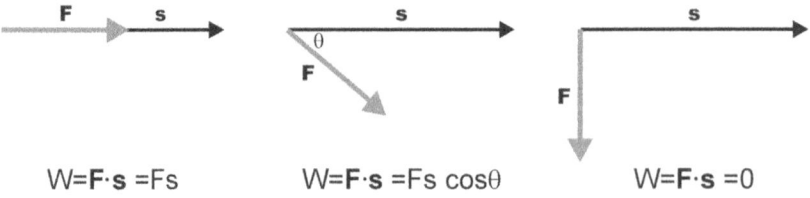

Abbildung 8.9: Zur Definition der Arbeit

Das bedeutet aber auch: Wenn Sie einen Koffer von 10 kg um 0,5 m anheben, verrichten Sie eine Arbeit. Tragen Sie diesen Koffer dann 1 km weit bis zum Bahnhof, verrichten Sie keine Arbeit, weil die Gewichtskraft und der Weg zum Bahnhof senkrecht aufeinander stehen. Wenn Sie schwitzend am Bahnhof angekommen sind, werden Sie sich fragen, ob wirklich alle Gesetze der Physik richtig sind. Aber eines dürfte Ihnen auch klar sein: Da Sie beim Studium der *Technischen Mechanik für Dummies* weder eine Kraft ausüben noch einen Weg zurücklegen, verrichten Sie dabei wirklich keine Arbeit im physikalischen Sinn.

Viele Kräfte, viel Arbeit

Aus der bisherigen Darstellung in diesem Buch geht hervor, dass es viele verschiedene Arten von Kräften gibt (siehe auch die Zusammenstellung in Tabelle 3.1). Infolgedessen gibt es auch zahlreiche Arten von Arbeit, für die jeweils eine besondere Formel zu ihrer Berechnung gilt. Aber all diese Formeln lassen sich auf die Definition der Arbeit durch die Beziehung

$$W = \mathbf{F} \cdot \mathbf{s}$$

zurückführen. Im Folgenden werden einige Beispiele für verschiedene Arten von Arbeit vorgestellt.

Der Koffer oder die Hubarbeit

Den Anfang bildet der im vorangegangenen Abschnitt mehrfach erwähnte Koffer. Abbildung 8.10 zeigt einen Koffer der Masse m, der um die Höhe h hochgehoben werden soll.

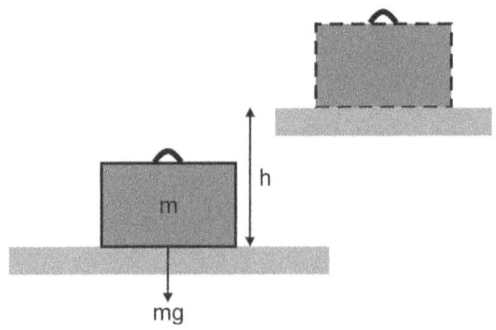

Abbildung 8.10: Die Hubarbeit

Auf den Koffer wirkt die Gewichtskraft:

$F_G = mg$

Da $W = Fs$ ist und Kraft und Weg zueinander parallel sind, gilt:

Wenn ein Körper der Masse m gegen die Schwerkraft um die Höhe h angehoben werden soll, muss man die *Hubarbeit*

$W = mgh$

leisten.

Die in Abbildung 8.10 angedeutete seitliche Verschiebung des Koffers spielt für die Arbeit keine Rolle, da dieser Weg senkrecht zur Kraft steht. 1 m zur Seite oder 1 km zum Bahnhof: Es spielt keine Rolle.

Auf die schiefe Bahn geraten

Die *schiefe Ebene* oder *geneigte Ebene* gehört zu den Lieblingsthemen der Mechanik, weil man mit ihrer Hilfe ziemlich viel erklären kann. Einer der wichtigsten Punkte beim Arbeiten mit Kräften ist, dass man sie nicht nur zusammensetzen, sondern auch in Bestandteile zerlegen kann, wenn es die Umstände erfordern oder die Rechnung dadurch einfacher wird. Dies wurde ausführlich in Kapitel 4 dargestellt.

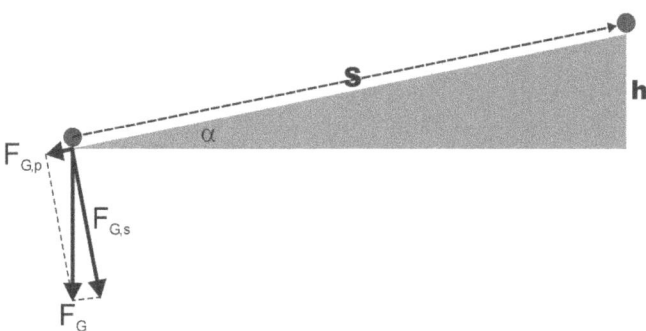

Abbildung 8.11: Transport eines Körpers auf einer schiefen Ebene

Betrachten Sie Abbildung 8.11. Ein Körper soll auf einer schiefen Ebene über eine Strecke s um die Höhe h angehoben werden. Auf den Körper wirkt die Gewichtskraft F_G. Der Abbildung zufolge kann diese Gewichtskraft in zwei Komponenten zerlegt werden, eine parallel und eine senkrecht zur Richtung der Ebene:

✔ parallel: $F_{G,p} = F_G \sin \alpha$,

✔ senkrecht: $F_{G,s} = F_G \cos \alpha$.

Erinnern Sie sich an das Beispiel mit dem Koffer: Arbeit wird nur verrichtet, wenn Kraft und Weg in die gleiche Richtung zeigen. Daher gilt für die Arbeit: $F_{G,s}$ steht senkrecht auf s, trägt also nicht zur Arbeit bei. Es verbleibt:

$W = F_{G,p} s = F_G s \sin \alpha = mgs \sin \alpha$

da es sich um eine Gewichtskraft handelt. Ein Blick auf Abbildung 8.11 zeigt, dass gilt:

$$\sin \alpha = \frac{h}{s}$$

Setzt man dies ein, folgt:

$$W = mgh$$

Das bedeutet, dass die *Hubarbeit* nicht davon abhängt, ob Sie die Masse direkt auf die Höhe h anheben oder etwa über eine schiefe Ebene dahin ziehen. Die dazu notwendige Kraft ist allerdings kleiner, sie beträgt $F_{G,s} = F_G \sin \alpha$ anstelle von F_G; dafür muss die Kraft über einen längeren Weg angewendet werden.

Auf diesem Prinzip (Verlängerung des Weges erlaubt eine Reduzierung der Kraft) beruhen übrigens viele einfache Maschinen wie Flaschenzüge und natürlich auch die schiefe Ebene.

Arbeit ist Kraft mal Weg. In früheren Zeiten war die Kraft begrenzt, die man auf eine Last anwenden konnte. Man konnte eine gewisse Anzahl von Pferden, Ochsen oder Sklaven einsetzen, aber deren Zahl wurde durch Platzprobleme begrenzt. Die Menschheit kam aber schon früh auf den Trick, einfach den Weg zu verlängern, um die zum Leisten einer gewissen Arbeit erforderliche Kraft zu reduzieren. Die ersten einfachen Maschinen waren daher schiefe Ebenen, Flaschenzüge und ähnliche Vorrichtungen.

Aufs Gaspedal drücken: Die Beschleunigungsarbeit

Natürlich verrichtet man auch Arbeit, wenn man einen Körper beschleunigt. Wenn also Sebastian Vettel auf das Gaspedal drückt, muss sein Bolide Arbeit verrichten. Wenn die dabei aufgebrachte Kraft F konstant ist, gilt:

$$\begin{aligned} W &= \mathbf{F} \cdot s \\ &= ma \cdot s \end{aligned}$$

wobei die Kraft und der zurückgelegte Weg natürlich parallel sind. Startet die Beschleunigung bei $v = 0$, so wird entsprechend der Darstellung in Kapitel 3 im Zeitintervall t der Weg

$$s = \frac{1}{2}at^2$$

zurückgelegt. Setzt man dies ein, so erhält man:

$$W = m \cdot a \cdot \frac{1}{2}at^2 = m\frac{1}{2}a^2t^2$$

Berücksichtigt man die Beziehung $v = at$, so ergibt sich schließlich für die Beschleunigungsarbeit:

$$W = \frac{1}{2}mv^2$$

Ist die Anfangsgeschwindigkeit des Körpers nicht null, sondern v_A, so gilt für die Arbeit, ihn auf die Endgeschwindigkeit v_E zu beschleunigen, die Beziehung

$$W = \frac{1}{2} m (v_E^2 - v_A^2)$$

Rotationsarbeit

Bei einer gleichförmigen Kreisbewegung wirkt die Zentripetalkraft

$$F_{zp} = m \frac{v^2}{r}$$

auf den Körper, um ihn auf der Kreisbahn zu halten. Diese Kraft steht senkrecht auf dem kleinen Wegstück Δs, das der Körper im Zeitintervall Δt auf seiner Bahn um den Mittelpunkt zurücklegt. Andererseits gilt: Wenn Kraft und Weg senkrecht aufeinander stehen, wird keine Arbeit verrichtet.

Um einen Körper auf einer gleichmäßigen Kreisbewegung zu halten, ist keine Arbeit erforderlich.

Der Mond bewegt sich also um die Erde, ohne dass Arbeit erforderlich ist, um diese Bewegung aufrechtzuerhalten. Der Grund dafür ist einfach: Die Kraft wirkt zum Kreismittelpunkt, der zurückgelegte Weg steht aber zu jedem Zeitpunkt senkrecht zur Kraft.

Anders ist dies natürlich, wenn man eine Kreisbewegung in Gang setzen will oder die Winkelgeschwindigkeit eines Körpers auf seiner Kreisbahn ändern will. Die allgemeine Definition der Arbeit lautet:

$$W = F \cdot s$$

Bei Kreisbewegungen kann man den zurückgelegten Weg s durch den überstrichenen Winkel φ mal Radius r ersetzen, sodass man folgende Gleichung erhält:

$$W = F \cdot s = F \cdot r \cdot \varphi$$

Wenn F und r senkrecht aufeinander stehen wie in Abbildung 8.5, dann kann man $F \cdot r$ auch durch das Drehmoment τ ersetzen:

$$W_{rot} = F \cdot r \cdot \varphi = \tau \cdot \varphi$$

Im Fall einer Änderung der Winkelgeschwindigkeit einer Kreisbewegung ist die Dreharbeit also das Wirken des Drehmoments, multipliziert mit dem Drehwinkel, über den das Drehmoment wirkt.

Nobody is perfect: Der Wirkungsgrad

Keine Maschine arbeitet perfekt ohne Verluste. In realen Maschinen geht immer ein Teil der eingesetzten Arbeit verloren, wobei die häufigsten Verlustmechanismen auf *Reibung* beruhen. Die verlorene Arbeit wird dabei zumeist in Wärme umgesetzt (siehe das siebte Kapitel über die Reibung). Um zu kennzeichnen, wie gut eine Maschine arbeitet, benutzt man den Begriff des Wirkungsgrads.

Der *Wirkungsgrad* ist das Verhältnis der Nutzarbeit zur aufgewendeten Arbeit (Abbildung 8.12):

$$\eta = \frac{\text{Nutzarbeit}}{\text{aufgewendete Arbeit}} = \frac{W_N}{W_A} < 1$$

Er wird mit dem griechischen Buchstaben η bezeichnet und ist stets kleiner als 1.

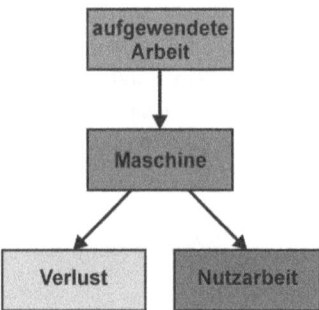

Abbildung 8.12: Zur Definition des Wirkungsgrads

Besteht eine Maschine aus mehreren Komponenten, für die jeweils ein eigener Wirkungsgrad ermittelt werden kann, so gilt für den Gesamtwirkungsgrad:

$$\eta = \frac{W_N}{W_A} = \eta_1 \cdot \eta_2 \cdot \eta_3 \cdot \ldots$$

Der Gesamtwirkungsgrad einer Maschine oder eines Prozesses ist also das Produkt der Einzelwirkungsgrade.

Energie ist überall und geht nicht verloren

Wenn man Arbeit an einem Körper verrichtet, sei es, dass man ihn auf eine Geschwindigkeit v beschleunigt oder ihn gegen die Schwerkraft auf die Höhe h anhebt, oder, oder, oder: Was passiert mit dieser Arbeit? Ist sie für immer verloren? Mitnichten. Sie ist als Energie in dem Körper gespeichert. Im Falle der Beschleunigung ist dies die kinetische Energie $E_{kin} = \frac{1}{2} mv^2$, im Fall des Anhebens gegen die Schwerkraft die potenzielle Energie mgh. Der Körper ist jederzeit in der Lage, diese Energie wieder abzugeben und sie auf einen anderen Körper zu übertragen. Eine Billardkugel mit der Geschwindigkeit v kann andere Kugeln anstoßen oder eine Glasvase zertrümmern (Frage: Wer hat die Vase auf den Billardtisch gestellt?). Ein Körper auf der Höhe h kann jederzeit fallen und wieder Geschwindigkeit aufnehmen oder aber auch Zerstörungen anrichten (Frage: Wer hat die Glasvase ...?). Damit ergibt sich folgende Definition der Energie:

Energie ist die Fähigkeit, Arbeit zu verrichten. Sie geht nicht verloren, sondern bleibt in einem abgeschlossenen System konstant.

Da Energie gespeicherte Arbeit ist, muss sie die gleiche Einheit wie die Arbeit haben: $\text{kg}\,\text{m}^2/\text{s}^2$ oder Joule.

Es gibt mehr als eine Art der Energie

Wie im Falle der Arbeit, so gibt es auch bei der Energie viele verschiedene Formen. Einige davon tauchen in diesem Buch auf, aber es gibt viele weitere. Tabelle 8.1 gibt einen (wenn auch sicherlich nicht vollständigen) Überblick.

Mechanische Energien	Allgemeine Energien
kinetische Energie	thermische Energie
potenzielle Energie	elektrische Energie
Rotationsenergie	magnetische Energie
elastische Energie	Strahlungsenergie
	nukleare Energie
	chemische Energie

Tabelle 8.1: Formen der Energie

Im Folgenden werden einige einfache Beispiele vorgestellt.

Kinetische Energie

Im Zusammenhang mit der Bewegung von Körpern wurde bereits die kinetische Energie eingeführt:

$$E_{\text{kin}} = \frac{1}{2}mv^2$$

Die kinetische Energie hängt also von der Masse des sich bewegenden Körpers, aber vom Quadrat seiner Geschwindigkeit ab.

Potenzielle Energie

Wenn man einen Körper der Masse m gegen die Schwerkraft um die Höhe h anhebt, muss man die Arbeit

$$W = Fs = mgh$$

verrichten. Diese Arbeit ist als *potenzielle Energie* oder *Lageenergie* in dem Körper gespeichert.

$$E_{\text{pot}} = mgh$$

Energie einer Kreisbewegung

Für die kinetische Energie gilt die Beziehung

$$E_{\text{kin}} = \frac{1}{2}mv^2$$

Das gilt natürlich auch für einen Körper, der eine gleichförmige Kreisbewegung durchführt. In Kapitel 3 wurde dargestellt, dass man Kreisbewegungen einfacher mit der *Winkelgeschwindigkeit* ω als mit der Translationsgeschwindigkeit v beschreiben kann, wobei die folgende Beziehung gilt:

$$v = \omega r$$

Setzt man dies in die Formel für die Energie ein, so ergibt sich:

$$E_{\text{kin,Kreis}} = \frac{1}{2}mv^2 = \frac{1}{2}mr^2\omega^2$$

Dies ist die Bewegungsenergie (kinetische Energie) eines Körpers der Masse m, der eine gleichförmige Kreisbewegung mit der Winkelgeschwindigkeit ω ausführt.

Stets konstant, aber nicht das Gleiche

Bereits in Kapitel 3 wurde der *Energieerhaltungssatz* eingeführt, der besagt:

In einem abgeschlossenen System ist die Gesamtenergie konstant:

$$\sum E = \text{const.}$$

Das bedeutet aber nicht, dass die einzelnen Energiearten dabei konstant sein müssen. Im Gegenteil, ein Körper kann zunächst zum Beispiel eine potenzielle Energie besitzen, die durch seine Lage gegeben ist. Fällt er aus dieser Lage herab, gewinnt er kinetische Energie und vielleicht auch Rotationsenergie. Schlägt er auf dem Boden auf, verformt er sich, gewinnt also elastische Energie. Eventuell geht er zu Bruch: Dann wird die Energie vorwiegend in thermische Energie (also Wärme) umgewandelt.

Wenn Sie einen Fußball (m = 450 g) mit einer Geschwindigkeit von v_0 = 100 km/h (etwa 28 m/s) senkrecht nach oben schießen, welche Höhe wird er erreichen? Die Antwort auf diese Frage liefert der Energieerhaltungssatz, der besagt, dass die Gesamtenergie des Balles während dieses Vorganges konstant ist. In diesem Fall spielen nur zwei Arten von Energie eine Rolle, die kinetische Energie des Balles und seine potenzielle Energie, die er gewinnt, wenn er in die Höhe steigt. Es gilt also zu jedem Zeitpunkt:

$$\sum E = E_{\text{kin}}(t) + E_{\text{pot}}(t) = E_{\text{kin}}(t = 0)$$

Am höchsten Punkt, dem Umkehrpunkt, liegt nur potenzielle Energie vor, während die kinetische Energie null ist, da v = 0. Es gilt also für den Umkehrpunkt:

$$mgh_{\text{max}} = \frac{1}{2}mv_0^2$$

Löst man das nach h_{max} auf, so ergibt sich:

$$h_{max} = \frac{\frac{1}{2}mv_0^2}{mg} = \frac{1}{2}\frac{v_0^2}{g}$$

$$= \frac{1}{2} \cdot \frac{(28 \text{ m/s})^2}{9{,}81 \text{ m/s}^2} = 40 \text{ m}$$

Der Ball fliegt also 40 m hoch.

Schauen Sie sich die letzte Gleichung für h_{max} noch einmal an. Sie werden feststellen, dass die Masse des Balles dort nicht auftaucht. Daher an dieser Stelle die Frage: Wenn man ein Klavier auf eine Geschwindigkeit von 100 km/h nach oben beschleunigt, wie hoch fliegt es dann? Die Antwort ist klar: 40 m. Das Problem ist natürlich: Wie bringt man ein Klavier auf eine Geschwindigkeit von 100 km/h?

Ein weiteres gutes Beispiel für die Erhaltung der Energie bei gleichzeitigem Wechsel zwischen verschiedenen Energiearten ist das sogenannte *Maxwell'sche Fallrad*, eine Art Jo-Jo. Hier findet ein stetiger Austausch zwischen potenzieller Energie, kinetischer Energie und Rotationsenergie statt, wobei Letztere berücksichtigt, dass sich das Fallrad auch drehen kann. Allerdings braucht man zur Beschreibung dieses Vorgangs den Begriff des Trägheitsmoments. Daher finden Sie die Beschreibung des Maxwell'schen Fallrads im Kasten in Kapitel 9.

Was passiert, wenn das System nicht abgeschlossen ist? Wenn es Arbeit verrichten oder aufnehmen kann? Wenn Sie beim Billard einer Kugel einen Stoß versetzen, dann nimmt das System »Billardtisch« Arbeit auf. Seine Energie erhöht sich also. Wenn auf der anderen Seite eine Billardkugel eine Glasvase zerstört (die nicht zum System Billardtisch gehört) und dadurch abgebremst wird, verrichtet das System Arbeit. In diesen Fällen muss man den Energieerhaltungssatz folgendermaßen erweitern:

Wenn ein System zu einem Anfangszeitpunkt die Gesamtenergie E_A besitzt und dem System dann die Arbeit W_{zu} zugeführt wird, während es selbst die Arbeit W_{ab} verrichtet, so gilt für die Energie des Systems am Ende dieser Vorgänge:

$$E_E = E_A + W_{zu} - W_{ab}$$

Die Arbeit, die an einem System geleistet wird, erhöht also seine Energie, während die Arbeit, die das System selbst leistet, seine Energie verringert.

Was für eine Leistung!

Die heutige Welt hängt sehr empfindlich von der Versorgung mit Energie in ausreichenden Mengen ab. Aber manchmal ist die Menge an Energie allein nicht ausreichend; es gibt Situationen, in denen es auch auf die Zeit ankommt, in der eine gewisse Menge an Energie in Arbeit umgewandelt werden kann. Wenn Sie in Ihrem Auto sitzen, kann es vorkommen, dass Sie in wenigen Sekunden auf eine bestimmte Geschwindigkeit beschleunigen wollen oder sogar müssen. Die Beschleunigung verlangt Arbeit oder Energie; der Zwang, diese Arbeit innerhalb einer gewissen Zeit zur Verfügung zu stellen, führt zu einer weiteren wichtigen Größe: der Leistung.

Leistung gleich Arbeit pro Zeit

Leistung ist die pro Zeiteinheit geleistete Arbeit (oder verbrauchte Energie):

$$P = \frac{\Delta W}{\Delta t} = \frac{\Delta E}{\Delta t}$$

Die Einheit der Leistung ist J/s oder Watt (W), benannt nach James Watt, dem Erfinder der Dampfmaschine (wieder eine sehr zutreffende Wahl für den Namen einer Einheit).

Eine alte, aber noch sehr häufig benutzte Einheit für die Leistung ist die *Pferdestärke* (PS). Ein PS entspricht 735,5 W oder 0,7355 kW ≈ 0,736 kW. (Im Übrigen: 1 PS entspricht in etwa der Durchschnittstagesleistung eines Pferdes. Für kurze Zeit kann ein Pferd auch durchaus 20 PS leisten.)

Schauen Sie einmal auf Ihre Energieabrechnung. Die dort aufgeführten Verbrauchswerte haben die Einheit kWh, also Leistung (kW) mal Zeit (h). kWh ist also eine Energieeinheit. 1 kWh = 3,6 · 10⁶ J. Für Ihre Stadtwerke ist es entscheidend, wie viel Energie Sie insgesamt verbraucht haben.

Die Definition der Leistung lautet:

$$P = \frac{\Delta W}{\Delta t}$$

Die Arbeit ist andererseits definiert als Kraft mal Weg, womit sich folgende Beziehung ergibt:

$$P = \frac{\Delta W}{\Delta t} = \frac{\Delta(Fs)}{\Delta t}$$

Ist die Kraft und auch die Geschwindigkeit $v = s/t$ konstant, kann man für die Leistung auch schreiben:

$$P = \frac{\Delta(Fs)}{\Delta t} = F\frac{\Delta s}{\Delta t} = Fv$$

Die Leistung ist das Produkt aus Verschiebekraft F und Verschiebegeschwindigkeit v.

Stellen Sie sich einen Kran vor, der eine Last von 1 Tonne (1000 kg) mit einer Hubgeschwindigkeit von 0,5 m/s in die Höhe zieht. Er wird von einem Motor angetrieben, der dem Netz eine Leistung von 7 kW entnimmt und einen Wirkungsgrad $\eta = 0,9$ besitzt. Wie groß ist der Wirkungsgrad der übrigen Teile des Krans (zum Beispiel Getriebe und so weiter)? Zur Beantwortung dieser Frage sind drei Schritte erforderlich:

1. Zunächst muss man die Nutzleistung des Krans berechnen. Sie beträgt:

    $$P_N = Fv = mgv$$
    $$= 9{,}81 \text{ m/s}^2 \cdot 1000 \text{ kg} \cdot 0{,}5 \text{ m/s} = 4900 \text{ W}$$

2. Im zweiten Schritt muss der Gesamtwirkungsgrad des Krans bestimmt werden. η ist definiert als Verhältnis von Nutzarbeit und aufgewendeter Arbeit:

$$\eta = \frac{W_N}{W_A}$$

Da aber die Leistung im Fall einer konstanten Kraftanwendung $P = W/t$ ist, kann man auch schreiben:

$$\eta = \frac{W_N}{t} \cdot \frac{t}{W_A} = \frac{P_N}{P_A}$$

Man kann also den Wirkungsgrad sowohl auf die Arbeit als auch auf die Leistung beziehen.

Setzt man die Zahlen ein, so erhält man:

$$\eta_{ges} = \frac{4900 \text{ W}}{7000 \text{ W}} = 0{,}70$$

3. Für den Gesamtwirkungsgrad einer Maschine gilt:

$$\eta_{ges} = \eta_1 \cdot \eta_2 \cdot \eta_3 \cdot \ldots$$

In diesem Fall setzt sich η aus den Anteilen des Motors (der bekannt ist) und den übrigen Teilen des Krans zusammen; man erhält also:

$$\eta_{ges} = \eta_{mot} \cdot \eta_{Rest}$$

$$\eta_{Rest} = \frac{\eta_{ges}}{\eta_{mot}} = \frac{0{,}70}{0{,}9} = 0{,}78$$

Die übrigen Komponenten des Krans haben also einen Wirkungsgrad von 0,78.

Auf den Spuren Sebastian Vettels

Formel-1-Rennwagen beschleunigen vom Start weg in 5 s von 0 auf 200 km/h oder 55,6 m/s. Die durchschnittliche Beschleunigung a ist daher:

$$a = \frac{v}{t} = \frac{55{,}6 \text{ m/s}}{5 \text{ s}} = 11{,}1 \text{ m/s}^2$$

Dabei muss die Kraft

$$F = ma$$

aufgebracht werden. Mit einem Gewicht von 700 kg eines Formel-1-Autos ergibt sich:

$$F = 700 \text{ kg} \cdot 11{,}1 \text{ m/s}^2 = 7770 \text{ N}$$

Andererseits legt der Renner in der Zeit von 5 s eine Strecke von

$$s = \frac{1}{2}at^2 = \frac{1}{2} \cdot 11{,}1 \text{ m/s}^2 \cdot (5 \text{ s})^2 = 140 \text{ m}$$

zurück. Daraus ergibt sich dann eine Beschleunigungsarbeit von:

$$W = Fs = 7778 \text{ N} \cdot 140 \text{ m} = 1{,}1 \cdot 10^6 \text{Nm} = 1{,}1 \cdot 10^6 \text{J}$$

Für die Leistung gilt schließlich die Formel $P = \Delta W/\Delta t$. Da die Beschleunigung 5 s dauert, erhält man:

$$P = \frac{1{,}1 \cdot 10^6 \text{ J}}{5 \text{ s}} = 220 \text{ kW}$$

Vielen ist bei den Leistungsangaben eines Autos die Einheit PS immer noch geläufiger als die Angabe in kW. Mit der Beziehung 1 PS = 0,736 kW folgt:

$$P = 220 \text{ kW} = 300 \text{ PS}$$

Das klingt nicht besonders aufregend, insbesondere, wenn man berücksichtigt, dass Formel-1-Autos mehr als 900 PS leisten können. Allerdings wurden bei der obigen Rechnung weder die *Rollreibung* noch der *Luftwiderstand* berücksichtigt. Letzterer nimmt mit v^2 zu und kann daher sehr groß werden. Die tatsächlich aufgewendete Kraft ist daher sehr viel größer als hier berechnet. Zudem muss man berücksichtigen, dass die angegebene Beschleunigung (in 5 s von 0 auf 200 km/h) die durchschnittliche Beschleunigung darstellt und kurzzeitig auch noch höhere Spitzenbeschleunigungen möglich sind.

Trotzdem zeigt dieses Beispiel die Verknüpfung der Größen Beschleunigung, Kraft, Arbeit und Leistung. Die wichtigsten Größen sind noch einmal in Tabelle 8.2 zusammengefasst und denen eines VW Polos gegenübergestellt, dessen Gewicht 1200 kg beträgt und der von 0 auf 100 km/h in 12 s beschleunigt.

Größe	Formel-1-Auto (0–200 km/h)	Kompaktwagen Polo (0–100 km/h)
Zeit	5 s	12 s
Beschleunigung	11,1 m/s^2	2,3 m/s^2
Kraft	7778 N	2760 N
Arbeit	$1{,}1 \cdot 10^6$ J	$457 \cdot 10^3$ J
Leistung	220 kW	38 KW

Tabelle 8.2: Daten zur Beschleunigung eines Formel-1-Wagens und eines Mittelklasse-Pkws

Drehleistung

Die Leistung ist definiert als Quotient der geleisteten Arbeit und der Zeit, in der diese Arbeit geleistet wird:

$$P = \frac{\Delta W}{\Delta t}$$

Bei Drehbewegungen muss dabei die Rotationsarbeit $W_{\text{kin,Kreis}} = \tau \varphi$ eingesetzt werden. Damit ergibt sich die bei der Beschleunigung eines Körpers auf einer Kreisbahn aufgebrachte *Drehleistung* zu:

$$P_{\text{Kreis}} = \frac{\Delta W_{\text{kin,Kreis}}}{\Delta t} = \frac{\Delta(\tau\varphi)}{\Delta t} = \tau\omega$$

wobei ausgenutzt wird, dass die Winkelgeschwindigkeit als $\omega = \Delta\varphi/\Delta t$ definiert ist.

Was lange wirkt, wirkt endlich gut

Im vorherigen Abschnitt wurde der Quotient Energie/Zeit betrachtet. Macht es eigentlich Sinn, sich auch das Produkt Energie mal Zeit näher anzuschauen? Die Vorwitzigen unter Ihnen werden sagen: »Ja natürlich. Sonst würde man diese Frage nicht stellen.« Und Sie haben natürlich recht. Denkt man ein wenig darüber nach, umso sinnvoller erscheint eine solche Betrachtung: Je länger eine bestimmte Arbeit oder Energie auf ein System einwirkt, umso größer ist der Effekt, den diese Energie hervorruft, mit anderen Worten: Desto größer ist ihre Wirkung.

Als *Wirkung* bezeichnet man das Produkt aus Energie und Zeit:

$$A = Et$$

Die Einheit der Wirkung ist demnach Js. Eine der berühmtesten und wichtigsten Konstanten der Physik hat die Einheit der Wirkung. Das ist das sogenannte *Planck'sche Wirkungsquantum* h. Es bezeichnet die kleinste Wirkungseinheit, die der Quantenmechanik zufolge auftreten kann.

Vergleich Translation – Kreisbewegung

Aus der bisherigen Darstellung geht hervor, dass man Translations- und Kreisbewegungen am besten mit je einem eigenen Satz von Größen beschreibt. Dabei gibt es für jede Translationsgröße ein Analogon bei den Größen der Kreisbewegung.

Tabelle 8.3 zeigt einen Vergleich dieser zur Beschreibung von Translations- beziehungsweise Kreis- oder Rotationsbewegungen maßgeblichen Größen. Dabei wurde die bereits in Kapitel 3 gezeigte Tabelle um die Begriffspaare Kraft/Drehmoment, Arbeit/Dreharbeit und Leistung/Drehleistung erweitert. Vervollständigt wird dieser Vergleich in Kapitel 9, wenn auch Drehungen ausgedehnter Körper mit einbezogen werden.

Translation		Kreisbewegung		
Größe	Formel	Größe	Formel	Beziehung
Weg	s	Winkel	θ	$s = r\theta$
Geschwindigkeit	$\mathbf{v} = \dfrac{\Delta \mathbf{s}}{\Delta t}$	Winkelgeschwindigkeit	$\omega = \dfrac{\Delta \theta}{\Delta t}$	$\mathbf{v} = \omega \times r$
Beschleunigung	$\mathbf{a} = \dfrac{\Delta v}{\Delta t}$	Winkelbeschleunigung	$\alpha = \dfrac{\Delta \omega}{\Delta t}$	$\mathbf{a} = \alpha \times r$
Kraft	$F = ma$	Drehmoment	$\tau = F \times r$	
Arbeit	$W = F \cdot s$	Dreharbeit	$W_{kin,Kreis} = \tau \theta$	
Leistung	$P = \dfrac{\Delta W}{\Delta t} = Fv$	Drehleistung	$P = \dfrac{\Delta W_{kin,Kreis}}{\Delta t} = \tau \omega$	

Tabelle 8.3: Vergleich von Translations- und Kreisbewegungen von Massepunkten

Aufgaben

Aufgabe 8.1
Sie ziehen einen Schlitten mit einer Kraft von 30 N unter einem Winkel von 30°. Wie viel Arbeit verrichten Sie über eine Strecke von 1,5 km?

Aufgabe 8.2
Eine Bücherkiste mit einer Masse von 45 kg rutscht eine 4,5 Meter lange Rampe herunter; diese bildet mit dem Boden einen Winkel von 33°. Wie groß ist die Geschwindigkeit der Bücherkiste am Ende der Rampe, wenn der Reibungskoeffizient 0,17 beträgt?

Aufgabe 8.3
Eine Bücherkiste mit der Masse m = 100 kg wird über eine horizontale Unterlage um die Strecke s = 9 m verschoben. Dabei beträgt die Reibungskraft 6 % der Gewichtskraft. Wie groß ist die Arbeit, die gegen die Reibungskraft verrichtet werden muss?

Aufgabe 8.4
Sie stoßen ein Raumschiff mit einer Masse von 1467 kg an, indem Sie über eine Strecke von 2,1 m eine Kraft von $1,8 \times 10^4$ N wirken lassen. Wie schnell bewegt sich das Raumschiff danach?

Aufgabe 8.5
Ein Ball wird mit einer Anfangsgeschwindigkeit von v_A = 30 m/s senkrecht nach oben geschossen. In welcher Höhe hat die Geschwindigkeit auf ein Drittel der Anfangsgeschwindigkeit abgenommen?

Aufgabe 8.6
Ein Auto mit einer Masse von 1355 kg beschleunigt in 40 Sekunden von 75 m/s auf 95 m/s. Welche Leistung ist dazu erforderlich?

Aufgabe 8.7
Ein Kran hebt einen Körper der Masse m = 600 kg auf eine Höhe von h = 5 m. Berechnen Sie die mittlere Leistung, wenn der Vorgang 100 s dauert.

Aufgabe 8.8
Beim Zerspanen mit einer Drehmaschine wird eine Schnittkraft F = 4 kN ausgeübt. Der Vorschub beträgt v_v = 40 m/min. Der Wirkungsgrad der Maschine beträgt 75 %. Wie groß ist die Antriebsleistung des Motors der Maschine?

> **IN DIESEM KAPITEL**
>
> Schwerpunktsatz
>
> Körper nehmen Gestalt an
>
> Alles über die Rotation von Körpern
>
> Alles über das Trägheitsmoment
>
> Rotationsenergie und Drehimpuls
>
> Stoßen und gestoßen werden

Kapitel 9
Einerseits starr, andererseits beweglich: Die Dynamik starrer Körper

Während im vorangegangenen Kapitel die Translationsbewegungen von Massepunkten behandelt wurden, geht es in diesem Kapitel um die Dynamik ausgedehnter starrer Körper. Dabei sind vor allem zwei Begriffe von Bedeutung:

✔ Ein Körper ist *ausgedehnt*, wenn seine Form oder Gestalt eine Rolle spielt. In diesem Kapitel ist es also nicht länger irrelevant, ob eine Masse von 1 kg die Form einer Kugel, eines Würfels oder eines beliebigen technischen Bauteils hat.

✔ Ein Körper ist *starr*, wenn er sich trotz äußerer Belastungen durch Kräfte und Drehmomente nicht verformt, sondern seine ursprüngliche Form und Größe beibehält. Die Verformung von Körpern wird in Teil IV behandelt.

Ein wichtiges Gesetz: Der Schwerpunktsatz

Zum Einstieg in dieses Kapitel soll zunächst mit dem Schwerpunktsatz ein Gesetz vorgestellt werden, das im Zusammenhang mit starren Körpern von größter Bedeutung ist und so etwas wie eine Verbindung zur Mechanik der Massepunkte darstellt. Er wird daher der weiteren Diskussion vorangestellt.

Der Schwerpunkt bestimmt, wo es lang geht

Der Schwerpunktsatz besagt, dass sich der Massenmittelpunkt (Schwerpunkt) eines starren Körpers, der aus einer großen Anzahl von Massepunkten besteht, so bewegt, als seien alle Massen in diesem Punkt zu einer Masse m_s vereinigt und als wirkten alle äußeren Kräfte zusammengenommen auf diesen Punkt. In einer Formel ausgedrückt, ergibt sich die folgende Form des 2. Newton'schen Gesetzes:

$$m_s \mathbf{a}_s = F_{\text{ges}}^{\text{ext}}$$

Dabei ist $\mathbf{a}_s$ die Beschleunigung, die der Schwerpunkt erfährt, $\mathbf{F}_{\text{ges}}^{\text{ext}}$ ist die vektorielle Summe aller auf den Körper wirkenden äußeren Kräfte. Eventuell vorhandene innere Kräfte in dem Körper spielen dabei keine Rolle, das Gleiche gilt für äußere Kräftepaare. Durch die dabei auftretende Beschleunigung wird dem Schwerpunkt eine Geschwindigkeit $\mathbf{v}_s$ verliehen. Da der Körper starr ist, müssen sich auch alle anderen Punkte des Körpers entsprechend bewegen.

Wenn im weiteren Verlauf dieses Buches (insbesondere auch dieses Kapitels) die Geschwindigkeit $\mathbf{v}$ eines starren Körpers betrachtet wird, ist stets die Geschwindigkeit seines Schwerpunkts $\mathbf{v}_s$ gemeint.

Das 2. Newton'sche Gesetz für starre Körper

Die zentrale Beziehung bei der Dynamik von Massepunkten ist das zweite Newton'sche Gesetz:

$$\mathbf{F} = m\mathbf{a}$$

Drehdimensionale Körper können nicht nur transversale Bewegungen ausführen, sie können auch rotieren, indem sie sich um eine Achse drehen. Es wird sich im Folgenden zeigen, dass bei der Drehung oder Rotation ausgedehnter Körper jede der drei Größen des zweiten Newton'schen Gesetzes durch eine analoge, speziell die Rotation derartiger Körper beschreibende Größe ersetzt werden muss, sodass das Gesetz schließlich lautet:

$$\tau = I\alpha$$

Dabei haben die drei Größen folgende Namen und Bedeutung:

- ✔ τ ist das **Drehmoment**, das bereits in Kapitel 4 eingeführt wurde. Es berücksichtigt, dass es bei Drehbewegungen entscheidend ist, an welcher Stelle eines Körpers in Bezug zur Drehachse eine Kraft angreift.

- ✔ α ist die **Winkelbeschleunigung**, die bereits in Kapitel 3 definiert wurde. Die Verwendung dieser Größe hat den Vorteil, dass alle Punkte eines Körpers den gleichen Wert α besitzen, was für die Beschleunigung $\mathbf{a}$ nicht gilt.

- ✔ Das **Trägheitsmoment** I berücksichtigt die *Masseverteilung* oder mit anderen Worten die Form des Körpers.

KAPITEL 9 Einerseits starr, andererseits beweglich: Die Dynamik starrer Körper

Da Drehmoment und Winkelbeschleunigung bereits eingeführt wurden, liegt der Schwerpunkt des ersten Teils dieses Kapitels auf der Definition und Erläuterung des Trägheitsmoments. Im zweiten Teil werden weitere wichtige Größen wie der Drehimpuls und die Rotationsenergie eingeführt und abschließend einige technisch relevante Beispiele vorgestellt.

Drehbewegungen starrer Körper

Abbildung 9.1 stellt noch einmal die vier grundlegenden in diesem Buch betrachteten Bewegungsarten dar. Sie können wie folgt beschrieben werden:

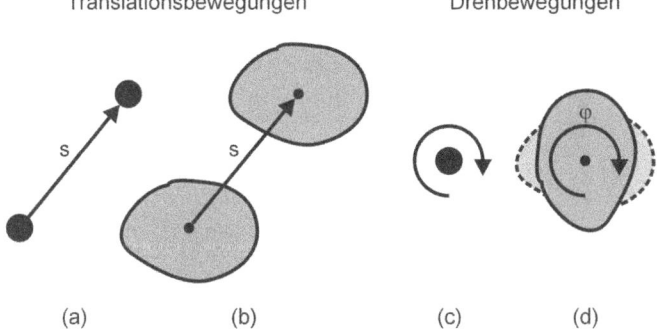

Abbildung 9.1: Translations- und Rotationsbewegungen von Massepunkten und starren Körpern

- ✓ **Translation von Massepunkten:** Der Massepunkt wird um einen Weg s verschoben.

- ✓ **Translation eines ausgedehnten Körpers:** Der Körper wird um einen Weg s verschoben.

- ✓ **Rotation von Massepunkten:** Dieser Prozess ist irrelevant, da sich die Ausgangssituation nicht ändert und das Ergebnis einer Drehbewegung nicht nachgewiesen werden kann.

- ✓ **Rotation eines ausgedehnten Körpers:** Der Körper dreht sich; die Änderung seiner Lage wird durch den Winkel φ beschrieben.

Aus den Skizzen in Abbildung 9.1(a) und Abbildung 9.1(b) und aus dem oben vorgestellten Schwerpunktsatz geht hervor, dass man die Translationsbewegung eines starren Körpers mit den gleichen Mitteln behandeln kann wie die Translationsbewegungen von Massepunkten. Sowohl für Weg, Geschwindigkeit und Beschleunigung als auch für Kraft, Arbeit und Leistung können die gleichen Gesetze wie für Massepunkte benutzt werden. Man muss nur von der Form des Körpers abstrahieren und sich die gesamte Masse in einem Punkt konzentriert vorstellen.

Andererseits ist der Begriff der Rotationsbewegung bei Massepunkten bedeutungslos, wie Abbildung 9.1(c) zeigt. Bei ausgedehnten Körpern hingegen führen Rotationsbewegungen zu einer Änderung der Orientierung eines Körpers, die physikalisch und technisch äußerst relevant sein kann. Die Rotationsbewegungen starrer Körper sind Thema dieses Kapitels.

Alle Punkte im Gleichschritt: Winkelgeschwindigkeit und Winkelbeschleunigung

Abbildung 9.2 zeigt einen sich drehenden Körper. Sie zeigt zudem, dass für die drei hervorgehobenen Punkte die Geschwindigkeiten unterschiedlich groß sind. v ist umso größer, je weiter der Punkt von der Drehachse entfernt ist. Direkt im Punkt der Drehachse ist die Geschwindigkeit sogar null.

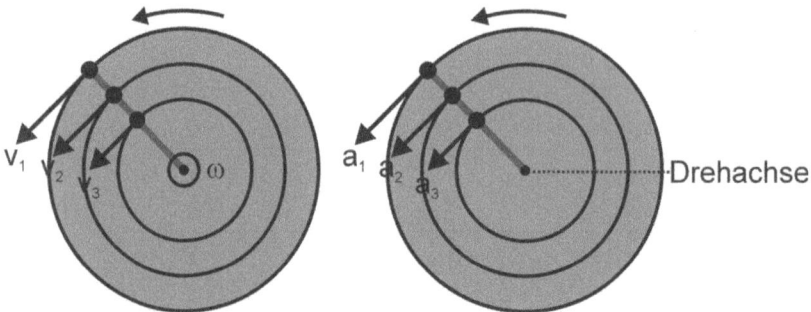

Abbildung 9.2: Geschwindigkeit und Tangentialbeschleunigung hängen bei einem ausgedehnten Körper vom Abstand von der Drehachse ab. Die Winkelgeschwindigkeit ω ist für alle Punkte gleich und steht senkrecht auf der Papierebene.

Bereits in Kapitel 3 wurde im Zusammenhang mit gleichförmigen Kreisbewegungen die *Winkelgeschwindigkeit* ω eingeführt, um die Komplikationen durch den ständigen Richtungswechsel des Geschwindigkeitsvektors zu vermeiden. ω ist definiert als

$$\omega = \frac{\Delta \varphi}{\Delta t} = \frac{v}{r}$$

wobei φ der überstrichene Winkel und r der Radius der Kreisbewegung ist. Benutzt man die Winkelgeschwindigkeit zur Beschreibung der Rotation von Körpern, ergibt sich ein zweiter, wesentlicher Vorteil. Da der überstrichene Winkel für alle Punkte eines Körpers gleich ist, ist auch die Winkelgeschwindigkeit für alle Punkte gleich. Man kann also jeden Punkt oder jedes *Masseelement Δm* eines sich drehenden Körpers mit einer einheitlichen Winkelgeschwindigkeit ω beschreiben.

Gleiches gilt für die *Tangentialbeschleunigung* eines ausgedehnten Körpers. In Kapitel 3 wurde gezeigt, dass a ebenfalls vom Abstand r von der Drehachse abhängt (siehe dazu auch Abbildung 9.2). Man kann die Situation auch in diesem Fall sehr viel eleganter (und auch einfacher) beschreiben, wenn man statt der Beschleunigung a die Winkelbeschleunigung α benutzt:

$$\alpha = \frac{\Delta \omega}{\Delta t} = \frac{a}{r}$$

 Bei der Rotation starrer Körper besitzen alle Punkte des Körpers, also alle Masseelemente Δm, unabhängig von ihrem Abstand von der Drehachse, die gleiche Winkelgeschwindigkeit ω und die gleiche Winkelbeschleunigung α. Genau dies ist der Vorteil der Verwendung von ω und α.

Eine Flugzeugturbine dreht sich 15.000 Mal in einer Minute. Wie groß ist ihre Winkelgeschwindigkeit? »Ist das alles?« werden Sie fragen. »Keine weiteren Einzelheiten?« Das ist in der Tat alles, und weitere Einzelheiten sind nicht notwendig.

Aus Kapitel 3 kennen Sie die Begriffe *Umlaufzeit* (Periode) T und *Frequenz f*. Die Umlaufzeit ist die Zeit, nach der bei einer Kreis- oder Rotationsbewegung eine Umdrehung vollendet ist, während die Frequenz die Anzahl der Umdrehungen pro Zeiteinheit angibt. Für den vorliegenden Fall gilt also für die Frequenz:

$$f = 15.000 \text{ min}^{-1} = 250 \text{ s}^{-1}$$

Während eines Umlaufs überschreitet jedes Masseelement der Turbine den Winkel 2π. Die Winkelgeschwindigkeit ist also gegeben durch:

$$\omega = \frac{\varphi}{T} = \varphi \cdot f = 2\pi f$$
$$= 2\pi \cdot 250 \text{ s}^{-1} = 1571 \text{ s}^{-1}$$

Sie sehen, dass wirklich keine weiteren Angaben notwendig sind, um diese Frage zu beantworten. Wenn der Radius der Turbine 1 m ist, wie groß ist dann die Bahngeschwindigkeit ihrer äußeren Teile? Mit der Beziehung

$$v = r\omega$$

ergibt sich für die Bahngeschwindigkeit:

$$v = 1 \text{ m} \cdot 1571 \text{ s}^{-1} = 1571 \text{ m/s} = 5656 \text{ km/h}$$

Das ist schon ein erstaunlich hoher Wert.

Auf den Punkt gebracht: Das Drehmoment

Um einen Körper zu beschleunigen, ist dem zweiten Newton'schen Gesetz (Kapitel 8) zufolge eine Kraft erforderlich, die proportional zur Beschleunigung ist. Um die in Abbildung 9.2 dargestellten Beschleunigungen der drei Punkte a_1 bis a_3 zu erreichen, wären also drei unterschiedlich große Kräfte erforderlich, die an den drei Punkten angreifen (Abbildung 9.3). Dies ist nur sehr schwer zu realisieren oder gar unmöglich (berücksichtigen Sie, dass die Punkte zu einem starren Körper verbunden sind).

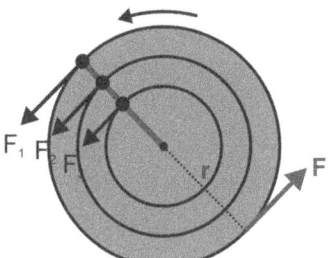

Abbildung 9.3: Tangentialbeschleunigung eines starren Körpers

In der Realität greift meist nur eine Kraft F irgendwo an dem Körper an, etwa wenn man durch einen Handgriff am äußeren Rand die in Abbildung 9.3 dargestellte Scheibe in Bewegung versetzt. Diese Kraft bewirkt ein Drehmoment in Bezug auf die Drehachse:

$$\tau = rF$$

das wiederum eine Winkelbeschleunigung α bedingt:

$$\alpha = \frac{\tau}{I}$$

wobei I das im nächsten Abschnitt beschriebene Trägheitsmoment ist.

Diese Winkelbeschleunigung ist für alle Punkte auf der Scheibe gleich. Die einzelnen Punkte erfahren dabei eine Tangentialbeschleunigung, die umso größer ist, je weiter der Punkt von der Drehachse entfernt ist:

$$a = \alpha r$$

Trägheit in unterschiedlichen Formen: Das Trägheitsmoment

Jetzt muss man in dem Bewegungsgesetz für Rotationsbewegungen

$$\tau = I\alpha$$

nur noch das Trägheitsmoment I näher erläutern. Im zweiten Newton'schen Gesetz für Translationsbewegungen steht an dieser Stelle die *träge Masse m*. Natürlich sind auch ausgedehnte Körper träge, widersetzen sich also Beschleunigungen, aber das Ausmaß der Trägheit hängt von der Form der Körper und auch von der Masseverteilung ab. Genau dies beschreibt das Trägheitsmoment.

Jeder Punkt zählt einzeln

In allen bisherigen Diskussionen des Drehmoments wurden Massen nur in Form einzelner Punkte oder Masseelemente Δm betrachtet. Im Folgenden wird sich allerdings ergeben, dass es bei Drehbewegungen auch darauf ankommt, wie weit die Masse vom Drehpunkt einerseits und vom Angriffspunkt der Kraft andererseits entfernt ist. Für die Betrachtung von Drehbewegungen realer Körper kann man daher das so erfolgreiche Konzept der Massepunkte nicht länger aufrechterhalten; hier kommt es darauf an, welche Form der Körper hat und wie die Masse darin verteilt ist.

Wie kann man das berücksichtigen? Ganz einfach. Man betrachtet zunächst einmal einen Massepunkt m_1 im Abstand r_1 von der Drehachse. In Abbildung 9.4 steht diese Achse senkrecht zur Drehachse. Wirkt eine Kraft **F**, wird der Körper auf eine waagerechte Kreisbahn um diese Achse beschleunigt. Dabei gilt natürlich **F** = m_1**a**. Für das Drehmoment gilt dann:

$$\tau_1 = r_1 F = m_1 r_1 a$$

(Im Folgenden kann der Vektorcharakter aller Größen vernachlässigt werden, da **F** und **r** senkrecht aufeinander stehen.) Im vorangegangenen Abschnitt wurde gezeigt, dass es sinnvoll ist, bei Rotationsbewegungen mit der Winkelbeschleunigung α statt der Beschleunigung a zu arbeiten, wobei $a = \alpha r$ ist. Damit erhält man:

$$\tau_1 = m_1 r_1 \alpha r_1 = m_1 r_1^2 \alpha$$

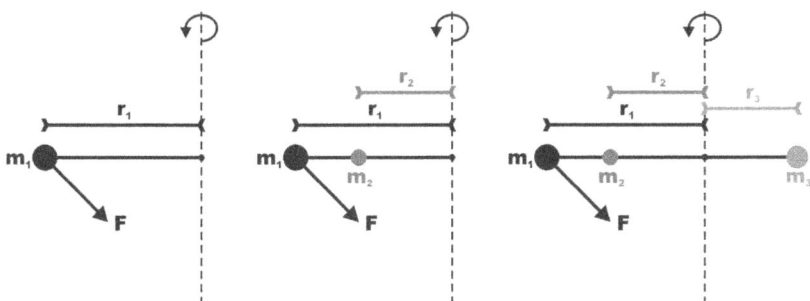

Abbildung 9.4: Zur Definition des Trägheitsmoments: Die Massen drehen sich horizontal um die eingezeichnete Achse.

Fügt man jetzt eine zweite Masse m_2 hinzu, die starr mit der ersten verbunden ist und den Abstand r_2 von der Achse hat, so gilt für das Drehmoment τ_2, das notwendig ist, um m_2 auf die gleiche Winkelbeschleunigung α zu bringen:

$$\tau_2 = m_2 r_2^2 \alpha$$

Für den aus m_1 und m_2 gebildeten »Körper« gilt also: Um ihn auf die Winkelbeschleunigung α zu beschleunigen, braucht man ein Drehmoment:

$$\tau = \tau_1 + \tau_2$$
$$= m_1 r_1^2 \alpha + m_2 r_2^2 \alpha = \left(m_1 r_1^2 + m_2 r_2^2\right)\alpha$$

Das gilt natürlich nur, wenn beide Massen starr miteinander verbunden sind. Auf der anderen Seite haben in diesem Fall beide Masseelemente die gleiche Winkelbeschleunigung α. (Aber nicht die gleiche Beschleunigung a! Daher ist es äußerst vorteilhaft, mit α anstelle von a zu rechnen.)

Jetzt kann man noch eine dritte Masse m_3 dem langsam wachsenden Körper hinzufügen. Sie muss nicht in einer Linie mit den beiden ersten liegen, sondern nur starr mit ihnen verbunden sein:

$$\tau = \tau_1 + \tau_2 + \tau_3$$
$$= m_1 r_1^2 \alpha + m_2 r_2^2 \alpha + m_3 r_3^2 \alpha = \left(m_1 r_1^2 + m_2 r_2^2 + m_3 r_3^2\right)\alpha$$

Natürlich könnte man an dieser Stelle so weitermachen, bis man einen realen Körper aus einzelnen Masseelementen oder Teilmassen Δm aufgebaut hat. Das ist aber gar nicht nötig, denn nach allem, was bislang erläutert wurde, ist das Ergebnis klar:

$$\tau_{Ges} = \sum_i \tau_i = \sum_i \Delta m_i r_i^2 \cdot \alpha$$
$$= I\alpha$$

Die Größe I wird als *Trägheitsmoment* bezeichnet. Sie ist definiert als

$$I = \sum_i \Delta m_i r_i^2$$

Die Summation erfolgt dabei über alle i Teilmassen, die den Körper bilden. Die Einheit des Trägheitsmoments ist kg m².

»Puh!«, werden Sie sagen, wenn Sie das Trägheitsmoment etwa einer Töpferscheibe berechnen sollen. »Das sind aber viele Massen!« Das ist richtig, aber mithilfe der Integralrechnung kann man die Trägheitsmomente einer Vielzahl von Körpern berechnen. Einige besonders wichtige sind in Tabelle 9.1 zusammengefasst.

Körper	Trägheitsmoment
Ring mit Radius r, der um den Mittelpunkt rotiert	$I = mr^2$
Scheibe mit Radius r, die um die Mittelachse rotiert (Rad, Diskus)	$I = \frac{1}{2}mr^2$
Vollzylinder mit Radius r, der um die Zylinderachse rotiert	$I = \frac{1}{2}mr^2$
Hohlzylinder mit Radius r, der um die Zylinderachse rotiert	$I = mr^2$
Vollzylinder mit Radius r und Länge l, der um eine Querachse rotiert	$I = \frac{1}{4}mr^2 + \frac{1}{12}ml^2$
Homogene Kugel mit Radius r, die um eine Achse rotiert, die durch den Mittelpunkt geht	$I = \frac{2}{5}mr^2$
Hohlkugel mit Radius r, die um eine Achse rotiert, die durch den Mittelpunkt geht	$I = \frac{2}{3}mr^2$
Stab der Länge L, der um eine senkrecht stehende Achse durch seinen Mittelpunkt rotiert	$I = \frac{1}{12}mL^2$

Tabelle 9.1: Trägheitsmomente einiger wichtiger Körper

Aber betrachten Sie an dieser Stelle noch einmal die Gleichung

$$\tau = I\alpha$$

und vergleichen Sie sie mit dem zweiten Newton'schen Gesetz

$$F = ma$$

Beide Gleichungen beschreiben ähnliche Vorgänge. Links steht die Ursache (entweder eine Kraft oder ein Drehmoment), die eine Beschleunigung oder Winkelbeschleunigung verursacht. Der Körper (ob punktförmig oder ausgedehnt) wehrt sich dagegen mit der Größe, die seine Trägheit beschreibt (entweder die Masse oder das Trägheitsmoment). Jetzt wird der Name Trägheitsmoment natürlich klar. Man kann daher die Gleichung

$$\tau = I\alpha$$

als Äquivalent zum zweiten Newton'schen Gesetz im Fall von Drehbewegungen betrachten.

Jeder Körper ist auf seine Weise träge

Wenn Sie sich die Formeln für die Trägheitsmomente der verschiedenen Körper in Tabelle 9.1 noch einmal anschauen, so fällt Folgendes auf: In den meisten Fällen tauchen nur die Gesamtmasse m und der Radius des Körpers r (oder seine größte Ausdehnung) in Bezug auf die Drehachse in diesen Ausdrücken auf. Die anderen Dimensionen der Körper (Länge oder Breite) scheinen für das Trägheitsmoment keine Rolle zu spielen.

Der Grund dafür ist relativ einfach. Betrachten Sie den Zylinder in Abbildung 9.4. An dieser Stelle soll nicht das Trägheitsmoment des gesamten Körpers berechnet werden (dazu ist die Integralrechnung erforderlich), sondern nur der Beitrag der fünf ausgewählten Masseelemente Δm_1 bis Δm_5, die alle die gleiche (sehr kleine) Masse Δm besitzen, nach dem gerade erprobten Verfahren bestimmt werden. Für das gesamte Trägheitsmoment des Zylinders gilt:

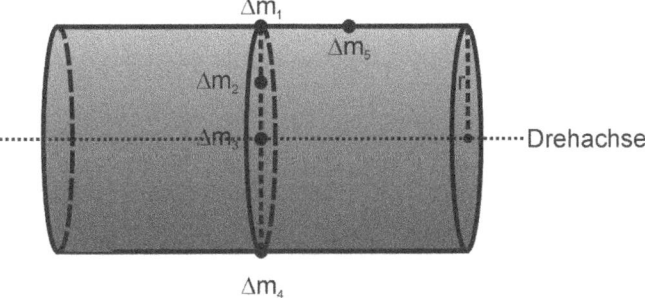

Abbildung 9.5: Zur Berechnung des Trägheitsmoments

$$I = \sum_{i=1}^{n} r_i^2 \Delta m_i = \sum_{i=1}^{5} r_i^2 \Delta m_i + \sum_{i=6}^{n} r_i^2 \Delta m_i$$
$$= \text{Beitrag der fünf Elemente} + \text{Beitrag aller übrigen Elemente}$$

Dabei berücksichtigt der erste Term den Beitrag der fünf ausgewählten Masseelemente, der zweite den aller weiteren Elemente, die den Körper bilden:

Für diese fünf Masseelemente gilt:

✔ **Δm_1**: Der Beitrag zum Trägheitsmoment beträgt $r^2 \Delta m_1$.

✔ **Δm_2**: Der Beitrag zum Trägheitsmoment beträgt $1/4 \, r^2 \Delta m_2$.

✔ **Δm_3**: Der Beitrag zum Trägheitsmoment beträgt null, da die Masse auf der Drehachse liegt und r_3 demzufolge null ist.

✔ **Δm_4**: Der Beitrag zum Trägheitsmoment beträgt $r^2 \Delta m_4$. Es spielt keine Rolle, dass dieses Masseelement auf der anderen Seite des Zylinders liegt. Nur der Abstand von der Drehachse zählt.

✔ **Δm_5**: Der Beitrag zum Trägheitsmoment beträgt $r^2 \Delta m_5$; die Position entlang der Drehachse spielt ebenfalls keine Rolle.

Damit erhält man für den Beitrag dieser fünf Masseelemente zum Gesamtträgheitsmoment des Zylinders:

$$I = \sum_{i=1}^{5} r_i^2 \Delta m_i + \sum_{i=6}^{n} r_i^2 \Delta m_i = 3{,}25 \cdot r^2 \Delta m + \sum_{i=6}^{n} r_i^2 \Delta m_i$$

 Entscheidend für das Trägheitsmoment eines Körpers ist die Verteilung seiner Masse in Bezug auf die Drehachse des Körpers.

Ebenso auffällig ist, dass der Beitrag von Δm_2 nur ein Viertel desjenigen von Δm_1 beträgt. Das liegt an der Tatsache, dass r quadratisch in die Formel für das Trägheitsmoment eingeht. Mit anderen Worten: Das Trägheitsmoment eines Körpers ist umso größer, je weiter seine Masse auf seine Außenbereiche konzentriert ist.

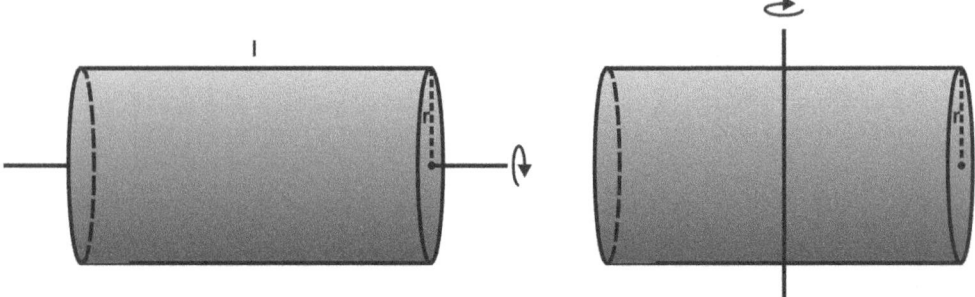

Abbildung 9.6: Ein Vollzylinder bei Drehung um seine Längsachse (links) und um seine Querachse (rechts)

Auf der anderen Seite ist auch klar, dass das Trägheitsmoment eines Körpers auch von der Orientierung der Drehachse abhängt. Betrachten Sie den Vollzylinder in Abbildung 9.6. Dreht er sich um seine Längsachse (links), so beträgt sein Trägheitsmoment:

Längsachse: $\quad I = \dfrac{1}{2} m r^2$

Dreht er sich hingegen um eine Achse senkrecht dazu, so ist das Trägheitsmoment:

Querachse: $\quad I = \dfrac{1}{4} m r^2 + \dfrac{1}{12} m L^2$

wobei L die Länge des Zylinders ist. Dies ist das erste Beispiel, in dem zwei Dimensionen eines Körpers eine Rolle spielen.

KAPITEL 9 Einerseits starr, andererseits beweglich: Die Dynamik starrer Körper 231

Fallen, Drehen und Aufsteigen: Das Maxwell'scheFallrad

Ein *Maxwell'schesFallrad* ist ein Rad mit der Dicke d, dem Radius R und der Masse m, das sich auf einer Achse mit dem Radius r befindet. Die Achse ist an zwei Seilen oder Fäden aufgehängt, wie die linke Skizze in Abbildung 9.7 zeigt. Rollt man nun die beiden Fäden sorgfältig auf den beiden vorstehenden Enden der Achse auf, so kann man das Fallrad auf eine Höhe h anheben. Lässt man das Rad dann los, so beginnt es infolge der Schwerkraft zu fallen. Allerdings kann es nicht frei fallen, da es gleichzeitig die Fäden von der Achse abwickeln muss; es muss sich daher gleichzeitig auch drehen.

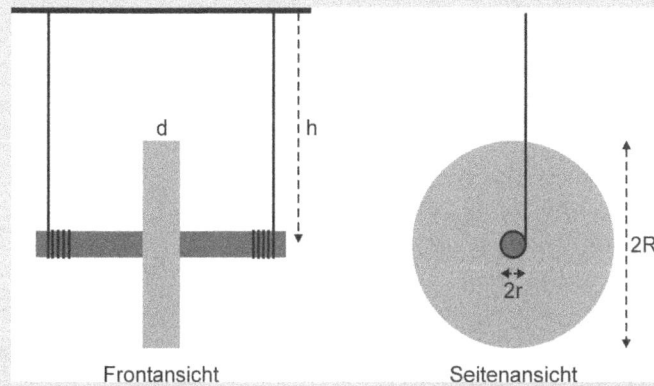

Abbildung 9.7: Ein Maxwell'sches Fallrad

Wenn die Fäden abgewickelt sind, das Rad also auf dem tiefsten Punkt angelangt ist, stoppt es keineswegs seine Bewegungen. Es rotiert vielmehr weiter und beginnt, die Fäden auf der Achse wieder aufzuwickeln. Gleichzeitig beginnt es wieder zu steigen. Gäbe es keine Reibung und andere Verlustmechanismen, würde es die ursprüngliche Höhe h wieder erreichen, und der Vorgang würde wieder von vorne beginnen.

Betrachtet man diese Vorgänge aus der Sicht des *Energieerhaltungssatzes*, so sind drei Arten von Energie beteiligt:

✔ Die **potenzielle Anfangsenergie** mgh

✔ Die **kinetische Energie**, die das Rad gewinnt, wenn es durch die Schwerkraft nach unten beschleunigt wird:

$$E_{kin} = \frac{1}{2}mv^2$$

Dabei ist v die Geschwindigkeit, mit der sich der Schwerpunkt bewegt (siehe die Diskussion des Schwerpunktsatzes zu Beginn dieses Kapitels).

✔ Die **Rotationsenergie** E_{rot}, die das Rad gewinnt, wenn es sich um seine Achse zu drehen beginnt:

$$E_{rot} = \frac{1}{2}I\omega^2$$

wobei I das Trägheitsmoment des Rades ist.

Der Energieerhaltungssatz lautet also in diesem Fall:

$$E_{pot} = E_{kin} + E_{rot}$$
$$mgh = \frac{1}{2}mv^2 + \frac{1}{2}I\omega^2$$

Diese Gleichung sieht zunächst einmal nicht unbedingt einfach aus. Von Interesse sind natürlich vor allem die Fallgeschwindigkeit v und die Winkelgeschwindigkeit ω zu dem Zeitpunkt, an dem die Fäden vollständig abgewickelt sind, das heißt, wenn der tiefste Punkt des Falls erreicht ist.

In dieser Gleichung sind v und ω unbekannt. Man benötigt daher noch eine zweite Gleichung, die v und ω verknüpft. Dabei kann man ausnutzen, dass v und ω durch den Faden gekoppelt sind. Wenn sich das Rad um eine Strecke $s = vt$ nach unten bewegt, muss sich die Achse auf ihrem Umfang um die gleiche Strecke bewegen, um das benötigte Stück des Fadens freizugeben:

$$s = r\varphi = r\omega t = vt \quad \text{oder} \quad v = r\omega$$

Setzt man dies in die obige Gleichung ein, so ergibt sich:

$$\frac{1}{2}mv^2 + \frac{1}{2}I\frac{v^2}{r^2} = mgh$$
$$\frac{1}{2}v^2\left(m + \frac{I}{r^2}\right) = mgh$$

Löst man dies nach der Geschwindigkeit v auf, erhält man:

$$v = \sqrt{\frac{2mgh}{m + \frac{I}{r^2}}} = \sqrt{\frac{2gh}{1 + \frac{I}{mr^2}}} < \sqrt{2gh}$$

Die Geschwindigkeit ist also kleiner als beim freien Fall (hier beträgt sie $\sqrt{2gh}$), was zu erwarten war, da ein Teil der Ausgangsenergie in Rotationsenergie übergeht, während beim freien Fall nur die kinetische Energie eine Rolle spielt.

Das Trägheitsmoment einer Scheibe mit dem Radius R beträgt:

$$I = \frac{1}{2}mR^2$$

wie ein Blick auf Tabelle 9.1 zeigt. Setzt man dies in die obige Gleichung ein, so ergibt sich:

$$v = \sqrt{\frac{2gh}{1+\frac{1}{2}\frac{mR^2}{mr^2}}} = \sqrt{\frac{2gh}{1+\frac{1}{2}\frac{R^2}{r^2}}}$$

In dem hier betrachteten Fall ist also das Verhältnis der Quadrate der Radien von Fallrad und Achse entscheidend. Mit Werten von $r = 0{,}5$ cm und $R = 7{,}5$ cm ergibt sich:

$$v = \sqrt{\frac{2gh}{114}}$$

Ein Großteil der ursprünglichen potenziellen Energie geht also in Rotationsenergie über.

Steiner'scher Satz

Die in Tabelle 9.1 angegebenen Werte für das Trägheitsmoment verschiedener Körper beziehen sich auf den Fall, dass sich der *Schwerpunkt* des Körpers (siehe Kapitel 5) auf der Drehachse befindet. In vielen technisch relevanten Situationen ist dies allerdings nicht der Fall. Abbildung 9.8 zeigt ein einfaches Beispiel: Ein brettförmiger Körper der Länge S ist im linken Bild in seinem Schwerpunkt aufgehängt, im rechten Bild hingegen nahe seines oberen Endes. Dreht man das Brett um die beiden Drehpunkte, so erhält man völlig verschiedene Bewegungsvorgänge. Das in Tabelle 9.1 angegebene Trägheitsmoment für einen Stab, das man näherungsweise auch für ein Brett benutzen kann, bezieht sich auf den linken Fall. Im Fall des an einem Ende aufgehängten Brettes kann man den Satz von Steiner anwenden.

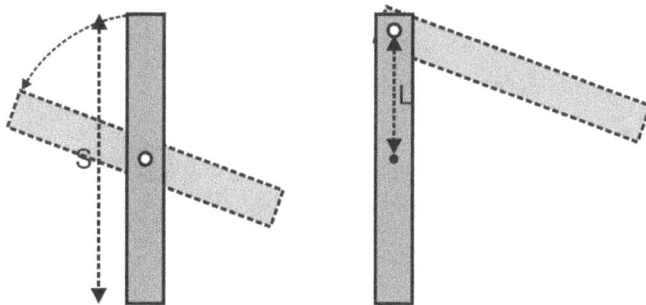

Abbildung 9.8: Zum Satz von Steiner

Der *Verschiebungssatz* oder *Satz von Steiner* besagt, dass das Trägheitsmoment eines Körpers um eine beliebige Drehachse parallel zur Schwerachse wie folgt berechnet werden kann:

$$I = I_0 + mL^2$$

wobei I_0 das Trägheitsmoment in Bezug auf die Schwerachse und L der Abstand der beiden Achsen ist.

Für das in Abbildung 9.8 dargestellte Brett gilt der Tabelle 9.1 zufolge:

$$I_0 = \frac{1}{12} mS^2$$

Damit ergibt sich aus dem Steiner'schen Satz für das Trägheitsmoment in Bezug auf eine Drehung um den Punkt am äußersten Ende:

$$I = I_0 + mL^2 = \frac{1}{12} mS^2 + mL^2 = m(\frac{S^2}{12} + L^2)$$

Betrachten Sie dazu ein Beispiel, das die Anwendung des Steiner'schen Satzes erläutert. Ein Hammerwerfer dreht sich in seinem Ring und wirbelt seinen Hammer, der aus einem Stahldraht mit einer Länge von S = 1,22 m und einer Kugel der Masse 7,26 kg und einem Durchmesser von 12 cm besteht, um sich, bevor er ihn wirft.

Der Schwerpunkt der Kugel ist natürlich deren Mittelpunkt, die Drehachse ist hingegen die Mittelachse des Hammerwerfers. Ihr Abstand setzt sich aus zwei Teilen zusammen, der Länge des Drahtseils S und der halben Spannweite des Werfers, für die man 90 cm annehmen kann. Somit ergibt sich:

$$L = S + 0{,}9 \text{ m} = 2{,}12 \text{ m}$$

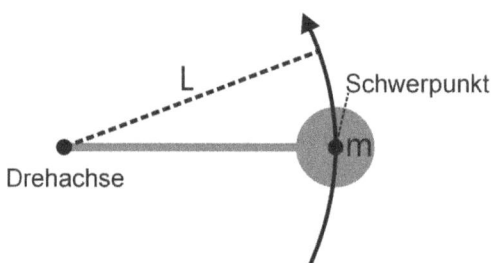

Abbildung 9.9: Das Trägheitsmoment eines Wurfhammers

Das Trägheitsmoment I_0 einer Kugel bei einer Drehung um die Schwerachse beträgt Tabelle 9.1 zufolge:

$$I_{Kugel} = \frac{2}{5} mr^2 = \frac{2}{5} \cdot 7{,}26 \text{ kg} \cdot (0{,}06 \text{ m})^2 = 0{,}01 \text{ kgm}^2$$

was nicht besonders groß ist. Dem Satz von Steiner zufolge gilt für den hier betrachteten Fall, also für eine Drehung des Hammers um die Werferachse:

$$I = I_0 + mL^2$$
$$= 0{,}01 \text{ kgm}^2 + 7{,}26 \text{ kg} \cdot (2{,}12 \text{ m})^2 = 32{,}6 \text{ kgm}^2$$

Diesem Beispiel kann man zwei wichtige Tatsachen entnehmen:

✔ Der Term mL^2 im Steiner'schen Satz kann sehr viel größer sein als das Trägheitsmoment I_0.

✔ Die Drehachse muss bei der Bewegung eines Körpers nicht unbedingt durch den Körper gehen.

Zwei wichtige Größen: Rotationsenergie und Drehimpuls

Natürlich sind im Zusammenhang mit der Rotation ausgedehnter Körper auch weitere Begriffe von Bedeutung, die schon bei den Translations- und Kreisbewegungen von Massepunkten eine Rolle gespielt haben, also etwa Arbeit, Energie, Impuls und Leistung. Zwei davon sollen im Folgenden näher vorgestellt werden, da sie für die Beschreibung von Rotationsbewegungen äußerst wichtig sind.

Rotationsenergie

Sie wissen, dass Bewegungen mit Energie verbunden sind. Ein Massepunkt, der sich bewegt, besitzt die kinetische Energie $1/2 mv^2$. Eine Töpferscheibe, die sich dreht, besitzt eine entsprechende Bewegungsenergie, die in diesem Fall *Rotationsenergie* genannt wird. Zur Berechnung der Rotationsenergie könnte man jetzt genauso vorgehen wie beim Trägheitsmoment und die kinetischen Energien aller Punkte einfach aufsummieren. Aber das ist gar nicht nötig, denn die Physik ist so einfach! Man muss nur die Masse und die Geschwindigkeit durch die entsprechenden Größen für Rotationsbewegungen ersetzen, also das Trägheitsmoment und die Winkelgeschwindigkeit.

Die Rotationsenergie eines Körpers, der sich mit der Winkelgeschwindigkeit ω dreht, beträgt

$$E_{rot} = \frac{1}{2} I \omega^2$$

wobei I das Trägheitsmoment in Bezug auf die Drehachse des Körpers ist.

Das Dosenrennen

Abbildung 9.10: Ein Hohlzylinder und ein Vollzylinder auf einer schiefen Ebene

Betrachten Sie noch einmal eine schiefe Ebene (wie könnte man die Mechanik ohne die schiefe Ebene erklären?). Diesmal befinden sich am oberen Ende zwei Zylinder der gleichen Masse, ein Hohlzylinder und ein Vollzylinder. Welcher von beiden ist schneller am Fuß der Rampe angelangt, wenn man beide zur gleichen Zeit loslässt?

Die Antwort darauf liefert der Energieerhaltungssatz; man muss aber berücksichtigen, dass man es in diesem Fall mit drei Arten der Energie zu tun hat:

- der potenziellen Energie $E_{\text{pot}} = mgh$,
- der kinetischen Energie $E_{\text{kin}} = \frac{1}{2}\, mv^2$,
- der Rotationsenergie $E_{\text{rot}} = \frac{1}{2}\, I\omega^2$.

Während die Zylinder die Ebene herunterrollen, wird die potenzielle Energie in kinetische und Rotationsenergie umgewandelt. Es gilt also:

$$mgh = \frac{1}{2}mv^2 + \frac{1}{2}I\omega^2$$
$$= \frac{1}{2}mv^2 + \frac{1}{2}I\left(\frac{v^2}{r^2}\right)$$
$$= \frac{1}{2}(m + \frac{I}{r^2})v^2$$

Löst man diese Gleichung nach v auf, so erhält man:

$$v = \sqrt{\frac{2mgh}{m + \frac{I}{r^2}}}$$

Die Geschwindigkeit der beiden Zylinder hängt also von ihren Trägheitsmomenten ab. Setzt man die Werte aus Tabelle 9.1 ein, so ergibt sich für den Hohlzylinder mit $I = mr^2$:

$$v_{Hz} = \sqrt{\frac{2mgh}{m + \frac{I}{r^2}}} = \sqrt{\frac{2mgh}{m + \frac{mr^2}{r^2}}} = \sqrt{\frac{2mgh}{2m}} = \sqrt{gh}$$

Für den Vollzylinder ist $I = mr^2/2$; es gilt also:

$$v_{Vz} = \sqrt{\frac{2mgh}{m + \frac{I}{r^2}}} = \sqrt{\frac{2mgh}{m + \frac{mr^2}{2r^2}}} = \sqrt{\frac{2mgh}{\frac{3}{2}m}} = \sqrt{\frac{4}{3}gh}$$

Der Schwerpunkt eines Vollzylinder besitzt also eine Geschwindigkeit, die um einen Faktor $\sqrt{4/3}$ größer ist als die Schwerpunkte des Hohlzylinders. Er erreicht den Fuß der Rampe somit entsprechend früher. Das bedeutet, dass der Hohlzylinder träger ist. Grund dafür ist die Tatsache, dass hier die Masse weitgehend außen konzentriert ist. Die obige Diskussion hat aber gezeigt, dass ein Masseelement umso mehr zum Trägheitsmoment beiträgt, je weiter es von der Drehachse entfernt ist.

Sie läuft und läuft und läuft

Das folgende Beispiel erläutert noch einmal die Verwendung des *erweiterten Energieerhaltungssatzes* (siehe dazu Kapitel 8), bei dem die zugeführte und geleistete Arbeit mit berücksichtigt werden. Ein Sägeblatt auf einer Achse wird von zwei Lagern L_1 und L_2 unterstützt (Abbildung 9.11). Es hat einen Durchmesser von 30 cm, eine Masse von 2 kg und dreht sich mit einer Winkelgeschwindigkeit von 1500 Umdrehungen pro Minute. Stellt man den Motor ab, läuft es noch eine ganze Weile nach. Wie lang ist die Zeit, die es noch weiterläuft, wenn der Durchmesser der Achse 1 cm ist und der Reibungskoeffizient in den beiden Lagern 0,06 beträgt?

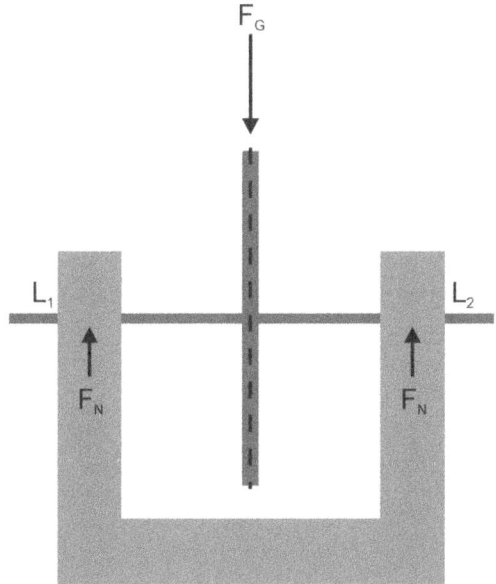

Abbildung 9.11: Ein Sägeblatt auf zwei Lagern

Zu Beginn des Ausschaltvorgangs gibt es nur eine Form der Energie, die Rotationsenergie des Sägeblatts. Wenn das Blatt schließlich zum Stillstand gekommen ist, ist die Rotationsenergie gleich null. Sie hat sich durch Reibung der Achse an den beiden Lagern in Reibungsenergie oder, mit anderen Worten, in Wärme umgewandelt. Der erweiterte Energieerhaltungssatz lautet:

$$E_E = E_A + W_{zu} - W_{ab}$$

Wendet man diese Gleichung auf den vorliegenden Fall an, so ergibt sich, da keine Arbeit zugeführt wird ($W_{zu} = 0$):

$$0 = E_{A,rot} + 0 - W_{ab,R}$$
$$E_{A,rot} = W_{ab,R}$$

wobei W_R die Reibungsarbeit ist. Die Rotationsenergie des Sägeblatts vor dem Ausschalten beträgt:

$$E_{A,rot} = \frac{1}{2} I \omega^2$$

Setzt man darin das Trägheitsmoment einer Scheibe aus Tabelle 9.1 ein, erhält man, wenn man berücksichtigt, dass 1500 Umdrehungen pro Minute 25 Umdrehungen pro Sekunde entsprechen und $\omega = 2\pi f$ ist:

$$E_{A,rot} = \frac{1}{2} \cdot \frac{1}{2} mr^2 \cdot \omega^2$$
$$= \frac{1}{4} \cdot 2\,\text{kg} \cdot (0{,}3\,\text{m})^2 \cdot (2\pi \cdot 25\,\text{s}^{-1})^2 = 1{,}1\,\text{kj}$$

Diese Energie wird vollständig in Reibungswärme oder Reibungsarbeit umgesetzt. Wie jede Arbeit, ist auch die Reibungsarbeit als Produkt aus Kraft und Weg definiert:

$$W_R = F_R s$$

Für die Reibungskraft gilt (siehe Kapitel 7):

$$F_R = \mu_R F_N$$

wobei μ_R der Reibungskoeffizient und F_N die Normalkraft ist. Letztere ist gleich der Gewichtskraft mg (damit werden beide Lager berücksichtigt). Für die Reibungsarbeit ergibt sich somit:

$$W_R = F_R s = \mu_R F_G s = \mu_R mg s$$

Welcher Weg s spielt hier eine Rolle? Das ist der Weg, den ein beliebiger Punkt auf der Achse des Sägeblatts während des Auslaufvorgangs zurücklegt und dabei gegen eines der Lager reibt. Daher gilt:

$$s = \frac{d}{2}\varphi = \frac{d}{2} \cdot \frac{\omega}{2} t$$

wobei d der Durchmesser der Achse und $\omega/2$ die mittlere Winkelgeschwindigkeit während des Auslaufens ist. Insgesamt erhält man also:

$$W_R = \mu_R mg \cdot \frac{1}{4} d\omega t$$

Diese Arbeit muss gleich der ursprünglichen Rotationsenergie des Sägeblatts sein. Damit ergibt sich schließlich:

$$W_R = \mu_R mg \cdot \frac{1}{4} d\omega t = E_{A,rot}$$

Löst man nach der gefragten Zeit t auf, ergibt sich:

$$t = 4 \cdot \frac{E_{A,rot}}{\mu_R mg \cdot d\omega}$$
$$= 4 \cdot \frac{1100\,\text{kgm}^2/\text{s}^2}{0{,}06 \cdot 9{,}81\,\text{m/s}^2 \cdot 2\,\text{kg} \cdot 0{,}01\,\text{m} \cdot 2\pi \cdot 25\,\text{s}^{-1}} = 2379\,\text{s}$$

Das Sägeblatt läuft also nach dem Ausschalten noch 2379 s oder knapp 40 min nach, bevor es vollständig zum Stillstand kommt. Das ist schon ziemlich lang.

Pirouetten drehen: Drehimpuls und Drehimpulserhaltungssatz

Wenn Sie Buch geführt haben, werden Sie feststellen, dass alle Größen zur Beschreibung von Translationsbewegungen einen entsprechenden Partner bei den Drehbewegungen gefunden haben. Es gibt nur eine einzige Ausnahme: den Impuls **p** = m**v**. Aber seien Sie unbesorgt: Auch **p** hat einen Partner bei Rotationsbewegungen, den sogenannten Drehimpuls **L**. Wenn Sie dieses Kapitel aufmerksam gelesen haben, sind Sie über die folgende Definition nicht wirklich überrascht:

Der *Drehimpuls L* eines Körpers ist das Produkt aus Trägheitsmoment und Winkelgeschwindigkeit:

$$\mathbf{L} = I\omega$$

Eine weitere Darstellung des Drehimpulses ist:

$$\mathbf{L} = \mathbf{r} \times \mathbf{p}$$

wobei **p** der Impuls des Körpers ist und **r** der Abstand von der Drehachse.

Der Drehimpuls ist eine wichtige Größe, die in diesem Buch noch eine Rolle spielen wird. Darüber hinaus ist er eine *Erhaltungsgröße*.

In einem abgeschlossenen System ist der Drehimpuls L konstant. Das ist der *Drehimpulserhaltungssatz* oder *Drallsatz*.

Den Drehimpulserhaltungssatz kennen Sie spätestens seit der letzten Eiskunstlaufweltmeisterschaft. Wenn Eisläufer Pirouetten drehen, ziehen sie am Ende die zuvor ausgebreiteten Arme dicht an den Körper. Dabei wird ihr Trägheitsmoment kleiner (die Masse ist näher an der Drehachse konzentriert). Da der Drehimpuls $L = I\omega$ konstant bleiben muss, wird die Winkelgeschwindigkeit automatisch größer, und der Eiskunstläufer wird schneller. Pirouetten sind also kein Geheimnis, sondern nur einfache Physik.

> ### Auf einmal geht es ganz schnell
>
> Stellen Sie sich vor, Sie sitzen auf einem drehbaren Hocker oder Schemel und halten mit ausgestreckten Armen in jeder Hand ein Gewicht von 3 kg.
>
> Einer Ihrer Freunde gibt Ihnen einen leichten Schubs, sodass Sie sich mit dem Schemel pro Sekunde einmal um sich selbst drehen. Irgendwann können Sie die Kugeln nicht mehr mit ausgestreckten Armen halten und ziehen sie zu sich an Ihren Körper heran. Aber Hallo! Jetzt geht plötzlich die Post ab! Auf einmal beginnen Sie, sich rasend schnell zu drehen, sodass Ihnen schwindlig wird.
>
> Der Effekt ist der gleiche wie beim Eiskunstläufer: Indem Sie die Massen von außen nach innen ziehen, erniedrigen Sie das Trägheitsmoment; dem Drehimpulserhaltungssatz zufolge erhöht sich daher die Winkelgeschwindigkeit.

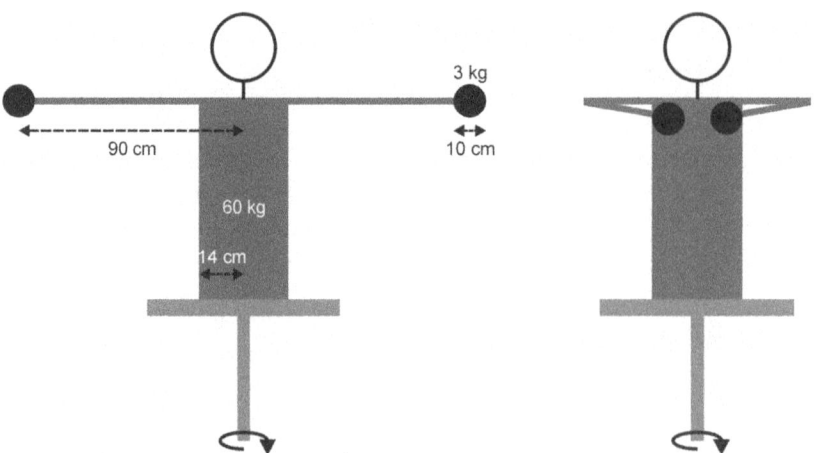

Abbildung 9.12: Der Drehschemelversuch

Mit einigen Näherungen und Vereinfachungen kann man diesen Effekt zumindest halbquantitativ abschätzen (Abbildung 9.12). Wenn Sie nichts dagegen haben, werden Sie selbst als Vollzylinder (das soll keine Beleidigung sein) mit einer Masse von 60 kg und einem Radius von 14 cm angenähert. Kopf, Arme und Beine, aber auch der Schemel werden vernachlässigt.

Der Drehimpulserhaltungssatz besagt, dass der Drehimpuls vor und nach dem Heranziehen der Gewichte gleich sein muss:

$$L_n = L_v$$
$$I_n \omega_n = I_v \omega_v$$

Damit ergibt sich für Ihre Winkelgeschwindigkeit am Ende des Vorgangs:

$$\omega_n = \frac{I_v}{I_n} \omega_v \quad \text{oder} \quad f_n = \frac{I_v}{I_n} f_v$$

Entscheidend sind also die Trägheitsmomente I_v und I_n. Wenn Sie die Kugeln an sich herangezogen haben, ergibt sich für das Trägheitsmoment eines Vollzylinders von 60 + 2 · 3 kg, wobei die Massen der Gewichte einfach zu der des Zylinders (also Ihrer Masse) addiert wurden:

$$I_n = \frac{1}{2} m_{zyl} r_{zyl}^2 = \frac{1}{2} \cdot 66 \text{ kg} \cdot (0{,}14 \text{ m})^2 = 0{,}65 \text{ kgm}^2$$

Das Trägheitsmoment für die Ausgangssituation ist komplizierter. Es beinhaltet drei Komponenten: Das des Vollzylinders, das der beiden Gewichte und den Zusatzterm, der aufgrund des Steiner'schen Satzes hinzugefügt werden muss, da die Drehachse durch Ihren Körpermittelpunkt geht, nicht durch den Schwerpunkt der Kugeln. Da Sie in jeder Hand ein Gewicht halten, müssen die beiden letzten Beiträge zweimal berücksichtigt werden. Es gilt also:

$$I_v = \frac{1}{2} m_{zyl} r_{zyl}^2 + 2 \cdot \left(\frac{2}{5} m_{kug} r_{kug}^2 + m_{kug} l^2 \right)$$

KAPITEL 9 Einerseits starr, andererseits beweglich: Die Dynamik starrer Körper 241

Setzt man die Zahlen ein, wobei Ihre halbe Spannweite mit 0,9 m angenommen wird, folgt:

$$I_v = \frac{1}{2} \cdot 60\,\text{kg} \cdot (0{,}14\,\text{m})^2 + 2 \cdot \left(\frac{2}{5} \cdot 3\,\text{kg} \cdot (0{,}1\,\text{m})^2 + 3\,\text{kg} \cdot (0{,}9\,\text{m})^2\right)$$
$$= 0{,}59\,\text{kgm}^2 + 2 \cdot (0{,}012 + 2{,}43)\,\text{kgm}^2$$
$$= 5{,}74\,\text{kgm}^2$$

Damit folgt für Ihre Geschwindigkeit am Ende des Vorgangs, wenn Sie die Arme angezogen haben:

$$f_n = \frac{I_v}{I_n} f_v = \frac{5{,}74\,\text{kgm}^2}{0{,}65\,\text{kgm}^2} \cdot 1\,\text{s}^{-1} = 8{,}8\,\text{s}^{-1}$$

Sie drehen sich etwa neunmal schneller, wenn Sie die Gewichte an sich heranziehen, und das, obwohl Ihre eigene Masse 60 kg, die der beiden Gewichte aber nur 6 kg beträgt. Natürlich wurden in der obigen Rechnung einige grobe Vereinfachungen gemacht, aber der Effekt dieses sogenannten *Drehschemelversuchs* ist schon beeindruckend. Schon manch einem Studenten ist schwindlig geworden, wenn er in einer Vorlesung als Testperson dienen musste.

Voll getroffen: Stöße

Bereits in Kapitel 3 wurden Stöße von Massepunkten vorgestellt und gezeigt, wie man sie mithilfe von Energie- und Impulserhaltungssatz beschreiben kann. Wenn die beiden Stoßpartner allerdings keine Massepunkte, sondern ausgedehnte starre Körper sind, ist die Beschreibung nicht immer so einfach.

Auf der anderen Seite spielen Stöße in der Technischen Mechanik eine große Rolle, auch in Bereichen, in denen man es zunächst nicht vermutet; aber Schmieden, Nieten, Hämmern und Schlagen beruhen im Prinzip auf Stößen. Deshalb soll im Folgenden definiert werden, was ein Stoß ist, wie man Stöße klassifiziert und wie man sie beschreiben kann.

Wumms! Es hat gekracht

Ein *Stoß* ist definiert als ein Vorgang, bei dem sich zwei Körper während eines Zeitabschnitts Δt berühren und dabei ihren Bewegungszustand ändern.

Es gibt in der (technischen) Welt viele Arten von Stößen: Dazu gehören das Zusammenstoßen von Billardkugeln, der Crash zweier Autos, aber auch das Einrammen von Pfählen oder Nieten durch Hammerschläge oder das Schmieden von Eisen wiederum durch Hammerschläge. Da Stöße so unterschiedlich sein können, ist es sinnvoll, zunächst einmal Kategorien aufzustellen, um die verschiedenen Typen zu klassifizieren. Betrachten Sie dazu Abbildung 9.13.

Sie zeigt zwei Körper mit den Geschwindigkeiten u_1 und u_2, die aufeinanderstoßen. (Es ist üblich, Geschwindigkeiten vor einem Stoß mit u und nach dem Stoß mit v zu bezeichnen.) Die *Tangentialebene* (Berührungsebene) liegt tangential zu den beiden Körpern. Sie wird durch den Berührungspunkt (oder Stoßpunkt) der beiden Körper zu Beginn des Stoßes definiert. Senkrecht dazu steht die *Stoßnormale* (Stoßlinie), die die Wirklinie der Normalkräfte darstellt, die während des Stoßes wirkt.

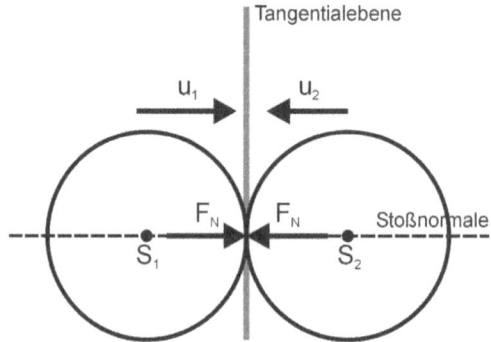

Abbildung 9.13: Ein Stoß zweier Körper

Hier ergibt sich eine erste Unterscheidungsmöglichkeit von Stößen:

✔ Ein *zentrischer Stoß* oder *zentraler Stoß* liegt vor, wenn die Stoßnormale durch die Schwerpunkte der beiden Körper geht.

✔ Ein *exzentrischer Stoß* liegt vor, wenn diese Bedingung nicht erfüllt ist.

Eine zweite Klassifizierung erhält man, wenn man die Geschwindigkeiten u_1 und u_2 der beiden Körper vor dem Stoß betrachtet:

✔ Ein *gerader Stoß* liegt vor, wenn u_1 und u_2 parallel zur Stoßnormalen sind.

✔ Ein *schiefer Stoß* liegt vor, wenn eine der beiden Geschwindigkeiten oder beide nicht parallel zur Stoßnormalen ist.

Zur besseren Erläuterung sind diese vier Fälle noch einmal in Abbildung 9.14 dargestellt.

Eine dritte Klassifizierung wurde bereits in Kapitel 3 eingeführt:

✔ Ein Stoß ist *elastisch*, wenn die Summe der kinetischen Energien vor und nach dem Stoß konstant ist.

✔ Ein Stoß ist *inelastisch*, wenn ein Teil der kinetischen Energie der Stoßpartner zu einer bleibenden plastischen Verformung eines oder beider Stoßpartner führt. Da in diesem Kapitel ausschließlich starre Körper betrachtet werden, spielen inelastische Stöße hier keine Rolle, es gibt aber viele Fälle, in denen sie wichtig werden.

Wenn man Billard spielen will, bevorzugt man natürlich elastische Stöße. Beim Hämmern, Schmieden und Nieten sind hingegen plastische Verformung und damit inelastische Stöße das Ziel. Dieses Thema wird daher in Kapitel 13 wieder aufgegriffen.

KAPITEL 9 Einerseits starr, andererseits beweglich: Die Dynamik starrer Körper

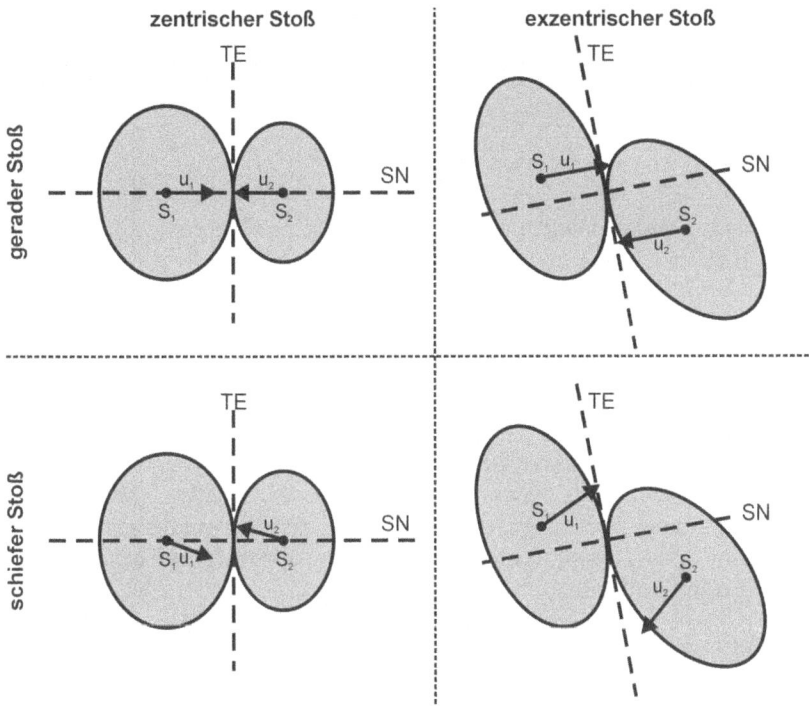

Abbildung 9.14: Klassifizierung von Stößen. TE bedeutet Tangentialebene, SN Stoßnormale.

Der einfachste Fall ist natürlich der zentrale, gerade, elastische Stoß. In diesem Fall kann man die Körper auf Massepunkte reduzieren. Seine Behandlung mithilfe des Energieerhaltungssatzes und des Impulserhaltungssatzes wurde bereits ausführlich in Kapitel 3 vorgestellt; an dieser Stelle folgen noch einige Ergänzungen.

Voll ins Zentrum: Der gerade, zentrale, elastische Stoß

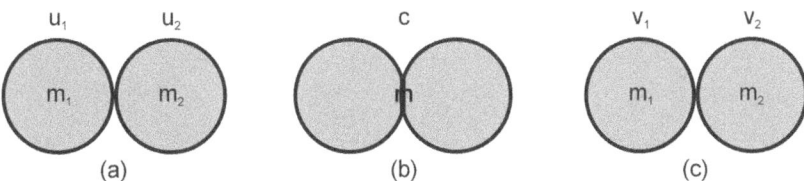

Abbildung 9.15: Gerader, zentraler, elastischer Stoß

Bei einem geraden, zentralen, elastischen Stoß kann man drei Phasen unterscheiden, die in Abbildung 9.15 dargestellt sind.

✔ **a):** Die Körper beginnen sich zu berühren und elastisch zu verformen.

✔ **b):** Die Körper erreichen ihren minimalen Abstand, die elastische Verformung ist maximal. Die Energie, die zur Verformung notwendig ist, wird der kinetischen Energie der beiden Körper entnommen. Beide Körper sind zu einem Körper vereint, für dessen Impuls die Beziehung gelten muss:

$$cm = c(m_1 + m_2) = u_1 m_1 + u_2 m_2$$
$$c = \frac{u_1 m_1 + u_2 m_2}{m_1 + m_2}$$

wobei c die gemeinsame Geschwindigkeit und m die gemeinsame Masse ist.

Sind beide Massen gleich groß ($m_1 = m_2$) und bewegen sich mit gleicher Geschwindigkeit aufeinander zu ($u_2 = -u_1$), so ergibt sich für die gemeinsame Geschwindigkeit:

$$c = \frac{u_1 m_1 - u_1 m_1}{m_1 + m_2} = 0$$

was natürlich zu erwarten war.

✔ **c):** Im dritten Abschnitt eines Stoßes wird die elastische Energie wieder freigesetzt und auf die kinetische Energie der beiden Stoßpartner übertragen. Gleichzeitig beginnen die Körper, sich wieder zu trennen. Richtung und Größe der beiden Geschwindigkeiten v_1 und v_2 kann man mithilfe von Energieerhaltungssatz und Impulserhaltungssatz ermitteln, wie in Kapitel 3 erläutert wurde.

An dieser Stelle sollen nur die Ergebnisse einiger wichtiger Sonderfälle des geraden, zentralen, elastischen Stoßes dargestellt werden (Abbildung 9.16).

✔ Zwei Körper mit gleicher Masse und gleicher Geschwindigkeit stoßen aufeinander. Dabei ändern beide Massen die Richtung ihrer Geschwindigkeiten, deren Beträge aber ändern sich nicht (Skizze (a)).

✔ Bei einem Stoß eines Körpers mit einer starren Wand wird der Körper von der Wand mit entgegengesetzter Geschwindigkeit zurückgeworfen (Skizze (b)).

✔ Bei einem Stoß zweier gleicher Massen, die sich in die gleiche Richtung bewegen, tauschen die Körper ihre Geschwindigkeiten aus (Skizze (c)).

✔ Trifft eine große Masse auf eine ruhende kleine Masse, dann erhält diese in etwa die doppelte Geschwindigkeit der großen Masse (Skizze (d)).

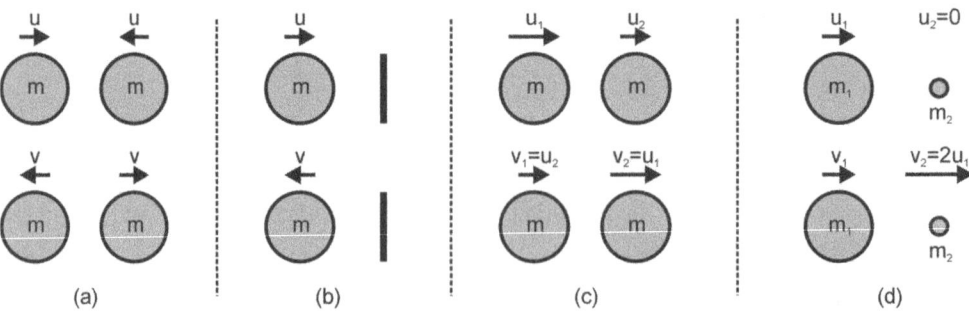

Abbildung 9.16: Spezialfälle gerader, zentraler, elastischer Stöße

Wenn Sie an der Technischen Mechanik interessiert sind und Langeweile und Zeit haben, können Sie diese Fälle mithilfe von Energie- und Impulserhaltungssatz einmal nachrechnen. Es ist eigentlich ziemlich einfach.

Nicht ganz einfach: Schiefe Stöße

Wenn ein Stoß nicht gerade und zentral, sondern schief und exzentrisch ist, ergibt sich sofort eine weitere Komplikation: Die Körper ändern nicht nur ihre Geschwindigkeit, sie können auch zu rotieren beginnen. In diesem Fall muss man also zusätzlich noch einen dritten Erhaltungssatz heranziehen, sodass man die folgenden drei Erhaltungsgrößen berücksichtigen muss:

✔ Impuls

✔ Energie

✔ Drehimpuls

Überraschenderweise lässt sich die folgende Aufgabenstellung relativ einfach mit dem Drehimpulserhaltungssatz alleine lösen. Betrachten Sie dazu Abbildung 9.17. Eine Gewehrkugel mit der Masse m = 15 g und der Geschwindigkeit u = 250 m/s trifft senkrecht auf das obere Ende einer Stange, die um ihren Mittelpunkt drehbar gelagert ist und die eine Masse M von 1 kg und eine Länge l = 60 cm hat. Beim Aufschlag der Kugel auf die Stange beginnt diese, sich zu drehen, während sich die Kugel deformiert und senkrecht zu Boden fällt. Die Frage ist natürlich: Wie schnell dreht sich die Stange nach dem Aufprall? Da man die Deformationsenergie nicht kennt, kann der Energieerhaltungssatz nicht herangezogen werden. Das ist aber auch nicht notwendig, wie sich im Folgenden zeigen wird:

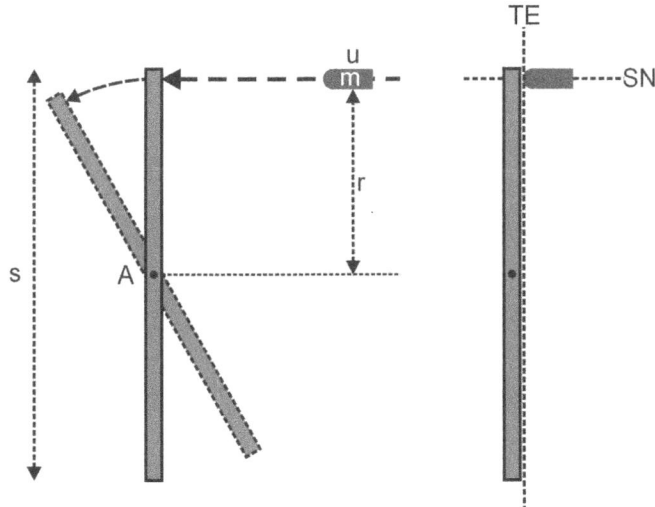

Abbildung 9.17: Eine Kugel trifft auf eine Stange. TE ist die Tangentialebene, SN die Stoßnormale.

Dieser Stoß ist

- ✔ **inelastisch**, da ein Teil der Anfangsenergie durch die Deformation der Kugel verloren geht,
- ✔ **exzentrisch**, da die Stoßnormale nicht durch die Schwerpunkte beider Körper geht, wie die rechte Skizze in Abbildung 9.16 zeigt,
- ✔ **gerade**, da die Geschwindigkeit u parallel zur Stoßnormalen liegt.

Es handelt sich also noch nicht um den »Worst Case«, da der Stoß gerade ist. Der Fall eines inelastischen, exzentrischen, schiefen Stoßes würde vorliegen, wenn die Kugel schräg unter einem Winkel auf die Stange treffen würde.

Bei der Lösung dieses Problems muss man berücksichtigen, dass das Geschoss nicht nur einen Impuls $\mathbf{p} = m\mathbf{u}$, sondern auch einen Drehimpuls $\mathbf{L} = \mathbf{r} \times \mathbf{p}$ in Bezug auf die Drehachse des Körpers besitzt. $\mathbf{r}$ ist dabei der Abstandsvektor der Drehachse von der Bewegungslinie der Kugel und ist somit gleich $s/2$. Damit ergibt sich für den Drehimpuls der Kugel vor dem Aufprall (da die Kugel senkrecht auf die Stange trifft, kann man den Vektorcharakter der Größen vernachlässigen):

$$L_{\text{vorher}} = pr = um\frac{s}{2}$$

Der Drehimpuls der Kugel nach dem Stoß ist null, da sie deformiert am Boden liegt. Der Drehimpulserhaltungssatz fordert also, dass die Stange nach dem Aufprall genau diesen Drehimpuls besitzt:

$$L_{\text{nachher}} = L_{\text{Stange}} = I\omega$$

Das Trägheitsmoment einer Stange beträgt, wie Sie Tabelle 9.1 entnehmen können:

$$I = \frac{1}{12}Ms^2$$

Somit erhält man aus dem Drehimpulserhaltungssatz:

$$L_{\text{vorher}} = L_{\text{nachher}}$$
$$\frac{1}{2}ums = \frac{1}{12}Ms^2\omega$$
$$\omega = 6\frac{ums}{Ms^2} = 6\frac{um}{Ms}$$

Setzt man die Zahlen ein, so ergibt sich für die Winkelgeschwindigkeit der Stange nach dem Aufprall der Kugel folgendes Ergebnis:

$$\omega = 6\frac{250 \text{ m/s} \cdot 0{,}015 \text{ kg}}{0{,}6 \text{ m} \cdot 1 \text{ kg}} = 37{,}5 \text{ s}^{-1}.$$
$$f = \frac{\omega}{2\pi} = 6 \text{ s}^{-1}.$$

Die Stange dreht sich also sechsmal pro Sekunde um ihre Achse, was ganz schön schnell ist.

Vergleich von Translation und Rotation

Zum Abschluss dieses Kapitels über die Dynamik starrer Körper sollen die wichtigsten Größen zur Beschreibung von Translations- und Rotationsbewegungen (die auch die Kreisbewegungen von Massepunkten beinhalten) noch einmal in Form einer Tabelle zusammengestellt werden. Sie soll zum einen der Auffrischung Ihres Gedächtnisses dienen, zum anderen aber auch zeigen, dass die Rotationsbewegungen nichts Geheimnisvolles an sich haben, sondern mit den gleichen Mitteln, wenn auch mit anderen Größen beschrieben werden können wie die Translationsbewegungen. Dabei handelt es sich um eine Vervollständigung des bereits in den Tabellen 3.1 und 8.3 begonnenen Vergleichs.

Translation		Kreisbewegung		
Größe	Formel	Größe	Formel	Beziehung
Weg	s	Winkel	θ	$s = r\theta$
Geschwindigkeit	$\mathbf{v} = \dfrac{\Delta \mathbf{s}}{\Delta t}$	Winkelgeschwindigkeit	$\boldsymbol{\omega} = \dfrac{\Delta \theta}{\Delta t}$	$\mathbf{v} = \boldsymbol{\omega} \times \mathbf{r}$
Beschleunigung	$\mathbf{a} = \dfrac{\Delta v}{\Delta t}$	Winkelbeschleunigung	$\boldsymbol{\alpha} = \dfrac{\Delta \boldsymbol{\omega}}{\Delta t}$	$\mathbf{a} = \boldsymbol{\alpha} \times \mathbf{r}$
Masse	m	Trägheitsmoment	$I = \sum m_i r_i^2$	
Impuls	$\mathbf{p} = m\mathbf{v}$	Drehimpuls	$L = I\omega$	
Kraft	$\mathbf{F} = m\mathbf{a}$	Drehmoment	$\boldsymbol{\tau} = \mathbf{r} \times \mathbf{F}$	
Arbeit	$W = \mathbf{F} \cdot \mathbf{s}$	Dreharbeit	$W_{kin,Kreis} = \tau\theta$	
Leistung	$P = \dfrac{\Delta W}{\Delta t} = Fv$	Drehleistung	$P = \dfrac{\Delta W_{kin,Kreis}}{\Delta t} = \tau\omega$	
Kinetische Energie	$E_{kin} = \dfrac{1}{2}mv^2$	Rotationsenergie	$E_{rot} = \dfrac{1}{2}I\omega^2$	

Tabelle 9.2: Vergleich der wichtigsten Größen zur Beschreibung von Translations- und Rotationsbewegungen

Wie Sie der Tabelle entnehmen können, besitzt jede Größe bei den Translationsbewegungen ihr Analogon bei den Rotationsbewegungen. Dabei gelten die folgenden Regeln:

✔ Der Weg s wird durch den überschrittenen Winkel θ ersetzt.

✔ Die Geschwindigkeit v wird durch die Winkelgeschwindigkeit ω ersetzt.

✔ Die Beschleunigung a wird durch die Winkelbeschleunigung α ersetzt.

✔ Die Kraft F wird durch das Drehmoment τ ersetzt.

✔ Die Masse m wird durch das Trägheitsmoment I ersetzt.

Das ist schon alles. So einfach ist das.

Aufgaben

Aufgabe 9.1
Sie drehen einen 13 kg schweren Ball am Ende einer 1,37 m langen Stange im Kreis und möchten eine Winkelbeschleunigung von $2\,\text{s}^{-2}$ haben. Wie groß muss das Drehmoment sein?

Aufgabe 9.2
Sie werfen ein Frisbee mit einer Masse von 357 g und einem Radius von 9 cm. Wie groß ist das wirkende Drehmoment, wenn die Scheibe mit $18\,\text{s}^{-2}$ beschleunigt wird?

Aufgabe 9.3
Sie versetzen eine Vollkugel mit einer Masse von 4,7 kg und einem Radius von 0,6 m in Drehung. Die Kugel startet aus der Ruheposition, und Sie legen ein Drehmoment von 12 Nm an. Wie groß ist die Winkelgeschwindigkeit der Vollkugel nach 12 Sekunden?

Aufgabe 9.4
Welche Arbeit müssen Sie verrichten, um einen Reifen in Drehung zu versetzen, der eine Masse von 7,3 kg und einen Radius von 0,45 m hat und aus der Ruheposition heraus eine Geschwindigkeit von $113\,\text{s}^{-1}$ erreichen soll?

Aufgabe 9.5
Eine Raumstation mit einer Masse von 2300 kg und einem Radius von 3,3 m dreht sich mit einer Winkelgeschwindigkeit von $1\,\text{s}^{-1}$. Wie groß ist die Winkelgeschwindigkeit, wenn eine Astronautin mit einer Masse von 70 kg außen aufspringt? (Die Raumstation kann als Hohlzylinder betrachtet werden.)

Aufgabe 9.6
Ein homogener Metallzylinder mit einer Masse von 5,8 kg und einem Durchmesser von 24 cm rollt mit der Winkelgeschwindigkeit von $1\,\text{s}^{-1}$ auf einer horizontalen Ebene. Wie groß ist die gesamte Bewegungsenergie des Zylinders?

Aufgabe 9.7
Das Rad eines Fahrrads hat einen Durchmesser von 80 cm. Felge und Reifen haben eine Masse von 0,9 kg; die Masse der Speichen wird vernachlässigt. Das Fahrrad fährt mit einer Geschwindigkeit von 3 m/s. Wie groß ist dann der Drehimpuls des Rades?

Aufgabe 9.8

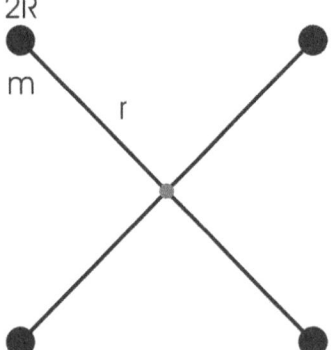

Abbildung 9.18: Ein Körper aus vier Kugeln

Wie groß ist das Trägheitsmoment des in Abbildung 9.18 dargestellten Körpers aus vier Kugeln, wenn man die Beiträge der Stäbe vernachlässigt Die Kugeln haben jeweils eine Masse m von 1 kg und einen Radius von $R = 5$ cm und sind $r = 50$ cm vom Drehpunkt entfernt, der sich im Schnittpunkt der Verbindungsstäbe befindet.

Aufgabe 9.9
Zeigen Sie mithilfe des Energie- und des Impulserhaltungssatzes, dass bei einem Stoß zweier Körper mit gleicher Masse und gleicher Geschwindigkeit die Richtung der Geschwindigkeiten der Körper einfach umgedreht wird (Skizze I in Abbildung 9.16).

Aufgabe 9.10
Zeigen Sie mithilfe des Energie- und des Impulserhaltungssatzes, dass bei einem Stoß zweier Körper mit gleicher Masse, die sich in dieselbe Richtung bewegen, die Größen der Geschwindigkeiten der Körper einfach ausgetauscht werden (Skizze III in Abbildung 9.16).

> **IN DIESEM KAPITEL**
>
> Harmonische Schwingungen
>
> Erzwungene und gedämpfte Schwingungen
>
> Gekoppelte Schwingungen
>
> Schwingungssysteme

Kapitel 10
Alles schwingt und rotiert: Einführung in die Maschinendynamik

Eine weitere Bewegungsform, die vor allem in der Technik eine wichtige Rolle spielt, ist in diesem Buch bislang überhaupt noch nicht betrachtet worden: die *Schwingung*. Eine Schwingung liegt vor, wenn sich ein System periodisch hin- und herbewegt. Beispiele für Schwingungen sind Federpendel, bei denen sich eine an einer Feder aufgehängte Masse auf- und abbewegt, oder Fadenpendel, bei denen eine Masse, die an einem Seil aufgehängt ist, von links nach rechts und wieder zurückschwingt (wie etwa das Antriebspendel einer Uhr). Aber auch wenn man ein Auto an der Motorhaube herunterdrückt, beginnt es auf- und abzuschwingen. Schließlich führt auch eine Schwingtür in einem Saloon, wie man sie aus Western-Filmen kennt, Schwingungen aus.

In diesem Kapitel werden Schwingungen vor allem anhand von zwei Beispielen erklärt, dem Fadenpendel und dem Federpendel. Dabei handelt es sich um Idealfälle, die in der Welt der Technik allerdings ihre Entsprechungen haben:

- ✔ **Federn:** Federn sind Bauteile, die unter Belastung nachgeben und nach Entlastung wieder ihre alte Form annehmen. Beispiele sind Spiral- und Schraubenfedern, aber auch Torsionsfedern und Blattfedern und nicht zuletzt die Federung Ihres Autos.

- ✔ **Pendel:** Neben dem Fadenpendel können viele weitere Maschinenteile in erster Näherung wie Pendel beschrieben werden. Bei einer genauen Betrachtung müssen allerdings die genaue Form und Größe des schwingenden Körpers berücksichtigt werden.

Harmonische Schwingungen

 Eine (mechanische) Schwingung ist eine zeitlich periodische Bewegung eines Körpers um einen Gleichgewichts- oder Ruhepunkt unter dem Einfluss einer sogenannten *Rückstellkraft*.

Im einfachsten Fall einer Schwingung ist die Rückstellkraft proportional zur Auslenkung des Körpers vom Gleichgewichtspunkt. Diese Art von Schwingungen nennt man *harmonisch*. Der erste Abschnitt dieses Kapitels ist diesen harmonischen Schwingungen gewidmet.

Hin und her, auf und ab: Beispiele von Schwingungen

Abbildung 10.1 zeigt ein sogenanntes Federpendel. Eine Masse m hängt an einer Feder, die sich dadurch auf die Länge x ausdehnt. Zieht man die Masse weiter nach unten, verlängert sich die Feder um eine Strecke Δx. Lässt man dann die Masse los, wird sie durch die Federkraft nach oben beschleunigt, während sich die Feder wieder verkürzt. Allerdings kommt dieser Vorgang keineswegs bei der ursprünglichen Gleichgewichtslage zur Ruhe; vielmehr verkürzt sich die Feder weiter, bis ihre Länge nur noch $x - \Delta x$ beträgt. Danach verlängert sie sich wieder, die Masse wird nach unten beschleunigt, bis die Feder wieder die Länge $x + \Delta x$ hat. Gäbe es keine Verluste, würde sich dieser Vorgang unendlich wiederholen: Die Masse würde sich unendlich lange auf- und abbewegen.

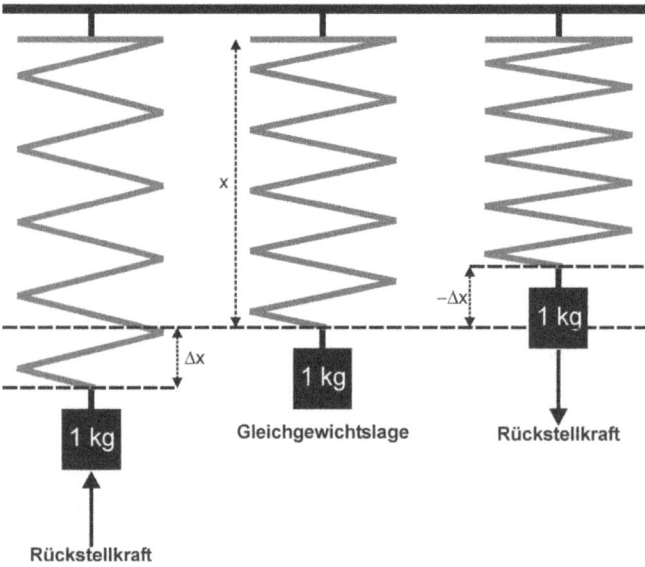

Abbildung 10.1: Ein Federpendel

Dem *Hooke'schen Gesetz* zufolge, das ausführlich in Kapitel 12 vorgestellt wird, wirkt auf eine Feder, die um eine Strecke Δx ausgedehnt ist, die sogenannte *Federkraft* als *Rückstellkraft*:

$$F_R = -k\Delta x$$

KAPITEL 10 Alles schwingt und rotiert: Einführung in die Maschinendynamik

wobei die Konstante k *Federkonstante* heißt. Zwei Aspekte sind an dieser Beziehung wichtig:

✔ Die Rückstellkraft ist proportional zur Auslenkung.

✔ Die Rückstellkraft ist null für die ursprüngliche Gleichgewichtslage.

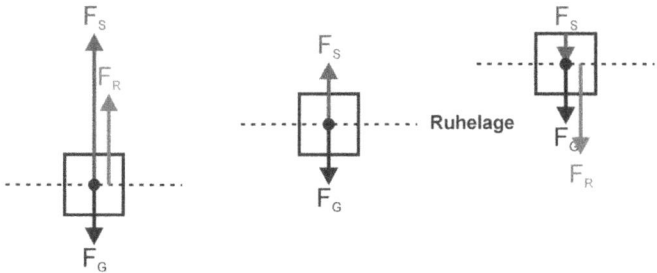

Abbildung 10.2: Freikörperbilder des Federpendels aus Abbildung 10.1

Die bei einem Federpendel ablaufenden Vorgänge können sehr gut noch einmal anhand der in Abbildung 10.2 dargestellten Freikörperbilder veranschaulicht werden. Auf den Körper wirken zwei Kräfte:

✔ Die Gewichtskraft F_G. Sie ist in allen drei Situationen gleich und wirkt nach unten.

✔ Die Spannkraft F_S der Feder. Ihre Richtung und Größe hängt von der Situation ab. Am unteren Umkehrpunkt (linke Skizze) wirkt die Feder als Zugfeder, F_S zeigt demzufolge nach oben. Am oberen Umkehrpunkt (rechtes Diagramm) wirkt die Feder als Druckfeder, die Spannkraft wirkt nach unten.

In allen Situationen ist die Rückstellkraft F_R die Resultierende aus Gewichts- und Spannkraft. In der Ruhelage in der mittleren Skizze heben sich beide gegeneinander auf, sodass die Rückstellkraft null ist.

Abbildung 10.3 zeigt ein sogenanntes *Fadenpendel*. Es besteht aus einer Masse m, die an einem Faden oder Seil oder einem Stab der Länge L hängt. Lenkt man das Pendel um einen Winkel θ nach rechts oder links aus und lässt es dann los, beginnt die Masse aufgrund der Schwerkraft zu fallen. Da sie wegen des Fadens nicht direkt nach unten fallen kann, bewegt sie sich auf einer Kreisbahn in Richtung der ursprünglichen Gleichgewichtslage. Allerdings stoppt sie dort nicht ab, sondern schwingt bis zum Winkel θ auf der anderen Seite. Von da ab wiederholt sich dieser Vorgang (unendlich lang, wenn es keine Reibungsverluste gibt).

Auf die Masse wirkt die Gewichtskraft $F_G = mg$. Allerdings ist für diesen Fall nur die Komponente von F_G von Bedeutung, die in Richtung der Kreistangente wirkt; die dazu senkrechte Komponente dient lediglich dazu, den Faden gespannt zu halten. Für die antreibende Komponente gilt:

$$F_R = F_G \sin\theta$$
$$= mg \cdot \sin\theta$$

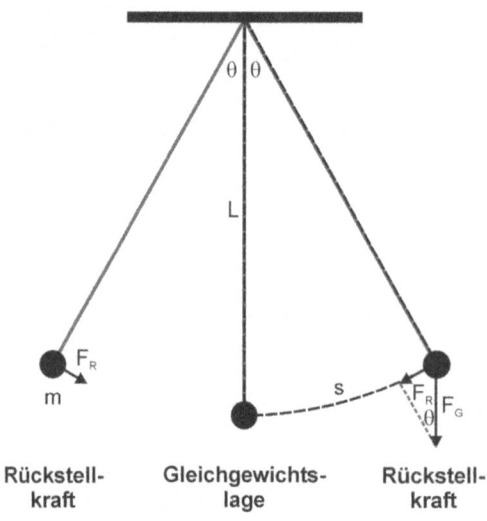

Abbildung 10.3: Ein Fadenpendel

Aus der Abbildung kann man außerdem ablesen, dass für den Winkel θ gilt (solange er so klein ist, dass man $\sin\theta$ durch θ selbst ersetzen kann (siehe dazu auch den nächsten Abschnitt)):

$$\theta = \frac{s}{L}$$

Damit erhält man:

$$F_R = mg \, \sin\frac{s}{L}$$

Solange die Auslenkung s klein gegenüber der Fadenlänge L ist, kann man $\sin(s/L)$ durch s/L selbst ersetzen.

 Bei kleinen Winkeln α kann man den Sinus des Winkels durch den Winkel selbst ersetzen:

$$\sin\alpha \approx \alpha$$

(Prüfen Sie das einmal mit Ihrem Taschenrechner nach. Diese Näherung kann manchmal sehr nützlich sein. Sie müssen den Winkel natürlich als Radiant eingeben.)

Damit ergibt sich für die Rückstellkraft beim Fadenpendel:

$$F_R = -\frac{mg}{L}s = -D \cdot s$$

wobei D auch als *Richtgröße* bezeichnet wird. Diese Beziehung hat die gleiche Form wie die Gleichung für das Federpendel. Man kann daher die gleichen Schlussfolgerungen wie oben ziehen:

✔ Die Rückstellkraft ist proportional zur Auslenkung.

✔ Die Rückstellkraft ist null für die ursprüngliche Gleichgewichtslage.

KAPITEL 10 Alles schwingt und rotiert: Einführung in die Maschinendynamik

Wenn bei einer Schwingung die Rückstellkraft proportional zur Auslenkung ist, bezeichnet man die Schwingung als *harmonisch*.

Wenn sich der schwingende Körper der ursprünglichen Gleichgewichtslage nähert, wird die auf ihn wirkende Kraft immer kleiner. Allerdings tritt eine bremsende Kraft erst auf, nachdem dieser Punkt passiert ist. Aus diesem Grund setzt sich eine Schwingung unendlich lange fort, solange keine Reibungsverluste auftreten.

Viele Schwingungen, eine Beschreibung

Abbildung 10.4 zeigt einen Punkt A, der eine gleichförmige Kreisbewegung beschreibt. Von links wird der Punkt beleuchtet, sodass sich auf dem Schirm auf der rechten Seite der Schatten des Punkts auf- und abbewegt; der Schatten führt also eine Art von Schwingung aus.

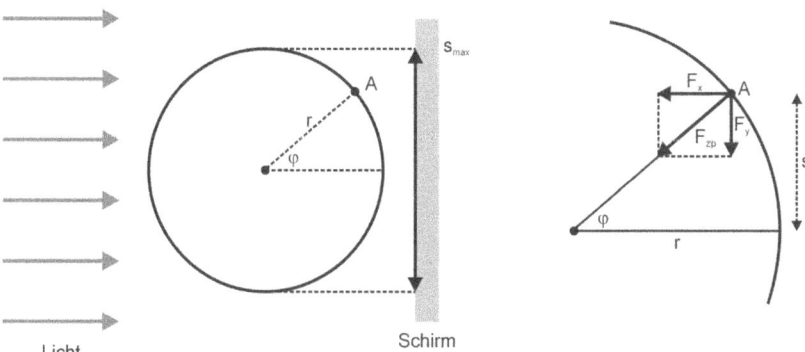

Abbildung 10.4: Eine gleichförmige Kreisbewegung wird auf einem Schirm abgebildet.

In Kapitel 8 wurde gezeigt, dass eine Zentripetalkraft

$$F_{zp} = \frac{mv^2}{r}$$

erforderlich ist, um den Körper auf seiner Kreisbahn zu halten. Sie ist zum Kreismittelpunkt gerichtet. Für die Bewegung des Schattens auf dem Schirm ist allerdings nur die Komponente F_y parallel zum Schirm von Bedeutung. Für diese Komponente gilt (rechte Skizze in Abbildung 10.4):

$$F_y = F_{zp} \sin \varphi$$

Aus Abbildung 10.4 kann man zudem ablesen, dass sin φ = s/r gilt, wobei s die Auslenkung des Schattens auf dem Schirm ist. Damit erhält man für die Kraft F_y, die die Bewegung des Schattens auf dem Schirm bestimmt:

$$F_y = \frac{F_{zp}}{r} s$$

Da die Zentripetalkraft konstant ist, kann man diese Beziehung auch folgendermaßen schreiben:

$$F_y = -D \cdot s$$

Der Schatten führt also auf dem Schirm eine harmonische Schwingung aus. »Schön!«, werden Sie sagen, »aber was bringt uns das hier an dieser Stelle?« Dieser Vergleich liefert das mathematische Werkzeug zur Beschreibung von harmonischen Schwingungen, denn die gleichförmige Kreisbewegung kennen Sie schon, sie wurde bereits in Kapitel 3 ausführlich dargestellt.

Aus Abbildung 10.4 geht hervor, dass

$$s_{max} = r$$

gilt. Außerdem wurde in Kapitel 3 dargestellt, dass eine gleichförmige Kreisbewegung durch die *Winkelgeschwindigkeit*

$$\omega = 2\pi f = 2\pi \frac{1}{T}$$

beschrieben werden kann. Dabei ist f die *Frequenz* und T die Periode, die in diesem Fall auch *Schwingungsdauer* genannt wird. Zudem gilt zwischen dem überstrichenen Winkel und der Winkelgeschwindigkeit die Beziehung:

$$\varphi = \omega t$$

Für die Auslenkung s ergibt sich aus Abbildung 10.4 als Funktion der Zeit damit der Ausdruck:

$$s(t) = r \sin \varphi(t) = s_{max} \sin \varphi(t)$$

Setzt man darin $\varphi = \omega t$ ein, so ergibt sich für die Auslenkung:

$$s(t) = s_{max} \sin \varphi(t) = s_{max} \sin \omega t$$
$$= s_{max} \sin 2\pi f t = s_{max} \sin 2\pi \frac{t}{T}$$

wobei f die Frequenz und T die Schwingungsdauer ist.

Das ist die Schwingungsgleichung für harmonische Schwingungen. Bei harmonischen Schwingungen folgt die Auslenkung einer Sinuskurve der Form:

$$s(t) = s_{max} \sin \omega t$$

In diesem Fall wird ω auch als *Kreisfrequenz* bezeichnet.

In gleicher Weise kann man zeigen, dass für die Geschwindigkeit und die Beschleunigung eines schwingenden Körpers als Funktion der Zeit die folgenden Beziehungen gelten:

$$v(t) = v_{max} \cos \omega t = s_{max} \omega \cos \omega t$$
$$a(t) = -a_{max} \sin \omega t = -s_{max} \omega^2 \sin \omega$$

KAPITEL 10 Alles schwingt und rotiert: Einführung in die Maschinendynamik

Diese Funktionen sind in Abbildung 10.5 grafisch dargestellt. Der Abbildung kann man Folgendes entnehmen:

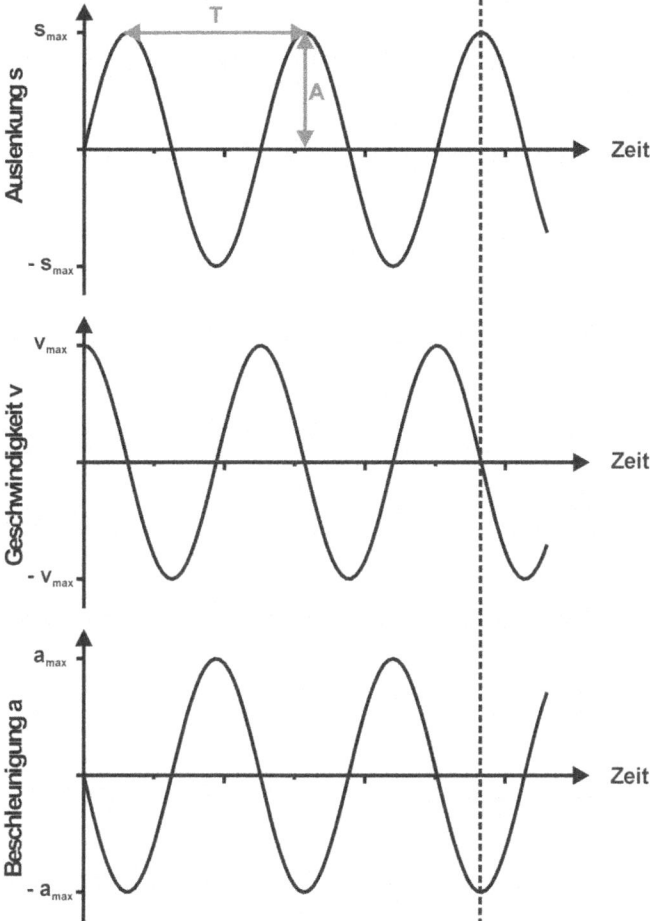

Abbildung 10.5: Auslenkung, Geschwindigkeit und Beschleunigung bei einer harmonischen Schwingung

✔ Alle drei Größen, also $s(t)$, $v(t)$ und $a(t)$ variieren periodisch um den jeweiligen Nullpunkt, wobei es in allen drei Fällen einen bestimmten positiven und negativen Maximalausschlag gibt.

 Dies beruht auf den Verläufen der Sinus- und Kosinusfunktionen, die periodisch zwischen 1 und −1 pendeln.

✔ Die Kurven $s(t)$, $v(t)$ und $a(t)$ sind gegeneinander entlang der Zeitachse verschoben. Dies liegt daran, dass (von oben nach unten) die trigonometrischen Funktionen sin, cos und −sin ausschlaggebend sind.

✔ Betrachten Sie den durch die gestrichelte Linie gekennzeichneten Schnitt in Abbildung 10.5. Dabei kann man folgende Beobachtungen machen:
- Die Auslenkung ist hier maximal. Beim Federpendel würde dies bedeuten: Die Masse befindet sich ganz unten.
- Die Geschwindigkeit ist an dieser Stelle null. Die Masse befindet sich auf ihrem Umkehrpunkt und bewegt sich (für einen ganz kurzen Moment) nicht.
- Die Beschleunigung ist hingegen maximal, besitzt aber ein der Auslenkung entgegengesetztes Vorzeichen. Die Masse ist ganz unten, daher zeigt die Beschleunigung nach oben. Dies ist eine Folge des Minuszeichens in der Gleichung für die Rückstellkraft.

In der bisherigen Darstellung der harmonischen Schwingungen ist eine Reihe von Begriffen aufgetaucht, mit denen man diese Schwingungen beschreiben kann. Sie sollen im Folgenden noch einmal zusammenfassend erläutert werden:

✔ Die *Auslenkung s* ist der momentane Abstand des Körpers von der Gleichgewichtslage.

✔ Die *Amplitude* $A = s_{max}$ ist die maximale Auslenkung aus der Gleichgewichtslage während einer Schwingung (Abbildung 10.5).

✔ Die *Schwingungsdauer* oder Periode T ist die Zeit, in der der Körper einen vollständigen Bewegungszyklus durchläuft (Abbildung 10.5).

✔ Die *Frequenz f* ist der Kehrwert der Schwingungsdauer:

$$f = \frac{1}{T}$$

✔ Die *Kreisfrequenz* ω ist definiert als

$$\omega = 2\pi f = 2\pi \frac{1}{T}$$

✔ Eine weitere im Zusammenhang mit Schwingungen wichtige Größe ist die *Phase* φ. Sie ist nur von Bedeutung, wenn man mehrere Schwingungen gleichzeitig betrachtet. Selbst wenn zwei Schwingungen die gleiche Frequenz besitzen, müssen sie nicht unbedingt im Gleichtakt sein. Eine Schwingung kann gerade ihre maximale Auslenkung haben, während die andere noch im Bereich des Nullpunkts ist. Dies nennt man eine *Phasenverschiebung*; sie wird durch den sogenannten *Phasenwinkel* φ ausgedrückt:

$$s_1 = s_{1,max} \sin \omega t$$
$$s_2 = s_{2,max} \sin(\omega t + \varphi)$$

Jetzt ist es aber höchste Zeit für ein Beispiel. Eine Kugel mit einer Masse m = 5 kg hängt an einem Drahtseil der Länge L = 10 m. Sie wird um eine Strecke s = 2,5 m zur Seite ausgelenkt. (Sie mögen dieses Beispiel vielleicht für unrealistisch halten, aber dies ist eines meiner Lieblingsspielzeuge in meiner Experimentalphysikvorlesung, weil man viel daran erklären kann.) Wie lautet die Bewegungsgleichung der Kugel und wie groß sind die oben aufgeführten charakteristischen Größen dieser Schwingung?

KAPITEL 10 Alles schwingt und rotiert: Einführung in die Maschinendynamik

Dazu braucht man eine Beziehung zwischen den Größen, die das Fadenpendel charakterisieren (Masse, Fadenlänge und so weiter), und den Größen, die die Schwingung beschreiben, etwa die Kreisfrequenz. Betrachten Sie noch einmal die obigen Gleichungen für die Auslenkung und die Beschleunigung:

$$s = s_{max} \sin \omega t$$
$$a = -s_{max} \omega^2 \sin \omega t$$

Daraus ergibt sich folgende Gleichung:

$$-a/\omega^2 = s_{max} \sin \omega t$$

Daraus erhält man folgende Beziehung zwischen Auslenkung und Beschleunigung:

$$a = -\omega^2 s$$

Multipliziert man beide Seiten dieser Gleichung mit der Masse, so erhält man:

$$ma = -m\omega^2 s$$

ma ist andererseits gerade gleich der Rückstellkraft, die die Kugel beschleunigt. Wenn man die oben für das Fadenpendel hergeleiteten Beziehungen einsetzt, erhält man:

$$-m\omega^2 s = F_R = -Ds = -\frac{mg}{L}s$$

Löst man diese Gleichung nach der Kreisfrequenz ω auf, ergibt sich:

$$\omega^2 = \frac{g}{L}$$
$$\omega = \sqrt{\frac{g}{L}}$$

Die Masse des Pendels spielt also für die Kreisfrequenz des Fadenpendels überhaupt keine Rolle. Auch die ursprüngliche Auslenkung taucht in dieser Gleichung nicht auf. Entscheidend ist einzig und allein die Länge des Seils! Für das Fadenpendel in meiner Vorlesung erhält man also:

$$\omega = \sqrt{\frac{g}{L}} = \sqrt{\frac{9,81 \text{ m/s}^2}{10 \text{ m}}} = 1 \text{ s}^{-1}$$

$$f = \frac{1}{2\pi}\omega = \frac{1}{2\pi} \cdot 1 \text{ s}^{-1} = 0,16 \text{ s}^{-1}$$

$$T = \frac{1}{f} = \frac{1}{0,16 \text{ s}^{-1}} = 6,3 \text{ s}$$

Das Fadenpendel braucht folglich mehr als 6 Sekunden, um eine Schwingung zu vollenden.

In ähnlicher Weise kann man herleiten, dass für ein Federpendel folgende Gleichungen gelten:

$$\omega = \sqrt{\frac{k}{m}} \quad \text{und} \quad f = \frac{1}{2\pi}\sqrt{\frac{k}{m}}$$

$$T = 2\pi\sqrt{\frac{m}{k}}$$

wobei k die Federkonstante ist.

Schwingen und Stoßen: Das Newton-Pendel

Sie werden wahrscheinlich die Begriffe *Newton-Pendel* oder *Kugelstoßpendel* nie gehört haben. Das Wort »Klick-Klack-Pendel« vielleicht schon eher. Aber gesehen haben Sie ein solches Pendel wahrscheinlich schon, und Sie wissen auch, wie es funktioniert.

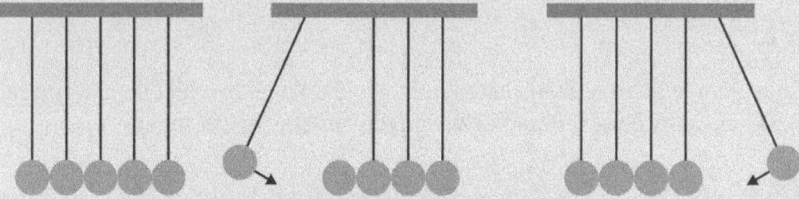

Abbildung 10.6: Ein Newton-Pendel oder Kugelstoßpendel

Es besteht, wie Abbildung 10.6 zeigt, aus üblicherweise fünf Metallkugeln, die eng nebeneinander aufgehängt sind. Die Aufhängung ist trapezförmig, sodass sich die Kugeln nur in eine Richtung bewegen und nicht nach vorn oder hinten abweichen können. Lenkt man nun die linke Kugel ein wenig aus und lässt sie dann wieder los, trifft sie auf die verbliebene Reihe von Kugeln und stößt sie an. Dabei löst sich dann die äußerste rechte Kugel; sie schwingt nach rechts, bis sie einen Umkehrpunkt erreicht, wieder zurückfällt und die Kugelreihe anstößt. Als Folge davon beginnt die linke Kugel ... Sie wissen, wie es weitergeht.

Der Definition zufolge handelt es sich hier um eine Schwingung, die nicht von einem, sondern von zwei Körpern abwechselnd ausgeführt wird. Man kann sie aber mit den Gleichungen für das Fadenpendel behandeln.

Auf der anderen Seite spielen beim Newton-Pendel natürlich *Stöße* eine Rolle. In den Kapiteln 3 und 9 wurde gezeigt, dass man zur Beschreibung von Stößen die Erhaltungssätze für Energie und Impuls heranziehen muss. Wenn die linke Kugel auf die Kugelreihe trifft, hat sie einen Impuls $p = mu$. Sie überträgt diesen Impuls auf die zweite Kugel, die damit aber nicht viel anfangen kann, da sie sich nicht bewegen kann. Sie gibt den Impuls daher weiter an die nächste Kugel. Erst die äußerste rechte Kugel kann sich bewegen: Sie übernimmt daher den Impuls $p = mv$. Da die Massen der Kugeln gleich sind, sind auch die Geschwindigkeiten u und v gleich.

> Interessanterweise setzen sich, wenn man nicht eine, sondern zwei Kugeln auf der linken Seite auslenkt, beim Stoß nicht eine, sondern zwei Kugeln auf der rechten Seite in Bewegung. Aber auch dies ist mithilfe von Energie- und Impulserhaltung leicht erklärbar.
>
> Nebenbei bemerkt: Obwohl diese Anordnung Newton-Pendel genannt wird, wurde sie von dem französischen Physiker Edme Mariotte 1676 eingeführt.

Ziemlich verdreht: Das Torsionspendel

Es gibt noch eine dritte grundlegende Schwingungsform, die für die Technische Mechanik von großer Bedeutung ist. Dabei handelt es sich um Schwingungen, die auf der *Torsion* oder inneren Drehung eines Körpers beruhen; diese wird in Kapitel 11 ausführlich vorgestellt. Das einfachste Beispiel ist das in Abbildung 10.7 dargestellte *Torsionspendel* oder *Torsionsfadenpendel*. Wie beim Federpendel oder beim Fadenpendel handelt es sich um das Paradebeispiel, das zahlreiche Entsprechungen in der realen technischen Welt hat.

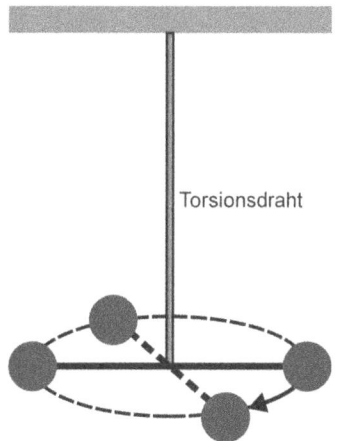

Abbildung 10.7: Ein Torsionspendel

Ein Torsionsfadenpendel besteht aus einem starren Körper (hier dargestellt durch zwei Kugeln, die durch eine Stange miteinander verbunden sind), der an einem Draht aufgehängt ist. Lenkt man diesen Körper in waagerechter Richtung aus, verdrillt sich der Draht. Lässt man den Körper los, so will sich der Draht entspannen. Es gibt also eine Rückstellkraft, die zurück zum Ausgangspunkt wirkt. Da aber dort keine bremsende Kraft vorhanden ist, dreht sich der Körper weiter, bis er einen Ausschlag erreicht, der der ursprünglichen Auslenkung entgegengesetzt ist. Dort wird die Bewegung umgekehrt, und der Körper beginnt, in waagerechter Richtung um seine Gleichgewichtslage zu schwingen.

Es ist an dieser Stelle nicht notwendig, die die Bewegung dieses Torsionspendels beschreibenden Beziehungen herzuleiten; das Endergebnis können Sie viel einfacher durch Analogieschlüsse aus dem Vergleich zwischen Dreh- und Translationsbewegungen einerseits und den obigen Ergebnissen für Feder- und Fadenpendel andererseits erhalten.

Zunächst muss man berücksichtigen, dass es sich um eine Drehbewegung und nicht um eine Translationsbewegung handelt. Daher hat man es hier mit einem *Rückstellmoment*, nicht mit einer Rückstellkraft zu tun. Zudem ist nicht die Masse des Körpers entscheidend, sondern sein Trägheitsmoment (siehe Kapitel 9). Auf der anderen Seite hat man es mit einer Art Federkraft zu tun, die auf den elastischen Eigenschaften des Drahtes beruht.

Entsprechend dem *Hooke'schen Gesetz* (das ausführlich in den Kapiteln 11 und 12 behandelt wird) kann man dieser »Torsionsfeder« eine entsprechende Torsionsfederkonstante zuordnen, sodass gilt:

$$\tau_R = -k_T \Delta\varphi$$

wobei τ_R das Rückstellmoment ist und $\Delta\varphi$ der Winkel der Auslenkung. Diese Beziehung ist analog zur oben diskutierten Federgleichung:

$$F_R = -k\Delta x$$

Aus reinen Analogieüberlegungen heraus sollten Sie jetzt eigentlich die Gleichung für die Schwingungsdauer des Torsionspendels hinschreiben können:

$$T = 2\pi\sqrt{\frac{I}{k_T}} \quad \left(\text{Federpendel}: T = 2\pi\sqrt{\frac{m}{k}}\right)$$

wobei die Masse durch das Trägheitsmoment und die Federkonstante durch die Torsionsfederkonstante ersetzt worden sind.

Damit folgt auch diese Torsionsschwingung dem allgemeinen Gesetz für harmonische Schwingungen:

$$T = 2\pi\sqrt{\frac{S}{R}}$$

wobei R eine Rückstellgröße (Richtgröße) und S eine das Schwingungssystem beschreibende Größe ist, die Systemgröße genannt wird (hier das Trägheitsmoment). Darauf wird im nächsten Abschnitt noch einmal eingegangen.

Man kann diese Art von Torsionspendeln benutzen, um das Trägheitsmoment von Körpern mit unregelmäßiger Gestalt zu messen, wenn es nicht mithilfe von geometrischen Berechnungen bestimmt werden kann. Dazu lässt man zunächst einen Körper mit bekanntem Trägheitsmoment schwingen, danach den unbekannten Körper und bestimmt dann durch Vergleich dessen Trägheitsmoment.

Alle harmonischen Schwingungen weisen Gemeinsamkeiten auf

Alle bislang in diesem Kapitel diskutierten harmonischen Schwingungen (aber darüber hinaus auch alle weiteren harmonischen Schwingungen, von denen es eine große Vielfalt gibt), weisen eine Reihe von Gemeinsamkeiten auf. So gilt beispielsweise für die Schwingungsdauer:

$$T = 2\pi\sqrt{\frac{S}{R}}$$

Daraus ergibt sich für die Kreisfrequenz der Schwingung:

$$\omega = \sqrt{\frac{R}{S}}$$

Die Richtgröße R gibt Informationen über die Art der Rückstellkraft, die Systemgröße S ist ein relevanter, das System beschreibender Parameter. In Tabelle 10.1 sind diese Größen für die in diesem Kapitel behandelten harmonischen Schwingungen zusammengefasst.

Pendel	Auslenkung	T	Richtgröße	Systemgröße
Federpendel	s	$T = 2\pi\sqrt{\frac{k}{m}}$	Federkonstante k	Masse m
Fadenpendel	φ	$T = 2\pi\sqrt{\frac{L}{g}}$	Erdbeschleunigung g	Länge L
Torsionspendel	ψ	$T = 2\pi\sqrt{\frac{I}{k_T}}$	Torsionsfederkonstante k_T	Trägheitsmoment I

Tabelle 10.1: Zusammenfassung der in diesem Kapitel diskutierten harmonischen Schwingungen

Dämpfung und erzwungene Schwingungen

Im vorangegangenen Abschnitt wurden die harmonischen Schwingungen behandelt. Sie sind so etwas wie »Schwingungen einfach« und damit das Lieblingsthema der Physiker in diesem Bereich. Aber sie entsprechen in vielen Fällen nicht der technischen Realität. Dort hat man es mit gedämpften, erzwungenen, resonanten oder gekoppelten Schwingungen zu tun. Diese Arten von Schwingungen werden im Folgenden behandelt. Aber seien Sie unbesorgt: Die Schwingungen werden zwar komplizierter, aber nicht so kompliziert, dass man sie nicht mit einfachen Mitteln beschreiben könnte.

Alles hat einmal ein Ende: Gedämpfte Schwingungen

Die Bewegungsgleichung für eine harmonische Schwingung lautet:

$$s(t) = s_{\max} \sin \omega t = A \sin \omega t$$

Dieser Gleichung zufolge sollte eine harmonische Schwingung unendlich lange ohne Änderung andauern. Sie wissen natürlich, dass dies in Wirklichkeit nicht der Fall ist. Weder das Federpendel in Abbildung 10.1 noch das Fadenpendel in Abbildung 10.3 werden unendlich lange schwingen. Vielmehr wird die Amplitude allmählich kleiner werden, bis die Schwingung schließlich ganz zum Stillstand kommt. Ursache dafür ist in vielen Fällen die Reibung. Reale Schwingungen sind gedämpft.

Bei einer *gedämpften Schwingung* ist die Amplitude zeitlich nicht konstant, sondern nimmt mit der Zeit ab, bis die Schwingung schließlich zum Stillstand kommt. In der Bewegungsgleichung für Schwingungen kann man dies folgendermaßen berücksichtigen:

$$s(t) = A(t)\sin\omega t$$

das heißt, auch die Amplitude ist zeitabhängig.

Beim Fadenpendel beispielsweise sind Reibungsverluste für diese Dämpfung verantwortlich: Die Kugel wird durch den Luftwiderstand gebremst; zudem reibt das Seil an seiner Aufhängung.

In vielen, vor allem technisch relevanten Fällen erfolgt die Dämpfung *exponentiell*. Das bedeutet, dass die Amplitude folgendermaßen geschrieben werden kann:

$$A(t) = A_0 e^{-\rho t}$$

Die Konstante ρ wird auch als *Dämpfungs-* oder *Abklingkonstante* bezeichnet; ihren Kehrwert $\tau = 1/\rho$ nennt man auch *Zeitkonstante*.

 e ist die sogenannte *Euler'sche Zahl*, sie beträgt 2,71828 … Die Funktion e^x heißt *Exponentialfunktion*, sie spielt in der Beschreibung physikalischer und technischer Prozesse eine große Rolle. Sie finden die Funktion e^x auf Ihrem Taschenrechner.

Für eine gedämpfte harmonische Schwingung gilt daher der Ausdruck:

$$s(t) = A(t)\sin\omega t = A_0 e^{-\rho t}\sin\omega t$$

wobei A_0 die Anfangsamplitude ist. Eine solche Schwingung ist in Abbildung 10.8 dargestellt. Dieser Abbildung kann man Folgendes entnehmen:

✔ Die Amplitude nimmt exponentiell mit der Zeit ab.

✔ Die eigentliche Form der Schwingung ändert sich nicht. Schwingungsdauer und Frequenz sind von der Dämpfung nicht betroffen.

✔ Die Funktion $A = A_0 e^{-\rho t}$ bildet die sogenannte *Einhüllende* der Schwingung.

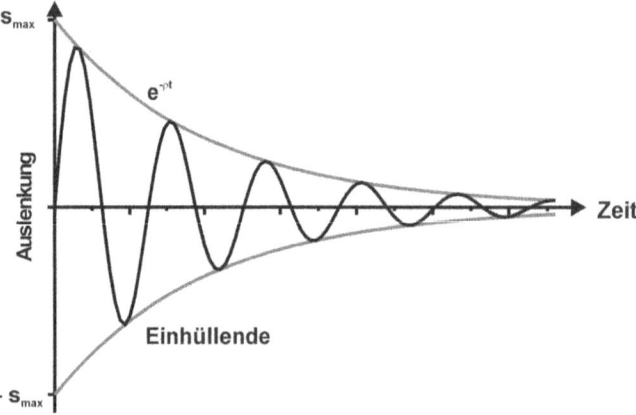

Abbildung 10.8: Eine gedämpfte Schwingung

Das ist der Rhythmus, wo jeder mit muss: Erzwungene Schwingungen

Aus der obigen Darstellung über harmonische Schwingungen geht hervor, dass jedes schwingungsfähige System (etwa ein Fadenpendel oder ein Federpendel) mit einer charakteristischen Frequenz f_0 schwingt, die sich aus dem Kehrwert der Schwingungsdauer ergibt:

Federpendel: $f_0 = \dfrac{1}{2\pi}\sqrt{\dfrac{k}{m}}$ Fadenpendel: $f_0 = \dfrac{1}{2\pi}\sqrt{\dfrac{g}{L}}$

Dies kann man folgendermaßen verallgemeinern:

Ein frei schwingendes, keinerlei Einschränkungen unterliegendes System schwingt mit einer für das System charakteristischen Frequenz der allgemeinen Form:

$$f_0 = \dfrac{1}{2\pi}\sqrt{\dfrac{R}{S}}$$

Dabei ist R die Richtgröße, die den Gleichgewichtszustand wieder herzustellen versucht (also etwa die Federkonstante k oder die Erdbeschleunigung g), und S eine Größe, die das spezielle System charakterisiert. Die charakteristische Frequenz nennt man die *Eigenfrequenz* des Systems.

Wenn man ein freies System zu einer Schwingung anregt, wird es mit dieser Eigenfrequenz f_0 schwingen. Es gibt aber viele, insbesondere in der Technik bedeutende Fälle, in denen ein schwingungsfähiges System von außen mit einer von der Eigenfrequenz sich unterscheidenden Frequenz f angeregt wird. In diesen Fällen spricht man von *erzwungenen Schwingungen*.

Ein Beispiel für eine solche erzwungene Schwingung ist in Abbildung 10.9 dargestellt. Ein Motor mit einem Exzenter dreht sich. An dem Exzenter ist ein Seil befestigt, das über eine Rolle auf eine Stange umgelegt wird, die sich als Folge mit der Frequenz f auf- und abbewegt. An dieser Stange ist eine Feder angebracht, an der wiederum eine Masse befestigt ist. In einem solchen System nennt man den Motor *Erreger* (oder Oszillator) und die Feder mit ihrer Masse Mitschwinger oder *Resonator*.

Das Verhalten des Resonators hängt von der Größe der beteiligten Frequenzen ab:

- Dreht sich der Motor langsam, ist also f gering, folgt die Feder mit ihrer Masse in etwa der Stange.

- Wird die Erregerfrequenz größer, nimmt auch die Amplitude des Federpendels zu. Dabei geraten die beiden Bewegungen *außer Phase*. Die Erregerschwingung ist der Schwingung der Feder um ein Viertel einer Schwingungsdauer voraus.

- Für $f \approx f_0$ wird die Amplitude extrem groß. In diesem Fall spricht man von Resonanz. Sie wird im folgenden Abschnitt ausführlich behandelt.

- Übersteigt die Erregerfrequenz die Eigenfrequenz ($f > f_0$), wird die Amplitude wieder kleiner, bis die Schwingung der Feder schließlich ganz zum Erliegen kommt.

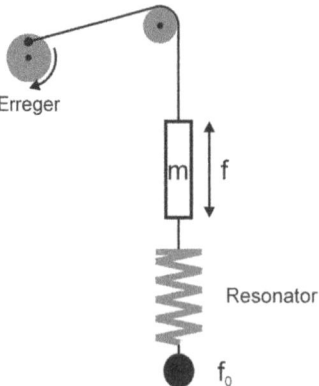

Abbildung 10.9: Eine erzwungene Schwingung

Das kann in einer Katastrophe enden: Resonanz

Im letzten Abschnitt wurde erwähnt, dass bei einer erzwungenen Schwingung ein besonderer Fall eintritt, wenn die Frequenz des Erregers der Eigenschwingung des Schwingungssystems entspricht. Diesen Fall nennt man Resonanz. Im Falle einer Resonanz ist die Amplitude extrem groß.

 Resonanz tritt auf, wenn ein schwingungsfähiges System mit der Eigenfrequenz f_0 von außen mit genau dieser Frequenz angeregt wird, das heißt, für die Erregerfrequenz gilt:

$$f = f_0$$

Die Folgen von Resonanzeffekten können katastrophal sein. Die folgende Gleichung beschreibt das Verhältnis der Amplituden von Resonator und Erreger (dem vom Motor angetriebenen Stab in Abbildung 10.8 beispielsweise):

$$\frac{A}{A_0} = \frac{f_0^2}{\sqrt{\left(f_0^2 - f^2\right)^2 + 4\rho f^2}}$$

ρ ist dabei die im letzten Abschnitt eingeführte Dämpfungskonstante. »Wow, was für eine Gleichung!«, werden Sie sagen. Keine Bange, lautet meine Antwort. Diese Gleichung dient nicht für weitere Rechnungen, sie soll nur helfen, die Resonanz zu erläutern. Im Resonanzfall gilt: $f = f_0$. Damit ist der erste Term in der Wurzel im Nenner der Gleichung gleich null, und es ergibt sich:

$$\frac{A}{A_0} = \frac{f_0^2}{\sqrt{4\rho f^2}}$$

Das sieht schon nicht mehr so kompliziert aus. Aber Vorsicht: Wenn die Schwingung ungedämpft ist, ist $\rho = 0$; damit ergibt sich:

$$\frac{A}{A_0} = \frac{f_0^2}{0\;!!!!}$$

Das heißt, bei einer ungedämpften Schwingung wird die Amplitude im Resonanzfall unendlich groß. Dies nennt man *Resonanzkatastrophe*.

In Abbildung 10.10 ist das Verhältnis A/A_0 als Funktion der Erregerfrequenz dargestellt. Es ist deutlich, dass im ungedämpften Fall die Amplitude im Bereich der Eigenfrequenz (also für $f/f_0 = 1$) unendlich groß wird.

Dieser Effekt ist keinesfalls harmlos. Er ist beispielsweise auch im Bereich des Maschinenbaus und anderer Ingenieurswissenschaften von Bedeutung. Brücken können einstürzen, wenn der Marschtritt von Soldaten oder auch Windstöße ihrer Resonanzfrequenz völlig oder zumindest näherungsweise entsprechen. Aber auch Maschinen können völlig versagen, wenn etwa schnell laufende Wellen Schwingungen erzeugen, deren Frequenzen der Eigenfrequenz der Maschine oder eines ihrer Teile entsprechen.

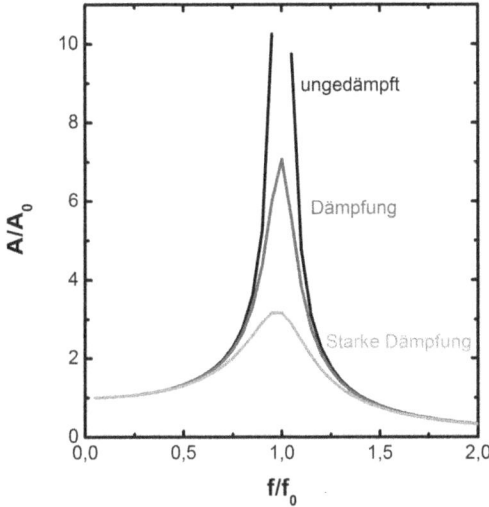

Abbildung 10.10: Resonanz von Schwingungen

 Wenn Sie einmal direkt sehen wollen, welche katastrophalen Auswirkungen durch Resonanz- und durch ähnliche Schwingungseffekte erzeugte gewaltige Amplituden haben können, empfehle ich Ihnen den Film vom Einsturz einer Brücke, den Sie im Internet unter `http://de.wikipedia.org/wiki/Datei:Tacoma_Narrows_Bridge_destruction.ogg` finden.

Schwingungssysteme

Parallel- und Reihenschaltungen von Federn

In der technischen Realität kommt es häufig vor, dass auf einen Körper nicht nur eine, sondern mehrere Federkräfte wirken. Dabei muss es sich nicht unbedingt um die in diesem Kapitel häufig behandelte Schrauben- oder Spiralfeder handeln. Um das Verhalten des Körpers beschreiben zu können, ist es notwendig, die *resultierende Federkonstante* zu kennen. Zu deren Berechnung müssen Sie allerdings wissen, wie die Federn angeordnet sind. Man kann zwei Fälle unterscheiden:

✔ Die Federn sind parallel zueinander angeordnet (Abbildung 10.11).

✔ Die Federn sind hintereinander angeordnet (Abbildung 10.12).

Abbildung 10.11 zeigt eine sogenannte *Parallelschaltung* zweier Federn. Beide Federn sind gleichzeitig an einem Körper befestigt. Lenkt man den Körper aus seiner Gleichgewichtslage aus, so wirkt eine Rückstellkraft F_{R0}, die sich aus den beiden Einzelkräften F_{R1} und F_{R2} folgendermaßen ergibt:

$$F_{R0} = F_{R1} + F_{R2}$$

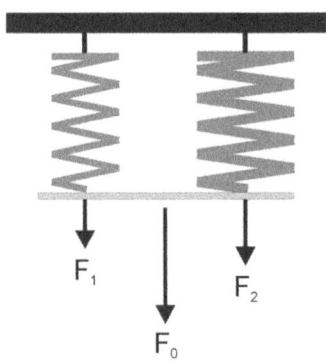

Abbildung 10.11: Parallelschaltung von Federn

Da aber diese Kräfte auf ein und denselben Körper wirken, muss auf der anderen Seite die Auslenkung in allen Fällen gleich sein. Es gilt also:

$$x_0 = x_1 = x_2$$

Für die Federkonstante gilt die Definition:

$$k = \frac{F_R}{x}$$

Damit erhält man für die resultierende Federkonstante zweier parallel geschalteter Federn:

$$k_0 = \frac{F_{R0}}{x_0} = \frac{F_{R1} + F_{R2}}{x_0} = \frac{F_{R1}}{x_1} + \frac{F_{R2}}{x_2} = k_1 + k_2$$

 Sind mehrere Federn mit den Federkonstanten $k_1 \ldots k_n$ parallel geschaltet, gilt für die resultierende Federkonstante:

$$k_0 = \sum k_i$$

Die Situation sieht anders aus, wenn die beiden Federn nicht parallel, sondern hintereinander angeordnet sind (Abbildung 10.12). Diese Anordnung nennt man *Reihenschaltung*.

In diesem Fall müssen alle Kräfte gleich sein, das heißt:

$$F_0 = F_1 = F_2$$

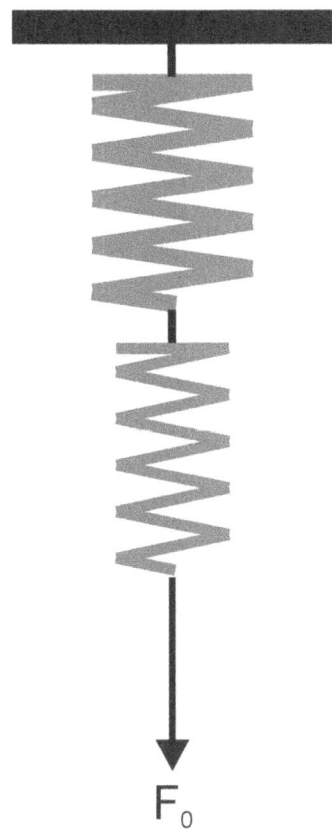

Abbildung 10.12: Reihenschaltung zweier Federn

Andererseits setzt sich die Gesamtauslenkung aus den Einzelauslenkungen der beiden Federn zusammen:

$$x_0 = x_1 + x_2$$

Insgesamt ergibt sich für die resultierende Federkonstante des Gesamtsystems:

$$k_0 = \frac{F_0}{x_0} = \frac{F_0}{x_1 + x_2}$$

Bildet man den Kehrwert dieser Gleichung, so erhält man:

$$\frac{1}{k_0} = \frac{x_1 + x_2}{F_0} = \frac{x_1}{F_1} + \frac{x_2}{F_2} = \frac{1}{k_1} + \frac{1}{k_2}$$

Bei einer Reihenschaltung mehrerer Federn mit den Federkonstanten $k_1 \ldots k_n$ gilt für die resultierende Federkonstante

$$\frac{1}{k_0} = \sum \frac{1}{k_i}$$

Natürlich gibt es auch Fälle, in denen eine Kombination dieser beiden Schaltungen von Federn vorliegt, aber mit den hier abgeleiteten Gleichungen kann man die resultierende Federkonstante für derartige Systeme einfach berechnen.

Gekoppelte Pendel

Gekoppelte Pendel spielen in der Physik und der Technik ebenfalls eine große Rolle. Im einfachsten Fall besteht ein gekoppeltes Pendel aus zwei Fadenpendeln, die durch eine mechanische Feder miteinander verbunden sind, wie in Abbildung 10.13 dargestellt ist. Dabei unterscheidet man zwei Fälle:

✔ Hängen die beiden Pendel senkrecht herunter, spricht man von *schwacher Kopplung*.

✔ Weichen die Pendel von der Vertikalen ab, liegt eine *starke Kopplung* vor.

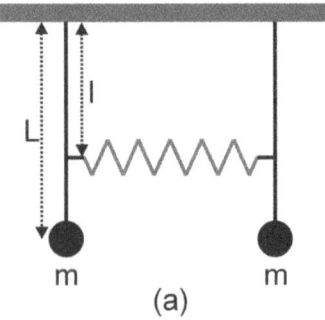
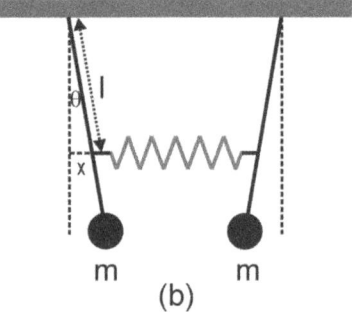

Abbildung 10.13: Gekoppelte Pendel in der Ruhelage bei (a) schwacher Kopplung und (b) starker Kopplung

Bei der Beschreibung eines solches Systems muss man berücksichtigen, dass die beiden Pendel im Prinzip eine Drehbewegung um ihre Aufhängepunkte ausführen. Wenn eine der Kugeln um einen Winkel θ ausgelenkt ist, wirken auf sie zwei Drehmomente:

✔ $\tau_{1,\text{Pendel}}$ ist eine Folge der Schwerkraft, die versucht, das Einzelpendel in die Ruhelage zurückzuziehen. Aus der Definition des Drehmoments erhält man den folgenden Ausdruck:

$$\tau_{1,\text{Pendel}} = r \cdot F$$
$$= mg \sin \theta \cdot L$$

wobei L die Länge des Pendels ist. $\sin \theta$ berücksichtigt, dass nur die Komponente der Gewichtskraft senkrecht zum Pendel beiträgt.

KAPITEL 10 Alles schwingt und rotiert: Einführung in die Maschinendynamik

✔ $\tau_{1,\text{Feder}}$ beruht auf der Tatsache, dass sich die Feder entspannen will. Hier gilt:

$$\tau_{1,\text{Feder}} = r \cdot F$$
$$= -kx \cdot l = -kl \sin\theta \cdot l = -kl^2 \sin\theta$$

wobei l der Abstand der Aufhängung ist, an dem die Feder angreift. Aus der Skizze in Abbildung 10.13 können Sie entnehmen, dass die Auslenkung x der Feder genau $l \sin\theta$ ist.

Das auf die erste Kugel wirkende Gesamtdrehmoment ist also durch den folgenden Ausdruck gegeben:

$$\tau_1 = \tau_{\text{Faden},1} + \tau_{\text{Feder},1}$$
$$= mgL \cdot \sin\theta - kl^2 \cdot \sin\theta = mgL \cdot \theta - kl^2 \cdot \theta$$

wenn die Auslenkung θ gering ist ($\sin\theta$ kann dann durch θ ersetzt werden). Für das zweite Pendel gilt natürlich eine analoge Gleichung.

Für ein solches gekoppeltes Pendel gibt es je nach Art der ursprünglichen Anregung drei charakteristische Arten der Schwingung, die im Folgenden beschrieben werden:

1. Bei einer *gleichsinnigen Schwingung* werden beide Pendel um den gleichen Winkel in die gleiche Richtung ausgelenkt: $\theta_1 = \theta_2$. In diesem Fall schwingen die beiden Pendel im Gleichtakt hin und her (Abbildung 10.14). Länge und Spannung der Feder ändern sich nicht. Wenn die Feder leicht ist, behindert sie die Schwingung kaum, und die Kreisfrequenz entspricht etwa der Eigenfrequenz der Einzelpendel ($\omega_{\text{gl}} \approx \omega_0$).

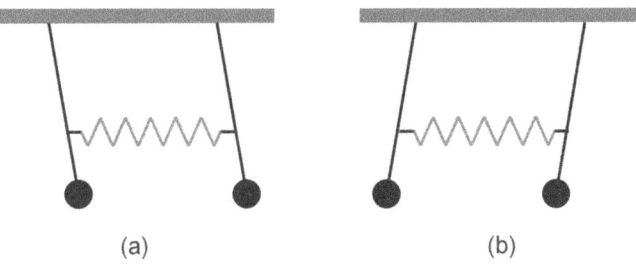

Abbildung 10.14: Gleichsinnige Schwingung eines gekoppelten Pendels

2. Bei einer *gegensinnigen Schwingung* werden die Pendel um gleich große, aber entgegengesetzte Winkel ausgelenkt ($\theta_1 = -\theta_2$). In diesem Fall ergibt sich wieder eine symmetrische Schwingung (Abbildung 10.15). Dabei dehnt sich die Feder aus und zieht sich wieder zusammen und überträgt dabei eine Kraft (Drehmoment) auf die Pendel. Wenn die Pendel beispielsweise nach außen schwingen, wirkt die Feder als Rückstellkraft nach innen. Die Gesamtrückstellkraft ist daher größer als beim isolierten Fadenpendel. Aus diesem Grund ist die Kreisfrequenz ω_{geg} bei gegensinnigen Schwingungen eines gekoppelten Pendels größer als deren Eigenfrequenz, das heißt, ihre Schwingungsdauer ist kürzer.

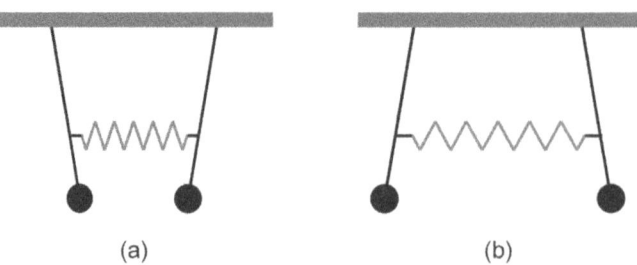

Abbildung 10.15: Gegensinnige Schwingung eines gekoppelten Pendels

3. Der dritte Fall ist der sogenannte Kopplungsfall. Dabei wird zu Beginn nur eines der beiden Pendel ausgelenkt. Das Verhalten des Systems ist in diesem Fall schon ein wenig bizarr. Zunächst schwingt das ausgelenkte Pendel hin und her, während das zweite in Ruhe bleibt (Abbildung 10.16). Allerdings »zerrt« das erste Pendel bei jedem Zyklus über die Feder ein wenig am zweiten und setzt dieses allmählich in Bewegung. Die Amplitude dieser Schwingung wird immer größer, bis sämtliche Energie des Vorgangs im zweiten Pendel steckt und das erste ruht. Dann beginnt sich der Vorgang umzukehren: Die Energie wandert wieder zum ersten Pendel. Als Resultat erhält man eine Schwingung, die fortwährend von einem Pendel zum anderen wandert.

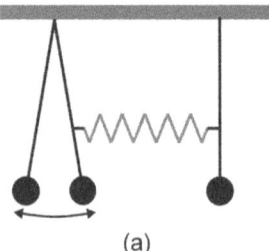 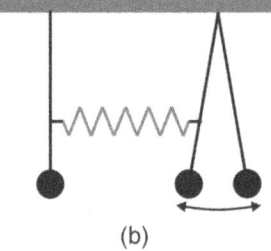

Abbildung 10.16: Kopplungsschwingung eines gekoppelten Pendels

 Bei diesem Vorgang treten zwei Kreisfrequenzen auf: die der Einzelpendel und die des Wechselns der Amplitude von einem Pendel zum anderen. Den letzteren Vorgang nennt man *Schwebung*.

Für die beiden Kreisfrequenzen der Kopplungsschwingung gilt:

$$\omega_{KS} = \frac{\omega_{gl} + \omega_{geg}}{2}$$

Dabei sind ω_{gl} und ω_{geg} die Kreisfrequenzen der gleichsinnigen und der gegensinnigen gekoppelten Schwingung. Da beide in der Größenordnung der Eigenfrequenz des Einzelpendels sind, gilt dies auch für ω_{KS}. Andererseits gilt für die Frequenz der Schwebung:

$$\omega_{Schw} = \frac{\omega_{gl} - \omega_{geg}}{2}$$

ω_{Schw} ist also wesentlich kleiner als die Eigenfrequenz ω_0. Die beiden Schwingungen sind in Abbildung 10.17 dargestellt:

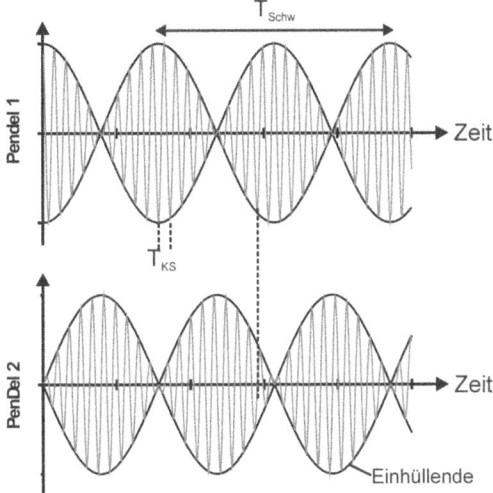

Abbildung 10.17: Schwebung bei einem gekoppelten Pendel

Dieser Abbildung kann man Folgendes entnehmen:

✔ Die Schwebungsschwingungen bilden die *Einhüllende* der Kopplungsschwingungen.

✔ Die Amplitude der Kopplungsschwingung wechselt von einem Pendel zum anderen und wieder zurück.

✔ Unabhängig von der jeweiligen Größe der Amplituden sind die Schwingungen der beiden Pendel gegeneinander verschoben, wie der durch die gestrichelte Linie angedeutete Schnitt in der Abbildung zeigt.

 Mathematisch gesehen kann man die Schwingungen der beiden Pendel folgendermaßen beschreiben:

$$s_1(t) = s_{1,\max} \cos \omega_{Schw} t \cdot \cos \omega_{KS} t$$
$$s_2(t) = s_{2,\max} \sin \omega_{Schw} t \cdot \sin \omega_{KS} t$$

Gekoppelte Schwingungssysteme

Kehren Sie noch einmal zu Abbildung 10.14 und Abbildung 10.15 zurück. Diese zeigen, dass die beiden gekoppelten, schwingungsfähigen Systeme (Fadenpendel) zwei grundlegende Schwingungen ausführen können: Sie schwingen entweder gegeneinander oder miteinander; die Feder kann entweder gespannt oder völlig entspannt sein. Diese beiden Formen der Schwingung nennt man auch *Fundamentalschwingung*, *Normalschwingung* oder *Eigenschwingung*. ω_{gl} und ω_{geg} heißen daher auch *Eigenfrequenzen* des gekoppelten Systems. Eine beliebige Schwingung des Systems kann stets als *Überlagerung* dieser beiden Fundamentalschwingungen dargestellt werden.

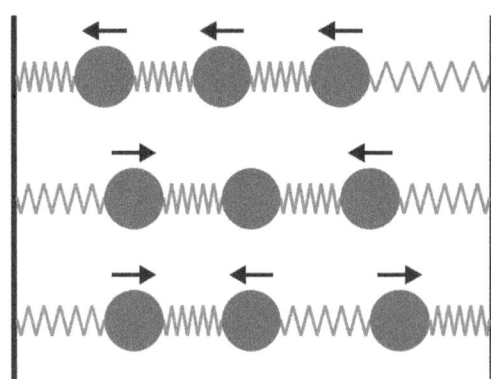

Abbildung 10.18: Ein System aus drei gekoppelten Massen

Dieses Ergebnis kann man verallgemeinern. Abbildung 10.18 zeigt eine waagerechte Aneinanderreihung von drei Massen, die untereinander und mit der Aufhängung durch Federn verbunden sind. Aus der Abbildung geht hervor, dass in waagerechter Richtung drei fundamentale Schwingungen möglich sind:

✔ Alle drei Massen schwingen in eine Richtung.

✔ Die beiden äußeren Massen schwingen gegeneinander, während die mittlere in Ruhe ist.

✔ Zwei Massen schwingen in die gleiche Richtung, die dritte in die entgegengesetzte.

Dieses System aus drei schwingungsfähigen Körpern kann also drei unterschiedliche fundamentale Schwingungen ausführen.

Das in Abbildung 10.15 und Abbildung 10.16 dargestellte gekoppelte Fadenpendel kann Schwingungen nur in x-Richtung ausführen. Für das System in Abbildung 10.18, das aus durch Federn verbundenen Massen besteht, wurden bislang ebenfalls nur waagerechte Schwingungen betrachtet. Dieses System kann aber auch Schwingungen in y- und in z-Richtung ausführen. Für Letztere ist dies ist in Abbildung 10.19 dargestellt. Es gibt hier ebenfalls drei fundamentale Schwingungsformen, die denen in Abbildung 10.18 entsprechen:

✔ Alle drei Massen bewegen sich in die gleiche Richtung.

✔ Die mittlere Masse bleibt in Ruhe, während sich die beiden äußeren entgegengesetzt bewegen.

✔ Die mittlere Masse bewegt sich entgegengesetzt zu den beiden äußeren.

Daher ergeben sich in diesem Fall auch drei Normalschwingungen in z-Richtung. Allerdings können diese drei Schwingungsformen auch in y-Richtung auftreten (also senkrecht zur Papierebene). Jetzt ist es Zeit, die bisherigen Ergebnisse zusammenzufassen. Dies geht in drei Schritten vor sich:

 Schwingungen, die in Richtung der Systemachse erfolgen, die durch die Richtung der Kopplung gegeben ist, nennt man *longitudinal*. Schwingungen senkrecht zu dieser Achse heißen *transversal*.

Die in Abbildung 10.18 dargestellten Schwingungen sind longitudinal, die in Abbildung 10.19 transversal.

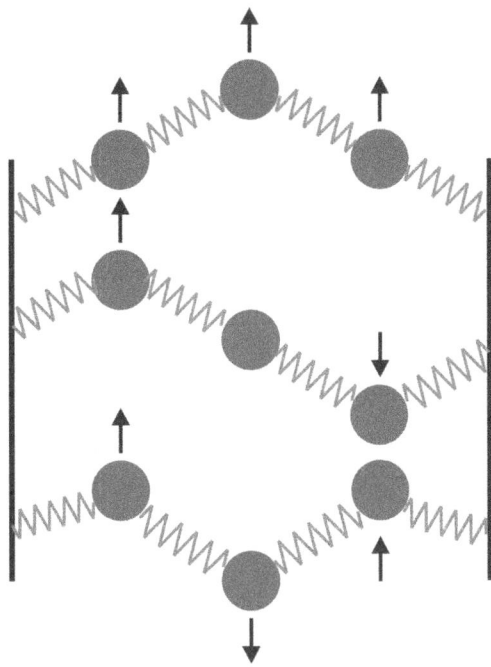

Abbildung 10.19: Transversale Schwingungen eines aus drei Massen bestehenden Systems

 Ein System aus n schwingungsfähigen Körpern hat n fundamentale Möglichkeiten zur Durchführung longitudinaler Schwingungen. Die Anzahl der fundamentalen Transversalschwingungen ist $2n$.

Alle anderen möglichen Schwingungen dieses Systems kann man als Überlagerungen dieser Fundamentalschwingungen darstellen.

 Diese fundamentalen Schwingungen werden auch als *Eigenschwingungen* beziehungsweise die Verformungen als *Eigenformen* bezeichnet, die dazugehörigen Frequenzen als *Eigenfrequenzen*.

Bei einer Eigenschwingung schwingen alle Partner mit gleicher Frequenz und konstanter (aber nicht unbedingt gleicher) Amplitude.

Auch Stäbe können schwingen

Ein System aus n schwingungsfähigen Massen kann also n longitudinale und $2n$ transversale fundamentale Schwingungen ausführen. Im Prinzip kann man sich einen Festkörper, zum Beispiel einen Stab, so vorstellen, dass er aus n Teilmassen oder Molekülen besteht, die durch Kräfte (Molekularkräfte) miteinander verbunden sind, die ähnlich wie Federn wirken:

Sie versuchen, einen Gleichgewichtsabstand der Moleküle einzuhalten, und wirken jeder Auslenkung entgegen. Da die Anzahl der Moleküle in einem Festkörper extrem groß ist, ist entsprechend auch die Anzahl möglicher Eigenschwingungen extrem groß.

Für einen stabförmigen Körper gibt es allerdings ebenfalls eine Reihe von (makroskopischen) Schwingungsformen, die durchaus von technischem (oder musikalischem) Interesse sind. Dabei ist es jedoch von Bedeutung, ob es sich um longitudinale oder um transversale Schwingungen handelt und welchen Randbedingungen der Stab unterliegt:

Hin und her: Longitudinalschwingungen

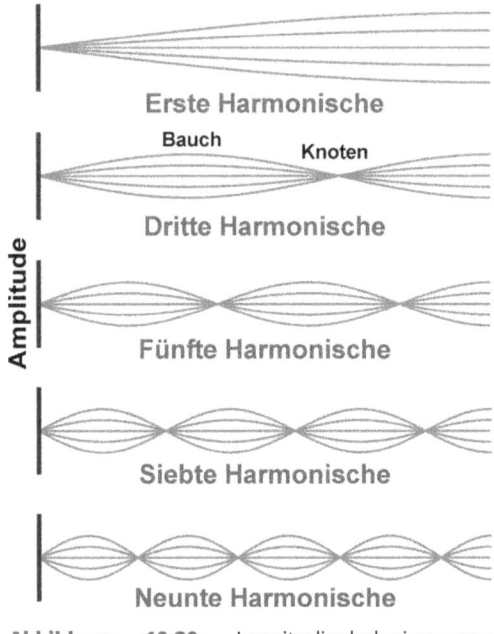

Abbildung 10.20: Longitudinalschwingungen eines an einem Ende eingespannten Stabes

Im Folgenden werden einige dieser Fälle kurz betrachtet:

✔ Der Stab führt Longitudinalschwingungen aus und ist an einem Ende fest gelagert, am anderen aber frei (Abbildung 10.20).

✔ Der Stab führt Longitudinalschwingungen aus und ist an beiden Enden fest gelagert (Abbildung 10.21).

✔ Der Stab führt eine Transversalschwingung aus und ist an einem Ende fest, am anderen hingegen frei (Abbildung 10.22).

Bei den in Abbildung 10.20 und Abbildung 10.21 dargestellten Schwingungen handelt es sich um *Longitudinalschwingungen*. Die einzelnen Teilmassen schwingen im Stab entlang seiner Achse gegeneinander. Auf der y-Achse der beiden Abbildungen ist also die Amplitude der Auslenkung dargestellt, nicht die Auslenkung selbst. Im Stab treten aufgrund der Bewegungen der einzelnen den Stab bildenden Massen gegeneinander *Druckschwankungen* auf. Man kann den beiden Abbildungen entnehmen, dass es entlang des Stabes Orte gibt, an denen die Auslenkungen (das heißt die Druckschwankungen) maximal sind. Diese Orte nennt man *Schwingungsbäuche*. An anderen Stellen hingegen gibt es überhaupt keine Druckschwankungen. Dies sind die sogenannten *Schwingungsknoten*.

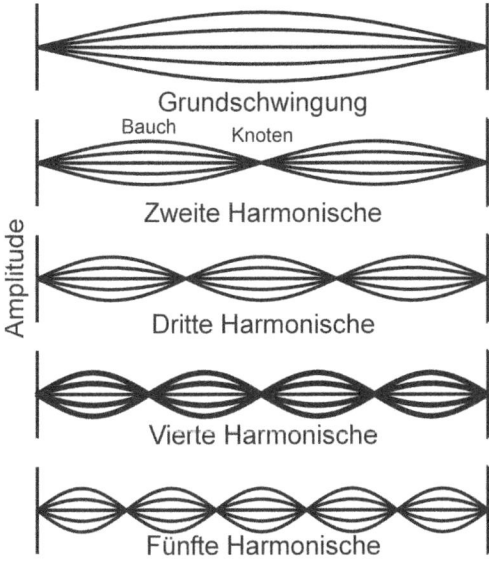

Abbildung 10.21: Longitudinalschwingungen eines an beiden Enden eingespannten Stabes

Wenn derartige Schwingungen nicht in einem Stab, sondern in einem luftgefüllten Rohr stattfinden, hat man es mit *Schallwellen* zu tun; derartige Vorgänge finden in vielen Musikinstrumenten statt, etwa in allen Blasinstrumenten.

Für die Frequenzen der in Abbildung 10.20 und Abbildung 10.21 dargestellten fundamentalen Schwingungen ergibt sich:

Einseitig eingespannt: $f = \dfrac{(2n-1)}{4L}\sqrt{\dfrac{E}{\rho}}$

Beidseitig eingespannt: $f = \dfrac{n}{2L}\sqrt{\dfrac{E}{\rho}}$

Dabei ist L die Länge des Stabes, ρ die Dichte und E eine Materialkonstante, die Elastizitätsmodul heißt und ausführlich in Kapitel 12 erläutert wird.

Die Frequenzen der Eigenschwingungen verhalten sich also folgendermaßen:

Einseitig eingespannt: $1 : 3 : 5 \ldots$
Beidseitig eingespannt: $1 : 2 : 3 \ldots$

n	Bezeichnung	Bezeichnung
n = 1	Grundschwingung	1. Harmonische
n = 2	1. Oberschwingung	2. Harmonische
n = 3	2. Oberschwingung	3. Harmonische
n = 4	3. Oberschwingung	4. Harmonische

Tabelle 10.2: Bezeichnung der fundamentalen Schwingungen eines Stabes

Die Schwingung mit $n = 1$ wird Grundschwingung genannt, die folgenden sind die sogenannten Oberschwingungen. Oft werden derartige Stabschwingungen auch *Harmonische* genannt. Diese Bezeichnungen sind in Tabelle 10.2 zusammengefasst.

Auf und ab: Transversalschwingungen

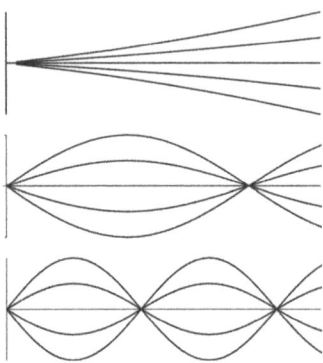

Abbildung 10.22: Transversalschwingungen eines Stabes

Ein Stab kann auch Transversalschwingungen ausführen, die in diesem Fall auch makroskopisch sichtbar (und manchmal auch hörbar) sind. Wenn Sie das Ende einer Autoantenne auslenken, wird sie zu schwingen beginnen. Abbildung 10.22 zeigt die ersten drei fundamentalen Transversalschwingungen eines Stabes, der an einem Ende eingespannt ist.

Besonders wichtig sind transversale Stabschwingungen beidseitig eingespannter Stäbe. Alle Musikinstrumente, die Saiten besitzen, beruhen auf derartigen transversalen Stabschwingungen.

Aufgaben

Aufgabe 10.1
Wie kann man ein Fadenpendel mit einer Schwingungsdauer von 1 s realisieren?

Aufgabe 10.2
Wie groß ist die Schwingungsdauer eines Fadenpendels der Länge 4 m?

Aufgabe 10.3
Wie groß ist die Rückstellkraft einer Feder mit einer Federkonstante von $k = 10$ N/m bei einer Auslenkung von a) 0 m; b) 0,1 m; c) 0,5 m?

Aufgabe 10.4
Man benötigt 273 N, um eine Feder um 4,45 m zu dehnen. Wie groß ist die Federkonstante k?

Aufgabe 10.5
Eine vertikal aufgehängte Schraubfeder wird durch eine angehängte Masse von 60 g um 25 cm gedehnt. Dann wird das Federpendel zum Schwingen gebracht. Wie groß ist die Schwingungsdauer? Wie verändert sich die Schwingungszeit, wenn man die angehängte Masse verdoppelt? (Die Masse der Feder wird vernachlässigt.)

Aufgabe 10.6

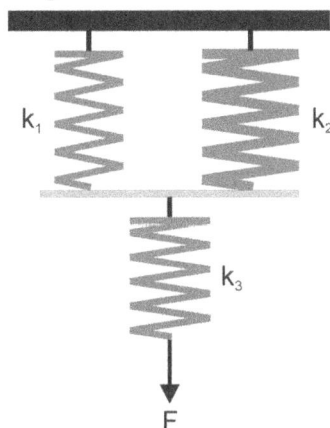

Abbildung 10.23: Eine Schaltung dreier Federn

Abbildung 10.23 zeigt eine Kombination von drei Federn. F_1 und F_2 sind parallel geschaltet, F_3 in Reihe zu den beiden. Wie groß ist die resultierende Federkonstante, wenn für die einzelnen Federn gilt: $k_1 = 11$ N/m, $k_2 = 7$ N/m und $k_3 = 17$ N/m?

Aufgabe 10.7
Ein Bus senkt sich beim Einsteigen von 25 Personen mit einer Durchschnittsmasse von 72 kg um 12,5 cm. Wie groß ist die Gesamtfederkonstante des Busses? Wie groß sind die einzelnen Federkonstanten, wenn der Bus mit vier identischen Federn ausgestattet ist?

Aufgabe 10.8
Wie viele Fundamentalschwingungen besitzt ein System aus drei gekoppelten Fadenpendeln in x-Richtung? Wie sehen diese Schwingungen aus?

Teil IV
Festigkeitslehre und Kontinuumsmechanik

IN DIESEM TEIL ...

beschäftigen Sie sich mit »realen« Festkörpern wie etwa technischen Bauteilen und ihrem Schicksal, wenn sie äußeren Beanspruchungen ausgesetzt werden.

lernen Sie im ersten Schritt, diese äußeren Belastungen in physikalischen Begriffen zu beschreiben.

wird dargestellt, dass Körper bei zunehmender Beanspruchung zunächst mit elastischer (reversibler) Verformung, dann mit plastischer (irreversibler) Verformung und schließlich mit völligem Versagen (Bruch, Riss und so weiter) antworten. Jeder dieser drei Prozesse wird ausführlich vorgestellt, diskutiert und anhand von Beispielen erläutert.

> **IN DIESEM KAPITEL**
>
> Innere und äußere Kräfte
>
> Alles über mechanische Spannungen
>
> Fünf verschiedene Arten, einen Körper zu verformen
>
> Spannungszustände und Spannungstensoren
>
> Die Spannungs-Dehnungs-Kurve

Kapitel 11
Ziehen, drücken oder biegen: Die Grundbegriffe

In der Physik (und damit auch in der Technischen Mechanik) werden die betrachteten Systeme auf das Allernotwendigste reduziert. Die *Kinematik* etwa betrachtet nur die Bewegung dimensionsloser Massepunkte, ohne nach der Form (VW oder Mercedes) der Körper oder den Gründen für die Bewegung zu fragen. In der *Dynamik der Massepunkte* wird die Frage nach der Ursache der Bewegung geklärt, während die *Statik* ausgedehnte starre Körper betrachtet, wobei aber völlig auf Bewegungen verzichtet wird. Die *Dynamik der starren Körper* fügt dann diese Bewegungen hinzu. Aber immer noch werden die Körper als starr angenommen.

Aber Körper sind in Wirklichkeit nicht starr. Wenn äußere Kräfte angelegt werden, bewegen sie sich nicht nur oder rotieren, sie können sich auch verformen. Diesen Bereich der Mechanik nennt man *Festigkeitslehre*.

Die Festigkeitslehre handelt vom Verformungsverhalten verschiedener Körper oder Substanzen. Sie wird auch *Kontinuumsmechanik* genannt. Denn auch in diesem Fall wird eine große Vereinfachung gemacht. Die Festigkeitslehre sieht nämlich vom mikroskopischen Aufbau der Materie ab, der letztendlich das Verhalten von Körpern unter Belastung bestimmt. So spielt zum Beispiel die Gitterstruktur kristalliner Festkörper keine Rolle, sondern die zu untersuchenden Körper werden als ein Kontinuum angenähert.

Den Belastungen nachgeben

In der alltäglichen Welt werden viele Körper äußeren Belastungen ausgesetzt, die sehr groß sein können. Denken Sie etwa an die Belastungen, die die Bremsen eines Formel-1-Wagens aushalten müssen. In der Alltagswelt sind diese Belastungen zwar meist geringer, aber dennoch vorhanden, während sie in der Welt der Technik von außerordentlicher Bedeutung sind. Die Körper werden gedrückt, gebogen, gezogen, gezerrt, auf den Boden geworfen und vieles mehr. Abhängig vom Material ist die Antwort des Körpers unterschiedlich, aber jedes Material reagiert auf irgendeine Art und Weise. Davon handelt dieses Kapitel. Die erste Reaktion ist in den meisten Fällen eine Verformung. Ein Schwamm lässt sich beispielsweise sehr leicht zusammendrücken. Er nimmt aber auch seine ursprüngliche Form wieder an, sobald die verformende Kraft nicht mehr wirkt. Dieses Verhalten bezeichnet man als *elastische Deformation* oder *Verformung*. Elastisch bedeutet, dass diese Verformung reversibel ist. Der Körper verformt sich, solange die Belastung vorhanden ist, und nimmt dann wieder seine ursprüngliche Form an. Aber wenn die Belastung größer wird, wird das irgendwann nicht mehr der Fall sein, und der Körper wird *plastisch*, das heißt dauerhaft verformt. Die Verformung bleibt erhalten, selbst wenn die Belastung aufhört. Denken Sie in diesem Zusammenhang an Ton oder Knetmasse.

Die bislang erwähnten Beispiele – ein Schwamm für die elastische und Ton für die plastische Verformung – zeigen deutlich, dass es von den jeweiligen Materialien abhängt, in welchem Umfang elastische und plastische Verformung auftreten. Ein Schwamm wird ziemlich lange mit elastischer Verformung auf äußere Kräfte reagieren, Ton wird sich dagegen relativ schnell plastisch verformen. Aber selbst ein Edelstahlblock zeigt die gleichen Antworten: zunächst eine elastische, dann eine plastische Verformung. Die physikalischen Größen, die dieses Verhalten beschreiben, werden in diesem Teil dargestellt.

Wenn man die Belastung noch weiter erhöht, wird das Material irgendwann einmal versagen. Es wird reißen, brechen, platzen, sich chemisch verwandeln, je nach Material und Situation. Auch davon wird in diesem Teil die Rede sein.

Die folgenden vier Kapitel beschäftigen sich mit der Reaktion von Festkörpern beziehungsweise Materialien auf äußere Belastungen. In diesem Kapitel werden die Grundlagen gelegt. Das folgende Kapitel beschäftigt sich mit dem elastischen Verhalten, bei dem sich Körper zwar verformen, deren Verformung aber reversibel ist. Kapitel 13 beschreibt dann die irreversible, plastische Verformung von Körpern. In Kapitel 14 wird schließlich der Frage nachgegangen, was passiert, wenn die äußere Belastung so groß wird, dass die Materialien schließlich versagen.

Spannung pur

Auf ein technisches Bauteil wirken in vielen Fällen eine oder mehrere *äußere Kräfte*. Dies können die Stützkräfte in Lagern, die Fliehkräfte in schnell rotierenden Komponenten, die von einem Motor auf eine Welle ausgeübten Kräfte oder die Gewichtskraft sein.

Bei ausgedehnten Körpern ist es einfacher, nicht mit Kräften, sondern mit *Spannungen* zu hantieren, also Kräften pro Fläche. Der folgende Abschnitt beschäftigt sich mit Kräften und Spannungen.

Auf die inneren Kräfte kommt es an

Die äußeren Kräfte bewirken *innere Kräfte* in den Bauteilen oder Körpern, die ihrerseits deren Verhalten (elastische Verformung, plastische Verformung, Bruch) bei äußerer Beanspruchung bestimmen. Um also das Verhalten vor Körpern bei äußerer Belastung vorhersagen zu können, müssen Sie zunächst die äußeren Kräfte und Drehmomente kennen, aber auch in der Lage sein, anhand dieser äußeren Kräfte die inneren bestimmen zu können.

Aus Kapitel 4 sollten Sie Folgendes in Erinnerung haben: Kräfte sind Vektoren. Sie sind durch einen Betrag, eine Richtung und einen Richtungssinn gekennzeichnet.

Wenn man die inneren Kräfte in einem Festkörper unter Beanspruchung bestimmen will, benötigt man alle drei Komponenten der Kraftvektoren.

Körper freischneiden: Das Schnittverfahren

Das wichtigste Verfahren zur Bestimmung der inneren Kräfte in einem Körper unter Belastung wird *Schnittverfahren* genannt. Dieses Verfahren wird im Folgenden am Beispiel eines stabförmigen Körpers unter Zugbeanspruchung erläutert.

Das *Freischneiden* von Körpern sollte nicht mit dem *Freimachen* von Körpern (Kapitel 4) verwechselt werden. Beim Freimachen werden die äußeren Kräfte ermittelt, beim Freischneiden hingegen die inneren.

Betrachten Sie Abbildung 11.1. Ein stabförmiger Körper mit dem Querschnitt A wird durch Zugkräfte in Längsrichtung belastet. Die nach rechts und links wirkenden Kräfte sind gleich groß, aber entgegengesetzt, sodass sich der Körper im Gleichgewicht befindet.

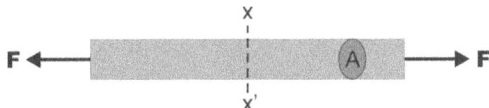

Abbildung 11.1: Ein stabförmiger Körper unter Zugbeanspruchung

Stellen Sie sich nun vor, Sie würden den Stab an einer beliebigen Stelle quer zur Längsachse durchschneiden. Dadurch entstehen zwei Teilstäbe, die nicht mehr miteinander verbunden sind. Eine Kraftübertragung zwischen ihnen ist also nicht mehr möglich. Aufgrund der angelegten Kräfte wird Teil I nach links fortgerissen, Teil II nach rechts, wie Abbildung 11.2 zeigt. Die beiden Flächen, die durch den Schnitt entstehen, nennt man *Schnittufer*.

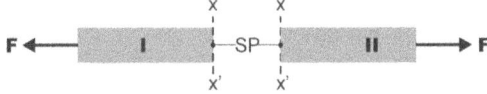

Abbildung 11.2: Schnitt durch den stabförmigen Körper zur Bestimmung der inneren Kräfte

Beim Schnittverfahren sucht man diejenigen Kräfte und Momente, die notwendig sind, um die beiden Teilstücke wieder zusammenzusetzen. Damit erhält man die an der Schnittfläche wirkenden Kräfte.

Im Falle des in Abbildung 11.2 gezeigten Stabes ist dies relativ einfach. Für Teil I benötigt man eine nach rechts gerichtete Kraft F, die am *Flächenschwerpunkt* SP angreift, während beim Teilstück II die Kraft F nach links wirken muss. Insgesamt wirken auf die Schnittfläche x,x', also die inneren Kräfte F nach links und ebenfalls F nach rechts.

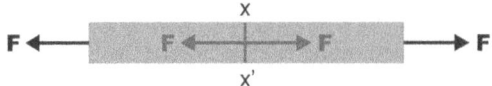

Abbildung 11.3: Innere Kräfte an der Schnittfläche x,x'

Dieses Beispiel ist natürlich ziemlich einfach, aber es gibt Fälle, in denen mehr als eine Beanspruchung vorliegt. In diesen Fällen ist das Schnittverfahren sehr gut geeignet, um die inneren Kräfte zu bestimmen. Bevor weitere Beispiele das Schnittverfahren näher erläutern, müssen allerdings zwei weitere Themen angesprochen werden, die in diesem Zusammenhang von großer Bedeutung sind:

✔ der Begriff der mechanischen Spannung,

✔ die fünf grundlegenden Belastungsarten.

Ziehen, Drücken und Schieben

 Wenn man es mit ausgedehnten Körpern zu tun hat, ist die entscheidende Größe nicht die Kraft, die an einer Fläche A angreift, sondern die mechanische Spannung σ, die als Kraft pro Fläche definiert ist:

$$\sigma = \frac{F}{A}$$

Die Einheit der Spannung ist N/m^2 oder Pascal (Pa).

Im Folgenden werden vor allem drei Arten von mechanischen Spannungen eine Rolle spielen (Abbildung 11.4):

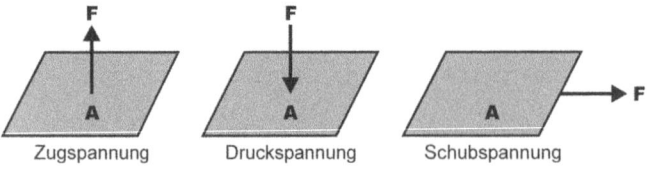

Abbildung 11.4: Arten der mechanischen Spannungen

✔ **Zugspannung:** Die Kraft ist senkrecht zur Fläche, an der sie angreift, und weist von ihr fort.

✔ **Druckspannung:** Die Kraft ist senkrecht zur Fläche, an der sie angreift, und weist auf sie zu.

✔ **Schubspannung:** Die Kraft liegt in der Ebene der Fläche, an der sie tangential angreift.

Zug- und Druckspannungen haben gemeinsam, dass es sich bei beiden um Normalspannungen handelt, die senkrecht zur Oberfläche stehen. In vielen Fällen hat man es im Übrigen mit gemischten Spannungen zu tun, die man – wie Kräfte – erst einmal in die verschiedenen Komponenten zerlegen muss.

Ein jeder muss seine Last tragen

Es gibt insgesamt fünf *Grundbeanspruchungen* oder Grundbelastungen. Sie sind in Abbildung 11.5 am Beispiel eines stabförmigen Körpers dargestellt:

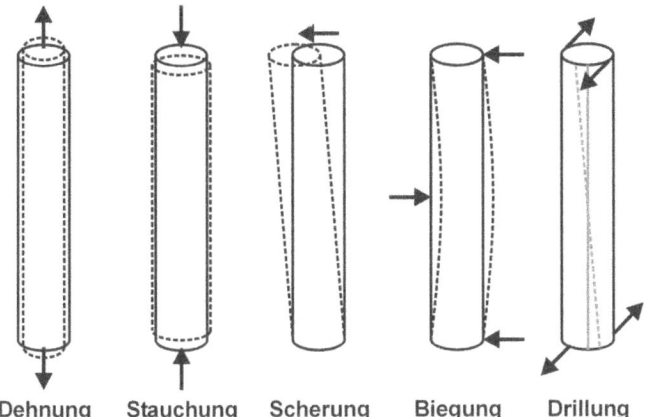

Dehnung   Stauchung   Scherung   Biegung   Drillung

Abbildung 11.5: Die fünf Grundbeanspruchungen am Beispiel eines Stabes

✔ *Zugbeanspruchung* oder *Dehnung*: Eine eindimensionale Zugspannung wirkt in Richtung der Längsachse des Stabes vom Stab weg. Sie resultiert in einer Verlängerung des Stabes bei gleichzeitiger Verringerung seines Querschnitts (*Querkontraktion*).

✔ *Druckbeanspruchung* oder *Stauchung*: Auch hier wirkt eine eindimensionale Spannung in Richtung der Längsachse, diesmal auf den Stab zu. Sie führt zu einer Verkürzung des Stabes bei gleichzeitiger Vergrößerung seines Querschnitts.

✔ *Schubbeanspruchung* oder *Scherung*: Eine Kraft wirkt an einem Ende senkrecht zur Längsachse des Stabes, während das andere Ende festgehalten wird. Dies führt zu einer Kippung des Stabes gegen seine Längsachse.

✔ *Biegebeanspruchung* oder *Biegung*: Eine Kraft wirkt an den beiden Enden des Stabes senkrecht zu ihm, während gleichzeitig eine entgegengesetzt gerichtete Kraft auf seine Mitte wirkt. Als Folge biegt sich der Stab durch.

✔ *Torsionsbeanspruchung* oder *Drillung*: An beiden Enden des Stabes wirken je zwei Kräfte tangential in entgegengesetzte Richtungen. Zudem sind die Kräfte an den beiden Enden jeweils entgegengesetzt. Als Ergebnis wird der Stab innerlich verdreht oder verdrillt.

In den folgenden Abschnitten werden diese fünf Beanspruchungsarten kurz erklärt, die wichtigsten Begriffe eingeführt sowie die auftretenden Kräfte und Spannungen untersucht, wobei in allen Fällen ein stabförmiger Körper als Beispiel dienen soll.

Die Ohren lang ziehen: Zugbeanspruchung

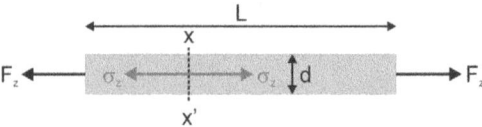

Abbildung 11.6: Ein Stab unter Zugbelastung

Abbildung 11.6 zeigt einen stabförmigen Körper, der einer eindimensionalen Zugbelastung ausgesetzt ist. Nach rechts und links wirkt die Zugkraft F. Sie ist eine Normalkraft. Der Stab hat einen Durchmesser d und damit einen Querschnitt von $\pi d^2/4$. Für die Zugspannung ergibt sich damit:

$$\sigma_Z = \frac{F_z}{\pi \frac{d^2}{4}}$$

Wenn der Querschnitt des Stabes konstant ist, ergibt jeder Schnitt quer zu seiner Längsachse die gleichen inneren Kräfte beziehungsweise inneren Spannungen wie der in Abbildung 11.6 eingezeichnete Schnitt x,x'.

Anders ist die Situation natürlich, wenn der Querschnitt des Stabes nicht über dessen Länge konstant ist, sondern eine Verdünnung aufweist wie in dem in Abbildung 11.7 dargestellten Beispiel.

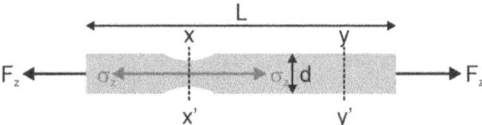

Abbildung 11.7: Zugtest an einem Stab mit einer Einschnürung

Legt man den Schnitt x,x' an die Stelle der Einschnürung, so sind die inneren Spannungen hier größer als bei einem Schnitt an einer Stelle mit dem ursprünglichen Querschnitt, etwa bei y,y'. Es gilt:

$$\sigma_z^x = \frac{F_z}{\pi \frac{d_x^2}{4}} \quad \text{und} \quad \sigma_z^y = \frac{F_z}{\pi \frac{d_y^2}{4}}$$

Da die Querschnittsfläche an der Stelle x,x' kleiner ist als am Schnitt y,y', ist die Zugspannung hier größer als bei y,y'.

An dieser Stelle wird ganz deutlich, warum man mit inneren anstelle der äußeren Spannungen arbeiten muss. Wichtig ist es, die Kräfte oder Spannungen zu kennen, die an bestimmten Stellen eines Körpers wirken. Die Einschnürung des Stabes in Abbildung 11.7 ist offensichtlich eine Schwachstelle. Es ist also notwendig zu wissen, welche Spannungen an dieser Schwachstelle wirken. In den Kapiteln 13 und 14 wird dargestellt, dass der Körper genau an einer derartigen Schwachstelle brechen wird, wenn die äußeren Kräfte zu groß werden.

Dem Druck nachgeben: Druckbeanspruchung

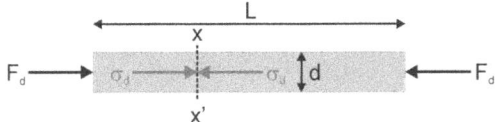

Abbildung 11.8: Ein Stab unter Druckbeanspruchung

Abbildung 11.8 zeigt einen Stab unter Druckbeanspruchung. Dieser Fall wird auch als *Stauchung* bezeichnet. Im Prinzip kann man an dieser Stelle all das übernehmen, was im vorangegangenen Abschnitt über die Zugbelastung erwähnt wurde. Für die inneren Druckspannungen an einem beliebigen Schnitt senkrecht zur Längsachse gilt:

$$\sigma_d = \frac{F_d}{\pi \frac{d^2}{4}}$$

Im Zusammenhang mit Druckspannungen ist der Begriff der Flächenpressung von Bedeutung.

✔ Als *Flächenpressung* bezeichnet man die Kraft, mit der zwei Körper auf einer bestimmten Fläche gegeneinander gepresst werden. Die Einheit der Flächenpressung ist Pa. Die Flächenpressung ist senkrecht zur Grenzfläche gerichtet.

✔ Im Gegensatz zur Flächenpressung steht der *isostatische Druck*, bei dem die gleiche Kraft pro Fläche von allen Seiten auf einen Körper wirkt.

Ein Griff in die Werkzeugkiste

Haben Sie sich schon einmal gefragt, warum ein ganz normaler Nagel genau die Form hat, die in Abbildung 11.9 dargestellt ist? Wenn Sie dieses Kapitel aufmerksam gelesen haben, sollten Sie diese Frage eigentlich beantworten können.

Abbildung 11.9: Ein Nagel

Der Durchmesser des Nagelkopfs ist größer als der des Schaftes. Angenommen, es gilt $d_1 = 3$ mm. Wenn Sie mit einem Hammer mit einer Kraft von 100 N daraufschlagen, beträgt die Druckspannung:

$$\sigma_d = \frac{F_d}{\pi \frac{d_1^2}{4}} = \frac{100\,\text{N}}{\pi \frac{(3\,\text{mm})^2}{4}} = 14,1\,\text{N/mm}^2$$

Der Durchmesser der Spitze ist sehr viel kleiner. Nimmt man an, dass er 0,5 mm beträgt, ergibt sich für die Druckspannung, die auf die Wand wirkt:

$$\sigma_d = \frac{F_d}{\pi \frac{d_2^2}{4}} = \frac{100\,\text{N}}{\pi \frac{(0,5\,\text{mm})^2}{4}} = 509\,\text{N/mm}^2$$

Sie ist damit fast vierzigmal größer als die Druckspannung, die Sie auf den Kopf des Nagels ausüben. Kein Wunder, dass der Nagel so leicht in die Wand zu treiben ist (es sei denn, Sie treffen auf einen Stahlbetonträger oder Ihren Daumen).

Nach diesem Prinzip der Verringerung der Wirkfläche zur Erhöhung der mechanischen Spannungen arbeiten auch viele Werkzeuge, wie etwa Meißel, Keile und auch Messer.

Schubbeanspruchung

Von einer Scherung oder Schubbeanspruchung spricht man, wenn die Belastung quer zur Längsachse des Körpers steht. Denken Sie an einen Körper, der fest mit dem Boden verankert ist; legen Sie Ihre flache Hand darauf und schieben Sie die Hand von sich fort. Dadurch wirkt eine tangentiale Spannung auf den Körper, der dadurch geschert wird. Ein weiteres gutes Beispiel für das Auftreten von Scherkräften ist das Schneiden mit einer Schere. (Diese beiden Beispiele machen klar, warum die Begriffe Schubspannung und Scherspannung synonym gebraucht werden.) Die äußeren Scherkräfte F_S bilden ein Kräftepaar (Abbildung 11.10). Das dabei auftretende Drehmoment ist aufgrund des geringen Abstands der Wirklinien klein und kann daher vernachlässigt werden.

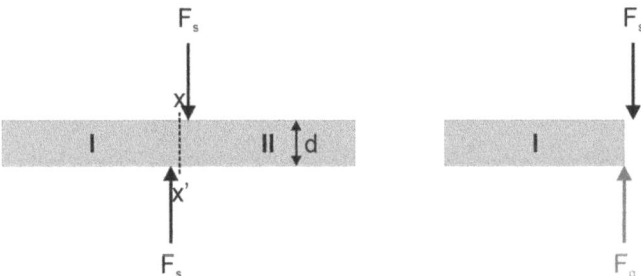

Abbildung 11.10: Scherung eines Stabes durch ein Kräftepaar F_S. Die rechte Skizze zeigt Teilstück I nach einem Schnitt bei x,x'.

Bei einem Schnitt durch den Stab müssen allerdings auch die beiden Stützkräfte berücksichtigt werden. Die rechte Skizze in Abbildung 11.9 zeigt das Teilstück I nach einem Schnitt an der Stelle x,x'. Man sieht, dass zur Wiederherstellung des Gleichgewichts eine Querkraft F_q erforderlich ist, die genau in der Schnittfläche tangential zu ihr wirkt und die auch als Schubspannung geschrieben werden kann:

$$\tau_S = \frac{F_q}{A} = \frac{F_q}{\pi \frac{d^2}{4}}$$

Zur besseren Unterscheidung werden Zug- und Druckspannungen mit dem Buchstaben σ gekennzeichnet, Schubspannungen hingegen mit τ. Der Index S steht für Scherung.

Auf Biegen und Brechen: Biegebeanspruchung

Die drei bislang diskutierten Beanspruchungsarten waren insofern relativ einfach, weil bei einem Schnitt quer zur Längsachse nur Spannungen als innere Kräfte auftreten: Schub- oder Druckspannungen bei Zug- und Druckbelastung und eine Schubspannung bei der Scherung. Bei den beiden verbleibenden Belastungsarten, der Biegebeanspruchung und der Torsionsbeanspruchung, ist dies anders. Hier treten nicht nur Spannungen, sondern auch Drehmomente auf, daher sind diese beiden Fälle komplizierter.

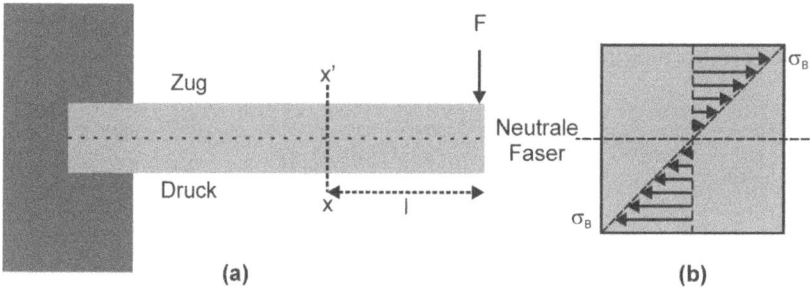

Abbildung 11.11: Die Biegebeanspruchung eines Körpers

Abbildung 11.11(a) zeigt einen einseitig eingespannten Träger, der an seinem freien Ende mit einer Kraft F belastet ist. Als Folge der Belastung biegt sich der Träger nach unten durch. Unterteilt man den Körper von oben nach unten in Bereiche, die man Fasern nennt, so kann man Folgendes feststellen:

✔ Die oberen Fasern werden gedehnt, erfahren also eine Zugspannung.

✔ Die unteren Fasern werden gestaucht, erfahren also eine Druckspannung.

✔ Die Faser in der Mitte behält ihre Länge bei. Sie wird *neutrale Faser* genannt.

Die Belastungen, die die einzelnen Fasern erfahren, hängen also von ihrem Abstand von der neutralen Faser ab. Sie sind umso größer, je größer der Abstand ist. Dies ist in Abbildung 11.11 (b) dargestellt.

Zur quantitativen Beschreibung der Biegung eines Körpers sind die folgenden Größen erforderlich:

✔ Betrachtet man den Schnitt $x - x'$ in Abbildung 11.11, so verursacht die Kraft F hier ein sogenanntes *Biegemoment* τ_B, das zu einer *Biegespannung* σ_B führt. Zwischen Biegespannung und Biegemoment besteht die Beziehung

$$\sigma_B = \frac{\tau_B}{W}$$

Die Größe W wird dabei als Widerstandsmoment bezeichnet.

  Diese Gleichung nennt man auch *Biegehauptgleichung*.

✔ Das *Widerstandsmoment* ist ein Maß für den Widerstand, den ein Körper mit gegebenem Querschnitt einer bestimmten Belastung entgegensetzt. Es berechnet sich aus dem Flächenträgheitsmoment I und dem betragsmäßig größten Abstand der Randfasern von der neutralen Faser a wie folgt:

$$W = \frac{I}{a}$$

✔ Das *Flächenträgheitsmoment* stellt die Summe der Widerstände aller Flächenelemente gegen eine bestimmte Beanspruchung dar (ähnlich wie das Trägheitsmoment den Widerstand eines starren Körpers gegen Rotation zusammenfasst).

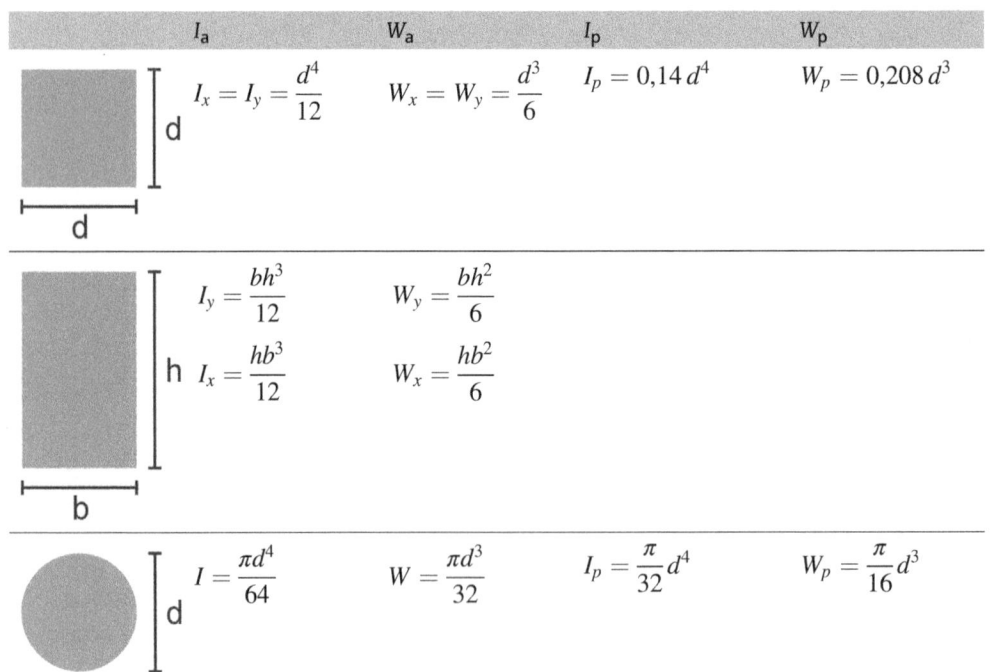

| | I_a | W_a | I_p | W_p |

$$I = \frac{\pi(d_a^4 - d_i^4)}{64} \quad W = \frac{\pi(d_a^4 - d_i^4)}{32\, d_a} \quad I_p = \frac{\pi}{32}(d_a^4 - d_i^4) \quad W_p = \frac{\pi}{16}\frac{d_a^4 - d_i^4}{d_a}$$

$$I = \frac{dh^3}{36} \quad W = \frac{dh^2}{24}$$

Tabelle 11.1: Axiale und polare Flächenträgheitsmomente und Widerstandsmomente einiger wichtiger Querschnitte. Der Index a (axial) bezieht sich auf die Biegung, p (polar) auf die Torsion.

Werte für das Widerstandsmoment und das Flächenträgheitsmoment einiger einfacher Profile sind in Tabelle 11.1 zusammengestellt. Weitere Werte finden Sie im Internet und in Tabellenwerken.

Fasst man diese Diskussion noch einmal zusammen, so ergibt sich:

✔ Die Kraft F bewirkt im Schnitt $x - x,'$ ein äußeres Drehmoment oder Biegemoment (zur Definition der Länge l siehe Abbildung 11.11):

$$\tau_B = F\ell$$

✔ Diesem Biegemoment wirkt im Schnitt ein entgegengesetzt gerichtetes inneres Drehmoment entgegen, das durch die Biegespannung σ_B hervorgerufen wird:

$$\sigma_B = \frac{\tau_B}{W}$$

✔ Das Widerstandsmoment W berücksichtigt in dieser Gleichung das Profil des Balkens und seine Abmessungen.

✔ Das Flächenträgheitsmoment gilt allgemein für ein gegebenes Profil, während das Widerstandsmoment den Abstand a von der neutralen Faser berücksichtigt. Sie können also mit der obigen Gleichung das Spannungsprofil im Balken berechnen:

$$\sigma_B = \frac{\tau_B}{W} = \frac{\tau_B}{I}a$$

Torsionsbeanspruchung

Verbleibt noch die Torsion: Ebenso wie bei der Biegung ist auch hier die Spannung innerhalb eines Schnitts nicht konstant. Insofern ergibt sich bei der Beschreibung der Torsion eine weitgehende Analogie zu der der Biegung.

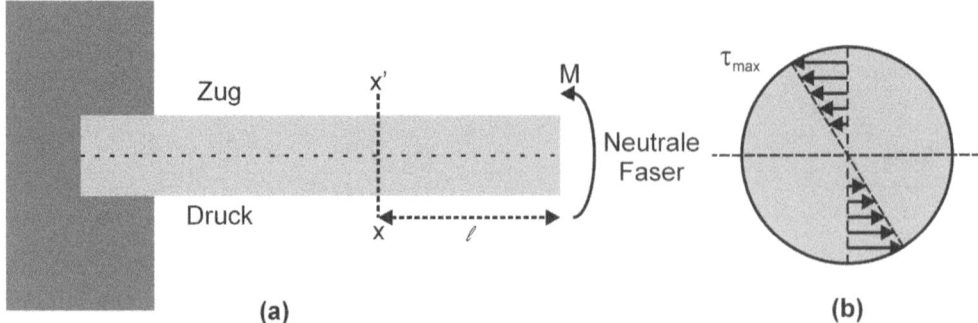

Abbildung 11.12: Die Torsionsbeanspruchung eines runden Körpers

Abbildung 11.12 zeigt einen eingespannten runden Stab, der durch ein äußeres *Torsionsmoment M* in sich verdreht wird. Als Folge ergibt sich im Schnitt $x - x,'$ eine innere *Torsionsspannung* τ_t, die nicht konstant ist, sondern vom Abstand von der neutralen Faser abhängt. Die *Torsionshauptgleichung* lautet daher:

$$\tau_t = \frac{M_t}{W_p}$$

Dabei ist W_p das polare Widerstandsmoment (siehe Tabelle 11.1).

Belastungen werden Realität

Sie mögen vielleicht sagen: »Diese Beanspruchungen belasten mich sehr! Ist das alles wirklich notwendig?« Natürlich ist es notwendig. Tabelle 11.2 gibt einen Überblick, welche der fünf Grundbeanspruchungsarten bei welcher Anwendung eine Rolle spielt.

Beanspruchung	Beispiele
Zug	Seile, Ketten, Zuganker, Zugstäbe in Fachwerken, Propeller und Turbinenschaufeln aufgrund der Fliehkräfte
Druck	Säulen, Kolbenstangen, Stempel, Knickstäbe im Stahlhochbau
Biegung	Balken, Wellen, Achsen, Biegeträger im Stahlhochbau
Scherung	Nieten, Schrauben, Bolzen, Schweißnähte
Torsion	Getriebewellen, Torsionsfedern, Schrauben, Kurbelwellen

Tabelle 11.2: Beispiele für das Auftreten der fünf Grundbeanspruchungsarten in wichtigen technischen Bauelementen

Gemischte Belastungen

Bei vielen technischen Bauteilen treten nicht nur eine, sondern gleich mehrere der fünf Grundbelastungen auf. Im Folgenden soll dies an zwei Beispielen demonstriert werden. Bei deren Beschreibung werden zugleich noch einmal das Freimachen von Körpern sowie das Schnittverfahren erläutert.

Die Last des Stützträgers

Abbildung 11.13 zeigt einen Stützträger, der an seinen beiden Enden durch Lager gestützt wird. Seine Länge beträgt $L = 10$ m. An der Stelle $s_1 = 6$ m wirkt eine Kraft F von 95 kN auf den Träger. Wie sieht der freigemachte Körper aus, und wie groß sind die Kräfte auf den Schnitt x,x'? Die Beantwortung dieser Fragen erfordert mehrere Schritte:

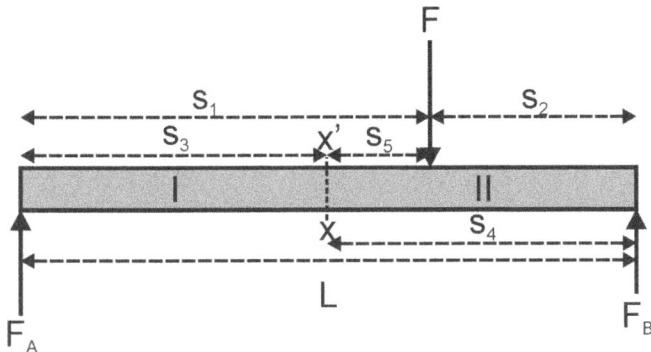

Abbildung 11.13: Belastungen eines Stützträgers

1. **Bestimmung der Stützkräfte:** Auf das Lager A wirken zwei Drehmomente, die sich im Gleichgewichtszustand des Trägers gegenseitig aufheben müssen. Das erste wird durch die Stützkraft F_B, das zweite von der Kraft F hervorgerufen:

$$\tau_A = F_B L - F s_1 = 0$$

Das Minuszeichen bedeutet, dass die beiden Drehmomente einen entgegengesetzten Drehsinn besitzen. Daraus ergibt sich für die Stützkraft F_B:

$$F_B = \frac{F s_1}{L} = \frac{95 \text{ kN} \cdot 6 \text{ m}}{10 \text{ m}} = 57 \text{ kN}$$

In gleicher Weise kann man anhand der auf das Lager B wirkenden Drehmomente die Stützkraft F_A berechnen:

$$\tau_B = F_A L - F s_2$$
$$F_A = \frac{F s_2}{L} = \frac{95 \text{ kN} \cdot 4 \text{ m}}{10 \text{ m}} = 38 \text{ kN}$$

Die Stützkräfte in den beiden Lagern sind also nicht gleich, da die äußere Kraft nicht in der Mitte des Trägers angreift.

2. **Teilstück I:** Abbildung 11.14 zeigt links Teilstück I nach dem Schnitt bei x,x'. Damit der Körper in Ruhe bleibt, müssen am Schnittufer eine innere Kraft und ein inneres Drehmoment wirken.
   - Damit der Körper keine Translationsbewegung nach oben durchführt, ist eine am Schnitt nach unten wirkende Querkraft F_q erforderlich, die die gleiche Größe wie F_A besitzt, aber in die entgegengesetzte Richtung zeigt, sodass gilt:

$$\sum F_y = -F_A + F_q = 0$$
$$F_q = F_A = 38 \text{ kN}$$

- Die beiden Kräfte F_A und F_q bilden ein Kräftepaar, das das Teilstück im Uhrzeigersinn zu drehen versucht. Daher ist im Schnitt ein Biegemoment erforderlich, das dem entgegenwirkt, also gegen den Uhrzeigersinn. Seine Größe ergibt sich zu:

$$\tau_{\text{Biege}} = F_A s_3 = 38 \text{ kN} \cdot 5 \text{ m} = 190.000 \text{ Nm}$$

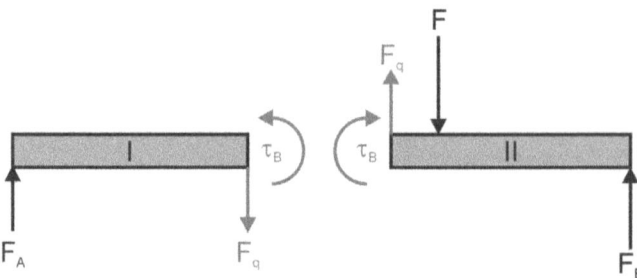

Abbildung 11.14: Die beiden Teilstücke nach einem Schnitt durch den Träger

3. **Teilstück II:** Beim zweiten Teilstück muss man berücksichtigen, dass an diesem Teilstück auch die Kraft F nach unten wirkt. Aus der Kräftebilanz in y-Richtung erhält man für die Querkraft F_q:

$$\sum F_y = -F + F_B + F_q = 0$$
$$F_q = F - F_B = 95 - 57 \text{ kN} = 38 \text{ kN}$$

Diese Querkraft hat den gleichen Betrag wie die am Teilstück I wirkende, zeigt aber in die entgegensetzte Richtung, also nach oben.

Gleichzeitig erzeugen die Kräfte F und F_B Drehmomente in Bezug auf den Schnittmittelpunkt, sodass man an der Schnittfläche ein Biegemoment einführen muss, das sich wie folgt berechnen lässt:

$$\tau_{\text{Biege}} = F_B s_4 - F s_5 = 57 \text{ kN} \cdot 5 \text{ m} - 95 \text{ kN} \cdot 1 \text{ m} = 190.000 \text{ Nm}$$

Das Ergebnis dieser Berechnungen zeigt also, dass an den beiden Schnittufern jeweils eine innere Querkraft (also eine Schubspannung) und ein inneres Biegemoment wirken. In beiden Fällen sind die Beträge gleich, die Richtungen aber entgegengesetzt.

Wenn Sie sich die Gleichungen für diesen Fall noch einmal aufmerksam anschauen, werden Sie eine Besonderheit feststellen. Die Beziehungen für die am Schnitt x,x' wirkenden inneren Kräfte und Momente enthalten die Position des Schnitts (s_3 und s_4). Bei den zuvor betrachteten Beispielen war dies nicht der Fall. Während etwa für eine Zugbelastung bei konstantem Durchmesser des Stabes jeder Schnitt das gleiche Ergebnis liefert, ist bei dem hier betrachteten Träger die Position des Schnitts entscheidend.

Ein einfaches Beispiel (?)

Als relativ komplexes Beispiel erweist sich der in Abbildung 11.15 dargestellte Fall, bei dem ein einseitig eingespannter Stab mit einer schräg nach unten wirkenden Kraft belastet wird.

»Wie hübsch!«, werden Sie beim ersten Anblick vielleicht sagen, »endlich mal ein Fall, der einfach ist.« Weit gefehlt. Auf den Schnitt x,x' wirken drei der fünf Hauptbeanspruchungen.

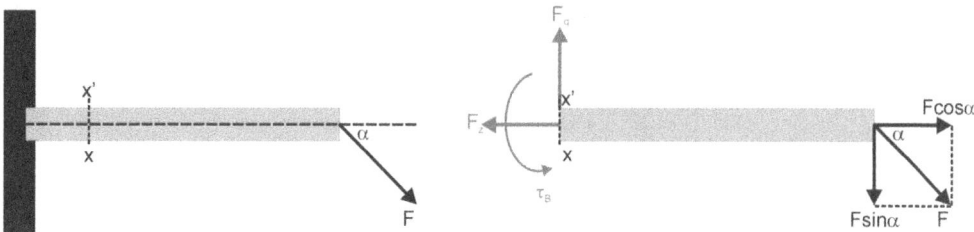

Abbildung 11.15: Links: Eine Kraft wirkt auf einen einseitig eingespannten Stab. Rechts: Schnitt durch den Stab bei x,x'.

✔ **Zugbelastung:** Zunächst einmal wirkt die Zugkraft $F \cos\alpha$ nach rechts. Daher muss zu ihrem Ausgleich an der Schnittfläche eine Zugkraft F_z nach links wirken, für deren Größe gilt:

$$F_z = F \cos\alpha$$

✔ **Scherbelastung:** Die senkrecht wirkende Komponente $F_s = F \sin\alpha$ versucht, den Stab zu scheren. Daher ist in der Schnittfläche eine entgegengesetzt (also nach oben) wirkende Querkraft (oder Schubspannung) F_q erforderlich.

✔ **Biegebelastung:** Gleichzeitig wird der Stab am rechten Ende nach unten gebogen. Daher muss an der Schnittfläche auch ein Biegemoment berücksichtigt werden.

Sie sehen an dieser Stelle, dass selbst in einfach erscheinenden Fällen ein Körper mehr als einer der fünf Hauptbelastungen ausgesetzt sein kann. Umso wichtiger ist es, für jeden Fall die vorliegenden Beanspruchungen zu erkennen. Dazu ist das Schnittverfahren der entscheidende Schlüssel. Voraussetzung dafür, dass das Schnittverfahren die richtigen Ergebnisse liefert, ist allerdings, dass man zuvor den Körper korrekt freigemacht hat.

Körper voller Spannungen

Im folgenden Abschnitt werden die in einem Körper auftretenden inneren Spannungen noch einmal aus einem etwas allgemeineren Blickwinkel betrachtet. Dabei spielen äußere Kräfte überhaupt keine Rolle mehr; ebenso spielt die Ursache der Spannung keinerlei Rolle. Die zur allgemeinen Beschreibung erforderliche Theorie (und auch die zugrunde liegende Mathematik) kann beliebig kompliziert sein; daher werden hier nur einige wichtige Begriffe und Grundsätze eingeführt. Allerdings werden im Folgenden zwei Annahmen gemacht:

✔ Der Körper ist statisch im Gleichgewicht; er bewegt sich nicht, und auf ihn wirken keine resultierenden Kräfte und Drehmomente.

✔ Die in dem Körper wirkenden Spannungen sind reversibel, das heißt elastisch; es gilt das Hooke'sche Gesetz (Kapitel 12).

Spannungszustand

Um den *Spannungszustand* eines Körpers zu beschreiben, betrachtet man ein (infinitesimal) kleines Volumenelement, beispielsweise einen Würfel, wie er in Abbildung 11.16 dargestellt ist.

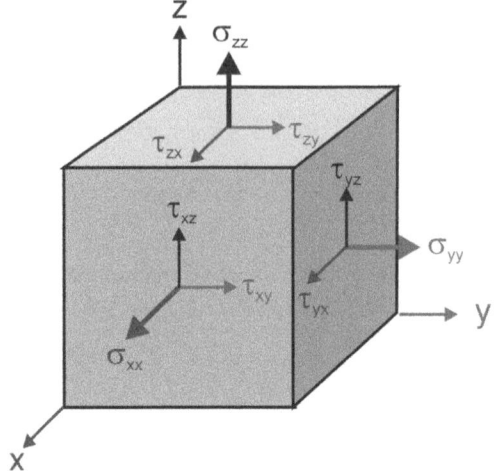

Abbildung 11.16: Die in einem würfelförmigen Körper möglichen Spannungen

Jetzt können Sie sich überlegen, welche Spannungen auf die einzelnen Flächen dieses Würfels wirken können. Dabei müssen Sie berücksichtigen, dass man einerseits unterscheiden muss, an welchen Flächen diese Spannungen wirken (Normalenrichtung), und andererseits, in welche Richtung sie wirken (Wirkrichtung). An jeder Fläche kann eine Normalspannung mit der Wirkrichtung senkrecht zur Fläche und eine Scherspannung mit der Wirkrichtung in der Fläche angreifen. Dabei ist es allerdings sinnvoll, diese Scherspannung in zwei Komponenten parallel zu den verbleibenden Koordinatenachsen zu zerlegen.

Es ist ebenso sinnvoll, zur Kennzeichnung dieser Spannungen zwei Indizes zu verwenden:

✔ Der erste Index gibt die Normalenrichtung an, der zweite die Wirkrichtung.

✔ Normalspannungen werden mit dem Buchstaben σ gekennzeichnet. σ_{yy} ist also die auf y-Ebene in y-Richtung wirkende Normalspannung.

✔ Scherspannungen werden mit dem Buchstaben τ gekennzeichnet. τ_{yx} ist also die auf die y-Ebene in x-Richtung wirkende Scherspannung.

 Auf ein würfelförmiges Volumenelement wirken insgesamt neun Spannungen. Dies ist in Abbildung 11.16 dargestellt.

Spannungstensor

Man braucht also neun Zahlenangaben, um den allgemeinen Spannungszustand eines Elementarwürfels zu beschreiben. Aber wie können Sie diese Informationen ausnutzen? Zunächst einmal können Sie diese neun Zahlen in geordneter Form angeben, indem Sie sie als 3 × 3-Matrix oder *Tensor* schreiben.

Man kann den Spannungszustand eines Körpers als *Spannungstensor* darstellen:

$$\sigma_{ij}(xyz) = \begin{pmatrix} \sigma_{xx} & \tau_{xy} & \tau_{xz} \\ \tau_{yx} & \sigma_{yy} & \tau_{yz} \\ \tau_{zx} & \tau_{zy} & \sigma_{zz} \end{pmatrix}$$

Ein Tensor ist ein mathematisches Objekt, für das definierte Rechenregeln gelten, die denen der Matrizenrechnung nicht unähnlich sind. Aber haben Sie keine Sorge, Sie werden in diesem Buch nicht mit Tensoren rechnen müssen. Im Folgenden werden aber einige wichtige Schlussfolgerungen aus den bisherigen Überlegungen gezogen. Zunächst einmal können aus der obigen Voraussetzung, dass sich der Körper nicht bewegt, zwei wichtige Folgerungen abgeleitet werden. Aus der Forderung, dass es keine resultierenden Kräfte gibt, erhält man zunächst:

$$\sigma_{ij} = \sigma_{-i-j}$$

Wichtiger noch ist die Bedingung, dass es keine resultierenden Drehmomente gibt. Daraus folgt die folgende Beziehung:

$$\tau_{ij} = \tau_{ji}$$

Dadurch reduziert sich die Zahl der unabhängigen Komponenten des Spannungstensors von neun auf sechs.

Im zweidimensionalen ebenen Fall reduziert sich der Spannungstensor im Übrigen zu einer 2 × 2-Matrix:

$$\sigma = \begin{pmatrix} \sigma_{xx} & \tau_{xy} \\ \tau_{yx} & \sigma_{yy} \end{pmatrix}$$

Aus den Gesetzen der Tensormathematik ergibt sich, dass man zu einem beliebigen Tensor ein Koordinatensystem finden kann, in dem nur die Elemente auf der Hauptdiagonalen übrig bleiben; alle anderen Elemente sind null. Auf den hier vorliegenden Fall angewendet, bedeutet dies, dass in diesem Koordinatensystem alle Scherspannungselemente verschwinden und nur die Normalspannungselemente übrig bleiben:

$$\sigma_{ij}(xyz) = \begin{pmatrix} \sigma_{x'} & 0 & 0 \\ 0 & \sigma_{y'} & 0 \\ 0 & 0 & \sigma_{z'} \end{pmatrix}$$

(In einem solchen Fall ist ein Index ausreichend.) Ein solches System wird *Hauptachsensystem* genannt, die entsprechenden Spannungen sind die *Hauptspannungen*.

300   TEIL IV Festigkeitslehre und Kontinuumsmechanik

Mit Hauptachsensystemen zu arbeiten, ist besonders einfach, daher wird in der Festigkeitslehre vorzugsweise mit derartigen Systemen gearbeitet. Man kann die Festigkeitslehre (inklusive Elastizität, Plastizität und Bruch) vollständig mithilfe dieser Spannungstensoren beschreiben, aber dies ist weit jenseits des Rahmens dieses Buches.

Eine besonders einfache Methode, zu einem gegebenen Spannungstensor ein Hauptachsensystem zu finden, ist der Mohr'sche Spannungskreis.

Mohr'scher Spannungskreis

Abschließend in diesem Abschnitt soll mit dem *Mohr'schen Spannungskreis* noch ein Hilfsmittel vorgestellt werden, mit dessen Hilfe man den Spannungszustand eines Körpers zumindest quantitativ, aber in vielen Fällen auch semiquantitativ rein zeichnerisch beschreiben kann. Zur Konstruktion dieses Spannungskreises (Abbildung 11.17) ist im ebenen, das heißt zweidimensionalen Fall, auf den sich die Darstellung beschränkt, die Kenntnis von σ_{xx}, σ_{yy} und τ_{xy} erforderlich.

Bei der Konstruktion werden auf der horizontalen Achse die Normalspannungen aufgetragen, auf der vertikalen Achse die Scherspannungen. Man beginnt damit, die beiden Punkte P_1 und P_2 einzuzeichnen, wobei $P_1 = (\sigma_{xx}, \tau_{xy})$ und $P_2 = (\sigma_{yy}, -\tau_{xy})$ ist (dabei muss man die Vorzeichenumkehr der Schubspannungen in der y-Ebene beachten). Dann verbindet man diese beiden Punkte durch eine Gerade. Deren Schnittpunkt mit der σ-Achse ist der Mittelpunkt des Spannungskreises, die Länge sein Radius. Damit ist die Konstruktion des Kreises schon abgeschlossen.

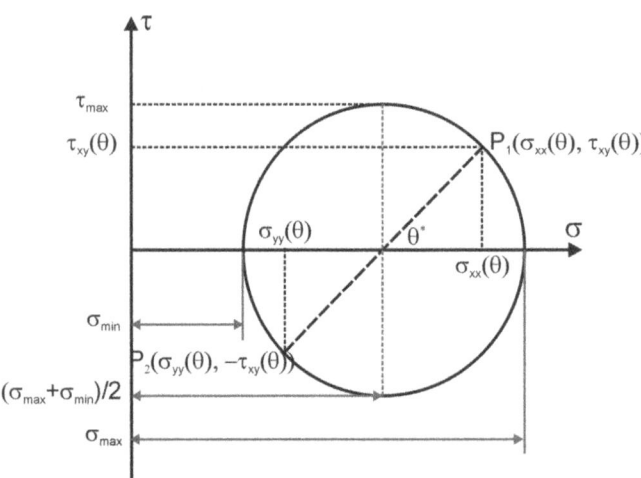

Abbildung 11.17: Konstruktion des zweidimensionalen Mohr'schen Spannungskreises

Dieser Kreis beschreibt den Spannungszustand eines Punkts in dem betrachteten Körper. Unter anderem kann man dem Kreis die folgenden Informationen entnehmen:

✔ Jeder Punkt auf dem Kreis entspricht einem Schnitt durch den Punkt unter einem bestimmten Winkel θ. Dieser Winkel läuft, wie in Abbildung 11.18 dargestellt ist, bei einem Umlauf von 0 bis 180°! Die Winkel sind im Mohr'schen Kreis also doppelt aufgetragen.

- Der Punkt P_1 gehört zu einem Schnitt senkrecht zur x-Achse. Die in diesem Schnitt wirkenden Spannungen sind σ_{xx} und τ_{xy}.

- Der Mittelpunkt des Kreises liegt bei $1/2(\sigma_{xx}+\sigma_{yy})$.

- Ebenfalls ablesbar sind die maximale Scherspannung τ_{max}, die zugehörige Richtung und die Hauptnormalspannungen.

- In einem Schnitt unter dem Winkel θ^* sind die Normalspannungen maximal, die Schubspannungen verschwinden. Dies gilt auch für $\theta^*+\pi/2$. Diese Richtungen sind die Hauptspannungsrichtungen.

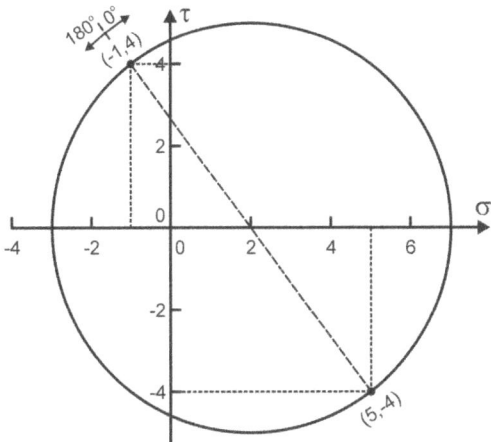

Abbildung 11.18: Der Mohr'sche Spannungskreis für den im Text angegebenen Beispieltensor

Abschließend zeigt Abbildung 11.18 den Mohr'schen Spannungskreis für den folgenden zweidimensionalen Beispieltensor:

$$\sigma = \begin{pmatrix} -1 & 4 \\ 4 & 5 \end{pmatrix}$$

Den Stab brechen: Die Spannungs-Dehnungs-Kurve

Wenn Sie immer noch das Gefühl haben, dass es mit all den Belastungen jetzt reicht, gebe ich Monty Python das Wort: »And now for something completely different.«

Abbildung 11.19 zeigt eine sogenannte Spannungs-Dehnungs-Kurve. Man erhält sie, wenn man etwa eine Zugspannung σ_z an einen stabförmigen Körper der Länge L anlegt und dabei die Dehnung $\varepsilon = \Delta L/L$ misst. Beachten Sie, dass in dem Diagramm die Spannung gegen die Dehnung aufgetragen ist, im Prinzip also die Ursache gegen die Wirkung, was etwas gewöhnungsbedürftig ist.

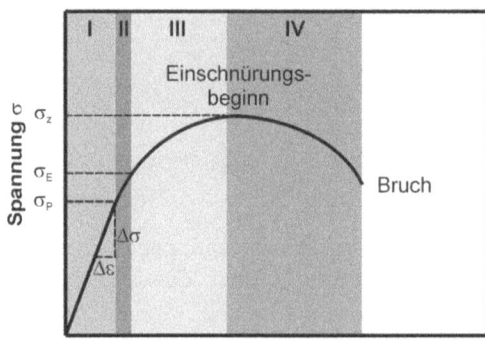

Abbildung 11.19: Spannungs-Dehnungs-Diagramm

Sie können in Abbildung 11.20 deutlich vier verschiedene Bereiche erkennen:

✔ **I: Linear-elastischer Bereich:** In diesem Bereich ist die Beziehung zwischen Spannung und Dehnung linear; es gilt also:

$$\sigma_z \propto \varepsilon$$

Zudem ist die Dehnung elastisch, das heißt reversibel. Sobald die Zugspannung nicht mehr wirkt, geht die Dehnung auf null zurück, und der Stab nimmt wieder seine alte Länge an. Die maximale Spannung, bis zu der die Proportionalität zwischen σ und ε gilt, nennt man *Proportionalitätsgrenze* σ_P.

✔ **II: Nichtlinear-elastischer Bereich:** In diesem Übergangsbereich ist die Dehnung zwar noch elastisch, aber nicht länger linear, also nicht mehr proportional zur Spannung. Dieser Bereich erstreckt sich bis zur *Elastizitätsgrenze* σ_E.

✔ **III: Plastischer Bereich:** Wird die Spannung beziehungsweise die Dehnung zu groß, so ist der Zugvorgang nicht länger reversibel. Nach Ende der Belastung bleibt der Stab *plastisch verformt*; das heißt, er ist länger als seine Ursprungslänge L.

✔ **IV: Bereich der Einschnürung:** Wird der Stab noch stärker gedehnt, kommt es schließlich zur sogenannten *Einschnürung*. Der Querschnitt des Stabes wird an einer bestimmten Stelle lokal kleiner (siehe Kapitel 13). Da die Spannung als Kraft pro Fläche definiert ist, ist die tatsächliche oder wahre Spannung $\sigma_w = F/A_a$, wobei A_a die aktuelle, kleinste Querschnittsfläche im Bereich der Einschnürung ist, größer als die Nennspannung $\sigma_0 = F/A_0$. Allerdings kann man die Fläche im Bereich der Einschnürung während eines Zugversuchs zumeist nicht messen; daher wird bei Spannungs-Dehnungs-Kurven die Querschnittsfläche A_0 vor Beginn des Versuchs zur Berechnung der Spannung benutzt. Aus diesem Grund nimmt in Abbildung 11.19 die Spannung ab, obwohl die Dehnung weiter zunimmt. Darauf wird in Kapitel 13 noch näher eingegangen.

Die in der Abbildung dargestellte maximale Spannung $\sigma_{z,\,max}$ ist die Zugfestigkeit eines Körpers.

Die Kurve in Abbildung 11.19 hört dann irgendwann plötzlich auf. Beim Versuch, eine noch größere Dehnung zu erreichen, bricht der Stab, er versagt also mechanisch. Dieser Bruch findet am Ort der Einschnürung statt.

Die in Abbildung 11.19 dargestellte Spannungs-Dehnungs-Kurve ist idealisiert. Sie hängt sehr stark vom Material des Stabes ab. Für manche Materialien gibt es zusätzliche Bereiche. Außerdem ist die Weite der vier Bereiche materialabhängig. Manche Materialien zeigen ein ausgeprägtes elastisches Verhalten, aber kaum plastische Verformung, bevor sie versagen. Beispiele dafür sind Flummis und die heutzutage üblichen Einheitsbrötchen.

Andererseits gibt es Materialien, die auf eine äußere Belastung kaum elastisch reagieren, sondern sofort mit plastischer Verformung antworten. Ein Kaugummi ist ein gutes Beispiel dafür. Ähnliches gilt für Ton und Knetgummi.

Schließlich gibt es auch gewaltige Unterschiede in der Art und Weise, wie und unter welchen Bedingungen Materialien völlig versagen (also brechen, reißen, ...).

All diesen Themen sind die folgenden drei Kapitel gewidmet:

✔ **Kapitel 12** beschäftigt sich mit der elastischen Verformung.

✔ **Kapitel 13** beschäftigt sich mit der plastischen Verformung.

✔ Thema von **Kapitel 14** sind die Bedingungen, unter denen die verschiedenen Materialien versagen.

Aufgaben

Aufgabe 11.1
Auf einen stabförmigen Körper wirkt eine Zugkraft von 800 N. Wie groß ist die Zugspannung, wenn der Stab
- einen runden Querschnitt von 1 cm Durchmesser besitzt,
- einen quadratischen Querschnitt von 1 cm Seitenlänge besitzt,
- einen dreieckigen Querschnitt mit gleicher Seitenlänge und einer Höhe von 1 cm besitzt?

Aufgabe 11.2
Wie groß ist die Druckspannung, die eine stehende Person von 75 kg auf den Fußboden ausübt? Wie groß ist diese Spannung, wenn sie auf Schlittschuhen steht?

Aufgabe 11.3

Ein Stahldraht von 1 mm Durchmesser und 2 m Länge wird durch Zugbelastung um 4 mm verlängert. Berechnen Sie die Dehnung des Drahtes, die vorhandene Zugspannung und die Zugkraft.

Aufgabe 11.4

Abbildung 11.20: Ein Seil mit einer Last

Abbildung 11.20 zeigt ein Seil, das mit einer Last von 2500 N belastet wird. Wie sieht das freigemachte Seil aus?

Aufgabe 11.5

Schneiden Sie das Seil aus Abbildung 11.21 im Schnitt x,x' frei. Wie groß sind die inneren Spannungen, wenn das Seil einen Durchmesser von 1 cm hat?

Aufgabe 11.6

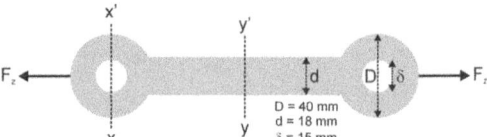

Abbildung 11.21: Eine Zuglasche

Abbildung 11.21 zeigt eine sogenannte Zuglasche. An welchem Punkt befindet sich die Schwachstelle der Lasche bei einem Zugversuch (die Dicke der Lasche beträgt 5 mm)?

Aufgabe 11.7
Abbildung 11.22 zeigt einen herabhängenden Stab. Wo liegt seine Schwachstelle, wenn das Lager ausreichend dimensioniert ist?

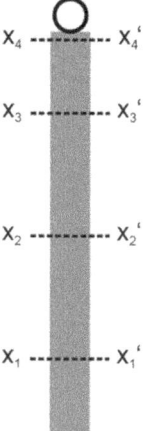

Abbildung 11.22: Ein herabhängender Stab

IN DIESEM KAPITEL

Elastische Verformung: Das Hooke'sche Gesetz

Zug, Kompression und Scherung:
Die elastischen Konstanten

Elastische Energie geht nicht verloren

Die Hertz'sche Pressung

Kapitel 12
Wieder in Form kommen: Elastische Verformung

Aus dem letzten Kapitel wissen Sie, dass sich ein Körper zunächst elastisch verformt, wenn er eine äußere Belastung (etwa eine Spannung) erfährt, seine ursprüngliche Form aber wieder annimmt, wenn die Belastung endet. Elastische Prozesse spielen sowohl im alltäglichen Leben als auch in der Technik eine große Rolle. Um mit einem der Lieblingsspielzeuge der Physiker zu beginnen, dem Billard: Wenn Sie eine Kugel an eine der Banden spielen, wird sie dort reflektiert. Die Banden sind aus einem elastischen Material; sie verformen sich, wenn die Kugel auftrifft. Aber die Energie, die diese Verformung benötigt, wird wieder freigesetzt und der Kugel mitgegeben, wenn die Bande ihre ursprüngliche Form wieder annimmt (siehe dazu auch Kapitel 9).

Ein weiteres Beispiel für elastische Prozesse sind Gummibälle. Lassen Sie einen Gummiball fallen, so verformt er sich elastisch beim Aufprall auf den Boden (im Unterschied zum vorherigen Beispiel, in dem sich die Bande verformte, nicht die Kugel). Das Ergebnis ist allerdings das gleiche: Der Ball gewinnt die bei der Verformung verbrauchte Energie zurück, und er erreicht (beinahe) wieder die Höhe, aus der Sie ihn fallen gelassen haben.

Im Bereich der Technik denkt man natürlich sofort an Federn, die man auseinanderziehen oder zusammendrücken kann. Aber viele elastische Verformungsprozesse, die für unser alltägliches Leben wichtig sind, gehen vonstatten, ohne dass man es überhaupt bemerkt. Räder rollen auf Schienen oder Straßen, Kugeln wälzen sich in Kugellagern gegeneinander, Maschinenteile bewegen sich gegeneinander. Bei all diesen Vorgängen üben die Partner Druck aufeinander aus, der zu elastischen Verformungen führt.

Stellen Sie sich vor, es gäbe keine elastischen Verformungen, sondern bei den geringsten Belastungen würden sofort plastische Verformungen oder sogar Materialversagen auftreten. Das würde bedeuten, dass jede Belastung von Körpern, jede Bewegung von Körpern gegeneinander sofort zu plastischen, also dauerhaften Verformungen führen würde. Auf einer solchen Grundlage könnte die heutige Welt natürlich nicht funktionieren. Daher sind elastische Verformungen von großer Bedeutung.

Am Haken hängen: Das Hooke'sche Gesetz

Wenn ein Körper einer (nicht zu großen) äußeren Belastung ausgesetzt wird, dann verformt er sich elastisch. Elastisch bedeutet hier, dass die Verformung reversibel ist, das heißt, der Körper nimmt seine ursprüngliche Form wieder an, sobald die Belastung endet. Ein extremes Beispiel sind Schaumstoffbälle, die man völlig zusammendrücken kann, die aber immer wieder zu ihrer Ballform zurückfinden (Ähnliches gilt im Übrigen auch für das amerikanische Toastbrot).

Die elastische Verformung wird durch das *Hooke'sche Gesetz* beschrieben. In Worten ausgedrückt, lautet es folgendermaßen:

Die Kraft, die notwendig ist, einen elastischen Körper zu verformen, ist proportional zum Ausmaß der Verformung.

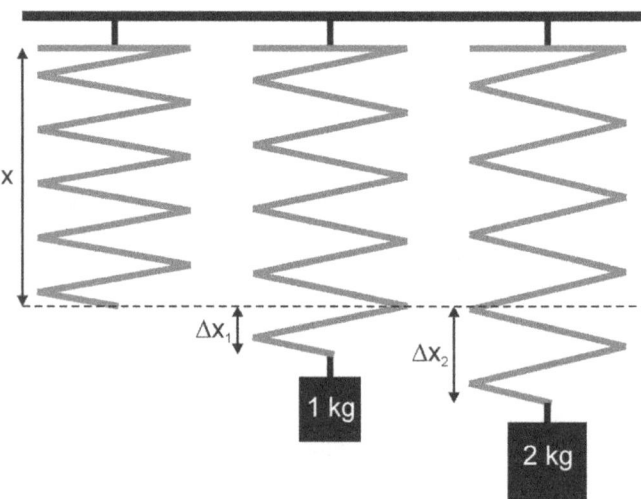

Abbildung 12.1: Ausdehnung einer Feder durch Gewichte

Betrachten Sie das einfache Beispiel in Abbildung 12.1. Es zeigt eine Feder, die an einem Haken hängt. Solange keine Kraft auf die Feder wirkt, hat sie die Länge x. Hängt man eine Masse m an die Feder, so dehnt sie sich um eine Strecke Δx aus. Vergrößert man die Masse, dann vergrößert sich auch Δx.

Das Hooke'sche Gesetz lautet also im Fall einer solchen Feder:

$F \propto \Delta x = k \, \Delta x$

Der Proportionalitätsfaktor k heißt *Federkonstante*; die Einheit der Federkonstante ist N/m.

Das Hooke'sche Gesetz gilt nur, solange die Ausdehnung der Feder nicht zu groß wird. Nehmen Sie einmal einen Kugelschreiber (einen billigen), schrauben Sie ihn auf und entnehmen Sie die Feder, die sich unten am Ende der Mine befindet. Sie können sie zusammendrücken; die Feder kehrt in ihre ursprüngliche Form zurück, sobald Sie sie wieder loslassen. Sie können sie leicht auseinanderziehen; sobald Sie sie loslassen, nimmt sie wieder die ursprüngliche Länge ein. Wenn Sie aber zu sehr ziehen, bleibt die Feder verformt, auch wenn Sie sie loslassen. Sie haben also den Bereich der elastischen Verformung verlassen und die Feder plastisch verformt. Schade, jetzt ist der Kugelschreiber hinüber. Aus genau diesem Grund sollten Sie einen billigen Kugelschreiber verwenden. Immerhin haben Sie eine wissenschaftliche Erkenntnis gewonnen.

Wie sehr verlängert sich eine Feder mit einer Federkonstanten von 63 N/mm, wenn Sie sie mit einer Kraft von 400 N belasten? Aus

$$F = k \, \Delta x$$

folgt für die Längenänderung:

$$\Delta x = \frac{F}{k} = \frac{400 \text{ N}}{63 \text{ N/mm}} = 6{,}35 \text{ mm}$$

Die Feder verlängert sich also um 6,35 mm.

Elastizität beschreiben: Die elastischen Konstanten

Betrachtet man das elastische Verhalten von Festkörpern, so gibt es viele verschiedene Situationen. Man kann Körper unter anderem drücken, ziehen oder auch verdrillen. Einzelheiten finden Sie in Kapitel 11. Zur Beschreibung all dieser Situationen gibt es vier elastische Konstanten, die jedes Material kennzeichnen und die jeweils in speziellen Varianten des Hooke'schen Gesetzes ihre Anwendung finden:

✔ Der **Elastizitätsmodul** beschreibt den Widerstand eines Körpers gegen eine eindimensionale Zugbelastung.

✔ Der **Kompressionsmodul** beschreibt den Widerstand gegen einen isostatischen Druck, das heißt ein gleichmäßiges Pressen von allen Seiten.

✔ Der **Schubmodul** oder **Torsionsmodul** beschreibt den Widerstand eines Körpers gegen eine tangential wirkende Scherkraft (Schubkraft).

✔ Wenn sich ein Körper bei einem eindimensionalen Zugversuch verlängert, wird er gleichzeitig dünner. Das Verhältnis von Querschnittsverringerung und Längenausdehnung wird auch *Querkontraktion* genannt und durch die sogenannte **Poisson-Zahl** beschrieben.

Von diesen vier elastischen Konstanten eines Materials sind nur zwei unabhängig voneinander. Wenn man also zwei dieser Konstanten für ein Material kennt, kann man die beiden anderen berechnen. Die dazu notwendigen Gleichungen werden weiter unten eingeführt.

In den folgenden Abschnitten werden diese Konstanten definiert, erläutert und anhand von Beispielen erklärt.

In die Länge gezogen: Der Elastizitätsmodul

Die erste der vier elastischen Konstanten betrifft den Widerstand gegen eine eindimensionale Zugbelastung. Betrachten Sie den stabförmigen Körper in Abbildung 12.2. Wird an diesen Stab eine Zugspannung σ angelegt, so dehnt sich der Körper aus. Das ist wie bei einem Gummiband, allerdings ist die Ausdehnung wesentlich geringer, wenn der Stab aus Stahl besteht. Aber auch Stahl ist in einem gewissen Ausmaß elastisch.

Als *Dehnung* bezeichnet man die relative Längenausdehnung:

$$\varepsilon = \frac{\Delta L}{L}$$

Das Hooke'sche Gesetz besagt in diesem Fall, dass bei einer eindimensionalen Zugbelastung die Dehnung ε proportional zur Spannung σ ist:

$$\sigma = E\frac{\Delta L}{L} = E\varepsilon$$

Die Proportionalitätskonstante E nennt man *Elastizitätsmodul* oder kurz *E-Modul*. Da ε dimensionslos ist, muss E die Einheit einer Spannung besitzen (N/m² oder Pa). Wenn Sie Werte von E in Tabellen nachschlagen, finden Sie die Angaben zumeist in N/mm² (10^6 Pa oder MPa) oder in GPa (10^9 Pa).

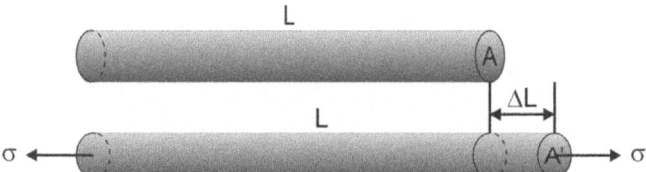

Abbildung 12.2: Dehnung eines stabförmigen Körpers bei einem eindimensionalen Zugversuch

Betrachten Sie ein Gummiband von 20 cm Länge mit einem Durchmesser von 3 mm. Der Elastizitätsmodul von Gummi ist 0,05 GPa. Welche Kraft müssen Sie aufwenden, um die Länge des Bandes zu verdoppeln? Bei einer Verdopplung der Länge beträgt die Dehnung $\varepsilon = \Delta L/L = 1$. Dem Hooke'schen Gesetz zufolge gilt:

$$\sigma = E\varepsilon$$
$$= 0{,}05 \cdot 10^9 \text{ N/m}^2 \cdot 1$$

Die Spannung ist definiert als Kraft pro Fläche. Da nach der Kraft gefragt wurde, muss zunächst noch die Querschnittsfläche A des Gummibands berechnet werden. Es ergibt sich:

$$\sigma = \frac{F}{A}$$

$$F = \sigma A = \sigma \,\pi \frac{d^2}{4}$$

Setzt man die Zahlen ein, erhält man schließlich:

$$F = 0{,}05 \cdot 10^9 \,\text{N/m}^2 \frac{\pi}{4} (3 \cdot 10^{-3} \,\text{m})^2 = 353 \,\text{N}$$

Dem Druck standhalten: Der Kompressionsmodul

Abbildung 12.3 zeigt einen würfelförmigen Körper mit dem Volumen V. Setzt man diesen Körper einem isostatischen Druck p aus, so wird sich der Körper elastisch zusammenziehen, sodass sein Volumen nur noch V − ΔV beträgt. Isostatisch bedeutet hier, dass der Druck auf alle sechs Seiten des Würfels gleich groß ist, wie in der Abbildung dargestellt. Wenn der Körper homogen ist, nimmt das Volumen in alle Richtungen gleichmäßig ab; die Form des Würfels bleibt also bei diesem Versuch erhalten. Der Druck hat übrigens die Einheit Kraft pro Fläche (also N/m²), also die gleiche Einheit wie eine Druckspannung.

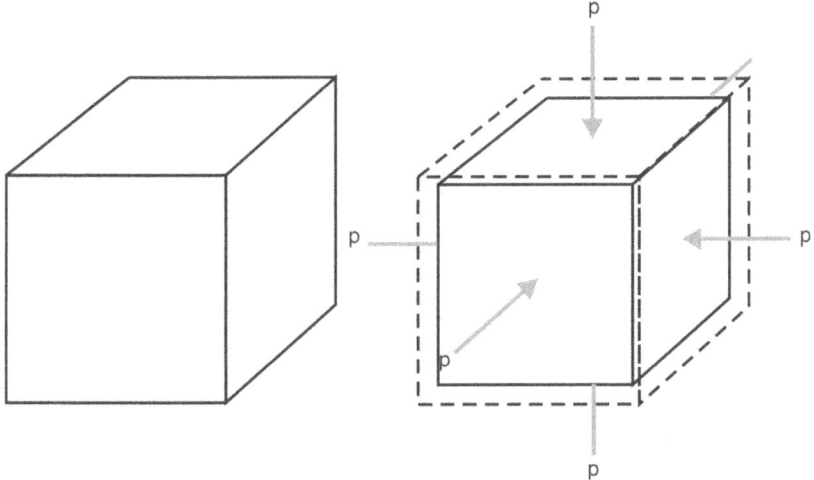

Abbildung 12.3: Isostatische Kompression eines Körpers

Das Hooke'sche Gesetz lautet in diesem Fall: Für die relative Volumenabnahme eines Körpers unter einem isostatischen Druck p gilt die Beziehung:

$$p = -K \frac{\Delta V}{V}$$

Das Minuszeichen drückt dabei aus, dass das Volumen des Körpers abnimmt. Die Proportionalitätskonstante K heißt *Kompressionsmodul*. Seine Einheit ist die eines Druckes oder einer Spannung, also N/m². Der Kehrwert des Kompressionsmoduls heißt *Kompressibilität* β; er wird vor allem für Flüssigkeiten und Gase benutzt.

Betrachten Sie einen Kupferwürfel mit einer Kantenlänge von 10 cm. Dieser Würfel wird einem isostatischen Druck von 20 atm ausgesetzt. Wie sehr verringert sich dabei die Kantenlänge des Würfels? Der Kompressionsmodul von Kupfer beträgt 140 GPa; eine Atmosphäre entsprich 10^5 Pa. Die für diese Aufgabe entscheidende Gleichung ist das Hooke'sche Gesetz in der Schreibweise:

$$p = -K \frac{\Delta V}{V}$$

An dieser Stelle interessiert natürlich vor allem die relative Volumenänderung $\Delta V/V$. Löst man danach auf, ergibt sich:

$$\frac{\Delta V}{V} = -\frac{1}{K} p$$

Der Druck von 20 atm entspricht $20 \cdot 10^5$ Pa; das Volumen des Würfels beträgt $(10\,\text{cm})^3 = 1 \cdot 10^{-3}\,\text{m}^3$. Setzt man diese Zahlen ein, so ergibt sich für die relative Volumenänderung:

$$\frac{\Delta V}{V} = -\frac{1}{140 \cdot 10^9\,\text{Pa}} \cdot 20 \cdot 10^5\,\text{Pa}$$
$$= -1{,}4 \cdot 10^{-5}$$

Drückt man die relative Volumenänderung durch die Kantenlänge L des Würfels aus, so ergibt sich:

$$\frac{\Delta V}{V} = \frac{L^3 - (L - \Delta L)^3}{L^3} = 1 - \frac{(L - \Delta L)^3}{L^3}$$
$$1 - \frac{\Delta V}{V} = \frac{(L - \Delta L)^3}{L^3}$$

Zieht man aus dieser Gleichung die dritte Wurzel, erhält man:

$$\sqrt[3]{1 - \frac{\Delta V}{V}} = \frac{L - \Delta L}{L}$$

Gesucht ist die Länge ΔL, um die sich die Kanten des Würfels verkürzen. Löst man nach ΔL auf, ergibt sich:

$$L \sqrt[3]{1 - \frac{\Delta V}{V}} = L - \Delta L$$
$$L \sqrt[3]{1 - \frac{\Delta V}{V}} - L = -\Delta L$$
$$\Delta L = -L \left(1 - \sqrt[3]{1 - \frac{\Delta V}{V}} \right)$$

Setzt man die Zahlen ein, so erhält man schließlich:

$$\Delta L = -0{,}1 \text{ m}\left(1 - \sqrt[3]{1 - 1{,}4 \cdot 10^{-5}}\right)$$
$$= -0{,}47 \; \mu\text{m}$$

Die Kanten des Würfels verkürzen sich also um nur einen halben Mikrometer.

Ziemlich verdreht: Der Schubmodul (Torsionsmodul)

Abbildung 12.4 zeigt einen quaderförmigen Festkörper, dessen obere Fläche A einer tangential wirkenden Scher- oder Schubspannung τ ausgesetzt ist. Die Unterseite ist so fixiert, dass sie sich nicht bewegen kann. Die Schubspannung bewirkt eine Scherung oder Kippung der Kanten, die senkrecht zur Spannung stehen, um einen Winkel α. (Die durch den Boden ausgeübte Kraft ist in der Abbildung nicht eingezeichnet.)

Im Geltungsbereich des Hooke'schen Gesetzes ist dieser Winkel α proportional zur Schubspannung:

$$\tau = G\,\gamma$$

Die Proportionalitätskonstante G wird *Schubmodul* oder *Torsionsmodul* genannt. Die Einheit des Schubmoduls ist Pa oder N/m^2, genauso wie die der beiden anderen Moduln.

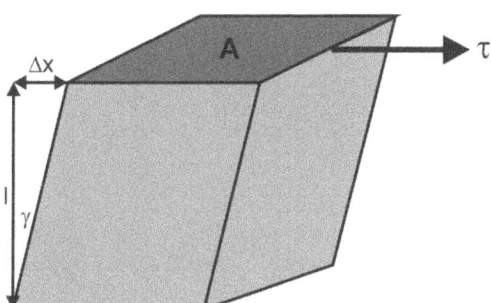

Abbildung 12.4: Die Scherung eines Quaders

Das folgende Experiment ist nur als Gedankenexperiment durchführbar, weil es im wahrsten Sinne des Wortes unbezahlbar ist. Stellen Sie sich einen Diamant- und einen Kupferwürfel von jeweils 2 cm Kantenlänge vor, die eng nebeneinander auf einer Unterlage befestigt sind, sodass sie sich dort nicht bewegen können. Sie sind untereinander aber nicht verbunden (Abbildung 12.5).

An beiden Würfeln wirkt an der Oberfläche tangential eine Schubspannung τ von 150 MPa, für den Diamantwürfel nach links und für den Kupferwürfel nach rechts. Dies ist ein ziemlich großer Wert, aber es handelt sich ja um ein Gedankenexperiment. Es wird weiter angenommen, dass der elastische Bereich nicht verlassen wird. Da beide Würfel fest verankert sind, ist die maximale Scherung an der Oberkante der beiden Würfel zu beobachten. Wie groß ist der

Winkel zwischen beiden Würfeln, und wie groß ist ihr maximaler Abstand, wenn diese Schubspannung angelegt wird? Der Schubmodul für Kupfer beträgt 47 GPa, der für Diamant 760 GPa. Das Hooke'sche Gesetz für Scherung lautet:

$$\tau = G\gamma$$
$$\gamma = \frac{\tau}{G}$$

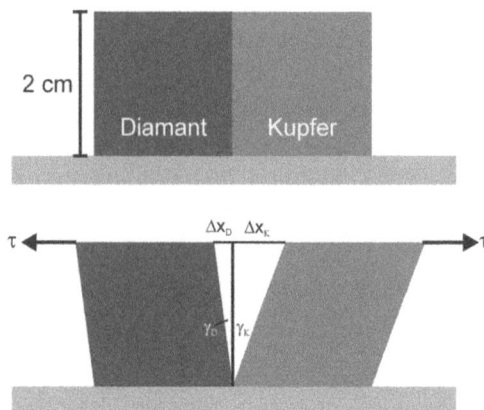

Abbildung 12.5: Scherung eines Diamant- (links) und eines Kupferwürfels (rechts, nicht maßstäblich)

Für die beiden Würfel folgt daraus

$$\gamma_{Dia} = \frac{\tau}{G_{Dia}} = \frac{150\ \text{MPa}}{760\ \text{GPa}} = 0{,}01°$$

$$\gamma_{Cu} = \frac{\tau}{G_{Cu}} = \frac{150\ \text{MPa}}{47\ \text{GPa}} = 0{,}18°$$

Der Winkel zwischen beiden Würfeln beträgt also 0,19°, wobei der weitaus größere Anteil von der Scherung des Kupferwürfels stammt. Aus Abbildung 12.5 geht hervor, dass für den Abstand der beiden Würfel an der Oberkante gilt:

$$\Delta x = \Delta x_{Dia} + \Delta x_{Cu} = (\tan \alpha_{Dia} + \tan \alpha_{Cu})a$$

wobei a = 2 cm die Kantenlänge der beiden Würfel ist. Man erhält also:

$$\Delta x = 0{,}0035 \cdot 2\ \text{cm} + 0{,}056 \cdot 2\ \text{cm}$$
$$= 0{,}007\ \text{cm} + 0{,}112\ \text{cm} = 0{,}119\ \text{cm}$$

Längs und quer: Die Poisson-Zahl

Bei einem Zugversuch, wie er in Abbildung 12.2 dargestellt ist, ändert sich nicht nur die Länge des Stabes; zudem nimmt auch sein Querschnitt gleichmäßig ab. Dieses Verhalten ist noch einmal in Abbildung 12.6 dargestellt.

KAPITEL 12 Wieder in Form kommen: Elastische Verformung

Im Geltungsbereich des Hooke'schen Gesetzes ist die relative Querschnittsverminderung bei einer eindimensionalen Zugbelastung proportional zur relativen Längenausdehnung. Es gilt daher die folgende Beziehung:

$$\nu = \frac{\Delta d/d}{\Delta L/L}$$

Die Zahl ν ist dimensionslos. Sie wird *Poisson-Zahl* oder *Querkontraktionszahl* genannt.

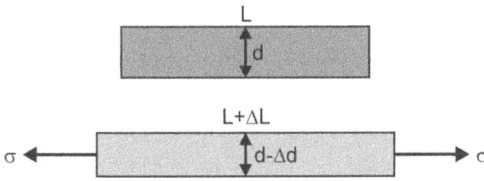

Abbildung 12.6: Die Querkontraktion eines Stabes unter Zugbelastung

Diesen Vorgang können Sie im Übrigen selbst beobachten. Nehmen Sie ein ganz normales Gummiband und ziehen Sie es in die Länge. Sie können leicht feststellen, dass das Gummiband umso dünner wird, je länger Sie es dehnen. Stellen Sie sich noch einmal das im Beispiel für den Elastizitätsmodul betrachtete Gummiband vor, das bei einem Zugversuch auf die doppelte Länge ausgedehnt wurde. Die Poisson-Zahl von Gummi beträgt 0,5. Damit ergibt sich für die Querschnittsverminderung:

$$\nu = \frac{\Delta d/d}{\Delta L/L}$$

$$\frac{\Delta d}{d} = \nu \frac{\Delta L}{L} = 0{,}5 \cdot 1$$

da sich die Länge des Gummibands verdoppelt hat. Also erhält man:

$$\frac{\Delta d}{d} = 0{,}5 \quad \Rightarrow \quad \Delta d = 0{,}5 \cdot d = 0{,}5 \cdot 3 \text{ mm} = 1{,}5 \text{ mm}$$

Der Querschnitt des Gummibands nimmt also um die Hälfte ab.

Längs und quer, Teil 2: Die relative Volumenänderung

Bei einem Zugversuch ändern sich sowohl die Länge als auch der Querschnitt des Stabes. Dies gilt auch für das Volumen. Man kann diese Volumenänderung eines Stabes unter Zugbelastung berechnen. Wenn man annimmt, dass der Stab einen quadratischen Querschnitt mit der Seitenlänge d hat, so gilt für die Volumenänderung:

$$\Delta V = \text{Neue Länge} \cdot \text{Neuer Querschnitt} - \text{Ursprungsvolumen}$$

Setzt man die entsprechenden Beziehungen in diese Gleichung ein, so erhält man:

$$\begin{aligned}\Delta V &= (L + \Delta L) \cdot (d - \Delta d)^2 - d^2 L \\ &= (L + \Delta L) \cdot (d^2 - 2d\Delta d + (\Delta d)^2) - d^2 L \\ &= d^2 L + d^2 \Delta L - 2d\Delta d\, L - 2d\Delta d\, \Delta L + (\Delta d)^2 L + (\Delta d)^2 \Delta L - d^2 L\end{aligned}$$

Das sieht auf den ersten Blick ein bisschen furchterregend aus, ist aber eigentlich gar nicht so schlimm. Da es sich um den elastischen Bereich handelt, sind die Längen ΔL und Δd klein, sie liegen im Prozentbereich der Ursprungslängen. Man kann daher in erster Näherung alle Terme in dieser Gleichung streichen, in denen Δ-Größen quadriert oder miteinander multipliziert werden. Außerdem heben sich der erste und der letzte Term in der Gleichung gegenseitig auf. Dann bleibt von der langen Gleichung gar nicht mehr so viel übrig; sie lautet jetzt:

$$\Delta V \approx d^2 \Delta L - 2d\Delta d\, L$$

Für die relative Volumenänderung ergibt sich also:

$$\begin{aligned}\frac{\Delta V}{V} &= \frac{d^2 \Delta L - 2d\Delta d\, L}{d^2 L} = \frac{d\Delta L - 2\Delta d\, L}{dL} \\ &= \frac{\Delta L}{L} - 2\frac{\Delta d}{d} \\ &= \frac{\Delta L}{L}\left(1 - 2\frac{\Delta d}{d}\frac{L}{\Delta L}\right)\end{aligned}$$

Diese Gleichung enthält nur die relative Längenausdehnung und die Querkontraktion; man kann sie auch folgendermaßen schreiben:

$$\frac{\Delta V}{V} = \varepsilon(1 - 2\nu)$$

wobei die obigen Definitionen der Dehnung ε und der Poisson-Zahl ν eingesetzt wurden.

In der obigen Rechnung wurden alle Terme weggelassen, die $(\Delta d)^2$ oder $\Delta d \Delta L$ enthielten. Die Physiker nennen diese Vorgehensweise *Näherung*. Dahinter steht der Gedanke, dass es keinen Sinn macht, Terme in einer Rechnung mitzuführen, die so klein sind, dass man ihren Beitrag ohnehin nicht messen kann. Betrachten Sie als Beispiel den Ausdruck $(x + \Delta x)^2$ mit $x = 1$ und $\Delta x = 0{,}01$; Δx beträgt also 1 % von x.

Das Ergebnis lautet:

$$x^2 + 2x\Delta x + (\Delta x)^2 = 1 + 0{,}02 + 0{,}0001 = 1{,}0201 \approx 1{,}02$$

Erst wenn man in der Lage ist, die Länge x auf fünf Stellen genau zu messen, muss man sich überlegen, ob man den Term Δx^2 in der Rechnung mitführen will und diese damit erheblich verkompliziert. Der Erfolg der Physik beruht nicht zuletzt auf derartigen Näherungen; aber auch das Betreiben der Mechanik wäre ohne Näherungen nahezu unmöglich.

Nur zwei von vieren zählen: Beziehungen zwischen den elastischen Konstanten

In den letzten Abschnitten wurden vier elastische Konstanten eingeführt, die das elastische Verhalten fester Körper beschreiben: der Elastizitätsmodul E, der Kompressionsmodul K, der Schubmodul G und die Poisson-Zahl ν. Es wurde bereits erwähnt, dass nur zwei davon unabhängig sind. Kennt man also zwei dieser Konstanten eines Materials, kann man die beiden anderen berechnen. Das bedeutet, dass es mindestens zwei unabhängige Gleichungen geben muss, die diese Konstanten zueinander in Beziehung setzen.

Die erste ergibt sich unmittelbar aus der obigen Darstellung: Bei einer eindimensionalen Zugbelastung ist die relative Volumenänderung, wie oben gezeigt wurde:

$$\frac{\Delta V}{V} = \varepsilon(1 - 2\nu)$$

Nach der Definition des Elastizitätsmoduls gilt für die Dehnung $\varepsilon = \sigma/E$. Setzt man dies ein, ergibt sich:

$$\frac{\Delta V}{V} = \frac{1}{E}\sigma(1 - 2\nu)$$

Andererseits lautet die Definition des Kompressionsmoduls:

$$p = -K\frac{\Delta V}{V} \quad \text{oder} \quad \frac{\Delta V}{V} = -\frac{p}{K}$$

Dies gilt für einen isostatischen Druck, der in alle drei Richtungen auf den Körper wirkt. Also muss für diesen Fall Folgendes gelten, wenn man vom Dreidimensionalen zum Eindimensionalen übergeht:

$$\left(\frac{\Delta V}{V}\right)_{3D} = 3 \cdot \left(\frac{\Delta V}{V}\right)_{1D}$$

$$-\frac{p}{K} = -3 \cdot \frac{1}{E}\sigma(1 - 2\nu)$$

Das Minuszeichen auf der rechten Seite berücksichtigt, dass hier der Körper gedrückt, nicht gedehnt wird. Der Druck p und die Spannung σ sind identisch. Also ergibt sich:

$$K = \frac{E}{3(1 - 2\nu)}$$

Dies ist die erste Gleichung, die die elastischen Konstanten miteinander verknüpft. Sie enthält K, E und ν, nicht aber den Schubmodul G. Die Herleitung der zweiten Gleichung, die die elastischen Konstanten miteinander verbindet, ist etwas schwieriger. Deshalb sei an dieser Stelle nur das Ergebnis angegeben:

$$\frac{E}{2G} = 1 + \nu$$

Das elastische Verhalten von Festkörpern unter äußerer Belastung wird durch die folgenden vier elastischen Konstanten beschrieben:

✔ Elastizitätsmodul E

✔ Kompressionsmodul K

✔ Schubmodul G

✔ Poisson-Zahl ν

Von diesen vier Konstanten sind nur zwei unabhängig. Es gelten die Beziehungen:

✔ $E = 3K(1 - 2\nu)$

✔ $K = \dfrac{E}{3(1 - 2\nu)}$

✔ $G = \dfrac{E}{2(1 + \nu)}$

✔ $\nu = \dfrac{E}{2G} - 1$

Elastische Energie

Um einen Körper elastisch zu verformen, muss Arbeit aufgewendet werden. Diese Arbeit ist in dem deformierten Körper als *elastische Energie* oder *elastische potenzielle Energie* gespeichert. Sie wird freigesetzt, wenn der Körper wieder seine ursprüngliche Form einnimmt. Ein Beispiel dafür ist der eingangs erwähnte Gummiball, der sich beim Aufprall auf dem Boden elastisch verformt, aber beim Hochspringen die in ihm gespeicherte elastische Energie wieder in kinetische Energie umwandelt.

Betrachten Sie noch einmal die in Abbildung 12.1 dargestellte Feder. Will man sie um eine Länge Δx auslenken, ist die folgende Kraft erforderlich:

$$F = k\,\Delta x$$

Dabei ist F die maximale Kraft, die notwendig ist, um die maximale Auslenkung zu erzielen. Die im Mittel bei diesem Zugvorgang benötigte Kraft ist

$$F_{\text{mittel}} = \frac{1}{2}F = \frac{1}{2}k\Delta x$$

Für die beim Zugvorgang geleistete Arbeit gilt entsprechend der Definition Arbeit gleich Kraft mal Weg:

$$W = F_{\text{mittel}}\, s$$

Für den Weg s gilt $s = \Delta x$, sodass man für die Arbeit schließlich folgenden Ausdruck erhält:

$$W = \frac{1}{2}k\Delta x \cdot \Delta x = \frac{1}{2}k(\Delta x)^2$$

KAPITEL 12 Wieder in Form kommen: Elastische Verformung

W ist die Arbeit, die erforderlich ist, um eine Feder mit der Federkonstante k um die Länge Δx auseinanderzuziehen. Diese Arbeit ist in Form von elastischer Energie in der Feder gespeichert.

In ähnlicher Weise kann man zeigen, dass die Energiedichte E_V (also die Energie pro Volumeneinheit) eines elastisch verformten Körpers im Falle einer Dehnung beziehungsweise einer Scherung folgendermaßen ausgedrückt werden kann:

- ✔ **Dehnung:** $E_V = \frac{1}{2} E \varepsilon^2$

- ✔ **Scherung:** $E_V = \frac{1}{2} G \gamma^2$

Mit »Juhu!« in die Tiefe

Haben Sie sich schon einmal an einem Bungee-Seil in die Tiefe gestürzt? Wenn nicht: Sie brauchen keine Angst zu haben. Die Physik des Bungee-Jumpings kann man relativ einfach beschreiben. Stellen Sie sich vor, Sie stehen auf einer Plattform 130 m über dem Boden und springen an einem Seil mit der Länge L. Wie lang muss das Seil sein, damit Sie einen Sicherheitsabstand von 5 m über dem Boden nicht unterschreiten können? Wie groß ist Ihre maximale Geschwindigkeit? Ihr Gewicht wird mit 80 kg angenommen.

Solange Sie nicht tiefer als die Länge des Seils gestürzt sind, befinden Sie sich im freien Fall, werden also mit der Erdbeschleunigung g beschleunigt (wenn man den Luftwiderstand vernachlässigt). Aus Kapitel 3 kennen Sie die Beziehung:

$$s = \frac{1}{2} a t^2$$

Daraus folgt für die Zeit des freien Falls bis zur Tiefe $s = L$:

$$t = \sqrt{2 \frac{L}{a}} = \sqrt{2 \frac{L}{g}}$$

Wenn man die Zeit t kennt, kann man anhand der Gleichung (Kapitel 3)

$$v = at = gt$$

die maximale Geschwindigkeit berechnen. Dazu muss man aber erst einmal die Länge L des Seils kennen.

Wenn Sie die Tiefe L erreicht haben, strafft sich das Seil und beginnt, sich auseinanderzuziehen. Man kann das Bungee-Seil als eine Feder betrachten, die eine Kraft nach oben bewirkt. Diese Kraft ist nach dem Hooke'schen Gesetz umso größer, je größer die Auslenkung ist. Zunächst wird das Seil also eine kleine Kraft auf Sie ausüben, die aber immer größer wird, je tiefer Sie fallen.

Gleichzeitig ändert sich auch die Form der Energie, die in dem Gesamtsystem Springer + Seil steckt. Vor dem Sprung haben Sie die potenzielle Energie:

$$E_{\text{pot}} = mgh$$

Danach gewinnen Sie kinetische Energie, wenn Sie immer schneller fallen. Schließlich werden Sie vom Seil gebremst, das sich dabei ausdehnt. Die Energie geht in die elastische Energie des Seils über. Für den tiefsten Punkt des Sprungs gilt also:

$$E_{\text{ela,unten}} = E_{\text{pot,oben}} \frac{1}{2}k(\Delta L)^2 = mgh$$

wobei k die Federkonstante des Seils ist; sie soll in diesem Beispiel 200 N/m betragen. Die Höhe h beträgt 125 m, denn 5 m Sicherheitsabstand sollten schon sein. h setzt sich aus der Länge des Seils L und der Strecke ΔL zusammen, um die sich das Seil ausdehnt. Für h gilt also:

$$h = L + \Delta L = 125\text{m}$$

Löst man die obige Gleichung nach ΔL auf, so erhält man:

$$(\Delta L)^2 = \frac{2mgh}{k}$$

$$\Delta L = \sqrt{\frac{2mgh}{k}}$$

Setzt man die Zahlen ein, so ergibt sich schließlich:

$$\Delta L = \sqrt{\frac{2 \cdot (80 \cdot 9{,}81)\text{ N} \cdot 125\text{ m}}{200\text{ N/m}}} = 31{,}3\text{ m}$$

Das Seil dehnt sich also um die Länge 31,3 m aus; da die Höhe 125 m beträgt, muss das Seil 93,7 m lang sein.

Damit kann man schließlich auch die maximale Geschwindigkeit berechnen. Sie wird erreicht, solange sich das Seil noch nicht spannt und zu bremsen beginnt. Es gilt also folgende Gleichung:

$$v = gt = g\sqrt{2\frac{L}{g}} = \sqrt{2gL} = \sqrt{2 \cdot 9{,}81\text{ m/s}^2 \cdot 93{,}7\text{ m}} = 43\text{ m/s}$$

Dies ist allerdings nur eine erste Abschätzung, denn sowohl das Gewicht des Seils als auch der Luftwiderstand wurden vernachlässigt.

Vollkommen elastisch

Die elastischen Konstanten, vor allem auch die drei Moduln, sind Materialkonstanten. Jedes Material besitzt also einen eigenen Satz der vier elastischen Konstanten. In Tabelle 12.1 sind Werte für eine Reihe wichtiger Materialien zusammengestellt.

Material	K [GPa]	E [GPa]	G [GPa]	ν
Diamant	442	1220	470	0,2
Glas	35–55	50–70	26,2	0,1–0,3
Korund (Al_2O_3)		400		0,5
Kupfer	140	117	47	0,34
Gold	180	80	30	0,42
Stahl	160	210	79,3	0,28
Wolfram	300	410	150	0,35
Plexiglas		2,7–3,2		0,42–0,43
Gummi	0,004	0,005	0,0003	0,5

Tabelle 12.1: Elastische Konstanten einiger wichtiger Materialien

Beachten Sie bei den Werten in der Tabelle, dass die drei Moduln den Widerstand gegen elastische Verformung ausdrücken. Je größer also zum Beispiel der Elastizitätsmodul ist, desto weniger wird sich ein Körper unter einer Zugspannung verformen. Demzufolge überrascht es nicht, dass die niedrigsten Werte für die elastischen Konstanten für das Material beobachtet werden, das als Paradebeispiel für Elastizität gilt, also für Gummi. Beachten Sie außerdem, dass diese Werte nur im elastischen Bereich gelten, also in dem Bereich, in dem das Hooke'sche Gesetz gilt.

Wenn Sie noch einmal einen Blick auf die Daten in Tabelle 12.1 werfen, können Sie einige interessante Tatsachen feststellen. Die höchsten Werte für die Moduln werden in allen Fällen für Diamant beobachtet. Nicht umsonst gilt Diamant als das härteste aller Materialien.

Metalle sind bei Weitem nicht so widerstandsfähig gegen äußere Belastungen, wie man häufig glaubt. Die höchsten Werte werden für gehärtetes Eisen erzielt, also beispielsweise Stahl. Und schließlich sind alle drei Moduln für Gummi natürlich sehr klein.

Bis ans Limit

Das Hooke'sche Gesetz gilt nur für kleine Spannungen beziehungsweise kleine Verformungen. Im Zusammenhang mit der Spannungs-Dehnungs-Kurve in Abbildung 12.8 wurde die sogenannte *Proportionalitätsgrenze* σ_P definiert, die das Ende des Geltungsbereiches des Hooke'schen Gesetzes markiert. Auch für leicht größere Spannungen ist das Verhalten der Körper immer noch elastisch, bis oberhalb der *Elastizitätsgrenze* oder *Streckgrenze* σ_E plastische Verformung einsetzt, die im nächsten Kapitel ausführlich vorgestellt wird. In vielen Tabellen mit den mechanischen Eigenschaften von Materialien finden Sie häufig auch die Angabe der sogenannten $R_{P,0,2}$-*Dehngrenze* als Maß für die Elastizitätsgrenze. Das ist diejenige Spannung, bei der nach Entlasten eine plastische Dehnung von 0,2 % zurückbleibt.

Im Bereich des Hooke'schen Gesetzes

Die obigen Abschnitte enthalten alles, was Sie über elastische Verformungen und die Größen, die sie beschreiben, wissen müssen. Jetzt ist es an der Zeit, all dies anhand einiger Beispiele noch einmal zu erläutern. In den folgenden drei Abschnitten finden Sie daher drei aufschlussreiche Situationen näher dargestellt:

✔ die eindimensionale Zugbelastung,

✔ das Verbiegen von Balken,

✔ die Pressung von Körpern gegeneinander.

Dabei wird auch deutlich werden, dass in manchen Fällen mehr als eine der elastischen Konstanten eine Rolle spielt.

Man kann selbst Stahl in die Länge ziehen

Für das erste Beispiel betrachten Sie einen Stahldraht von 1 m Länge mit einem quadratischen Querschnitt mit einer Kantenlänge von 1 mm. Dieser Stab erfährt an beiden Seiten eine eindimensionale Kraft von 500 N in Längsrichtung. Der Elastizitätsmodul von Stahl beträgt $210 \cdot 10^9$ Pa, seine Poisson-Zahl 0,3.

Folgende Fragen sind von Interesse:

1. Wie groß ist die Zugspannung σ_z?
2. Wie groß ist die Längenausdehnung ε?
3. Wie groß ist die Querschnittsverminderung?
4. Wie groß ist die relative Volumenänderung?
5. Wie groß ist die elastische Energie, die in dem Körper gespeichert ist?

Diese Fragen können folgendermaßen beantwortet werden:

1. Die Zugspannung ist definiert als Kraft pro Fläche. Daher ergibt sich:

$$\sigma_z = \frac{500\,\text{N}}{10^{-6}\text{m}^2} = 500\,\text{MPa}$$

2. Das Hooke'schen Gesetz lautet:

$$\sigma_z = E\varepsilon$$

Löst man nach der Dehnung ε auf, ergibt sich:

$$\varepsilon = \frac{\sigma_z}{E} = \frac{5 \cdot 10^8\,\text{Pa}}{210 \cdot 10^9\,\text{Pa}} = 2{,}4 \cdot 10^{-3}$$

Die Dehnung beträgt also 0,24 %. Da der Stab eine Länge von 1 m hatte, dehnt er sich folglich um 2,4 mm aus.

3. Die Querkontraktion ist gegeben durch:

$$\frac{\Delta d}{d} = \nu \frac{\Delta L}{L}$$
$$= 0{,}3 \cdot 2{,}4 \cdot 10^{-3} = 7{,}2 \cdot 10^{-4} = 0{,}07\,\%$$

4. Damit erhält man schließlich für die relative Volumenänderung des Stahldrahts:

$$\frac{\Delta V}{V} = \varepsilon(1 - 2\nu)$$

Setzt man auch hier die Zahlen ein, so folgt:

$$\frac{\Delta V}{V} = 2{,}4 \cdot 10^{-3} \cdot (1 - 2 \cdot 0{,}3) = 9{,}6 \cdot 10^{-4} = 0{,}1\%.$$

5. Für die elastische Energiedichte gilt im Falle einer Dehnung die Beziehung:

$$E_V = \frac{1}{2} E \varepsilon^2$$

Mit der oben errechneten Dehnung von 0,24 % erhält man also:

$$E_V = \frac{1}{2} \cdot 210 \cdot 10^9 \,\text{N/m}^2 \cdot 0{,}0024^2 = 6{,}0 \cdot 10^5 \,\text{J/m}^3$$

Auf dass sich die Balken biegen

Abbildung 12.7 zeigt als zweites, schon etwas komplexeres Beispiel einen sogenannten einseitig eingespannten Biegebalken. Das obere Diagramm stellt den Balken ohne äußere Belastung dar. Im unteren Teil wirkt eine Kraft F auf das freie Ende des Balkens. Als Folge biegt sich der Balken durch. Die mathematisch/physikalische Behandlung dieser Situation ist nicht ganz einfach. Betrachten Sie zum Beispiel die drei hervorgehobenen Streifen oder »Fasern« an der Oberseite, der Unterseite und in der Mitte des Balkens. Die mittlere Faser f_0, auch *neutrale Faser* genannt, behält ihre Länge bei, aber die obere Faser f_z (Zugfaser) dehnt sich aus, während sich f_d an der Unterseite (Druckfaser) verkürzt. Insgesamt zeigt sich, dass die obere Hälfte des Balkens gedehnt, die untere aber gestaucht wird (siehe dazu auch Kapitel 11).

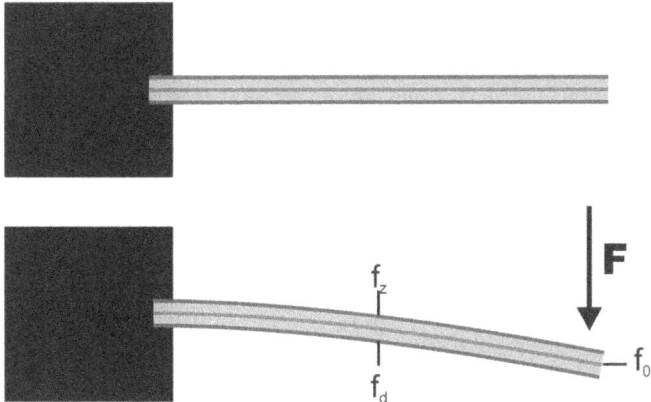

Abbildung 12.7: Durchbiegung eines einseitig eingespannten Balkens

In Abbildung 12.8 wird diese Situation genauer betrachtet. Die neutrale Faser biegt sich um einen Betrag f, der in diesem Fall *Durchbiegung* genannt wird. Die Verlängerung der neutralen Faser bildet mit der Waagerechten den Winkel α.

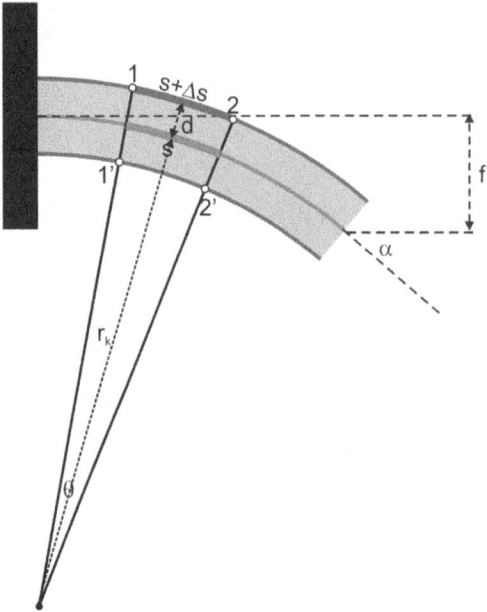

Abbildung 12.8: Details zur Biegung eines einseitig eingespannten Balkens. Die Krümmung ist übertrieben dargestellt.

Betrachten Sie nun zwei eng nebeneinanderliegende Schnitte durch den Balken (1,1' und 2,2'). Im unbelasteten Fall sind sie parallel zueinander. Unter Belastung schließen sie einen Winkel θ ein. Der Schnittpunkt der beiden Linien ist der Mittelpunkt der Krümmung; der Krümmungsradius ist r_k. Die beiden Schnittlinien schließen in der neutralen Faser die Strecke s ein. Für die Zugfaser ist diese Strecke auf $s + \Delta s$ gedehnt. Aus der Skizze in Abbildung 12.8 kann man anhand der Ähnlichkeit der beteiligten Dreiecke folgende Beziehung ablesen:

$$\frac{s + \Delta s}{s} = \frac{r_k + d}{r_k}$$

Dies lässt sich umschreiben zu:

$$1 + \frac{\Delta s}{s} = 1 + \frac{d}{r_k}$$
$$\frac{\Delta s}{s} = \frac{d}{r_k}$$

$\Delta s / s$ ist aber nichts anderes als die Dehnung der Zugfaser f_z. Wendet man das Hooke'sche Gesetz an, so folgt:

$$\frac{\Delta s}{s} = \varepsilon = \frac{\sigma_z}{E}$$

und man erhält:

$$\frac{\Delta s}{s} = \frac{\sigma_z}{E} = \frac{d}{r_k}$$

$$r_k = \frac{dE}{\sigma_z}$$

d ist die Hälfte der Dicke des Balkens. σ_z ist dabei die zwischen den Schnitten 1,1' und 2,2' in Abbildung 12.8 herrschende Biegespannung.

Puh! Das war jetzt eine lange und auf den ersten Blick komplizierte Rechnung. Aber eigentlich war es doch gar nicht so schlimm, da sie nur auf der verwendeten Geometrie und dem Hooke'schen Gesetz beruht.

Bei einer Biegung erfahren die Randfasern die stärkste Beanspruchung, während die neutrale Faser keine Spannung erfährt. Biegespannungen sind entweder Druckspannungen (für die Druckfasern) oder Zugspannungen (für die Zugfasern).

Der Cantilever: Ein einseitig eingespannter Biegebalken

In den letzten 25 Jahren haben die sogenannten Raster-Sondenmikroskope die Möglichkeiten extrem erweitert, Materialien auf der Nanometerebene oder sogar auf atomarer Ebene zu charakterisieren. Für die Entwicklung der *Raster-Tunnelmikroskopie* erhielten Gerd Binnig und Heinrich Rohrer den Nobelpreis für Physik. Eine weitere, heute weitaus wichtigere Technik, an deren Entwicklung Gerd Binnig ebenfalls beteiligt war, ist die *Raster-Kraftmikroskopie* (englisch Atomic Force Microscopy, AFM). Bei der AFM wird eine dünne Spitze über eine Oberfläche gerastert. Die Spitze befindet sich am Ende eines sogenannten Cantilevers. Das ist nichts anderes als ein einseitig eingespannter Biegebalken im Miniaturmaßstab. Wenn die Spitze mit der Oberfläche wechselwirkt, sodass sie eine anziehende Kraft erfährt, biegt sich der Cantilever entsprechend dieser Wechselwirkung durch. Diese Durchbiegung kann man zum Beispiel mittels optischer Verfahren, etwa durch einen Laserstrahl, sehr genau messen. Abbildung 12.9 zeigt oben das Messprinzip, unten eine elektronenmikroskopische Aufnahme eines Cantilevers mit einer Spitze.

Mithilfe dieser AFM-Technik kann man laterale Auflösungen von etwa 10 nm erreichen; in vertikaler Richtung beträgt die erreichbare Auflösung sogar weniger als 1 nm. Abbildung 12.10 zeigt als Beispiel die Oberfläche einer Probe aus nanokristallinem Diamant. Wenn Sie Cantilever für AFM-Messungen auslegen und die Messungen auswerten wollen, müssen Sie über die Mechanik einseitig eingespannter Biegebalken Bescheid wissen.

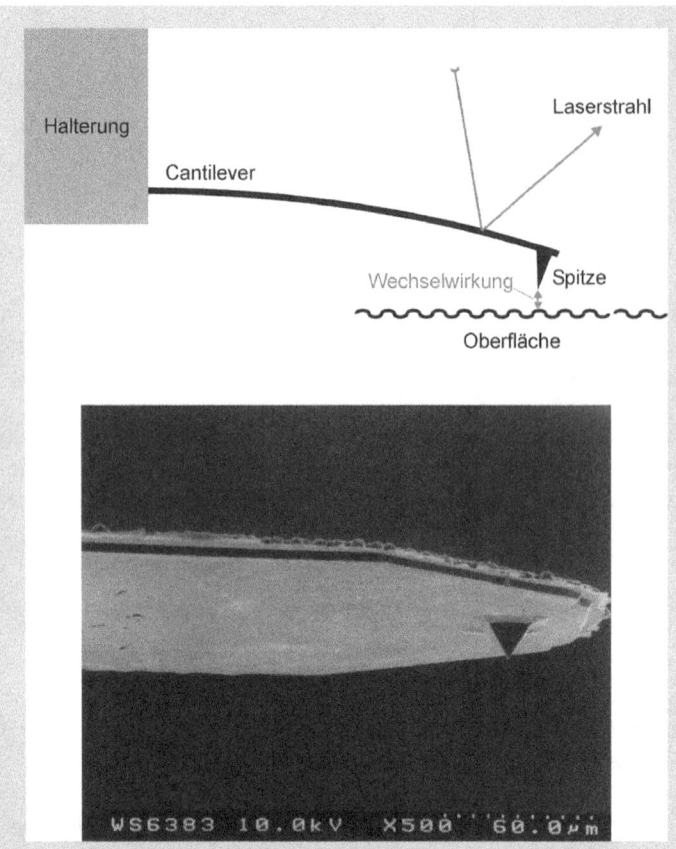

Abbildung 12.9: Raster-Kraftmikroskopie. Oben: Messprinzip; unten: Cantilever inklusive Spitze aus Diamant

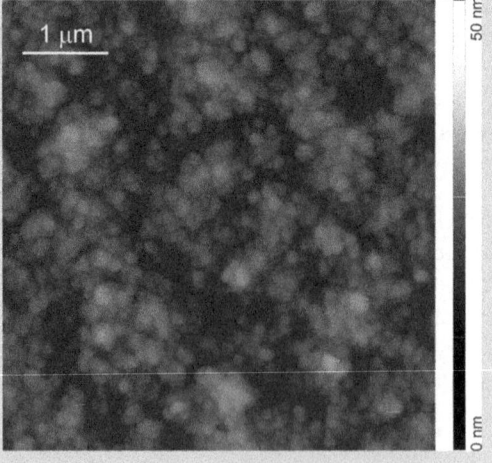

Abbildung 12.10: Raster-kraftmikroskopische Aufnahme einer Oberfläche aus nanokristallinem Diamant

Der beidseitig gelagerte Balken und die Biegelinie

In der bisherigen Diskussion der Biegebeanspruchung von Körpern im elastischen Bereich diente der einseitig eingespannte Balken als Beispiel (Abbildung 12.7). Im Folgenden wird anhand des in Abbildung 12.11 dargestellten beidseitig gelagerten Balkens noch eine Reihe von Begriffen und Zusammenhängen eingeführt, die im Zusammenhang mit diesem Thema von Bedeutung sind.

In Skizze a) ist die Situation dargestellt. Ein beidseitig gelagerter Balken wird in der Mitte mit der Kraft **F** belastet, die Situation ist also symmetrisch. Der Balken biegt sich infolgedessen nach unten durch. Dadurch entsteht in ihm ein Biegemoment τ_B, dessen Verlauf in Skizze b) dargestellt ist. τ_B ist negativ, sein Betrag nimmt vom linken Rand an bis zur Mitte zu, erreicht einen Maximalwert und nimmt dann linear wieder auf null ab. Für das maximale Biegemoment in der Mitte gilt:

$$\tau_B = \frac{F}{2} \cdot \frac{L}{2} = \frac{F \cdot L}{4}$$

Mithilfe des Biegemoments kann die Krümmung der Biegelinie berechnet werden. Im Bereich des Hooke'schen Gesetzes gilt:

$$\kappa = \frac{1}{r} = \frac{\tau_B}{EI_y}$$

Dabei ist r der Krümmungsradius, E der Elastizitätsmodul des Materials des Biegebalkens und I_y das sich aus seinem Profil ergebende Flächenträgheitsmoment (Tabelle 11.1).

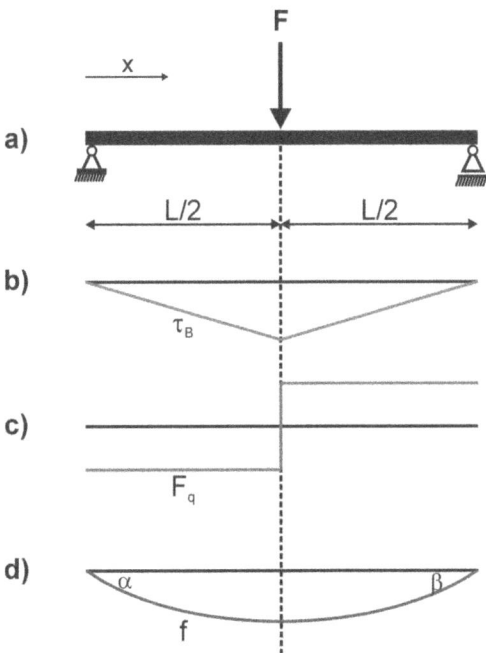

Abbildung 12.11: Durchbiegung eines beidseitig gelagerten Balkens unter symmetrischer Belastung

In Skizze c) ist der Verlauf der Querkraft F_q dargestellt, also der inneren Schubspannung, die durch die Biegebelastung entsteht (Kapitel 11). Ihr Betrag ist über den gesamten Balken konstant, aber das Vorzeichen wechselt an der Stelle x, an der die äußere Kraft angreift.

Die letzte Skizze d) zeigt schließlich den Verlauf der *Biegelinie* f(x). Sie stellt die sich als Folge der äußeren Belastung ergebende Verformung f als Funktion des Orts x dar. Die Kenntnis der Biegelinie, insbesondere der maximalen Durchbiegung ist durchaus für die Auslegung von Bauelementen und die Konstruktion von Anlagen von Bedeutung (schließlich muss dieser Platz zur Verfügung stehen). Sie können die Biegelinie eines beliebigen Körpers in einer beliebigen Situation berechnen; allerdings müssen Sie dazu zumeist komplexere Differenzialrechnung nutzen. Für den einfachen in Abbildung 12.11 dargestellten Fall ergeben diese Berechnungen:

$$f(x) = \frac{FL^3}{48EI_y} \cdot \left(3\frac{x}{L} - 4\left(\frac{x}{L}\right)^3\right) \quad \text{für} \quad 0 \leq x \leq L/2$$

Im weiteren Verlauf (das heißt für $L/2 < x \leq L$) nimmt f(x) spiegelbildlich wieder ab. Die maximale Durchbiegung, die in diesem symmetrischen Fall genau in der Mitte auftritt, ergibt sich zu:

$$f_{max} = \frac{FL^3}{48EI_y}$$

Schließlich kann man noch die beiden Winkel an den Enden der Biegelinie berechnen:

$$\alpha = \beta = \frac{FL^2}{16EI_y}$$

Der Formeln für die Biegelinien von Balken in unterschiedlichen Situationen finden Sie tabelliert, zum Beispiel im Internet.

Ans Herz gedrückt: Die Hertz'sche Pressung

In der Technik gibt es viele Situationen, in denen Körper mit rundem Querschnitt gegeneinander oder gegen eine ebene Fläche gedrückt werden (zum Beispiel Kugeln, Walzen oder Rollen) oder sich gegeneinander oder entlang einer ebenen Fläche bewegen. Im Idealfall sollte der Kontakt zwischen den Körpern punktförmig (bei Kugeln) oder linienförmig (bei Walzen, Rollen oder Rädern) sein. In der Realität ist dies nicht der Fall, sobald eine Kraft oder Spannung zwischen den beiden Körpern wirkt. Stattdessen ergibt sich aufgrund der durch die Belastung hervorgerufenen elastischen Verformungen ein mehr oder weniger ausgedehnter Kontaktbereich. Dieses Phänomen wurde bereits in Kapitel 7 im Zusammenhang mit der Rollreibung beschrieben und wird im Folgenden als drittes Beispiel für elastische Verformungen und das Arbeiten mit dem Hooke'schen Gesetz diskutiert. Man nennt es *Hertz'sche Pressung* oder *Hertz'sche Flächenpressung*. Heinrich Hertz (nach dem die Einheit der Frequenz benannt ist) hat diesen Vorgang eingehend untersucht und eine Reihe von Gleichungen dafür aufgestellt. Sie beruhen auf den folgenden Voraussetzungen:

✔ Die auftretenden Verformungen sind vollkommen elastisch, und es gilt das Hooke'sche Gesetz.

✔ Der Bereich der elastischen Verformung ist klein gegenüber den Abmessungen der Körper.

✔ Im Kontaktbereich der Körper treten nur Normalspannungen auf, keine Schubspannungen.

Die Hertz'schen Gleichungen beschreiben eine Reihe von Situationen, unter anderem:

✔ die Pressung einer Kugel gegen einen ebenen Körper,

✔ die Pressung zweier Kugeln gegeneinander,

✔ die Pressung eines Zylinders gegen eine ebene Fläche oder einen zweiten Zylinder.

Der einfachste Fall ist die Hertz'sche Pressung einer Kugel gegen einen ebenen Körper oder gegen eine zweite Kugel. Die Pressung zweier Kugeln gegeneinander ist in Abbildung 12.12 dargestellt.

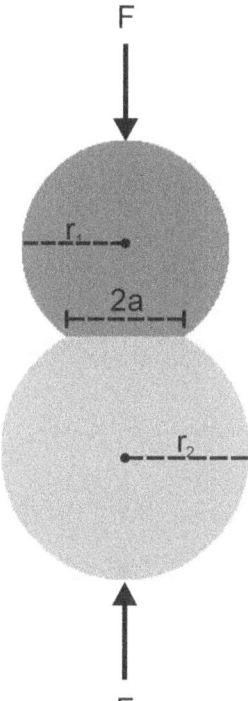

Abbildung 12.12: Hertz'sche Pressung zweier Kugeln

Die Kugeln haben die Radien r_1 beziehungsweise r_2 und die Elastizitätsmoduln E_1 und E_2. Sie werden mit einer Normalkraft F gegeneinandergedrückt. Entscheidend für die Pressung sind der kombinierte E-Modul:

$$\overline{E} = \frac{2E_1 E_2}{E_1 + E_2}$$

sowie der kombinierte Radius:

$$\frac{1}{r} = \frac{1}{r_1} + \frac{1}{r_2} \quad \text{oder} \quad r = \frac{r_1 r_2}{r_1 + r_2}$$

Sollte einer der Körper eine Ebene sein, ist $r_2 = \infty$, und es gilt $r = r_1$.

Mit dieser Definition lassen sich die *Hertz'schen Gleichungen* für diesen Fall folgendermaßen schreiben:

✔ Für den Durchmesser a der Kontaktzone zwischen den beiden Körpern ergibt sich:

$$a = 1{,}11 \cdot \sqrt[3]{\frac{Fr}{\overline{E}}}$$

✔ Für den Druck p_0 in der Mitte der Berührungsfläche ergibt sich:

$$p_0 = \frac{1{,}5\,F}{\pi a^2}$$

✔ Für die Gesamtabplattung δ (das heißt die Gesamtkontraktion von Kugel und ebenem Körper in z-Richtung) erhält man schließlich:

$$\delta = 1{,}23 \cdot \sqrt[3]{\frac{F^2}{\overline{E}^2 r}}$$

Eine Stahlkugel mit einer Masse von 1 kg und einer Dichte von 7,85 g/cm³ befindet sich auf einer dicken Gummimatte. Wie groß ist die Kontaktfläche a zwischen beiden Körpern, und wie groß ist die Gesamtabplattung δ?

Zuerst muss der Radius der Kugel berechnet werden. Mit der Formel für das Volumen $V = 4/3\pi r^3$ und der Masse m erhält man folgende Beziehung für die Dichte:

$$\rho = \frac{m}{V} \quad \text{also} \quad V = \frac{m}{\rho}$$

$$\frac{4}{3}\pi r^3 = \frac{m}{\rho}$$

$$r^3 = \frac{3}{4\pi}\frac{m}{\rho}$$

Setzt man die Zahlen ein und zieht die dritte Wurzel, folgt:

$$r = \sqrt[3]{\frac{3}{4\pi}\frac{m}{\rho}} = \sqrt[3]{\frac{3}{4\pi}\frac{1000\,\text{g}}{7{,}85\,\text{g/cm}^3}} = 3{,}12\,\text{cm}$$

Die Kugel hat also einen Durchmesser von 6,24 cm. Als zweite Eingangsgröße benötigt man den kombinierten Elastizitätsmodul der beiden Körper. E beträgt für Stahl 210 GPa, für Gummi 0,05 GPa. Damit erhält man:

$$\overline{E} = \frac{2 E_K E_E}{E_K + E_E} = \frac{2 \cdot 210\,\text{GPa} \cdot 0{,}05\,\text{GPa}}{210\,\text{GPa} + 0{,}05\,\text{GPa}} = 0{,}1\,\text{GPa}$$

Mit diesen Eingangszahlen erhält man schließlich für den Durchmesser der Kontaktzone:

$$a = 1{,}11 \cdot \sqrt[3]{\frac{Fr}{\overline{E}}} = 1{,}11 \cdot \sqrt[3]{\frac{mgr}{\overline{E}}}$$

$$= 1{,}11 \cdot \sqrt[3]{\frac{1 \text{ kg} \cdot 9{,}81 \text{ m/s}^2 \cdot 0{,}0312 \text{ m}}{0{,}1 \cdot 10^9 \text{N/m}^2}} = 1{,}6 \text{ mm}$$

Für die Gesamtabplattung gilt schließlich:

$$\delta = 1{,}23 \cdot \sqrt[3]{\frac{F^2}{\overline{E}^2 r}} = 1{,}23 \cdot \sqrt[3]{\frac{(mg)^2}{\overline{E}^2 r}}$$

$$= 1{,}23 \cdot \sqrt[3]{\frac{(1 \text{ kg} \cdot 9{,}81 \text{ m/s}^2)^2}{(0{,}1 \cdot 10^9 \text{N/m}^2)^2 \cdot 0{,}0312 \text{ m}}} = 8{,}3 \cdot 10^{-5} \text{ m}$$

Aufgaben

Aufgabe 12.1
Wie groß sind der Schubmodul und die Poisson-Zahl eines (fiktiven) Materials, wenn der Elastizitätsmodul E = 811 GPa und der Kompressionsmodul K = 485 GPa beträgt?

Aufgabe 12.2
Die Saite einer Violine ist 0,35 m lang und hat einen Durchmesser von 200 µm. Ihr Elastizitätsmodul beträgt 100 GPa. Sie ist mit einer Kraft von 53 N gespannt. Wie lang ist die Saite ohne Spannung? Welche Arbeit ist zum Spannen der Saite notwendig?

Aufgabe 12.3
Ein runder Gummipuffer soll mit einer Kraft von 400 N von 28 cm auf 24 cm zusammengedrückt werden. Wie groß ist die Druckspannung im Puffer, wenn der E-Modul 5 MPa beträgt? Welchen Durchmesser muss der Puffer haben?

Aufgabe 12.4
Ein Stahldraht von 1 mm Durchmesser und einer Länge von 3 m wird durch einen Zugversuch um 5 mm verlängert. Wie groß sind die Dehnung des Drahtes, die erforderliche Zugspannung sowie die Zugkraft?

Aufgabe 12.5
Wie ändert sich der Querschnitt des Stabes bei diesem Zugversuch? Die Poisson-Zahl von Stahl beträgt 0,28.

> **IN DIESEM KAPITEL**
>
> Noch einmal: Spannungs-Dehnungs-Kurven
>
> Beschreibung der plastischen Verformung
>
> Erklärung der plastischen Verformung
>
> Kriechen und Relaxation
>
> Die Härte von Materialien

Kapitel 13
Die Form ändern: Plastische Verformung

Jenseits der in den beiden vorangegangenen Kapiteln diskutierten *Elastizitätsgrenze* ist ein Körper nicht mehr in der Lage, nach Beendigung einer Belastung zu seiner ursprünglichen Form zurückzukehren; er bleibt zumindest teilweise dauerhaft *plastisch verformt*. Wie so viele zunächst negativ eingeschätzte physikalische Mechanismen hat auch dieser Vorgang sowohl Nachteile als auch Vorteile. Natürlich wäre es schön, wenn man nach einem Autocrash die beiden Wagen nur auseinanderziehen müsste, und – siehe da! – sie besitzen wieder ihre ursprüngliche, unversehrte Form. Ebenso wäre es schön, wenn man Kugelschreiberfedern unendlich weit auseinanderziehen könnte, sie danach aber wieder ihre ursprüngliche Form annehmen und ihre Spannkraft behalten würden. Auf der anderen Seite würde es ohne plastische Verformung weder Autos noch Federn geben, da eine Vielzahl von Methoden zur Materialbearbeitung, insbesondere zur Metallbearbeitung, plastische Verformungen benutzen. Ob man ein Material hämmert, schmiedet, rollt, wälzt oder nietet: All diese Verfahren beruhen auf plastischer Verformung, die infolgedessen in diesem Kapitel ausführlich dargestellt wird.

Ob sich ein Material bei großen Belastungen plastisch verformt oder nicht, hängt allein vom Material selbst ab. Eine ganze Reihe von Materialien zeigt überhaupt keine plastische Verformung, sie brechen, sobald die Belastung zu groß wird. Derartige Materialien nennt man *spröde*. Ein Paradebeispiel dafür ist Glas (mehr über spröde Materialien finden Sie in Kapitel 14). Zu den Materialien, die erhebliche plastische Verformung zeigen, bevor sie brechen, gehören fast alle Metalle und viele Polymere (Kunststoffe).

 Materialien, die sich leicht plastisch verformen lassen, nennt man *duktil*.

Spannungs-Dehnungs-Diagramme

Bereits in Kapitel 11 wurde die sogenannte Spannungs-Dehnungs-Kurve eingeführt, die darstellt, wie sich ein stabförmiger Körper bei einem Zugversuch als Funktion der äußeren Spannung ausdehnt (Kapitel 11, Abbildung 11.17). Schon im Zusammenhang mit diesem Diagramm wurde darauf hingewiesen, dass diese Kurve nur ein Beispiel für die Form derartiger Kurven ist, von denen unzählige Varianten existieren. Im folgenden Abschnitt werden weitere Beispiele vorgestellt, mit deren Hilfe eine ganze Reihe von Begriffen erläutert werden soll, die für die Beschreibung der plastischen Verformung wichtig sind.

Begriffe zur Beschreibung der plastischen Deformation

Der elastische Teil der Kurven (also der lineare Anstieg zu Beginn der Kurven) wurde bereits in Kapitel 12 diskutiert. In diesem Kapitel steht der Bereich der plastischen Verformung im Mittelpunkt. Dabei sind vor allem zwei Fragen von Bedeutung:

✔ Wann setzt die plastische Verformung ein, oder, mit anderen Worten, wo findet der Übergang vom elastischen zum plastischen Bereich statt?

✔ Wo endet der plastische Bereich und wann kommt es zum Bruch?

Beide Fragen sind von extrem großer Bedeutung, wenn man Bauteile für eine bestimmte Anwendung auslegen will, weil Brüche natürlich absolut vermieden werden müssen und plastische Verformungen (solange sie nicht das Ziel in einer Materialbearbeitung sind) möglichst vermieden werden sollen.

Vom elastischen zum plastischen Bereich

Abbildung 13.1 zeigt zwei Spannungs-Dehnungs-Kurven, die in einigen Details ein unterschiedliches Verhalten zeigen. Der elastische Bereich (das ist der lineare Anstieg bei kleinen Spannungen beziehungsweise Dehnungen) der beiden Kurven wurde bereits in den Kapiteln 11 und 12 ausführlich diskutiert. An dieser Stelle interessieren zunächst einmal die Größen, die den Übergang vom elastischen zum plastischen Bereich der Kurven beschreiben. In diesem Zusammenhang sind folgende Größen und Begriffe von Bedeutung:

✔ Die obere *Streckgrenze* (oder *Streckspannung*) R_{eH} ist das erste lokale Maximum in der Spannungs-Dehnungs-Kurve. Sie kennzeichnet den Übergang vom elastischen zum plastischen Verhalten.

✔ Die *untere Streckgrenze* R_{eL} ist das darauf folgende Minimum der Kurve.

Diese beiden Streckgrenzen sind nicht in allen Spannungs-Dehnungs-Kurven deutlich ausgeprägt (vergleiche die beiden Kurven in Abbildung 13.1). In diesem Fall benutzt man die sogenannte technische Streckgrenze zur Markierung des Übergangs zwischen dem elastischen und dem plastischen Bereich.

KAPITEL 13 Die Form ändern: Plastische Verformung

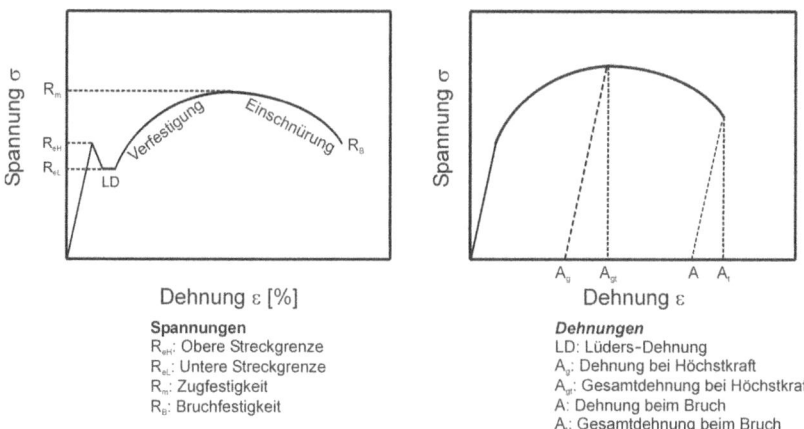

Abbildung 13.1: Zwei Spannungs-Dehnungs-Kurven. Beachten Sie: Die entscheidenden Größen sind jeweils nur in einem Diagramm eingezeichnet, obwohl die meisten für beide gelten.

✔ Die *technische Streckgrenze* ist die Zugspannung, bei der eine vorgegebene plastische Verformung erreicht wird. Die sogenannten $R_{P,0,2}$-*Dehngrenze* beschreibt die Spannung, bei der nach Entlasten eine plastische Dehnung von 0,2 % zurückbleibt. Die $R_{P,0,2}$-Grenze wird am häufigsten als technische Streckgrenze benutzt, die Werte finden Sie in vielen Tabellen.

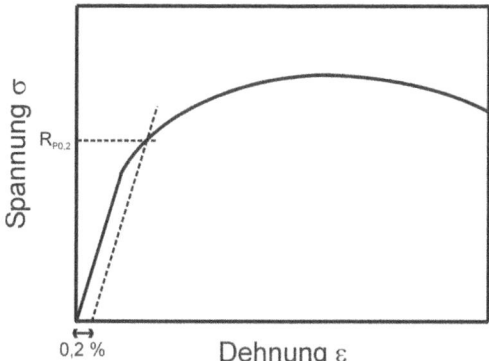

Abbildung 13.2: Zur Ermittlung der $R_{P,0,2}$-Dehngrenze

Zur Ermittlung der $R_{P,0,2}$-Dehngrenze zeichnet man, wie in Abbildung 13.2 dargestellt ist, eine Linie parallel zur Elastizitätskurve, die die Dehnungsachse bei 0,2 % schneidet. Der Schnittpunkt dieser Parallelen mit der gemessenen Kurve bestimmt $R_{P,0,2}$.

 Als *Fließgrenze* wird entweder die obere Streckgrenze oder, falls diese nicht vorhanden ist, die technische Streckgrenze bezeichnet, bei der die Dehnung einen bestimmten Prozentsatz erreicht. Sie kennzeichnet den Übergang vom elastischen zum plastischen Bereich.

Die obere Streckgrenze beziehungsweise die Fließgrenze ist für die Auslegung von Bauteilen von großer Bedeutung, da sie angeben, wie weit ein Material lokal belastet werden kann, ohne dass erhebliche plastische Verformungen auftreten.

Mitten im plastischen Bereich

Abbildung 13.1 zeigt, dass in den Fällen, in denen die Streckgrenzen voll ausgeprägt sind, ein kleiner Bereich folgt, in der die Dehnung zunimmt, während die Spannung konstant beim Wert R_{eL} bleibt. Dieser Bereich wird als *Lüders-Dehnung* bezeichnet. Entweder nach der Lüders-Dehnung oder direkt nach der Dehngrenze tritt ein Bereich auf, in dem die Spannung stetig weiter ansteigt, bis sie schließlich wieder abnimmt, obwohl die Dehnung weiter zunimmt. Dabei spielen folgende Begriffe und Mechanismen eine Rolle:

✔ Der Anstieg der Spannung bis zum Maximum wird *Verfestigung* genannt.

✔ Die Dehnung beim Maximum wird *Gleichmaßdehnung A_g* oder *Dehnung bei Höchstkraft* genannt. Die dazugehörige Spannung ist die *Zugfestigkeit*.

In Abbildung 13.1 sind hierfür zwei Werte angegeben, die Dehnung bei Höchstkraft A_g und die Gesamtdehnung bei Höchstkraft A_{gt}. Letztere umfasst sowohl plastische als auch elastische Verformung; sie wird während des Zugversuchs beobachtet. Nach Ende der Belastung verbleibt dann die rein plastische Dehnung A_g. (Beachten Sie, dass die Gerade zur Ermittlung von A_g die gleiche Steigung wie die Elastizitätskurve besitzt.)

✔ Jenseits dieses Maximums nimmt die Spannung ab. Das bedeutet, dass die Kraft, die notwendig ist, um eine weitere Dehnung zu erzielen, geringer wird. Grund dafür ist, wie schon in Kapitel 11 dargestellt wird, die Bildung einer sogenannten *Einschnürung* im Körper, für die der Querschnitt deutlich geringer ist als für den Rest des Körpers.

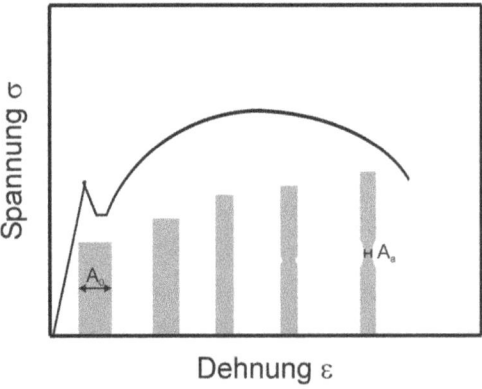

Abbildung 13.3: Die Bildung einer Einschnürung bei einem Zugversuch. Eingezeichnet sind der Nennquerschnitt A_0 und der aktuelle Querschnitt A_a im Bereich der Einschnürung.

Dies ist in Abbildung 13.3 dargestellt. Durch diese Einschnürung verringert sich der Querschnitt des Stabes in diesem Bereich. Da die Spannung als Kraft pro Fläche definiert ist, erhöht sich hier zwar die sogenannte *wahre Spannung*, aber die zur Erhöhung der Dehnung erforderliche *nominelle Spannung*, die sich auf den ursprünglichen Querschnitt vor Beginn des Zugversuchs bezieht, nimmt wieder ab. Dieser Aspekt wird im folgenden Abschnitt noch ausführlich diskutiert.

Dem Ende entgegen

Schließlich wird der Stab, wenn die Belastung zu groß wird, brechen, also reißen. Dieser Prozess wird durch die folgenden Begriffe beschrieben (Abbildung 13.1):

✔ Die *Reiß-* oder *Bruchdehnung* ist die Dehnung, bei der der Stab schließlich versagt. Auch hier muss man zwischen der Bruchdehnung A und der totalen Bruchdehnung A_t unterscheiden.

✔ Die *Bruchfestigkeit* oder *Reißfestigkeit* R_B ist die dazugehörige Spannung.

Einschnürungen bilden sich zumeist am Ort irgendwelcher Schwachstellen des Körpers. Sobald sich aber einmal eine Einschnürung gebildet hat, konzentriert sich die weitere Entwicklung auf diesen Bereich, da hier die wahre Spannung am größten ist.

Nominelle und wahre Spannungen

In den beiden in Abbildung 13.1 dargestellten Spannungs-Dehnungs-Kurven nimmt die Spannung, die notwendig ist, die Dehnung jenseits der Gleichmaßdehnung A_g (dem Maximum der Kurve) weiter zu vergrößern, wieder ab. Dieses zunächst überraschende Ergebnis kann durch die Bildung der gerade erläuterten Einschnürung erklärt werden, also eines Bereiches, in dem der Querschnitt des Stabes deutlich abnimmt. Spannungen sind definiert als Kraft pro Fläche. In diesem Fall ist es wichtig zu unterscheiden, welche Fläche gemeint ist. Die in den Spannungs-Dehnungs-Kurven aufgetragene Spannung ist die nominelle Spannung, die sich auf den ursprünglichen Querschnitt des Stabes bezieht.

Als *nominelle Zugspannung* oder *Nennspannung* bezeichnet man die auf den ursprünglichen Querschnitt A_0 bezogene Spannung:

$$\sigma = \frac{F}{A_0}$$

Die *wahre Zugspannung* bezieht sich hingegen auf den aktuell kleinsten Querschnitt im Bereich der Einschnürung:

$$\sigma_w = \frac{F}{A_{min}}$$

Beide Spannungen sind in Abbildung 13.4 dargestellt. Die wahre Zugspannung nimmt fast immer monoton mit der Dehnung zu.

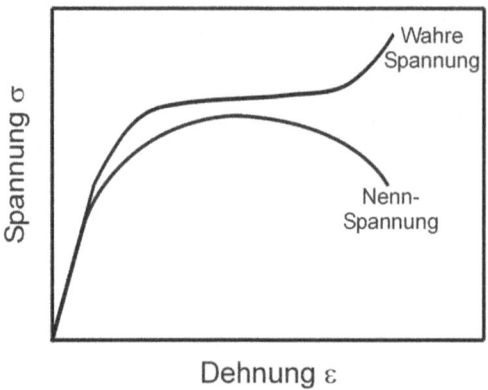

Abbildung 13.4: Nennspannung und wahre Spannung

Man kann die wahre Spannung σ_w ziemlich einfach aus der Nennspannung σ und der Dehnung ε berechnen. Erweitert man die Definition der wahren Spannung mit der Ursprungsfläche A_0, so ergibt sich:

$$\sigma_w = \frac{F}{A_{min}} = \frac{F}{A_0} \cdot \frac{A_0}{A_{min}} = \sigma \cdot \frac{A_0}{A_{min}}$$

Andererseits bleibt bei einer plastischen Verformung das Volumen des Körpers konstant. Es gilt also, wenn l die Länge des Stabes ist:

$$l_0 \cdot A_0 = l \cdot A_{min}$$

$$\frac{A_0}{A_{min}} = \frac{l}{l_0} = \frac{l_0 + \Delta l}{l_0} = 1 + \varepsilon$$

Daraus ergibt sich für den Zusammenhang zwischen wahrer und nomineller Spannung:

$$\sigma_w = \sigma \cdot \frac{A_0}{A_{min}} = \sigma \cdot (1 + \varepsilon)$$

Je größer die Dehnung, desto mehr weichen die beiden Spannungen voneinander ab. Ist beispielsweise die Dehnung $\varepsilon = 0{,}2$, so erhält man für die wahre Spannung:

$$\sigma_w = \sigma \cdot \frac{A_0}{A} = 1{,}2 \cdot \sigma$$

 Wenn man Bauteile auslegen will, muss man mit der nominellen Spannung arbeiten, wenn man Bruch oder zu starke plastische Verformung ausschließen will, da man den notwendigen Anfangsquerschnitt festlegen muss. Wenn allerdings eine plastische Verformung das Ziel ist, zum Beispiel beim Wälzen oder Hämmern von Metallen, muss man die wahren Spannungen betrachten.

Atome verschieben sich: Die Mechanismen der plastischen Verformung

Im vorangegangenen Abschnitt wurde der Vorgang der plastischen Verformung dargestellt, ohne auf die zugrunde liegenden Mechanismen einzugehen. Dies soll im Folgenden teilweise nachgeholt werden, wobei die entscheidenden Prozesse vorgestellt werden, ohne zu sehr ins Detail zu gehen; so wird beispielsweise auf die Gründe für die Unterschiede zwischen den verschiedenen Spannungs-Dehnungs-Kurven nicht eingegangen.

Wenn Sie die Mechanismen der plastischen Verformung verstehen wollen, müssen Sie in die atomare Ebene eintauchen. Betrachtet man Fotos von plastisch verformten Körpern, so beobachtet man, dass sich bei der Verformung der Körper in den meisten Fällen ganze Blöcke gegeneinander verschieben.

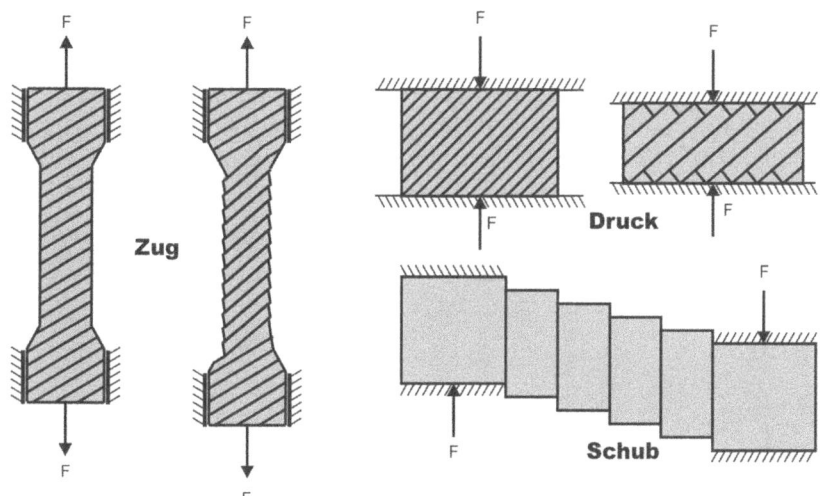

Abbildung 13.5: Plastische Verformung von Körpern durch Zug-, Druck- und Schubspannungen

Dies ist in Abbildung 13.5 schematisch für plastische Verformungen unter Zug-, Druck- und Schubbelastung dargestellt. Es liegt nahe, die Ebenen, entlang derer die einzelnen Bereiche gegeneinander gleiten, mit atomaren Ebenen zu identifizieren.

 Plastische Verformung findet nicht im Gesamtvolumen eines Körpers statt, sondern nur entlang bestimmter Ebenen.

Abbildung 13.6 zeigt schematisch einen perfekten, aus einzelnen Atomen aufgebauten Festkörper. Die Skizze zeigt nur einen kleinen Ausschnitt: In Wirklichkeit ist die Anzahl der Atome in beiden Richtungen unvorstellbar groß. Zudem muss man berücksichtigen, dass Festkörper dreidimensional sind, also gibt es auch in die Papierebene hinein unvorstellbar viele Atome. Die Abbildung zeigt, wie zwei Atomreihen unter äußerer Belastung gegeneinander gleiten. Das Ergebnis stimmt mit den Beobachtungen überein. Aber andererseits ist aus

Abbildung 13.6 auch ersichtlich, dass eine sehr große Anzahl von Bindungen zwischen den Atomen gebrochen und neu geordnet werden muss, um dieses Ergebnis zu erhalten. Theoretische Berechnungen zeigen, dass die dafür benötigte Energie wesentlich größer sein müsste als diejenige, die man tatsächlich aufwenden muss, um eine plastische Verformung zu erzielen.

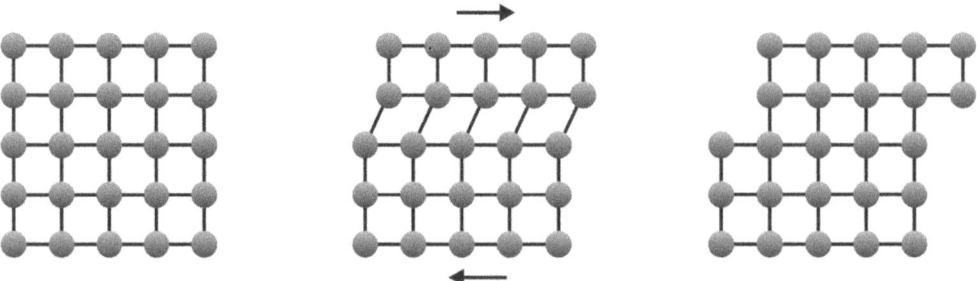

Abbildung 13.6: Gleiten von Atomebenen gegeneinander in einem perfekten Kristall

In Abbildung 13.7 ist ein ähnlicher Kristall dargestellt, der allerdings nicht perfekt ist. In der unteren Hälfte fehlt jeweils eine komplette, in die Papierebene hineinreichende Atomreihe. Einen solchen Kristallbaufehler nennt man *Versetzung*. Beachten Sie dabei, dass eine solche Versetzung sich in eine Richtung durch den ganzen Kristall zieht (hier also in die Papierebene hinein).

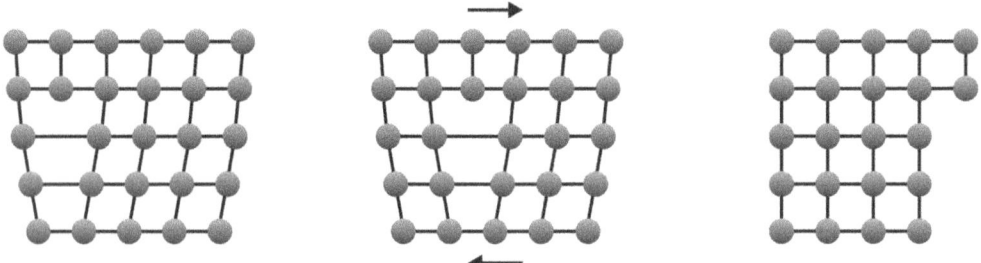

Abbildung 13.7: Gleiten von Atomebenen gegeneinander unter Ausnutzung von Versetzungen

Ein Blick auf die Abbildung zeigt, dass es wesentlich einfacher für die Atomreihen ist, unter Last gegeneinander zu gleiten, wenn diese Versetzung einfach von links nach rechts »durchgereicht« wird. Dies nennt man *Gleiten von Versetzungen* (oder auch Bewegung von Versetzungen). Das Ergebnis ist das gleiche wie in Abbildung 13.6, aber die dafür erforderliche Spannung ist wesentlich geringer.

 Die plastische Verformung kristalliner Materialien beruht auf dem Gleiten atomarer Ebenen gegeneinander, wobei sich allerdings nicht ganze Atomreihen gegeneinander bewegen; der eigentliche Mechanismus ist das Gleiten, also das »Durchreichen« von Versetzungen.

Daraus kann man zwei praktische Schlussfolgerungen ziehen:

✔ Die plastische Verformung hängt von der Richtung ab. Sie tritt vor allem in die Richtungen auf, in die Versetzungen besonders leicht gleiten können.

✔ Die plastische Verformung ist temperaturabhängig. Bei höheren Temperaturen können sich die Atome leichter umordnen; daher tritt die plastische Verformung umso leichter auf, je höher die Temperatur ist.

Verfestigungsmechanismen

Aus der obigen Darstellung geht hervor, dass plastische Verformung auf zwei wesentlichen Mechanismen beruht:

✔ der Existenz von Versetzungen,

✔ der Bewegung von Versetzungen.

Daraus ergeben sich zwei klare Handlungsanweisungen zur Reduzierung der plastischen Verformung:

✔ Ein Material sollte so wenige Versetzungen wie möglich enthalten.

✔ Falls dies unmöglich ist, muss die Bewegung von Versetzungen verhindert werden.

Einen versetzungsfreien Kristall zu realisieren, ist zumindest für technisch anwendbare, also bezahlbare Materialien nahezu unmöglich. Man muss also mit den Versetzungen leben. Allerdings muss man sie, um einfache plastische Verformung zu vermeiden, daran hindern, sich leicht bewegen zu können. Dazu gibt es mehrere Konzepte, von denen zwei an dieser Stelle kurz beschrieben werden sollen. Sie kennen sicherlich beide, obwohl Sie wahrscheinlich in diesem Zusammenhang nie darüber nachgedacht haben.

✔ Man kann die Bewegung von Versetzungen behindern, indem man Fremdatome in den Kristall einbaut, die diese Bewegung stören. Das bekannteste Beispiel dafür sind Kohlenstoffatome, die in Eisenkristalle eingebracht werden. Derartige Materialien heißen *Stähle*. Eisen ist ein eher weiches, duktiles Material, während Stahl wesentlich zäher ist.

✔ Man kann die Bewegung von Versetzungen behindern, indem man dafür sorgt, dass so viele Versetzungen vorhanden sind, die kreuz und quer verlaufen, dass jede einzelne davon sich kaum noch über einen größeren Bereich des Kristalls bewegen kann. Dies kann man beispielsweise durch wiederholtes Hämmern oder Walzen erreichen. Je mehr Versetzungen dadurch in dem Körper erzeugt werden, desto weniger kann sich eine einzelne bewegen und umso widerstandsfähiger ist das Material gegenüber plastischer Verformung. Dieses Vorgehen wird *Kaltverformung* oder *Kaltverfestigung* genannt.

Nachwirkungen

Bei den bislang beschriebenen Prozessen und Mechanismen spielt die Zeit keine Rolle. Man belastet einen Körper mit einer bestimmten Spannung; der Körper reagiert darauf sofort mit elastischer oder plastischer Verformung oder – wenn die Belastung zu groß wird – mit Bruch. Es gibt aber auch Vorgänge, in denen die Zeit durchaus eine Rolle spielt. Derartige Prozesse sind von sehr großer technischer Bedeutung. Zwei dieser Prozesse sollen im Folgenden vorgestellt werden:

✔ Ein Körper, der mit einer bestimmten Spannung konstant belastet ist, verformt sich plastisch mit fortdauernder Belastungszeit immer weiter. Diesen Vorgang nennt man *Kriechen*.

✔ In einem plastisch verformten Körper reduziert sich die Spannung nach Ende der Belastung bei gleichbleibender Verformung. Dies wird *Relaxation* genannt.

Diese beiden Verhaltensweisen werden *Viskoelastizität beziehungsweise Viskoplastizität* genannt.

Nicht zu stoppen: Das Kriechen

Als *Kriechen* oder *Retardation* bezeichnet man die zeit- und temperaturabhängige Verformung eines Körpers unter konstanter Belastung. Kriechen kann zum Bruch eines Körpers führen.

Kriechen tritt bei einer Reihe von Materialklassen auf. Zu den wichtigsten gehören:

✔ Kunststoffe (Polymere) bestehen aus langen, ineinander verknäulten Molekülketten, die unter Belastung gegeneinander gleiten und sich dabei entknäulen können. Dies führt zu einer Dehnung des Materials. Sie kann in Extremfällen mehr als 100 % betragen.

✔ Bei metallischen Werkstoffen spielt wieder die Bewegung von Versetzungen und anderen Kristallbaufehlern eine Rolle. Man kann sich leicht vorstellen, dass derartige Prozesse besser ablaufen, wenn sie thermisch unterstützt oder *thermisch aktiviert* werden. Mit anderen Worten: Kriechen von metallischen Werkstoffen spielt vor allem bei höheren Temperaturen eine Rolle.

✔ Beton: Hier spielt vor allem die Menge und die Verteilung des eingelagerten Wassers eine Rolle.

Im Folgenden soll zumindest kurz auf das Kriechen von Metallen eingegangen werden.

Legt man an ein metallisches Bauteil eine Zugspannung unterhalb der Streckgrenze an, so verformt es sich elastisch. Zudem kann in Abhängigkeit von der Temperatur und der Belastung eine zeitlich fortschreitende Dehnung (die sogenannte *Kriechdehnung*) auftreten, die irreversibel ist, das Bauteil schädigt und seine Lebensdauer begrenzt.

Die zeitliche Abhängigkeit des Kriechprozesses wird durch die sogenannte *Kriechrate* beschrieben, die als Zunahme der Dehnung pro Zeiteinheit definiert ist:

$$R_c = \frac{\Delta \varepsilon}{\Delta t}$$

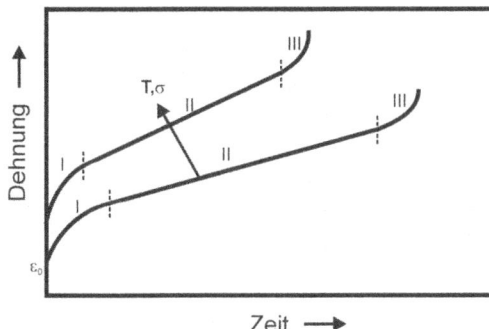

Abbildung 13.8: Zeitlicher Verlauf eines Kriechprozesses. Die obere Kurve wird bei höheren Temperaturen und/oder Spannungen beobachtet.

Abbildung 13.8 zeigt zwei sogenannte Kriechkurven, in denen die Dehnung bei konstanter Belastung als Funktion der Zeit dargestellt ist. Die untere Kurve gilt für geringere Temperaturen und Spannungen, bei der oberen wurden entweder die Temperatur T oder die Spannung σ (oder beide) erhöht. Unabhängig davon kann man in beiden Kurven drei Bereiche unterscheiden:

✔ Direkt beim Anlegen der Spannung stellt sich dem Hooke'schen Gesetz zufolge eine elastische Dehnung ε_0 ein. Unmittelbar darauf setzt auch Kriechen ein, wobei allerdings die Kriechrate zunächst abnimmt. Dieser Bereich I wird *primäres Kriechen* genannt.

✔ Im darauf folgenden Bereich II, der auch *stationärer Kriechbereich* genannt wird, nimmt die Dehnung linear mit der Zeit zu (bei konstanter Spannung!). Das heißt mit anderen Worten, dass die Kriechrate in diesem Bereich konstant ist.

✔ Im dritten Bereich, dem sogenannten *tertiären Bereich*, nimmt die Kriechrate wieder zu, die Dehnung wächst also stärker an, bis es schließlich zum sogenannten *Kriechbruch* kommt.

Man kann Abbildung 13.8 entnehmen, dass die auftretenden Dehnungen umso größer und die dafür benötigte Zeit umso geringer ist, je größer die angelegte Zugspannung beziehungsweise je höher die Temperatur ist.

 Kriechen spielt vor allem oberhalb der sogenannten *Übergangstemperatur* eine Rolle. Diese hängt vom Material ab und beträgt etwa 40 % der Schmelztemperatur (in Kelvin). Damit ergibt sich als Übergangstemperatur für Stahl (T_{schm} = 1500 °C = 1773 K) etwa 436 °C, für Kupfer (T_{schm} = 1083 °C = 1346 K) etwa 265 °C.

Schließlich doch relaxt

Neben dem Kriechen (Retardation) ist die *Relaxation* ein weiterer viskoelastischer Prozess. Als Relaxation bezeichnet man die Beobachtung, dass bei einigen Materialien nach einer plastischen Verformung die Spannung mit der Zeit abnimmt. Dies betrifft vor allem viele Kunststoffe. In Abbildung 13.9 werden die beiden viskoelastischen Prozesse Kriechen und Relaxation miteinander verglichen.

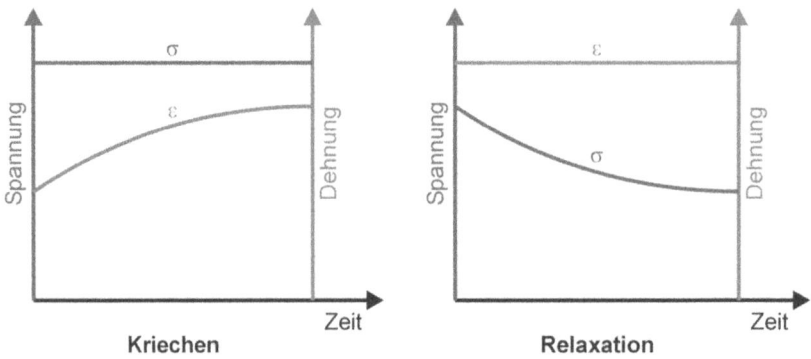

Abbildung 13.9: Viskoelastische Prozesse

✔ Beim Kriechen nimmt bei konstanter Spannung σ die Dehnung ε mit der Zeit zu.

✔ Bei der Relaxation nimmt bei konstanter Dehnung ε die Spannung σ mit der Zeit ab.

Hart wie Marmelade

Es gibt noch eine weitere Größe, die die mechanischen Eigenschaften eines Materials beschreibt: Das ist seine *Härte H*. Ihre Behandlung birgt allerdings eine Reihe von Problemen. Zunächst einmal ist die Härte keine *physikalische* Größe im eigentlichen Sinn. So kann man zum Beispiel keine allgemeingültige Formel dafür angeben, wie es bei den anderen mechanischen Größen der Fall ist. Schlimmer noch: Es gibt nicht einmal eine eindeutige Definition der Härte und auch keine eindeutige Messvorschrift. Es gibt zwei gängige Definitionen, die beide auf Vergleichen beruhen:

✔ Material A ist härter als Material B, wenn man Material B mit A einritzen kann.

✔ Material A ist härter als Material B, wenn man Material B mit A eindrücken kann.

Die Einritz-Definition stammt von dem deutschen Mineralogen Friedrich Mohs, der Anfang des 19. Jahrhunderts die sogenannte Mohs-Skala einführte, in der er zehn Mineralien auflistete, von denen jeweils das erste vom folgenden eingeritzt werden kann, und ordnete ihnen Werte von 1 bis 10 zu (siehe Tabelle 13.1). Dies ist die sogenannte *Mohs-Härte*. Die Mohs-Härteskala wird auch heute noch sowohl für die Charakterisierung von Materialien als auch für theoretische Betrachtungen verwendet. Mittlerweile gibt es viele weitere Tabellen, in denen sehr viel mehr Materialien mit Zwischenwerten aufgeführt sind.

Mohs-Härte	1	2	3	4	5
Material	Talk	Gips	Kalkspat	Flussspat	Mangan
Mohs-Härte	6	7	8	9	10
Material	Feldspat	Quarz	Topas	Korund	Diamant

Tabelle 13.1: Die Mohs-Härte der von Mohs ausgewählten Mineralien

Härteskalen

Die übrigen Härteskalen beruhen auf der Definition, dass ein Material härter ist als ein anderes, wenn man dieses damit eindrücken kann. Zur Messung der Härte auf der Grundlage dieser Definition werden sogenannte Eindruck- oder *Indentationsverfahren* eingesetzt. Dabei wird ein Körper aus einem harten Material (Stahl, sehr häufig Diamant) mit definierter Form unter definierter Last für eine bestimmte Zeit in das zu untersuchende Material eingedrückt. Danach wird der Indentor entfernt und die Fläche des erhaltenen Eindrucks ermittelt, aus der man dann die Härte berechnen kann.

Es gibt mehr als zehn solcher Skalen; die wichtigsten sind in Tabelle 13.2 zusammengestellt. Sie unterscheiden sich im Wesentlichen durch die Form und das Material des Indentors.

Verfahren	Indentorform	Indentormaterial
Brinell	Kugel	Stahl, Wolframkarbid
Rockwell	Kugel, Konus	Stahl, Diamant
Vickers	Quadratische Pyramide	Diamant
Knoop	Rhomboedrische Pyramide	Diamant

Tabelle 13.2: Indentationsverfahren zur Messung der Härte von Materialien

Die beiden ersten (Brinell und Rockwell) werden hauptsächlich zur Härtemessung im Volumenbereich eingesetzt, das Vickers- und das Knoop-Verfahren vorwiegend für Oberflächenuntersuchungen.

Die Härte nach Vickers

Im Folgenden sollen diese Indentationsverfahren am Beispiel einer Vickers-Härtemessung näher erläutert werden. Abbildung 13.10 zeigt einen Körper, in den ein Vickers-Indentor mit einer Kraft F eingedrückt wird. Der Indentor besteht aus einer quadratischen Diamantpyramide mit einem Spitzenwinkel von 136° (Abbildung 13.10). Zieht man den Indentor zurück, so verbleibt auf der Oberfläche des Testkörpers ein quadratischer Eindruck, der sich aufgrund der plastischen Verformung gebildet hat. Zur Berechnung der Härte bestimmt man (mithilfe eines Mikroskops) die Längen der beiden Diagonalen des Eindrucks d_1 und d_2, ermittelt den Mittelwert d und berechnet dann die Härte mithilfe der Formel

$$H_V = 1{,}854 \frac{F}{d^2}$$

Dabei ist F die angewendete Kraft. Der Index V weist darauf hin, dass es sich um einen mithilfe des Vickers-Verfahrens ermittelten Härtewert handelt. Für die übrigen Verfahren aus Tabelle 13.2 gelten ähnliche Gleichungen, in die die Geometrie des jeweils benutzen Indentors einfließen.

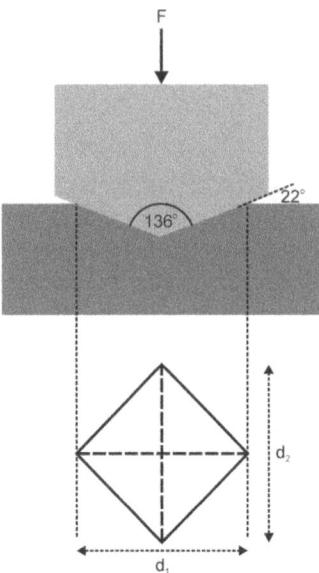

Abbildung 13.10: Härtemessung mit dem Vickers-Verfahren. Im unteren Teil ist der Abdruck des Indentors dargestellt.

Sorgfalt ist geboten

Die mit den im vorangegangenen Abschnitt vorgestellten Indentationsverfahren ermittelten Härtewerte weichen oft erheblich voneinander ab. Wenn man also die Härte von Materialien miteinander vergleichen will, sollte man daher alle Proben mit demselben Verfahren untersuchen. Mehr noch, man sollte auch dieselben Testbedingungen benutzen, da die Erfahrung zeigt, dass auch die Kraft F und die Belastungszeit einen Einfluss auf das Messergebnis haben können. Die Ergebnisse von Härtemessungen werden daher wie folgt angegeben:

$$H_K(5/20) = 13 \text{ GPa}$$

Der Index K bedeutet, dass das Knoop-Verfahren benutzt wurde. Dabei wurde eine Kraft von 5 N für eine Zeit von 20 s aufgewendet.

Trotz all dieser Unsicherheiten in Bezug auf ihre Bestimmung ist die Härte heutzutage eine der wichtigsten Eigenschaften zur Beschreibung eines Materials. Wenn man sich mit der Technischen Mechanik und den in verschiedenen Anwendungen benutzten Materialien beschäftigt, so muss man auch ihre Härte in Betracht ziehen. Dabei muss man noch berücksichtigen, dass die Härte eine *Oberflächeneigenschaft* ist. Sowohl Einritzen als auch Eindrücken sind Prozesse, die an der Oberfläche eines Materials stattfinden. Die Härte ist daher eine der Eigenschaften, die für den in Kapitel 14 diskutierten *Verschleiß* von Bedeutung sind.

Materialien mit einer Vickers-Härte über 40 GPa nennt man *superhart*. Das härteste natürliche Material ist Diamant mit einer Vickers-Härte von 90–100 GPa (je nach Kristallrichtung).

Eine letzte Anmerkung noch zur Härte: Da man Ritze oder Eindrücke erst nach ihrer Erzeugung betrachtet, beschreibt die Härte nur die plastische Verformung des Materials. Sollte es auch elastische Prozesse gegeben haben, können sie nicht berücksichtigt werden, da sie reversibel und damit nicht dauerhaft sind. Es gibt allerdings ein neues Verfahren – die sogenannte *Nanoindentation* –, bei dem der Eindringprozess simultan beobachtet wird. Daher kann man mit diesem Verfahren auch elastische Prozesse erfassen.

Aufgaben

Aufgabe 13.1
Wie groß ist die wahre Spannung, wenn die Nennspannung 10 GPa beträgt und Dehnungen von 0,1 %, 1 % und 10 % beobachtet werden?

Aufgabe 13.2
Die Schmelztemperatur von Gold beträgt 1337 K (1064 °C). Wie groß ist die Übergangstemperatur, oberhalb deren Kriechen eine merkliche Rolle spielt?

Aufgabe 13.3
Was bedeutet die folgende Härteangabe?
$H_V(3/10) = 5$ GPa

Aufgabe 13.4
Wie tief ist der Eindruck eines Vickers-Indentors, der mit einer Kraft von 5 N in ein Material mit einer Vickershärte von 20 GPa gedrückt wurde?

Aufgabe 13.5
Stähle besitzen Vickers-Härten im Bereich von 15–20 GPa. Sind Stähle superhart?

IN DIESEM KAPITEL

Klassifizierung von Versagensmechanismen

Das Zerspringen von Glas: Der spröde Bruch

Eisen bricht: Der duktile Bruch

Auf Dauer der Belastung nicht gewachsen: Der Ermüdungsbruch

Abnutzung hinterlässt ihre Spuren: Der Verschleiß

Kapitel 14
Marmor, Stein und Eisen bricht: Bruchmechanik und andere Versagensmechanismen

Wenn eine Billardkugel auf eine Glasvase trifft, wird Letztere dabei zersplittern. Wenn man einen dünnen Kupferdraht in die Länge zieht, wird er irgendwann reißen. Wenn man einen Zahnstocher aus Holz zu sehr biegt, wird er brechen. Nimmt man einen Zahnstocher aus Plastik, muss man ihn wahrscheinlich mehrmals hin und her biegen, bevor er schließlich ermüdet und doch in zwei Teile bricht. Es gibt zwei Schlussfolgerungen aus dieser Aufzählung:

✔ Kein bislang bekanntes Material kann grenzenlos belastet werden, ohne dass es irgendwann versagt. Selbst Diamant, das härteste und widerstandsfähigste Material, wird irgendwann einmal nicht mehr standhalten und einfach brechen (siehe den Kasten »Diamant: Extrem hart, aber nicht unverwundbar«).

✔ Die Art und Weise, wie Materialien versagen, hängt von den Materialien selbst, aber auch von der Art und Größe der Belastungen und schließlich auch von den Umgebungsbedingungen (insbesondere der Temperatur) ab.

In diesem Kapitel werden die wesentlichen Versagensmechanismen von Materialien untersucht. Dazu müssen diese Mechanismen zunächst einmal klassifiziert werden.

Ganz allgemein unterscheidet man drei verschiedene Bruchmechanismen:

✔ den spröden Bruch,

✔ den Verformungsbruch oder duktilen Bruch,

✔ den Ermüdungsbruch.

Um auf die obigen Beispiele zurückzukommen: Glas zerspringt oder bricht spröde. Metalle brechen duktil. Bei dem erwähnten Plastikzahnstocher schließlich handelt es sich um einen Ermüdungsbruch.

In diesem Kapitel werden diese drei Arten von Bruchversagen (und weitere Versagensmechanismen) einzeln vorgestellt; es wird erläutert, bei welchen Materialien sie auftreten und welche Parameter dabei eine Rolle spielen. Im Übrigen besitzen alle drei hier aufgeführten Bruchmechanismen eine Gemeinsamkeit: Ursprung des Versagens ist stets ein Schwachpunkt des Materials, sei es ein Riss im Ausgangsmaterial oder eine durch die äußere Belastung erzeugte Schwachstelle. Ideale, fehlerfreie Materialien sind also wesentlich resistenter gegen Bruch als reale (das heißt auch bezahlbare) Materialien.

Eine der wichtigsten Klassifizierungen von Materialien in Bezug auf ihr Verhalten unter äußeren Belastungen ist die in spröde Materialien einerseits und duktile Materialien andererseits:

✔ *Spröde Materialien* sind kaum elastisch oder plastisch verformbar. Unter äußerer Belastung tritt zumeist relativ schnell ein komplettes Versagen ein. Das Paradebeispiel eines spröden Materials ist Glas, aber auch Diamant und viele Keramiken sind spröde.

✔ *Duktile Materialien* antworten auf äußere Belastungen zunächst mit erheblichen plastischen Verformungen, bevor sie schließlich versagen. Das Wort *duktil* bedeutet kennzeichnenderweise *verformbar*. Fast alle Metalle gehören zu dieser Klasse von Materialien.

Demzufolge zeigen spröde und duktile Materialien ein völlig unterschiedliches Bruchverhalten, wie in Abbildung 14.1 am Beispiel eines Zugversuchs dargestellt ist. Spröde Materialien

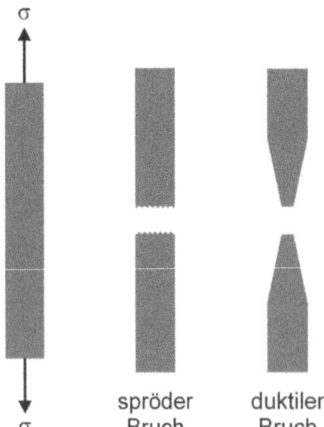

Abbildung 14.1: Spröder und duktiler Bruch bei einem Zugversuch

brechen plötzlich, ohne vorangehende plastische Verformung und ohne Vorwarnung. Bei duktilen Materialien geht dem Bruch eine erhebliche plastische Verformung voraus, es ist also lange vorher absehbar, dass das Material demnächst brechen wird.

Beide Bruchmechanismen werden in den folgenden Abschnitten ausführlich dargestellt.

Spröder Bruch

Spröde Materialien zeigen kaum elastische und noch weniger plastische Deformation. Stattdessen brechen sie bei einer bestimmten Belastung (fast) vollständig (siehe Abbildung 14.1). Dies nennt man auch *katastrophales sprödes Versagen*.

Ein Beispiel für spröde Materialien ist Glas. Man braucht nicht unbedingt eine Billardkugel, um Glas zu zerstören. Häufig sind weitaus geringere Belastungen ausreichend. Ähnliches gilt auch für viele keramische Materialien. Ein gutes Beispiel dafür ist Porzellan.

Ein Riss reicht aus: Das Griffith-Modell

Ursache des spröden Versagens sind kleine, oftmals mikroskopische, von außen nicht zu sehende Risse im Material, wie schematisch in Abbildung 14.2 dargestellt ist.

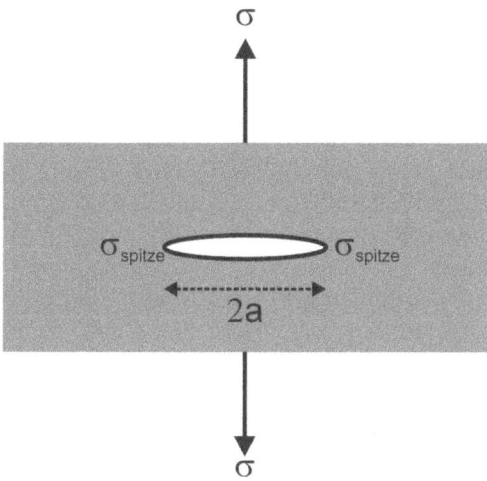

Abbildung 14.2: Ausbreitung eines Risses in einem spröden Material

Sie zeigt ein Material unter Zugspannung, das einen Riss der Länge $2a$ einschließt. Der Riss bedingt an seinen Enden oder Spitzen eine Spannung σ_{Spitze}, die ihrerseits mit einer *Verformungsenergie* verbunden ist. Wenn sich der Riss als Folge der Zugspannung σ ausdehnt, wird diese Energie freigesetzt. Auf der anderen Seite vergrößert sich die innere Oberfläche des Risses. Da die Oberflächen eines Materials stets eine höhere Energie besitzen als das Material selbst, führt die Ausbreitung gleichzeitig zu einer Erhöhung der *Oberflächenenergie*. In Bezug auf die Gesamtenergie des Risses gibt es also zwei konkurrierende Prozesse:

✔ Eine Erniedrigung der durch den Riss bedingten Verformungsenergie durch dessen Ausbreitung

✔ Eine Erhöhung der Oberflächenenergie durch die Ausbreitung des Risses

Insgesamt möchte das Material seine Gesamtenergie so gering wie möglich halten. Berücksichtigt man dies, so gelangt man mithilfe von ein wenig Differenzialrechnung zu folgender Beziehung:

$$\sigma_{\text{krit}} = \sqrt{\frac{2\gamma E}{\pi a_{\max}}}$$

wobei γ die Oberflächenenergie des Materials ist und E sein Elastizitätsmodul. Diese Gleichung besagt Folgendes:

Wenn in einem spröden Material ein Riss der Länge $2a$ vorliegt, so beginnt dieser, sich spontan durch das gesamte Material auszubreiten, sobald die äußere Zugspannung den kritischen Wert σ_{krit} erreicht. Das heißt, das Material bricht vollständig durch die Ausbreitung dieses Risses. Dies ist das sogenannte *Griffith-Modell* des spröden Bruches. Für den Bruch entscheidend ist demzufolge die Länge des längsten Risses.

Um es noch einmal mit anderen Worten auszudrücken: Jedes spröde Material enthält Risse, denn kein Material ist perfekt. Die Ausbreitung dieser Risse verringert einerseits die Verformungsenergie, erhöht aber auf der anderen Seite die Oberflächenenergie. Naturgemäß möchte ein Körper seine Energie verringern. Aus der Griffith-Theorie folgt, dass der längste Riss (mit der Länge $2a_{\max}$) das Geschehen bestimmt. Wenn die Zugspannung σ_{krit} erreicht ist, breitet sich der Riss spontan durch den ganzen Körper aus; nichts kann ihn stoppen. Bei dem im nächsten Abschnitt vorgestellten Verformungsbruch ist das Versagen vorhersehbar, es kündigt sich lange vorher an; beim spröden Bruch kommt es plötzlich und unerwartet, zudem ist es vollständig. Aus diesem Grund spricht man von katastrophalem sprödem Versagen.

Ob ein Material spröde oder duktil versagt, hängt im Wesentlichen von seinem mikroskopischem Aufbau auf atomarer Ebene ab. Spröde Materialien zeichnen sich vor allem dadurch aus, dass sie auf gerichteten, sogenannten *kovalenten Bindungen* beruhen. Eine Umordnung der Atome ist daher kaum möglich (im Gegensatz zu duktilen Materialien, in denen sich die Atome leichter gegeneinander verschieben können). Der Unterschied zwischen spröden und duktilen Materialien kann vielleicht am besten in den beiden folgenden Sprüchen zusammengefasst werden: Die Atome in spröden Materialien sagen sich: »Okay, Jungs, wir halten zusammen, so wie wir sind, bis es nicht mehr geht.« In einem duktilen Material heißt es dagegen unter Belastung: »Okay, Jungs, wir geben nach, solange es eben geht.«

Widerstand gegen spröden Bruch: Die Zähigkeit

Es gibt verschiedene Größen, die den Widerstand eines Materials gegen einen spröden Bruch beschreiben. Dazu zählen:

✔ die Brucharbeit,

✔ die Zähigkeit,

✔ die Bruchzähigkeit.

Brucharbeit

Die *Brucharbeit* ist definiert als die Arbeit pro Volumen, die man aufwenden muss, um einen spröden Bruch zu erzeugen. Betrachten Sie dazu den schon in Kapitel 11 eingeführten bekannten Zugversuch, der noch einmal in Abbildung 14.3 dargestellt ist. Sie zeigt einen runden Glasstab mit dem Querschnitt A und der Länge l, der einer Zugspannung σ in Längsrichtung ausgesetzt ist.

Abbildung 14.3: Zugversuch an einem Glasstab

Dabei dehnt sich der Stab zunächst elastisch um eine Strecke Δl aus. Es wurde bereits ausgeführt, dass spröde Materialien fast keine plastische Verformung zeigen, sondern plötzlich spröde brechen. Die in Abbildung 11.8 in Kapitel 11 dargestellte Spannungs-Dehnungs-Kurve muss daher für spröde Materialien modifiziert werden, wie in Abbildung 14.4 gezeigt ist.

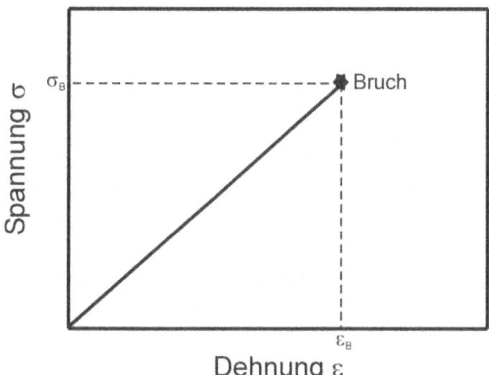

Abbildung 14.4: Spannungs-Dehnungs-Kurve eines spröden Materials

Wie oben erwähnt, ist die Zähigkeit eines Materials die Arbeit pro Volumeneinheit, die man aufwenden muss, um einen spröden Bruch zu erzeugen. Arbeit ist definiert als Kraft mal Weg; also gilt für die Brucharbeit pro Volumeneinheit W_B:

$$W_B = \frac{1}{V} F \cdot s$$

Die angewendete Kraft ist natürlich die Zugkraft, der Weg die Ausdehnung Δl_B des Stabes bis zum Bruch. Man muss allerdings berücksichtigen, dass die Kraft zu Beginn des Versuchs null ist, am Ende hingegen F_B, also die Kraft, die notwendig ist, den Stab zu brechen. Im Mittel wirkt also die Kraft $F_B/2$. Damit ergibt sich:

$$W_B = \frac{1}{V} \cdot \frac{1}{2} F_B \Delta l_B$$

Das Volumen des Stabes ist $A \cdot l$, also folgt:

$$W_B = \frac{1}{2} \frac{F_B \Delta l_B}{A \cdot l}$$

Setzt man in diese Gleichung die aus den Kapiteln 11 und 12 bekannten Beziehungen

$$\sigma = \frac{F}{A} \quad \text{und} \quad \varepsilon = \frac{\Delta l}{l}$$

ein, wobei σ die Zugspannung ist und ε die Dehnung, erhält man:

$$W_B = \frac{1}{2} \sigma_B \varepsilon_B$$

Schließlich kann man noch das Hooke'sche Gesetz heranziehen, das folgendermaßen lautet:

$$\sigma = E\varepsilon$$

wobei E der Elastizitätsmodul ist. Damit erhält man schließlich für die Brucharbeit:

$$W_B = \frac{1}{2} \frac{\sigma_B^2}{E}$$

Die Brucharbeit ist also umso größer, je größer die Bruchspannung und je geringer der Elastizitätsmodul ist. Die Brucharbeit hat die Einheit einer Arbeit pro Volumen, also J/m³.

Zähigkeit

Bei der Herleitung der Brucharbeit wurden keine Einzelheiten über die Risse verwendet, die den spröden Bruch verursachen. Aber betrachten Sie noch einmal die Gleichung der Griffith-Theorie, die den spröden Bruch beschreibt:

$$\sigma_{krit} = \sqrt{\frac{2\gamma E}{\pi a_{max}}}$$

Sie enthält den Term 2γ. Man kann zeigen, dass dies genau die Verformungsenergie ist, die mit der Ausdehnung des Risses freigesetzt wird. Dies bezeichnet man als *Energiefreisetzungsrate G*:

$$G = 2\gamma$$

Setzt man dies in die Griffith-Gleichung ein, so erhält man:

$$\sigma_{\text{krit}} = \sqrt{\frac{G_c E}{\pi a_{\max}}}$$

Der kritische, zum Bruch eines Materials führende Wert G_c wird als *Zähigkeit* eines Materials bezeichnet. G_c hat die Einheit J/m². Die Zähigkeit eines Materials ist eine Materialkonstante wie etwa auch der Elastizitätsmodul. Sie ist ein Maß für den Widerstand eines Materials gegen spröden Bruch. Den Kehrwert der Zähigkeit nennt man *Sprödigkeit*. Je spröder ein Material ist, desto geringer ist seine Zähigkeit, also der Widerstand gegen spröden Bruch.

Die Zähigkeit von Glas beträgt G_c = 3 J/m² = 3 N/m. Betrachten Sie noch einmal den Glasstab in Abbildung 14.3. Wie groß ist die Zugkraft, die man zu seinem Bruch aufwenden muss, wenn der längste Riss im Material 1 µm lang und der Durchmesser des Stabes 1 cm ist (der Elastizitätsmodul von Glas ist 70 GPa)? Die kritische Zugspannung ist

$$\sigma_{\text{krit}} = \sqrt{\frac{G_c E}{\pi a_{\max}}}$$

wobei die Spannung definiert ist als:

$$\sigma = \frac{F}{A}$$

Damit ergibt sich für die kritische Zugkraft:

$$F_{\text{krit}} = A\sqrt{\frac{G_c E}{\pi a_{\max}}} = \pi r^2 \cdot \sqrt{\frac{G_c E}{\pi a_{\max}}}$$

Setzt man die Zahlen ein, ergibt sich

$$F_{\text{krit}} = \pi (0{,}005 \text{ m})^2 \cdot \sqrt{\frac{3 \text{ N/m} \cdot 70 \cdot 10^9 \text{ N/m}^2}{\pi \cdot 1 \cdot 10^{-6} \text{m}}} = 20 \text{ kN}$$

Wenn der längste Riss nicht 1 µm, sondern 1 mm lang ist, beträgt die kritische Zugkraft etwa 640 N.

Bruchzähigkeit

Es gibt noch eine dritte Größe, mit der man den Widerstand eines Materials gegen spröden Bruch beschreiben kann. Das ist die sogenannte *Bruchzähigkeit*. Zu ihrer Ermittlung werden normalerweise keine Zugversuche benutzt, sondern beispielsweise die in Abbildung 14.5 gezeigte Anordnung (eine weitere experimentelle Möglichkeit zur Ermittlung der Bruchzähigkeit ist der in einem gesonderten Kasten dargestellte Kerbschlagversuch).

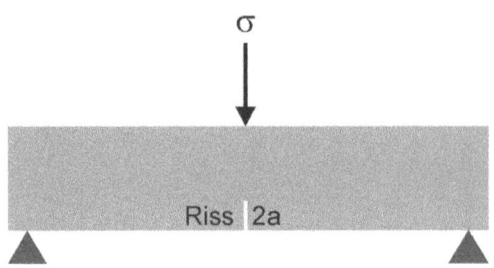

Abbildung 14.5: Anordnung zur Ermittlung der Bruchzähigkeit eines Materials

Dabei wird ein von zwei Lagern gehaltener Versuchskörper mit einer Spannung σ belastet. Der Körper enthält einen vorproduzierten Riss der Länge $2a$. Gemessen wird dann die Spannung, die notwendig ist, um einen vollständigen Bruch des Körpers hervorzurufen. Dabei ergibt sich folgende Beziehung:

$$K = Y\sigma\sqrt{\pi a}$$

wobei Y ein Faktor ist, der die spezielle Geometrie der Probe berücksichtigt und zumeist von der Größenordnung 1 ist. K beschreibt die Spannungen in der Umgebung des Risses und wird als *Spannungsintensitätsfaktor* bezeichnet. Wenn K einen kritischen Wert erreicht, wird der Riss automatisch schnell weiterwachsen. Daher wird dieser Wert K_c als *Bruchzähigkeit* bezeichnet.

Die beiden Größen Zähigkeit G_c und Bruchzähigkeit K_c, mit denen man die Anfälligkeit eines spröden Materials gegen sprödes Versagen beschreibt, sind nicht unabhängig voneinander. Vielmehr besteht zwischen ihnen die Beziehung:

$$K_c = \sqrt{E \cdot G_c}$$

wobei E der Elastizitätsmodul des Materials ist. In Tabellen mit Materialeigenschaften findet man beide Angaben.

Der Kerbschlagversuch

Spröde Materialien zeigen kaum plastische Verformung vor dem Bruch. Infolgedessen ist der schon mehrfach beschriebene *Zugversuch* in diesem Fall wenig aussagekräftig. Daher sind zur Charakterisierung spröder Materialien, insbesondere auch zur Ermittlung ihrer Zähigkeit, andere Testverfahren erforderlich. Eines der wichtigsten dieser Experimente, das auch heute noch eine extrem große Bedeutung besitzt, ist der 1905 von Augustin Georges Albert Charpy (1865–1945) entwickelte Kerbschlagversuch, der schematisch in Abbildung 14.6 dargestellt ist. Er wird allerdings nicht nur für spröde, sondern auch für duktile Materialien eingesetzt.

Das Prinzip ist relativ einfach (die Durchführung nicht immer). Ein Art Pendelhammer, der so geformt ist, dass das zu untersuchende Werkstück genau in seine Aussparung passt, fällt aus einer gewissen Höhe auf das vorgekerbte Werkstück und zerschlägt es. Dazu ist eine bestimmte Energie erforderlich. Diese Energie kann bestimmt werden, indem man die Höhe bestimmt, die der Hammer nach dem Prozess erreicht. Würde er keine Energie verlieren, sollte er die ursprüngliche Höhe erreichen. Je mehr Energie zum Durchschlagen des Werkstücks erforderlich ist, desto geringer ist die Höhe, die der Hammer erreicht. Aus der Energiedifferenz kann man dann auf wichtige Größen wie die Zähigkeit oder die Bruchzähigkeit schließen.

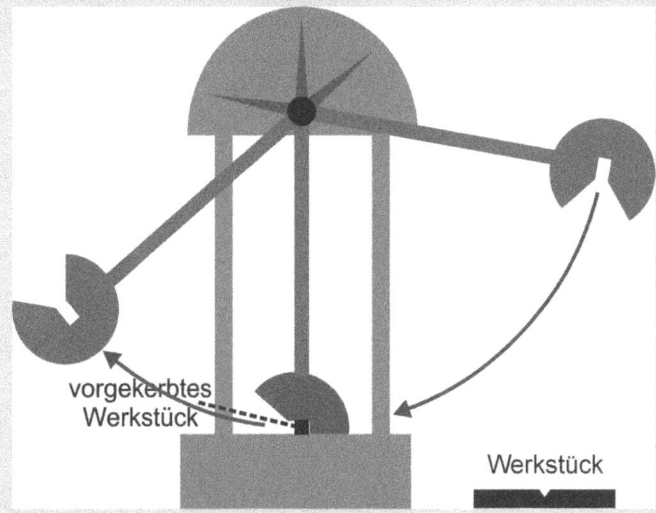

Abbildung 14.6: Der Kerbschlagversuch

Wie der Zugversuch, ist auch der Kerbschlagversuch zerstörend, das heißt, das Werkstück überlebt den Versuch nicht.

Diamant: Extrem hart, aber nicht unverwundbar

Diamant ist das härteste Material der Welt. Sie alle kennen die außerordentliche Schönheit von geschliffenen Diamanten, die vor allem auf deren optischen Eigenschaften beruht. Dies betrifft aber nur geschliffene Steine. Wenn Diamanten direkt aus der Mine kommen, sehen sie eher unscheinbar aus. Um sie zu Schmucksteinen zu verarbeiten, muss man drei Schritte anwenden:

- ✓ Die Steine müssen geschnitten werden.
- ✓ Die Steine müssen facettiert werden.
- ✓ Die Steine müssen poliert werden.

> Da Diamant das härteste Material der Welt ist, ergibt sich natürlich ein großes Problem: Wie kann man Diamanten bearbeiten? Dieses Problem ist schon vor vielen Jahrhunderten gelöst worden: Diamanten kann man nur mit Diamanten bearbeiten. Das heißt, dass man zum Zuschneiden von Diamant Diamantwerkzeuge benutzt. Diamanten sind zwar hart und können kaum verformt werden, aber sie sind spröde, wobei dies vor allem für bestimmte Kristallrichtungen gilt. Setzt man Diamantwerkzeuge entlang dieser Kristallrichtungen ein, so kann man Diamant durchaus spalten und so zuschneiden und facettieren. Zum anschließenden Polieren kann man Pasten mit Diamantkörnern verwenden.

Duktiler Bruch: Versagen durch dauerhafte Verformung

Ein spröder Bruch findet ohne Vorwarnung statt; außerdem geht ihm keinerlei plastische Verformung voraus. Beim *duktilen Bruch* oder *Verformungsbruch* passiert das Gegenteil. Jedem duktilen Bruch geht eine erhebliche plastische Verformung voraus. Dies ist in Abbildung 14.7 dargestellt. Die plastische Verformung wurde ausführlich in Kapitel 13 diskutiert.

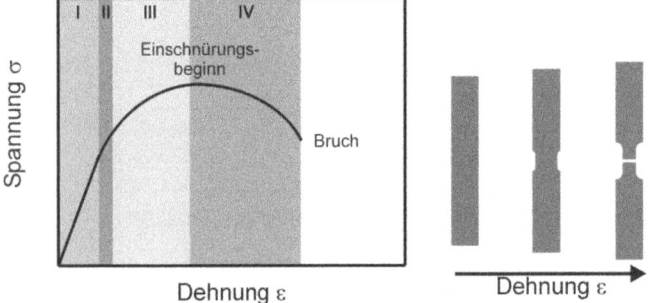

Abbildung 14.7: Zugversuch eines duktilen Materials bis zum Verformungsbruch

Die Abbildung zeigt noch einmal die bekannte Spannungs-Dehnungs-Kurve eines duktilen, also verformbaren Materials in einem Zugversuch. Derartige Kurven wurden ausführlich in den Kapiteln 11 und 13 diskutiert. Abbildung 14.7 zeigt, dass sich mit steigender Belastung irgendwann eine *Einschnürung* im Material zu bilden beginnt. Dies muss nicht notwendigerweise in der Mitte des Körpers geschehen, wie es in der Abbildung dargestellt ist. Normalerweise treten solche Einschnürungen an Stellen auf, die irgendeinen Schwachpunkt enthalten, wie vorher vorhandene Risse oder andere Abweichungen. Ist aber eine solche Einschnürung erst einmal vorhanden, so konzentriert sich die weitere Entwicklung auf genau diese Stelle. Der Grund dafür ist einfach: Die Spannung ist definiert als Kraft pro Fläche. Wenn eine Einschnürung auftritt, wird der Querschnitt an dieser Stelle geringer, die Spannung erhöht sich also. Daher treten Verformungsbrüche genau an den Stellen auf, an denen sich zuvor Einschnürungen gebildet haben.

Bei einem solchen Verformungsbruch kann man fünf Stadien beobachten, die schematisch in Abbildung 14.8 dargestellt sind:

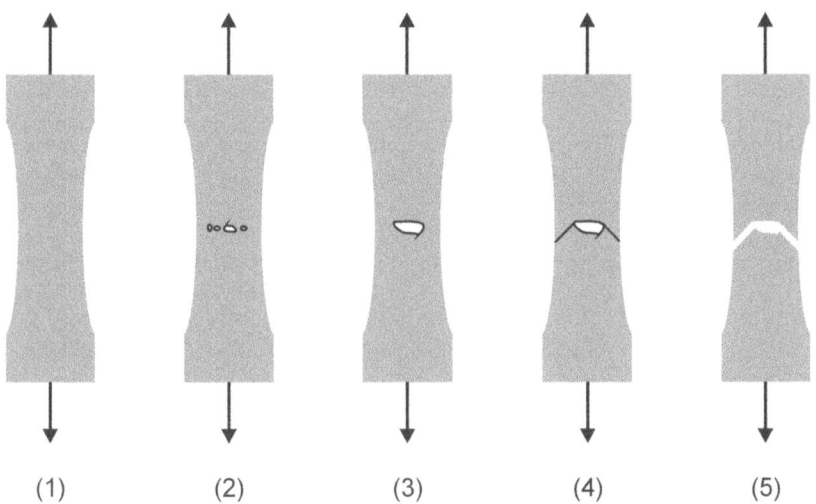

Abbildung 14.8: Die Ausbildung eines Verformungsbruchs

1. Bildung der Einschnürung

2. Bildung kleiner Hohlräume (der sogenannten *Kavitäten*) im Bereich der Einschnürung

3. Bildung eines Risses durch den Zusammenschluss benachbarter Hohlräume

4. Ausbreitung dieses Risses

5. Endgültiger Bruch unter einem Winkel von 45° zur Zugrichtung (das heißt dem Winkel der maximalen Scherspannung).

6. Durch diesen speziellen Bruchmechanismus besitzen die Bruchflächen beim Verformungsbruch eine ganz spezielle Form, die man als *Krater-Konus-Bruchfläche* bezeichnet und die schematisch in Abbildung 14.9 dargestellt ist.

Abbildung 14.9: Krater-Konus-Bruchfläche eines Verformungsbruchs

Duktiles Versagen wird für fast alle metallischen Materialien beobachtet, aber auch bei vielen Kunststoffen (Polymeren).

Irgendwann wird es zu viel: Der Ermüdungsbruch

Ein *Ermüdungsbruch*, der auch als *Schwingbruch* oder als *Dauerbruch* bezeichnet wird, tritt auf, wenn die Belastung eines Bauteils fortwährend wechselt. Beispiele dafür sind Haltebolzen von Triebwerken, aber auch Schrauben im Sattel eines Fahrrads, die abwechselnd eine Zug- und eine Druckbelastung erfahren. Auch Pleuel, Stoßdämpfer und Fahrradrahmen erfahren stetig wechselnde Belastungen. Im Bereich des Maschinenbaus ist ein Großteil aller auftretenden Brüche auf diesen Mechanismus wechselnder Belastungen zurückzuführen.

Ermüdung tritt in Bauteilen oder Systemen auf, die längere Zeit wechselnden Belastungen ausgesetzt sind. Derartige Belastungen werden auch *dynamische Belastungen* genannt.

Im Zusammenhang mit der Ermüdung von Materialien sind folgende Tatsachen von Bedeutung:

- ✔ Ein Bauteil kann unter dynamischer Belastung bei deutlich geringeren Spannungen versagen als unter statischer Belastung.
- ✔ Bei Metallen ist in 90 % aller Fälle Ermüdung Ursache ihres Versagens.
- ✔ Ermüdungsbrüche treten auch bei Keramiken und Polymeren auf.
- ✔ Ermüdungsbrüche sind spröde; es tritt zuvor kaum plastische Verformung auf.

Ermüdung tritt auf, wenn ein Bauteil einer zyklischen oder periodischen Belastung unterworfen wird. Dies bedeutet, dass die Beanspruchung mit einer bestimmten Frequenz um einen Mittelwert variiert, wobei dieser Mittelwert nicht unbedingt null sein muss. In Abbildung 14.10 sind zwei Beispiele einer derartigen dynamischen Belastung dargestellt.

- ✔ In Abbildung 14.10(a) sind die maximale Zug- und Druckbelastung gleich.
- ✔ In Abbildung 14.10(b) ist die maximale Zugbelastung größer als die maximale Druckbelastung.

Um die *Schwingfestigkeit* von Bauteilen zu ermitteln, werden sie in einem sogenannten *Dauerschwingversuch* einer definierten sinusförmigen zyklischen Belastung unterworfen; dabei wird die Anzahl der Zyklen gezählt, die das Bauteil aushält, bevor es bricht. Diese Anzahl der Belastungszyklen heißt *Bruchlastspielzahl* oder *Bruchschwingspielzahl* (in manchen Gebieten der Technischen Mechanik gibt es recht lustige Namen für wichtige Größen).

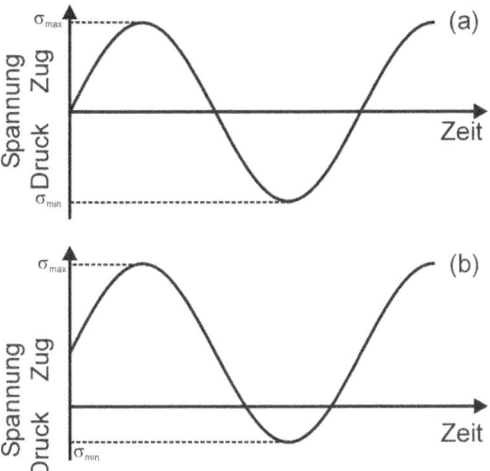

Abbildung 14.10: Zwei Beispiele einer zyklischen Belastung: a) symmetrische, b) asymmetrische Belastung

Zur Ermittlung der Dauerfestigkeit wird das sogenannte *Wöhler-Verfahren* angewandt. Dabei wird für mehrere identische Proben (zum Beispiel Schrauben oder Bolzen) bei gleicher mittlerer Spannung, aber jeweils unterschiedlicher Spannungsamplitude die Lastspielzahl als Funktion der Amplitude ermittelt, wie es schematisch in Abbildung 14.11 dargestellt ist.

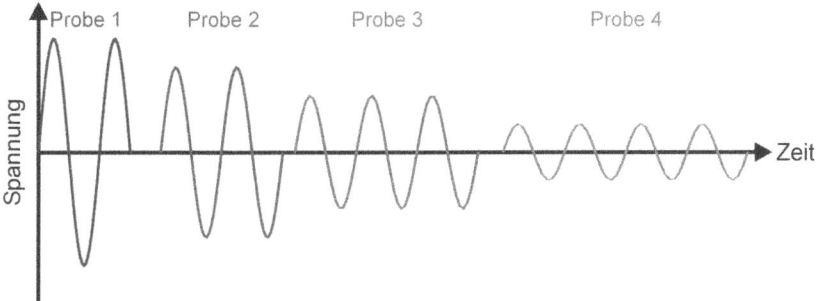

Abbildung 14.11: Zur Durchführung des Wöhler-Versuchs zur Bestimmung der Dauerfestigkeit eines Bauteils

Danach wertet man die Ergebnisse dieser Tests in einer sogenannten Wöhler-Kurve aus, bei der man die Spannung gegen die jeweils erhaltenen Lastspielzahlen aufträgt (Abbildung 14.12). Dabei kann man drei Bereiche unterscheiden:

1. *Kurzzeitfestigkeit:* Das Bauteil übersteht nur wenige Belastungszyklen.

2. *Zeitfestigkeit:* Das Bauteil übersteht viele Belastungszyklen.

3. *Dauerfestigkeit:* Das Bauteil übersteht sehr viele Belastungszyklen.

Für Stahl ergeben sich in etwa die folgenden Lastspielzahlen N:

Kurzzeitfestigkeit: $\quad N < 10^3 - 10^4$

Zeitfestigkeit: $\quad 10^3 - 10^4 < N < 10^6 - 10^7$

Dauerfestigkeit: $\quad N \geq 10^6 - 10^7$

Das bedeutet, ein Bauteil ist dauerfest, wenn es mindestens eine Million Lastwechsel übersteht. Die Spannung, bei der der Übergang zwischen den Bereichen 2 und 3 erfolgt, bezeichnet man als Dauerfestigkeit σ_D.

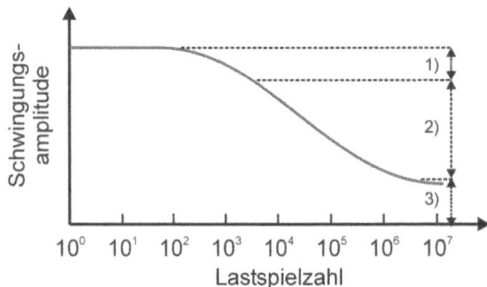

Abbildung 14.12: Wöhler-Kurve zur Bestimmung der Dauerfestigkeit

Einfach umgeknickt

Schließlich soll noch ein weiterer Versagensmechanismus erwähnt werden, den Sie sicherlich schon aus der Alltagswelt kennen: das Knicken.

Unter *Knicken* versteht man den Verlust der Stabilität von geraden Stäben oder Balken unter Druckkräften, die entlang der Stabachse wirken. Dabei weicht der Stab seitlich aus seiner Achse aus. Dieser Prozess kann auch auftreten, wenn die angelegte Druckspannung kleiner als die zulässige Druckspannung ist, also noch innerhalb des Hooke'schen Bereichs liegt.

Die Form der Knickung hängt von der Lagerung des Stabes ab. Dies ist in Abbildung 14.13 dargestellt. Die in der Abbildung gezeigten vier Fälle wurden schon von Leonard Euler (1707–1783) untersucht und heißen daher *Euler'sche Knickfälle*.

1. Der Stab ist an einem Ende eingespannt, am anderen Ende frei.

2. Der Stab besitzt ein Festlager (unten) und ein Loslager (oben).

3. Der Stab ist unten eingespannt und besitzt oben ein Loslager.

4. Der Stab ist an beiden Enden eingespannt.

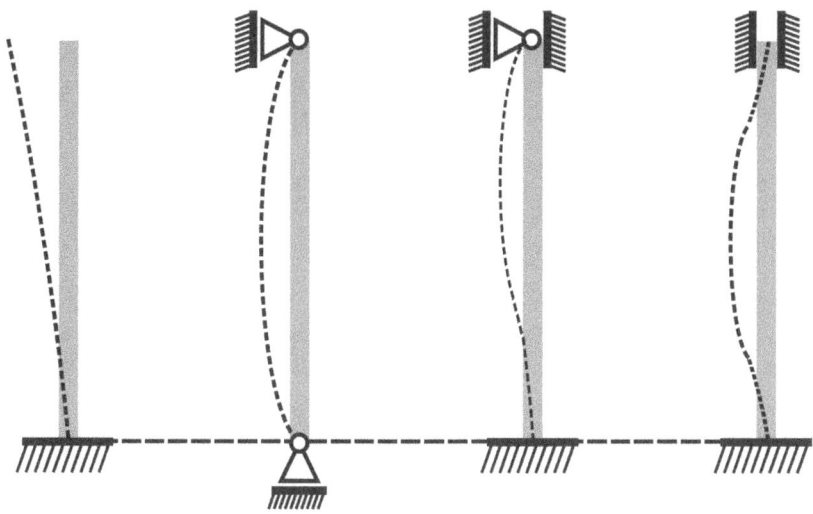

Abbildung 14.13: Die Euler'schen Knickfälle

Interessanterweise können alle vier Fälle mit derselben Gleichung beschrieben werden, die die *Knickkraft* in Beziehung zu den Materialparametern des Stabes setzt:

$$F_K = \frac{\pi^2 E \cdot I}{L_k^2}$$

Dabei ist E der Elastizitätsmodul, I das *axiale Flächenträgheitsmoment* (diese Werte finden Sie in Tabellen, siehe auch Kapitel 11 sowie insbesondere Tabelle 11.1) und L_k die sogenannte Knicklänge, die folgendermaßen definiert ist:

$$L_k = \beta \cdot L$$

wobei L die Länge des Stabes ist. Für den Koeffizienten β ergibt sich in den vier Fällen:

1. $\beta = 2$ 3. $\beta = 0{,}699$
2. $\beta = 1$ 4. $\beta = 0{,}5$

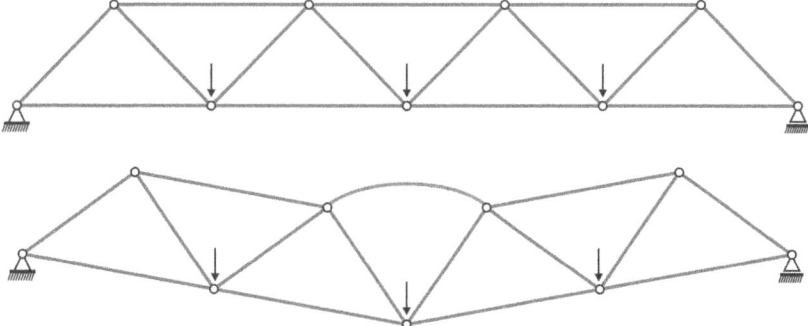

Abbildung 14.14: Knicken eines Stabes in einem Fachwerk

Das Knicken von Stäben kann katastrophale Auswirkungen haben. Ein Beispiel dafür ist das in Abbildung 14.14 dargestellte Knicken eines Stabes in einem Fachwerk. Bei der Auslegung von Tragwerken muss man also ein mögliches Knicken von Stäben, die unter Druckbelastung stehen, stets berücksichtigen. Als *Knicksicherheit* ν bezeichnet man das Verhältnis

$$\nu = \frac{F_\mathrm{K}}{F}$$

Um ein Knicken ausschließen zu können, muss ν ausreichend groß sein.

Derartige Instabilitäten sind im Übrigen nicht auf Stäbe beschränkt, sie treten auch bei anderen Tragwerken unter Druckbelastung auf. Das in Abbildung 14.15 dargestellte *Beulen* einer Platte oder Scheibe kennen Sie sicher aus eigener Erfahrung: Denken Sie etwa an den Deckel einer Keksdose.

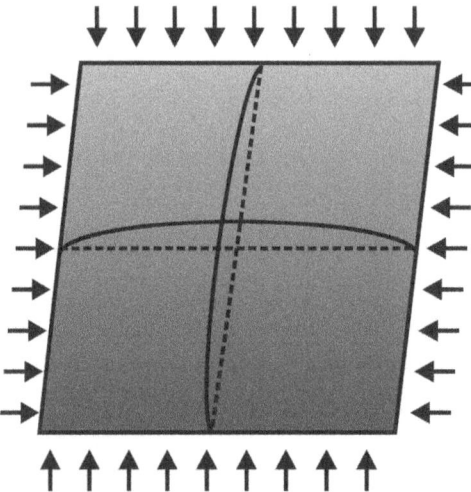

Abbildung 14.15: Das Beulen einer Platte

Auch Oberflächen können versagen: Der Verschleiß

Es gibt noch einen weiteren Mechanismus des Versagens von Materialien, der kaum etwas mit den bislang in diesem Kapitel vorgestellten Prozessen gemeinsam hat, der aber sowohl im alltäglichen Leben als auch in der Technik eine äußerst wichtige Rolle spielt. Wenn man auf einem Teppich stets den gleichen Weg geht, wird dieser irgendwann deutlich zu erkennen sein. Je länger Sie mit einem Satz Reifen an Ihrem Auto fahren, desto mehr wird sich das Profil der Reifen abnutzen. Ein Schneidwerkzeug zum Bearbeiten von Metallen in der Autoindustrie wird mit der Zeit seine ursprüngliche Schärfe verlieren oder, mit anderen Worten, verschleißen.

Mit der Zeit abgenutzt

Verschleiß oder *Abnutzung* ist definiert als der fortschreitende Materialverlust der Oberfläche eines Körpers, der durch feste oder flüssige Körper verursacht wird, die sich relativ zu dieser Oberfläche bewegen und sie dabei beanspruchen. Das bedeutet, dass es sich dabei zum einen um einen Oberflächeneffekt und zum anderen um einen Materialverlustprozess handelt.

Die Art der Beanspruchung kann dabei in weiten Bereichen variieren. Es kann sich um Schleifen, Rollen, Schlagen, Kratzen und so weiter handeln. Aber auch thermische und vor allem chemische Beanspruchungen können eine Rolle spielen, wie im Folgenden dargestellt wird.

Verschleiß tritt bei allen technischen Bauteilen auf, die sich in Kontakt mit anderen Bauteilen bewegen. Wichtige Beispiele sind Lager, Getriebe, Bremsen, Räder und so weiter. Der Verschleiß ist einer der Hauptgründe des Versagens von Bauteilen oder ganzer Maschinen. Üblicherweise legt man Maschinen so aus, dass der Verschleiß auf bestimmte Bauteile (das sind die sogenannten *Verschleißteile*) begrenzt ist, die man leicht austauschen kann.

Die Beschäftigung mit dem Verschleiß von Materialien ist eine eigenständige Wissenschaft, die man *Tribologie* nennt (griechisch für Reibungslehre). Sie umfasst auch die Reibung von Materialien sowie die Schmierung, die man anwendet, um den Verschleiß zu begrenzen.

Die Lebensdauer eines Bauteils oder anderer mechanischer Elemente (etwa von Schneidwerkzeugen) ist dadurch bestimmt, wie lange sie ihre Aufgabe innerhalb spezifischer Toleranzen erfüllen können. Verschleiß ist einer der wichtigsten Prozesse, der die Lebensdauer begrenzt.

Verschleiß ist aber nicht immer negativ. Ebenso wie die den Verschleiß verursachende Reibung (Kapitel 7) kann man ihn auch im positiven Sinn ausnutzen, um Oberflächen zu bearbeiten: Man kann beispielsweise Sandpapier, Feilen oder Polierpasten verwenden, um Oberflächen zu polieren, abzurunden oder auch zuzuspitzen. Und wenn Sie mit einem Bleistift schreiben sollten: Der Effekt beruht auf dem Verschleiß der Grafitmine des Bleistifts.

Es kommt auf das Gesamtsystem an: Tribologische Systeme

Wenn man das tribologische Verhalten eines Materials beschreiben will, muss man nicht nur die Eigenschaften des Bauteils selbst in Betracht ziehen. Vielmehr spielt eine ganze Reihe von Parametern eine Rolle:

- ✔ das Material, die Form und die Oberflächenbeschaffenheit des betrachteten Körpers, des sogenannten *Grundkörpers*,

- ✔ das Material, die Form und die Oberflächenbeschaffenheit des sich gegen den Grundkörper bewegenden *Gegenkörpers*,

- ✓ die Art der äußeren Belastung (Gleiten, Rollen, Stoßen und so weiter),
- ✓ die Größe und Dauer der Belastung,
- ✓ die Umgebung (Gasart, Vakuum, Feuchtigkeit, Anwesenheit eines Schmiermittels et cetera),
- ✓ die Temperatur.

Das bedeutet, dass man niemals von den tribologischen Eigenschaften eines bestimmten Materials oder eines bestimmten Bauteils sprechen kann. Man muss sich stets auf die Eigenschaften des tribologischen Gesamtsystems beziehen.

Ein *tribologisches System* besteht aus einem Grundkörper (das heißt dem betrachteten Bauteil), dem Gegenkörper, der sich gegen den Grundkörper bewegt, dem Medium zwischen den beiden Körpern, dem umgebenden Medium und dessen Eigenschaften und schließlich den Belastungsbedingungen.

Um ein tribologisches System vollständig beschreiben zu können, müssen alle das System bildenden Bestandteile definiert und bekannt sein. Dies ist in Abbildung 14.16 dargestellt.

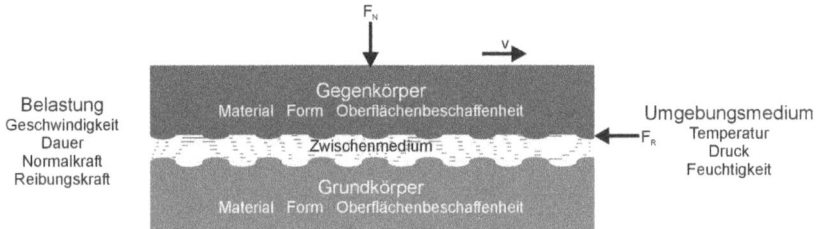

Abbildung 14.16: Ein tribologisches System

Angriff von außen: Arten des Verschleißes

Verschleiß ist ein Materialverlust einer Oberfläche, der auftritt, wenn sich ein Körper oder ein Bauteil relativ gegen einen anderen Körper oder ein anderes Bauteil bewegt. Dabei können je nach Bedingungen verschiedene Prozesse eine Rolle spielen, die zum Verschleiß führen:

- ✓ **Adhäsiver Verschleiß:** Wenn sich zwei Körper bei großer Flächenpressung (siehe Kapitel 12) berühren, so haften sie aneinander. Wenn sie sich gegeneinander bewegen (zum Beispiel gleiten), können einzelne Teile abgeschert werden; dabei entstehen Löcher im weicheren Partner, sodass dieses Material an der Oberfläche des härteren Partners haften bleibt. Dies nennt man *adhäsiven Verschleiß* oder *Haftverschleiß*. Dabei handelt es sich um eine Kombination aus physikalischen und chemischen Prozessen.

- ✓ **Abrasiver Verschleiß:** Eine Oberfläche ist im Mikrometer- oder Nanometerbereich niemals vollkommen glatt, sondern besitzt eine gewisse Rauigkeit (Abbildung 7.3). Man kann sich leicht vorstellen, dass diese Mikrospitzen relativ einfach abbrechen können, wenn sich zwei Oberflächen gegeneinander bewegen. In einem derartigen Fall ist der

Verschleiß in der Anfangsphase einer Bewegung besonders groß; mit der Zeit werden die größten Mikrospitzen einfach abgeschliffen. Ein Extrembeispiel des abrasiven Verschleißes ist das Schleifen von Materialien mithilfe von Sandpapier. In diesem Fall ist der Materialverlust sogar gewollt.

Abrasiver Verschleiß sollte daher nach und nach zu glatteren Oberflächen, geringerer Reibung und daher auch zu geringerem Verschleiß führen. Allerdings ergibt sich auch dabei ein ernsthaftes Problem: Die abgeriebenen Mikrospitzen verbleiben normalerweise zwischen den beiden Körpern und tragen ihrerseits zum Verschleiß der beiden Körper bei.

✔ **Verschleiß durch Zerrüttung:** Wenn die Oberfläche eines Materials wechselnden mechanischen Beanspruchungen ausgesetzt ist, kommt es durch diese Belastungen häufig zu einer Zerrüttung des oberflächennahen Bereichs. Dabei werden beispielsweise Mikrorisse erzeugt, die dazu führen, dass bei weiteren Belastungen Teile der Oberfläche leicht entfernt werden können. Die Zerrüttung einer Oberfläche ist vergleichbar mit der im vorangegangenen Abschnitt dargestellten Ermüdung eines dreidimensionalen Körpers.

✔ **Verschleiß durch Korrosion:** In manchen Fällen kommt es unter der Belastung der Bewegung zweier Körper gegeneinander zu einer chemischen Reaktion eines der beiden Partner mit der Umgebung, zum Beispiel zu einer Oxidation (ein Beispiel ist die Bildung von Rost). Diese Reaktion bezeichnet man als *Tribooxidation*. Dabei entsteht eine Zwischenschicht (Oxidschicht), die sehr viel leichter abgetragen wird als das Originalmaterial. Daher nennt man diesen Prozess auch *Reaktionsschichtverschleiß*.

Verschleiß quantitativ

Man kann den Verschleiß auch quantitativ beschreiben. Dazu kann man die folgenden *Verschleiß-Messgrößen* verwenden:

✔ Der *Verschleißbetrag W* beschreibt den durch den Verschleißprozess bedingten Materialverlust direkt. Man kann ihn entweder auf das abgetragene Volumen oder auf die abgetragene Masse beziehen:

$$W_\text{V} = \Delta V \quad \text{oder} \quad W_\text{M} = \Delta m$$

Wenn die Dichte ρ des abgetragenen Materials konstant ist, besteht zwischen beiden Größen die folgende Beziehung:

$$W_\text{V} = \Delta V = \frac{1}{\rho} \Delta m = \frac{1}{\rho} W_\text{M}$$

Die Einheit von W_V ist demzufolge m³, die von W_M entsprechend kg.

✔ Die *Verschleißrate* ist das Verhältnis des Verschleißbetrags zu der für den Prozess benötigten Zeit. Auch hier kann man sich entweder auf das Volumen oder auf die Masse beziehen:

$$R_\text{V,V} = \frac{\Delta W_\text{V}}{\Delta t} \quad \text{oder} \quad R_\text{V,M} = \frac{\Delta W_M}{\Delta t}$$

✔ Die *Verschleißintensität* ist das Verhältnis des Verschleißbetrags zum Weg, den die beiden Körper während des Prozesses gegeneinander zurückgelegt haben:

$$I_{V,V} = \frac{\Delta W_V}{\Delta s} \quad \text{oder} \quad I_{V,M} = \frac{\Delta W_M}{\Delta s}$$

✔ Den Kehrwert des Verschleißbetrags nennt man *Verschleißwiderstand*, der wiederum sowohl auf das Volumen als auch auf die Masse bezogen sein kann.

✔ Der *Verschleißkoeffizient* ist die Verschleißrate, normiert durch die Belastung, also die Normalkraft F_N:

$$K_V = \frac{\frac{\Delta W_V}{\Delta t}}{F_N} = \frac{\Delta W_V}{F_N \Delta t}$$

Die Angabe dieser Größen hat allerdings nur dann Sinn, wenn man gleichzeitig das verwendete tribologische System angibt. Zu sagen, ein Material A hat eine Verschleißrate von X m³/s oder Y kg/s ist sinnlos; man muss gleichzeitig sagen, welcher Gegenkörper benutzt wurde, wie groß und welcher Art die Belastung war, wie lange, wie schnell und wie weit die beiden Körper gegeneinander bewegt wurden und unter welchen Bedingungen der Prozess (Temperatur, Luftfeuchtigkeit, Schmiermittel) durchgeführt wurde.

Damit nach so viel Verschleiß Ihre Nerven nicht völlig verschleißen, betrachten Sie nun folgendes Beispiel: Ein Standardverfahren zur Bestimmung der Verschleißgrößen eines Materials ist der sogenannte Pin-on-Disk-Test. Dabei wird ein Stift (Pin), dessen unterer Teil aus einem harten Material besteht, mit konstanter Kraft F gegen die scheibenförmige Probe (Disk) gedrückt (Abbildung 14.17). Die Probe wird dabei mit konstanter Winkelgeschwindigkeit gedreht. Als Folge ergibt sich nach einer bestimmten Zeit t eine Abriebspur mit einer Tiefe Δz. Wie groß sind Verschleißbetrag, Verschleißrate, Verschleißintensität und Verschleißkoeffizient, jeweils bezogen auf die Volumen, wenn bei dem Test folgende Parameter benutzt werden: Winkelgeschwindigkeit $\omega = 200$ min^{-1}, Versuchsdauer $t = 10$ min; Abstand $r = 3$ cm; Durchmesser des Stiftes $= 1$ cm; Abrieb $= \Delta z = 1\,\mu$m; Belastung 10 N?

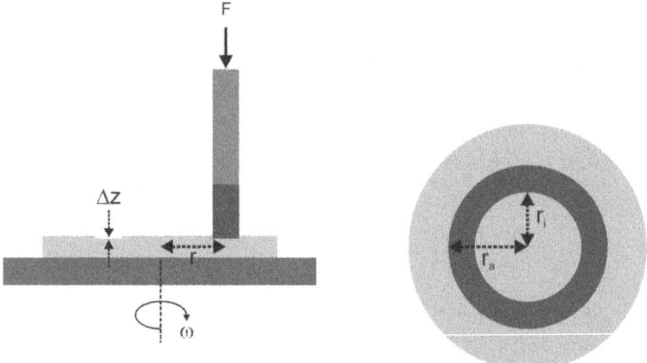

Abbildung 14.17: Pin-on-Disk-Test zur Verschleißmessung

Die Antwort besteht aus mehreren Schritten:

1. **Berechnung des Verschleißbetrags:** Der Verschleißbetrag ist das am Ende des Tests abgeriebene Volumen. Es ist gegeben durch den Höhenabtrag Δz, multipliziert mit der Fläche der Verschleißspur. Diese hat einen Radius von 3 cm und eine Breite von 1 cm. Es gilt also:

$$\begin{aligned}W_\mathrm{V} &= \Delta z \cdot \left(\pi r_a^2 - \pi r_i^2\right) = \Delta z \cdot \pi\left(r_a^2 - r_i^2\right)\\ &= 1\,\mu m \cdot \pi\left((0{,}035\text{ m})^2 - (0{,}025\text{ m})^2\right)\\ &= 1{,}9 \cdot 10^{-9}\text{ m}^3 = 1{,}9\text{ mm}^3\end{aligned}$$

Dabei ist r_i der innere und r_a der äußere Radius der Verschleißspur.

2. **Berechnung der Verschleißrate:** Die Verschleißrate ist durch die Gesamtdauer des Tests gegeben:

$$R_{V,v} = \frac{W_V}{t} = \frac{W_V}{10\text{ min}} = \frac{1{,}9\text{ mm}^3}{10\text{ min}} = 0{,}19\text{ mm}^3/\text{min}$$

3. **Berechnung der Verschleißintensität:** Um die Verschleißintensität berechnen zu können, muss man zunächst den Weg bestimmen, den die beiden Körper bei diesem Versuch gegeneinander zurückgelegt haben. Während einer Umdrehung der Probe legt ein Punkt in der Mitte der Abriebspur den Weg

$$s_\mathrm{u} = 2\pi r$$

zurück, wobei r der Abstand der Stiftachse von der Drehachse ist. Die Winkelgeschwindigkeit ω entspricht einer Periodendauer T (siehe Kapitel 3) von

$$\omega = 2\pi\frac{1}{T} \quad \Rightarrow \quad T = \frac{2\pi}{\omega}$$

Daraus ergibt sich für die Anzahl der Umdrehungen n im Gesamtzeitraum des Versuchs:

$$n = \frac{t}{T} = \frac{\omega}{2\pi}t$$

Damit ergibt sich für den Gesamtweg:

$$\begin{aligned}s_{ges} &= s_\mathrm{u} n = 2\pi r \cdot \frac{\omega}{2\pi}t = r \cdot \omega t\\ &= 0{,}03\text{ m} \cdot 200\text{ min}^{-1} \cdot 10\text{ min} = 60\text{ m}\end{aligned}$$

Damit ergibt sich für die Verschleißintensität:

$$I_{V,v} = \frac{W_V}{s_{ges}} = \frac{1{,}9\text{ mm}^3}{60\text{ m}} = 0{,}03\text{ mm}^3/\text{m}$$

Der Verschleißkoeffizient ist die Verschleißrate, dividiert durch die angewendete Last:

$$K_V = \frac{R_{V,v}}{F_N} = \frac{0{,}19\text{ mm}^3/\text{min}}{10\text{ N}} = 0{,}019\text{ mm}^3/\text{Nmin}$$

Dünne tribologische Schichten

Die Diskussion in diesem Abschnitt hat gezeigt, dass – im Gegensatz etwa zu duktilen oder spröden Brüchen, die stets den gesamten Körper betreffen – der Verschleiß nur die Oberfläche eines Materials oder Bauteils betrifft. Eine Möglichkeit, das Verschleißverhalten eines Körpers zu verbessern, besteht darin, seine Oberfläche mit einer dünnen Schicht (einige Mikrometer) zu überziehen, deren Verschleißeigenschaften wesentlich besser sind als die des Grundmaterials. Dieses Vorgehen hat zwei Vorteile:

✓ Die Grundeigenschaften des Materials bleiben erhalten, nur die Oberflächeneigenschaften werden geändert.

✓ Verschleißarme Materialien sind häufig teuer. Indem man sich auf dünne Schichten im Mikrometerbereich beschränkt, kann man die Kosten in Grenzen halten, aber gleichzeitig die Eigenschaften eines Bauteils entscheidend verbessern.

Derartige Schichten nennt man *tribologische Schichten*, der entsprechende Zweig der Materialwissenschaften wird *Dünnschichttechnologie* genannt.

Aufgaben

Aufgabe 14.1
Die Bruchzähigkeit von Glas beträgt $0{,}8 \text{ MN m}^{-3/2}$, sein Elastizitätsmodul 70 GPa. Wie groß ist seine Zähigkeit?

Aufgabe 14.2
Wie groß ist die Brucharbeit eines Glasstabs bei einem Zugversuch, wenn die Zugfestigkeit σ_B 30 MPa und der Elastizitätsmodul 70 GPa betragen?

Aufgabe 14.3
Wie lang darf ein Stahlseil (Dichte $\rho = 7{,}86 \text{ g/cm}^3$) höchstens sein, bevor es unter seinem eigenen Gewicht reißt, wenn seine Zugfestigkeit 0,5 GPa beträgt?

Aufgabe 14.4
An welcher Stelle wird das Seil reißen?

Aufgabe 14.5
Wie groß ist die Kraft, die erforderlich ist, um einen runden Stahlstab ($E = 210$ GPa) von 1 m Länge und 1 cm Durchmesser zu knicken, der beidseitig eingespannt ist? Das axiale Flächenträgheitsmoment beträgt für einen runden Querschnitt:

$$I = \frac{\pi d^4}{64}$$

Aufgabe 14.6
Welchen Querschnitt muss ein runder, ein Meter langer Stahlstab mindestens haben, um bei einer Druckbelastung von 8 kN eine Knickfestigkeit von $\nu = 3$ aufzuweisen?

Teil V
Der Top-Ten-Teil

 Auf www.fuer-dummies.de finden Sie noch mehr Bücher für Dummies!

IN DIESEM TEIL ...

werden zehn Anwendungsgebiete der Technischen Mechanik vorgestellt. Für jedes einzelne wird dargelegt, inwieweit die Technische Mechanik zum Aufbau dieses Fachgebietes beiträgt und welche Aspekte der Technischen Mechanik dabei eine besondere Rolle spielen.

finden Sie zehn Internetadressen, die beim Studium der Technischen Mechanik und auch der Lektüre dieses Buches besonders hilfreich sein können.

> **IN DIESEM KAPITEL**
>
> Vier große Anwendungsbereiche der Technischen Mechanik
>
> Zehn direkte Anwendungsgebiete

Kapitel 15
Zehn wichtige Anwendungen der Technischen Mechanik

In Kapitel 1 wurde die Technische Mechanik als Grundlagenwissenschaft für eine Vielzahl von ingenieurwissenschaftlichen Fachgebieten bezeichnet. In diesem Kapitel wird dargestellt, in welchen Bereichen die Technische Mechanik eine derartige Rolle spielt und welche ihrer Themen dabei von Bedeutung sind.

Bauingenieurswesen

Das *Bauingenieurswesen* ist eine Ingenieurwissenschaft, die sich mit der Planung, Konstruktion, Berechnung und Herstellung von Bauwerken befasst. Es beruht auf einer Vielzahl von Teilgebieten (unter anderem Statik, Festigkeitslehre, Baustoffkunde). Von diesen Teilgebieten beruht neben der Festigkeitslehre insbesondere die Baustatik auf der Technischen Mechanik. Einige wichtige Anwendungsfelder sind der Leichtbau, der Hochbau und der Tiefbau.

Baustatik

Die *Baustatik* ist die Lehre von der Sicherheit und Zuverlässigkeit von Konstruktionselementen, insbesondere bei Tragwerken. Sie berechnet die Kräfte, die auf ein Bauwerk sowie zwischen den einzelnen Bauelementen wirken, und legt diese Elemente entsprechend aus. Im Gegensatz zur Baudynamik beschränkt sie sich auf statische Belastungen, lässt also Schwingungen und ähnliche Vorgänge außen vor.

Infolgedessen sind vor allem zwei Teilgebiete der Technischen Mechanik von großer Bedeutung für die Baustatik:

✔ die in Teil II dieses Buches vorgestellte Statik,

✔ die in Teil IV dieses Buches vorgestellte Festigkeitslehre.

Maschinenbau

Der *Maschinenbau* gehört zu den klassischen Ingenieurswissenschaften. Er beschäftigt sich mit dem Entwurf, der Fertigung und der Montage von Maschinen, Maschinengruppen und Maschinenelementen. Wie andere Ingenieurswissenschaften, beruht auch der Maschinenbau auf einer Vielzahl von Grundlagenwissenschaften, zu denen auch die Technische Mechanik zählt.

Maschinenbau

Zu den Grundlagen des eigentlichen Maschinenbaus gehören unter anderem die Mathematik, die Mechanik, die Werkstoffkunde und die Konstruktionslehre. In diesem Zusammenhang spielt auch die Technische Mechanik eine große Rolle. Sie stellt unter anderem theoretische Berechnungsverfahren im Bereich der Statik und der Festigkeitslehre zur Verfügung. Insofern sind für den Maschinenbau insbesondere die Teile II und IV dieses Buches von Bedeutung.

Maschinendynamik

Die *Maschinendynamik* untersucht die Wechselwirkung zwischen dynamischen Kräften und Bewegungsgrößen innerhalb von Maschinen. Die Maschinendynamik beruht auf der Technischen Mechanik und ist ein Kernfach des Maschinenbaus. Sie liefert Grundlagen zur Bemessung von (sich bewegenden) Maschinenelementen und Baugruppen (zum Beispiel Bestimmung der Schwingfestigkeit oder auch Berechnung kritischer Drehzahlen, bei denen Resonanzgefahr besteht). Etwas flapsig ausgedrückt: Die Maschinendynamik beschäftigt sich mit allem, was sich innerhalb von Maschinen bewegt, was rotiert oder schwingt.

Die Grundlagen der Maschinendynamik sind in Kapitel 10 dieses Buches dargelegt, aber auch die Themen der Kapitel 13 und 14 sind für die Maschinendynamik von Bedeutung.

Apparatebau

Der *Apparatebau* ist eine dem Maschinen- und Anlagenbau verwandte technische Disziplin. Sein Thema ist die Auslegung, Konstruktion, Anfertigung und Inbetriebnahme von speziellen, technischen Apparaten. Zu den Grundlagen des Apparatebaus gehört neben der Konstruktionslehre auch die Technische Mechanik, insbesondere mit ihren Teilgebieten Festigkeitslehre und Werkstoffkunde, vor allem, da technische Apparate sehr hoch beanspruchte Komponenten enthalten können.

Materialwissenschaften und Werkstoffkunde

Obwohl diese beiden Fachgebiete eng miteinander verwandt sind und beide sich mit Materialien für technische und technologische Anwendungen beschäftigen, bezeichnen sie dennoch nicht das Gleiche.

Werkstoffkunde

Die *Werkstoffkunde* ist eine Ingenieurswissenschaft im engeren Sinne. Sie befasst sich mit Werkstoffen, die in Bauwerken, Maschinen, Anlagen und Apparaturen verwendet werden. Dabei kann es sich um Metalle (insbesondere Stähle), Metall-Legierungen, Keramiken, Polymere (Kunststoffe) oder Verbundwerkstoffe handeln. Die Werkstoffkunde verfolgt in diesem Zusammenhang zwei Ziele:

- ✔ die Charakterisierung existierender Werkstoffe,
- ✔ die Entwicklung neuer Werkstoffe.

Zu den physikalischen Eigenschaften (natürlich spielen in diesem Zusammenhang auch chemische Eigenschaften eine Rolle) von Interesse zählen viele in diesem Buch behandelte Größen, wie etwa die Zugfestigkeit, die Härte, die Duktilität beziehungsweise die Sprödigkeit. Mit anderen Worten: Die Werkstoffkunde macht vor allem von den in Teil IV dieses Buches behandelten Themen Gebrauch.

Materialwissenschaften

Das Feld der *Materialwissenschaften* ist wesentlich weiter gefasst. Hier geht es um die Charakterisierung und Weiterentwicklung von Materialien für eine Vielzahl von technologischen Anwendungen, die weit über die Mechanik hinausreichen. Zu diesen Gebieten gehören die Optik, die Elektronik, die Wärmetechnik oder neuerdings auch die Biotechnologie. In vielen dieser Anwendungen spielen natürlich auch die mechanischen Eigenschaften der Materialien eine wichtige Rolle, aber sie sind nicht allein ausschlaggebend. Insofern ist die Technische Mechanik (insbesondere mit den in Teil IV behandelten Themen) eine Grundlagenwissenschaft für die Materialwissenschaften, aber ihre Rolle ist hier geringer als in der Werkstoffkunde.

Weitere Bereiche

Damit ist die Liste der Anwendungsfelder der Technischen Mechanik aber noch nicht vollständig. Es gibt noch eine Reihe weiterer technischer Disziplinen, in denen sie eine Rolle spielt. Über die vier im Folgenden näher vorgestellten Bereiche hinaus seien hier noch die Konstruktionstechnik, die Produktionstechnik, die Fertigungstechnik, die Verkehrstechnik und die Fahrzeugtechnik genannt. Alle diese Themen können allerdings – obwohl sie jeweils eigene Studienfächer bilden – nicht sauber voneinander getrennt werden, es gibt immer wieder Überschneidungen, gemeinsame Grundlagen und auch gemeinsame Anwendungen.

Anlagenbau

Der *Anlagenbau* beschäftigt sich mit der Realisierung größerer technischer Anlagen. Er umfasst eine ganze Reihe verschiedener technischer Disziplinen, abhängig davon, um welche Art von Anlage es sich handelt. Üblicherweise zählen dazu Elemente der Verfahrenstechnik, der Energietechnik, der Versorgungstechnik, der Produktionstechnik und natürlich auch des Maschinenbaus. Insofern zählt die Technische Mechanik auch zu den Grundlagenwissenschaften des Anlagenbaus.

Feinmechanik

Die *Feinmechanik* oder auch *Feinwerktechnik* ist der Zweig der Technik, der sich mit der Herstellung feinmechanischer, elektrischer, optischer und anderer Geräte befasst. Auch hier spielt die Technische Mechanik als Grundlagenwissenschaft natürlich eine wichtige Rolle.

Mechatronik

Die *Mechatronik* beschäftigt sich auf interdisziplinärer Basis mit dem Zusammenwirken mechanischer, elektronischer und informationstechnischer Elemente und Module in mechatronischen Systemen. Sie beruht daher auf den Fachdisziplinen Maschinenbau, Elektrotechnik und Informationstechnik. Mechatronische Systeme haben die Aufgabe, mithilfe von Sensoren, Prozessoren, Aktuatoren und Elementen der Mechanik Energie, Stoffe (Materie) und auch Informationen umzuwandeln, zu transportieren und/oder zu speichern. Da eines der drei Standbeine der Mechatronik die Mechanik ist, gehört auch die Technische Mechanik zu ihren Grundlagenwissenschaften.

Luft- und Raumfahrttechnik

Die *Luft- und Raumfahrttechnik* ist ein eigenständiger Teil der Ingenieurwissenschaften, der sich mit der Entwicklung und dem Betrieb von Flugzeugen, Raumfahrzeugen und Satelliten beschäftigt. Zu den dabei bearbeiteten Themen gehören unter anderem die Entwicklung von möglichst leichten und aerodynamischen Fluggeräten, von Triebwerken, Energieversorgungssystemen, Steuerungs- und Sicherheitssystemen.

Die Luft- und Raumfahrttechnik wird von einer ganzen Reihe von Universitäten und Hochschulen teilweise als eigenständiger Studiengang ab dem ersten Semester, zum Teil aber auch als Vertiefungsfach in Studiengängen wie Maschinenbau, Verkehrstechnik oder Produktionstechnik angeboten. Zu den Lerninhalten gehören Themen des klassischen Maschinenbaus, zu denen unter anderem auch die Technische Mechanik, die Werkstoffkunde und die Regelungstechnik zählen, aber auch auf das Anwendungsgebiet zugeschnittene Spezialgebiete wie die Gasdynamik und die Strömungslehre, die Antriebstechnik, der Luft- und Raumfahrzeugbau sowie Turbomaschinen.

Kapitel 16
Zehn wichtige Internetadressen

In diesem Kapitel werden Ihnen zehn Internetadressen vorgestellt, die Ihnen bei der Beschäftigung mit der Technischen Mechanik weiterhelfen werden.

Vektorrechnung

Vektorrechnung kann schon etwas zeitaufwendig sein. In welche Richtung zeigt die Gesamtkraft dreier Lasten auf einen Balken? Wie groß ist diese Kraft?

Bei derartigen Aufgaben ist das Programm Calc3d eine sehr große Hilfe. Man kann es unter

http://www.calc3d.com/gdownload.html

frei herunterladen. Dann hat man folgende Möglichkeiten:

- Berechnung des Betrags eines Vektors,
- Addition von Vektoren,
- Multiplikation eines Vektors mit einer Zahl,
- Skalarprodukt zweier Vektoren,
- Kreuzprodukt zweier Vektoren
- und, und, und.

Die gesamte Statik und die Festigkeitslehre in einem Link

Die Seite »technische-mechanik-statik« und »technische-mechanik-festikeitslehre« von study help liefern Ihnen zwei große und wichtige Teilgebiete der Technischen Mechanik auf einen Schlag:

https://www.studyhelp.de/mechanik/technische-mechanik-statik/

https://www.studyhelp.de/mechanik/technische-mechanik-festikeitslehre/

Zu beiden Teilbereichen gibt es Erläuterungen, Java-Applets, Aufgaben und Beispiele. Zu den Themen gehören unter anderem Lagerreaktionen, Fachwerke und die Reibung auf der Statikseite sowie die Schwerpunktsberechnung, Flächenträgheitsmomente und der Mohr'sche Spannungskreis im Bereich der Festigkeitslehre. Diese Seite sollten Sie auf jeden Fall besuchen, wenn Sie sich mit der Technischen Mechanik beschäftigen wollen.

Statik lernen

Wenn Sie sich mit der Statik befassen, sollten Sie unbedingt die Seite

http://www.statik-lernen.de/home.html

der FH Kaiserslautern besuchen. Dort finden Sie unter anderem:

✔ Programme zur Ermittlung von Schnittkräften und Verformungen,

✔ Beispiele und Musterlösungen zu vielen Bauteilen der Statik,

✔ Interaktive Excel-Dateien,

✔ Flash-Animationen.

Baustatik aus Kassel

Wenn Ihr Thema die Baustatik ist, empfehle ich Ihnen die folgende Seite der Universität Kassel:

http://www.uni-kassel.de/fb14bau/institute/ibsd/baustatik/lehre.html

Dort finden Sie unter dem Stichwort »Lehre« einen *Schnittkrafttrainer*, eine Lernapplikation, die Studierende bei der selbstständigen Bearbeitung von Aufgaben zur Schnittgrößenermittlung ebener Tragsysteme unterstützen soll. Im »Archiv« gibt es unter anderem eine Reihe von Flash-Animationen zu einer Vielzahl von Themen, darunter:

✔ Schnittufer,

✔ Lager und Gelenke,

✔ Statische Bestimmtheit und Unbestimmtheit,

✔ Statische Systeme in realen Tragwerken.

Technische Mechanik interaktiv

Die folgende Seite bietet viele Aufgaben der Technischen Mechanik, die in einigen Fällen interaktiv gelöst werden können:

http://www.staff.hs-mittweida.de/~pwill/aufgabe.html

Die Aufgaben stammen aus den Gebieten Statik, Reibung, Elastizität, Dynamik und Schwingungen.

Reibung von allen Seiten

Wenn Sie sich mit dem Thema Reibung beschäftigen wollen oder auch müssen, so kann Ihnen die folgende Internetseite mit Sicherheit weiterhelfen:

http://www.leifiphysik.de/themenbereiche/reibung-und-fortbewegung

Hier finden Sie – sehr übersichtlich dargestellt – das Grundwissen über die Reibung, Aufgaben jeglichen Schwierigkeitsgrads sowie Tests. Darüber hinaus wird eine Vielzahl von Versuchen zur Reibung vorgestellt. Schließlich wird auch eine ganze Reihe von Spezialthemen behandelt, etwa das Bremsen von Autos, das ABS-System und der Fahrwiderstand beim Auto und beim Fahrrad.

Interaktive Dynamik

Auf der folgenden Seite wird eine Vielzahl von Themen aus dem Bereich der Dynamik dargestellt:

www.stephie-schmidt.de

Dort finden Sie Erklärungen, Aufgaben und Lösungen, eine Reihe von Filmen und sogar Spiele, die Ihnen interaktiv viele Themen der Dynamik näher bringen.

Hier schwingt alles

Wenn Ihr Thema Schwingungen sind, kann ich Ihnen wieder eine Seite der Leifiphysik empfehlen. In diesem Fall lautet die Adresse:

http://www.leifiphysik.de/themenbereiche/mechanische-schwingungen

Auf dieser Seite finden Sie alle Themen in Bezug auf Schwingungen, die in diesem Buch in Kapitel 10 dargestellt werden, und noch vieles mehr. Wie auf allen Leifi-Seiten gibt es drei große Themenblöcke:

✔ Aufgaben mit unterschiedlichen Schwierigkeitsgraden,

✔ Versuche,

✔ Zusatzinformationen (die auf dieser Seite »Ausblicke« genannt werden). Hier finden Sie zum Beispiel Infos über Stoßdämpfer oder über das Wiegen im Weltall.

Alles über die Mechanik

Die Seite

http://hyperphysics.phy-astr.gsu.edu/hbase/hframe.html

der Georgia State University ist zwar auf Englisch, aber man findet hier wirklich alles, was mit Mechanik zu tun hat. Unter anderem gibt es auch interaktive Aufgaben in allen Bereichen.

Das Neueste aus der Physik

Wenn Sie sich allgemein für die Mechanik oder die Physik interessieren, können Sie sich auf dem gemeinsam von der Deutschen Physikalischen Gesellschaft und dem Bundesministerium für Bildung und Forschung betriebenen Internet-Portal

www.weltderphysik.de

auf den neuesten Stand bringen. Die Seite präsentiert Forschungsergebnisse der Physik, stellt die Forschungslandschaft in Deutschland vor und bietet zahlreiche Informationen rund um die Physik für alle wissenschaftlich Interessierten (das sind Sie doch, oder?).

Im Zusammenhang mit der Technischen Mechanik sind vor allem zwei Gebiete von Bedeutung:

✔ Technik (zum Beispiel Bauphysik, Werkstoffe und so weiter)

✔ Stoffe und Materialien (zum Beispiel Gläser, Metalle oder dünne Schichten)

Die Themen wechseln mit der Zeit. Als die erste Auflage dieses Buches geschrieben wurde (2011 kurz nach dem Erdbeben in Japan), lautete ein Thema auf der Bauphysikseite »Erdbebensicheres Bauen«. Im November 2017 wurde am Beispiel der Millenium-Bridge in London das Resonanzphänomen behandelt, dass eine Brücke durch die Tritte der sie überquerenden Passanten in heftige Schwin-gungen versetzt werden kann. Dieses Phänomen wird in Kapitel 10 im Abschnitt »Das kann in einer Katastrophe enden: Resonanz« näher diskutiert.

Anhang
Lösungen der Aufgaben

Kapitel 2

Aufgabe 2.1

$\mathbf{a} = (a_x, a_y, a_z) = (3, -12, -4)$

$|\mathbf{a}| = \sqrt{a_x^2 + a_y^2 + a_z^2} = \sqrt{9 + 144 + 16} = \sqrt{169} = 13$

$|\mathbf{b}| = \sqrt{9 + 16 + 25} = \sqrt{50} \approx 7{,}07$

Aufgabe 2.2

(i) $\mathbf{a} + \mathbf{b} = (1 + 3; -3 + 5; 2 - 1) = (4; 2; 1)$

(ii) $5\mathbf{a} = (5 \cdot 1; 5 \cdot (-3); 5 \cdot 2) = (5; -15; 10)$

(iii) $2\mathbf{a} - 3\mathbf{b} = (2; -6; 4) + (-9; -15; 3) = (-7; -21; 7)$

Aufgabe 2.3

(i) $3\mathbf{a} - 4\mathbf{b} = 3(2; -7; 2) - 4(-3; 0; 5) = (6; -21; 6) - (-12; 0; 20) = (18; -21; -14)$

(ii) $4\mathbf{a} + 3\mathbf{b} - 5\mathbf{c} = 4(2; -7; 2) + 3(-3; 0; 5) - 5(0; 5; -6)$
$= (8; -28; 8) + (-9; 0; 15) - (0; 25; -30)$
$= (-1; -53; 53)$

Aufgabe 2.4

(i) $\mathbf{a} \cdot \mathbf{b} = 1 \cdot 6 + (-2) \cdot 7 + 3 \cdot 1 = 6 - 14 + 3 = -5$

(ii) $\mathbf{a} \cdot \mathbf{c} = 1 \cdot 5 + (-2) \cdot (-4) + 3 \cdot 5 = 5 + 8 + 15 = 28$

(iii) $\mathbf{b} \cdot \mathbf{c} = 6 \cdot 5 + 7 \cdot (-4) + 1 \cdot 5 = 30 - 28 + 5 = 7$

Aufgabe 2.5

$\mathbf{u} \cdot \mathbf{v} = 2 \cdot (-13) + (-7) \cdot (-7) + 9 \cdot 5 = -26 + 49 + 45 = 68$

Aufgabe 2.6

Das Kreuzprodukt ist folgendermaßen definiert:

$\mathbf{v} \times \mathbf{w} = (v_x, v_y, v_z) \times (w_x, w_y, w_z) = (v_y w_z - v_z w_y, v_z w_x - v_x w_z, v_x w_y - v_y w_x)$

Einsetzen der Zahlen ergibt:

$$\mathbf{v} \times \mathbf{w} = ((-5) \cdot 6 - 7 \cdot 4, 7 \cdot (-2) - 3 \cdot 6, 3 \cdot 4 - (-5) \cdot (-2))$$
$$= (-58, -32, 2)$$
$$\mathbf{w} \times \mathbf{v} = (4 \cdot 7 - 6 \cdot (-5), 6 \cdot 3 - (-2) \cdot 7, (-2) \cdot (-5) - 4 \cdot 3)$$
$$= (58, 32, -2)$$

Wenn Sie sich die Ergebnisse ansehen, stellen Sie fest, dass Sie wahrscheinlich richtig gerechnet haben, da die Beziehung **v** × **w** = −**w** × **v** erfüllt ist.

Aufgabe 2.7

$$\mathbf{c} \times \mathbf{d} = \begin{pmatrix} 7 \cdot (-30) - (-5) \cdot 42 \\ (-5) \cdot 18 - 3 \cdot (-30) \\ 3 \cdot 42 - 7 \cdot 18 \end{pmatrix} = \begin{pmatrix} (-210) - (-210) \\ (-90) - (-90) \\ 126 - 126 \end{pmatrix} = \begin{pmatrix} 0 \\ 0 \\ 0 \end{pmatrix}$$

Erinnern Sie sich: Wenn zwei Vektoren **c** und **d** in die gleiche Richtung zeigen, dann ist ihr Kreuzprodukt **c** × **d** gleich null. Wenn Sie die Vektoren

$$\mathbf{c} = \begin{pmatrix} 3 \\ 7 \\ -5 \end{pmatrix} \quad \text{und} \quad \mathbf{d} = \begin{pmatrix} 18 \\ 42 \\ -30 \end{pmatrix}$$

näher betrachten, sehen Sie sofort, dass beide tatsächlich in die gleiche Richtung zeigen.

Aufgabe 2.8

Da die Hauswand mit dem Boden einen rechten Winkel bildet, können Sie zur Berechnung der Höhe den Satz von Pythagoras verwenden:

$$a^2 + b^2 = c^2$$

Das bedeutet in diesem Fall:

$$(1{,}9 \text{ m})^2 + b^2 = (8{,}3 \text{ m})^2$$
$$b^2 = 68{,}89 \text{ m}^2 - 3{,}61 \text{ m}^2 = 65{,}28 \text{ m}^2$$
$$b \approx 8{,}08 \text{ m}$$

Aufgabe 2.9

Teilen Sie das Quadrat in zwei Dreiecke und wenden Sie den Satz von Pythagoras an:

$$a^2 + a^2 = d^2$$
$$d^2 = 2a^2 = 2 \cdot (12 \text{ cm})^2 = 288 \text{ cm}^2$$
$$d \approx 17 \text{ cm}$$

Aufgabe 2.10

Der Sinussatz lautet:

$$\frac{a}{\sin\alpha} = \frac{b}{\sin\beta} = \frac{c}{\sin\gamma}$$

Berechnen Sie zunächst mithilfe des Sinussatzes den Winkel β:

$$\frac{a}{\sin\alpha} = \frac{b}{\sin\beta} \quad \rightarrow \quad \sin\beta = \frac{b\cdot\sin\alpha}{a} = \frac{8\text{ cm}\cdot\sin 65°}{9{,}8\text{ cm}} \approx 0{,}74$$

Daraus folgt: $\beta \approx 48°$.

Der Winkel γ berechnet sich aus der Winkelsumme eines Dreiecks:

$$\gamma = 180° - \alpha - \beta = 180° - 65° - 48° = 67°$$

Die Seite c wird wieder mithilfe des Sinussatzes ermittelt:

$$\frac{a}{\sin\alpha} = \frac{c}{\sin\gamma} \quad \rightarrow \quad c = \frac{a\cdot\sin\gamma}{\sin\alpha} = \frac{9{,}8\text{ cm}\cdot\sin 67°}{\sin 65°} \approx 10\text{ cm}$$

Kapitel 3

Aufgabe 3.1

Die Multiplikation der Beschleunigung mit der zum Bremsen benötigten Zeit ergibt die Geschwindigkeitsänderung:

$$\Delta v = a \cdot \Delta t = 1{,}3 \cdot 10^{-3}\text{ km/s}^2 \cdot 4{,}8\text{ s} = 6{,}24 \cdot 10^{-3}\text{ km/s}$$

Umrechnen in km/h ergibt:

$$6{,}24 \cdot 10^{-3}\text{ km/s} = 22{,}5\text{ km/h}$$

Aufgabe 3.2

Die Strecke lässt sich mit folgender Formel berechnen:

$$s = \frac{1}{2}at^2 = \frac{1}{2}\left(-9{,}81\text{ m/s}^2\right)\cdot(1{,}2\text{ s})^2 = -7{,}06\text{ m}$$

Das Ergebnis besagt, dass der Ball 7,06 m nach unten fällt.

Aufgabe 3.3

Man berechnet die Fallzeit t_1 mithilfe folgender Gleichung:

$$s = \frac{1}{2}gt^2$$

Daraus folgt:

$$t_1 = \sqrt{\frac{2s}{g}} = \sqrt{\frac{1600 \text{ m}}{9{,}81 \text{ m/s}^2}} \approx 12{,}8 \text{ s}$$

Die Zeit t_2, die der Schall vom Boden des Schachts bis zum Ohr benötigt, wird folgendermaßen berechnet:

$$t_2 = \frac{s}{c} = \frac{800 \text{ m}}{340 \text{ m/s}} \approx 2{,}4 \text{ s}$$

Die Gesamtzeit t beträgt somit:

$$t = t_1 + t_2 \approx 12{,}8 \text{ s} + 2{,}4 \text{ s} \approx 15{,}2 \text{ s}$$

Aufgabe 3.4

Die Zeit t zwischen dem Absprung und dem Erreichen des Ziels berechnet sich wie folgt:

$$h = \frac{1}{2}gt^2 \quad \Rightarrow t = \sqrt{\frac{2h}{g}} = \sqrt{\frac{26000 \text{ m}}{9{,}81 \text{ m/s}^2}} \approx 51{,}5 \text{ s}$$

In dieser Zeit legen Sie in horizontaler Richtung folgenden Weg zurück:

$$s = 740 \text{ km/h} \cdot 51{,}5 \text{ s} = 740 \text{ km/h} \cdot 0{,}0143 \text{ h} \approx 10{,}59 \text{ km}$$

Aufgabe 3.5

Die Winkelgeschwindigkeit wird folgendermaßen berechnet:

$$\omega = \frac{45 \cdot 2\pi}{1 \text{ min}} = \frac{45 \cdot 2\pi}{60 \text{ s}} \approx 4{,}71 \text{ s}^{-1}$$

Die Bahngeschwindigkeit wird folgendermaßen berechnet:

$$v = \frac{2\pi r}{T} = \frac{94{,}25 \text{ cm}}{^1/_{45} \text{ min}} = \frac{94{,}25 \text{ cm}}{0{,}02 \cdot 60 \text{ s}} \approx 70{,}7 \text{ cm/s}$$

Aufgabe 3.6

Der Betrag der Radialbeschleunigung wird folgendermaßen berechnet:

$$a_\text{r} = \frac{4\pi^2 r}{T^2} \approx \frac{4\pi^2 \cdot 6\,380\,000 \text{ m}}{(864\,00 \text{ s})^2} \approx 0{,}034 \text{ m/s}^2$$

Aufgabe 3.7

Rechnen Sie zunächst 27,3 Tage in Sekunden um:

$$27{,}3 \text{ Tage} \approx 2{,}36 \cdot 10^6 \text{ s}$$

Somit folgt für die Umlaufgeschwindigkeit:

$$v = \frac{2\pi r}{T} = \frac{2\pi \cdot 3{,}85 \cdot 10^8 \text{ m}}{2{,}36 \cdot 10^6 \text{ s}} = 1025 \text{ m/s}$$

Aufgabe 3.8

Sie können die beiden folgenden Gleichungen aufstellen:

$$m_1 v_1 + m_2 v_2 = 0 \quad \text{und} \quad m_1 + m_2 = m$$

Einsetzen der Zahlen ergibt:

$$m_1 \cdot 8 \text{ m/s} + m_2 \cdot 7 \text{ m/s} = 0 \quad \text{und} \quad m_1 + m_2 = 150 \text{ kg}$$

Daraus folgt:

$$\begin{aligned} m_1 \cdot 8 \text{ m/s} - (150 \text{ kg} - m_1) \cdot 7 \text{ m/s} &= 0 \\ m_1 \cdot 8 \text{ m/s} - 1050 \text{ kgm/s} + m_1 \cdot 7 \text{ m/s} &= 0 \\ m_1 \cdot 15 \text{ m/s} &= 1050 \text{ kgm/s} \\ m_1 &= 70 \text{ kg} \end{aligned}$$

Setzt man m_1 = 70 kg in die zweite Gleichung ein, so erhält man:

$$m_2 = 150 \text{ kg} - 70 \text{ kg} = 80 \text{ kg}$$

Aufgabe 3.9

Sei m_1 die Masse der leeren Rakete und m_2 die Masse des Treibstoffs. Somit gilt:

$$\begin{aligned} m_1 &= 0{,}25 \cdot 30\,000 \text{ kg} = 7\,500 \text{ kg} \\ m_2 &= 0{,}75 \cdot 30\,000 \text{ kg} = 22\,500 \text{ kg} \end{aligned}$$

Für die Endgeschwindigkeit v_1 der Rakete gilt:

$$m_1 v_1 + m_2 v_2 = 0$$

Dabei gilt:

$$v_2 = v = 800 \text{ m/s}$$

Auflösen der Gleichung nach v_1 und Einsetzen der Zahlen ergibt:

$$v_1 = -\frac{m_2 v_2}{m_1} = -\frac{22\,500 \text{ kg} \cdot 800 \text{ m/s}}{7\,500 \text{ kg}} = -2\,400 \text{ m/s}$$

Die Rakete entfernt sich mit einer Geschwindigkeit von 2400 m/s von der Erde.

Aufgabe 3.10

Es gelten die beiden folgenden Gleichungen:

$$m_1 u_1 + m_2 u_2 = m_1 v_1 + m_2 v_2$$

$$\frac{1}{2} m_1 u_1^2 + \frac{1}{2} m_2 u_2^2 = \frac{1}{2} m_1 v_1^2 + m_2 v_2^2$$

Man ersetzt folgende Größen:

$$m_1 = 3 m_2, \quad u_2 = 0 \quad \text{und} \quad v_2 = 9 \text{ m/s}$$

Somit ergeben sich die Gleichungen:

$$u_1 = v_1 + 3 \text{ m/s} \quad \text{und} \quad u_1^2 = v_1^2 + 27 \text{ m}^2/\text{s}^2$$

Daraus folgt:

$$u_1 = 6 \text{ m/s} \quad \text{und} \quad v_1 = 3 \text{ m/s}$$

Kapitel 4

Aufgabe 4.1

Lösen Sie die Gleichung $F = ma$ nach der Masse auf:

$$F = m \cdot a \quad \Rightarrow \quad m = \frac{F}{a}$$

Setzen Sie die Zahlen ein:

$$m = \frac{F}{a} = \frac{60 \text{ N}}{2{,}5 \text{ m/s}^2} = 24 \text{ kg}$$

Aufgabe 4.2

Zur Berechnung der Strecke verwendet man folgende Gleichung:

$$s = \frac{1}{2} a t^2$$

Man ersetzt a durch F/m und setzt die Zahlen ein:

$$s = \frac{1}{2} a t^2 = \frac{F t^2}{2m} = \frac{15 \text{ N} \cdot (2{,}3 \text{ s})^2}{2 \cdot 0{,}5 \text{ kg}} = 79{,}35 \text{ m}$$

Aufgabe 4.3

Zunächst gibt man den Vektor **A** in der Komponentenschreibweise an. Für die x-Koordinate gilt:

$$A_x = A \cdot \cos\theta = 16 \cdot \cos 39° = 12{,}4$$

Für die y-Koordinate gilt:

$$A_y = A \cdot \sin\theta = 16 \cdot \sin 39° = 10$$

Somit lautet der Vektor **A** in Komponentenschreibweise: **A** = (12,4; 10).

Der Vektor **B** wird ebenfalls in Komponentenschreibweise angegeben:

$$B_x = B \cdot \cos\theta = 5 \cdot \cos 125° = -2{,}9$$
$$B_y = B \cdot \sin\theta = 5 \cdot \sin 125° = 4{,}1$$

Somit lautet der Vektor **B** in Komponentenschreibweise: **B** = (−2,9; 4,1).

Um die Gesamtkraft **F** zu bestimmen, führt man die Vektoraddition aus:

$$\mathbf{F} = \mathbf{A} + \mathbf{B} = (12{,}4; 10{,}0) + (-2{,}9; 4{,}1) = (9{,}5; 14{,}1)$$

Anschließend wird der Vektor **F** in die Längen-Winkel-Schreibweise umgewandelt. Um den Winkel θ zu bestimmen, verwendet man die Gleichung $\theta = \tan^{-1}(y/x)$:

$$\theta = \tan^{-1}(14{,}1/9{,}5) = \tan^{-1}(1{,}48) \approx 56°$$

Um den Betrag des Vektors **F** zu bestimmen, verwendet man den Satz des Pythagoras:

$$|\mathbf{F}| = \sqrt{x^2 + y^2} = \sqrt{289{,}1} = 17$$

Die Gesamtkraft **F** hat einen Betrag von 17 N und wirkt unter einem Winkel von 56°.

Aufgabe 4.4

Man berechnet das Drehmoment mit folgender Gleichung:

$$\tau = F \cdot r \sin\alpha = 90\,\text{N} \cdot 1{,}35\,\text{m} \cdot \sin 90° = 121{,}5\,\text{Nm}$$

Aufgabe 4.5

Das Gleichgewicht wird durch folgende Gleichung beschrieben:

$$\sum \tau = 0$$

Um das Drehmoment zu bestimmen, das von dem Mädchen verursacht wird, benutzt man folgende Gleichung:

$$\tau = F \cdot r \sin\alpha = (m \cdot g) \cdot x \cdot \sin 90° = mgx$$

Dabei ist F die Kraft, m die Masse des Mädchens und x ihre Entfernung vom Drehpunkt. Um das Drehmoment zu bestimmen, das von dem Jungen verursacht wird, benutzt man folgende Gleichung:

$$\tau = F \cdot r \sin \alpha = (2 \cdot m \cdot g) \cdot (L/3) \cdot \sin 90° = 2mg(L/3)$$

Wenn Rotationsgleichgewicht herrscht, müssen die beiden Drehmomente gleich sein:

$$mgx = 2mg(L/3)$$

Daraus folgt:

$$x = \frac{2L}{3}$$

Aufgabe 4.6

Die Gleichgewichtsbedingung lautet: $\sum \tau = 0$. Berechnen Sie zunächst das von Ihnen verursachte Drehmoment:

$$\tau = F \cdot r \sin \alpha = F \cdot 0{,}5 \cdot \sin 90° = 0{,}5F$$

Dann setzen Sie diese Gleichung mit dem benötigten Drehmoment gleich und lösen nach der Kraft F auf:

$$0{,}5F = 470 \text{ N} \quad \Rightarrow \quad F = 940 \text{ N}$$

Aufgabe 4.7

Sie kennen die Kräfte, die entlang und senkrecht zur Rampe auf die Kiste wirken:

$$\text{entlang der Rampe gilt:} \quad F_a = F_G \cdot \sin \alpha$$
$$\text{senkrecht zur Rampe gilt:} \quad F_s = F_G \cdot \cos \alpha$$

Einsetzen der Zahlen liefert folgendes Ergebnis:

$$F_a = F_G \cdot \sin \alpha = 10 \text{ kg} \cdot 9{,}81 \text{ m/s}^2 \cdot \sin 30° = 49 \text{ N}$$
$$F_s = F_G \cdot \cos \alpha = 10 \text{ kg} \cdot 9{,}81 \text{ m/s}^2 \cdot \cos 30° = 85 \text{ N}$$

Aufgabe 4.8

Entlang der Rampe wirkt die Kraft $F_a = F_G \cdot \sin \alpha$. Somit folgt für die Beschleunigung:

$$a = \frac{F_a}{m} = \frac{m \cdot g \cdot \sin \alpha}{m} = g \cdot \sin \alpha = 9{,}81 \text{ m/s}^2 \cdot \sin 60° = 8{,}5 \text{ m/s}^2$$

Aufgabe 4.9

Für die Beschleunigung entlang der Rampe gilt:

$$a = \frac{F_a}{m} = \frac{m \cdot g \cdot \sin \alpha}{m} = g \cdot \sin \alpha$$

Um die Endgeschwindigkeit zu berechnen, verwendet man folgende Gleichungen:

$$s = \frac{1}{2}at^2 \quad \text{und} \quad v = at$$

Setzt man sie so ineinander ein, dass t eliminiert wird, ergibt sich:

$$v_e^2 = 2 \cdot a \cdot s = 2 \cdot g \cdot s \cdot \sin\alpha = 2 \cdot 9{,}81 \text{ m/s}^2 \cdot 7 \text{ m} \cdot \sin 40° = 88{,}28 \text{ m}^2/\text{s}^2$$

Daraus folgt:

$$v_e = 9{,}4 \text{ m/s}$$

Aufgabe 4.10

Der Betrag der resultierenden Kraft lässt sich mithilfe des Kosinussatzes berechnen. In diesem Fall gilt:

$$F_r^2 = F_1^2 + F_2^2 + 2F_1F_2 \cdot \cos\alpha$$

Daraus folgt:

$$F_r = \sqrt{F_1^2 + F_2^2 + 2F_1F_2 \cdot \cos\alpha}$$
$$F_r = \sqrt{(2 \text{ kN})^2 + (3 \text{ kN})^2 + 2 \cdot 2 \text{ kN} \cdot 3 \text{ kN} \cdot \cos 120°}$$
$$F_r = 2{,}646 \text{ kN}$$

Den Winkel β kann man mithilfe des Sinussatzes (siehe Aufgabe 2.10) berechnen.

Er lautet in diesem Beispiel:

$$\frac{\sin\beta}{\sin(180° - \alpha)} = \frac{F_2}{F_r}$$

Man löst die Gleichung nach β auf und setzt die Zahlen ein:

$$\beta = \sin^{-1}\left(\frac{F_2 \sin(180° - \alpha)}{F_r}\right) = \sin^{-1}\left(\frac{3 \text{ kN} \cdot 0{,}87}{2{,}646 \text{ kN}}\right) = 80{,}5°$$

Kapitel 5

Aufgabe 5.1

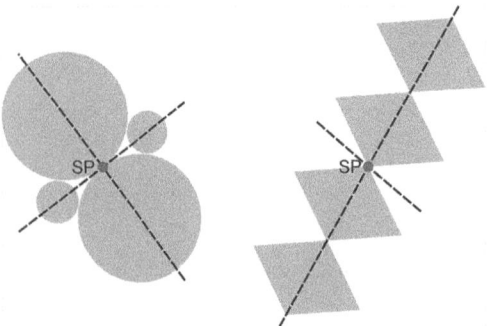

Die Abbildung zeigt, dass beide Körper je zwei Symmetrieachsen besitzen. Der Schwerpunkt liegt im Schnittpunkt dieser Symmetrieachsen.

Aufgabe 5.2

Bei einem Kreisausschnitt gilt für den Abstand des Schwerpunkts vom Mittelpunkt des Kreises (Tabelle 5.1):

$$y_0 = \frac{2}{3} \cdot \frac{r \cdot s}{b}$$

Für den Bogen b und die Sehne s ergeben sich:

$$b = 2\pi r \frac{\alpha}{180°} = 2\pi \cdot 100 \text{ cm} \cdot \frac{20°}{180°} = 69{,}8 \text{ cm}$$

$$s = 2r \sin \alpha = 68 \text{ cm}$$

Damit folgt:

$$y_0 = \frac{2}{3} \cdot \frac{100 \text{ cm} \cdot 68 \text{ cm}}{69{,}8 \text{ cm}} = 64{,}9 \text{ cm}$$

Aufgabe 5.3

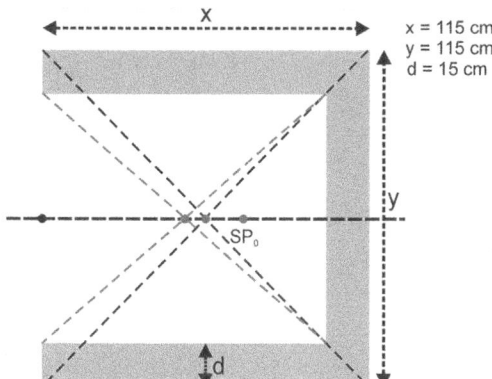

1. Der Körper besteht aus zwei Rechtecken (einem grauen und einem weißen), von denen eines (das weiße) allerdings *fehlt*. Es gibt eine waagerechte Symmetrieachse.

2. Den Nullpunkt legt man beispielsweise auf die Symmetrieachse an den linken Rand des Körpers.

3. Die Schwerpunkte befinden sich im Schnittpunkt der beiden Diagonalen der jeweiligen Rechtecke. Damit ergibt sich für Positionen der beiden Schwerpunkte:

$$x_1 = \frac{1}{2}(115 \text{ cm}) = 57{,}5 \text{ cm}$$
$$x_2 = \frac{1}{2}(115 - 15) \text{ cm} = 50{,}0 \text{ cm}$$

4. Die Berechnung der Flächen ergibt:

$$A_1 = (1{,}15 \cdot 1{,}15) \text{ m}^2 = 1{,}32 \text{ m}^2$$
$$A_2 = (1{,}0 \cdot 0{,}85) \text{ m}^2 = 0{,}85 \text{ m}^2$$

Die Gesamtfläche beträgt also

$$A_0 = A_1 - A_2 = 0{,}47 \text{ m}^2$$

5. Der Momentensatz lautet:

$$x_0 = \frac{A_1 x_1 - A_2 x_2}{A_0} = \frac{1{,}32 \text{ m}^2 \cdot 0{,}575 \text{ m} - 0{,}85 \text{ m}^2 \cdot 0{,}5 \text{ m}}{0{,}47 \; m^2} = 0{,}71 \text{ m}$$

Aufgabe 5.4

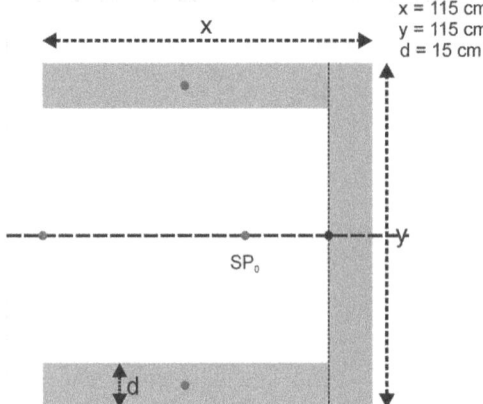

1. Der Körper besteht aus drei Strecken. Es gibt eine waagerechte Symmetrieachse.

2. Den Nullpunkt legt man wieder auf die Symmetrieachse an den linken Rand des Körpers.

3. Die Schwerpunkte befinden sich für alle Strecken in deren Mittelpunkt. Damit ergibt sich für Positionen der drei Schwerpunkte:

$x_1 = x_2 = 50$ cm

$x_3 = 107{,}5$ cm

4. Die Berechnung der Längen der Strecken ergibt:

$l_1 = l_2 = 100$ cm

$l_3 = 115$ cm

Die Gesamtlänge beträgt also:

$l_0 = 2 \cdot l_1 + l_3 = 315$ cm

5. Der Momentensatz lautet:

$$x_0 = \frac{2l_1 x_1 + l_3 x_3}{l_0} = \frac{2 \cdot 100 \text{ cm} \cdot 50 \text{ cm} + 115 \text{ cm} \cdot 107{,}5 \text{ cm}}{315 \text{ cm}} = 71 \text{ cm}$$

Beide Methoden liefern also das gleiche Ergebnis.

Aufgabe 5.5

Der Bolzen besitzt zwei Freiheitsgrade:

✔ Er kann sich entlang der Längsachse bewegen.

✔ Er kann sich um seine eigene Längsachse drehen.

Aufgabe 5.6

Die Gleichgewichtsbedingungen lauten:

$$\sum F_x = 0 = F_{Ax} - F_1 \cos\alpha$$
$$\sum F_y = 0 = F_{Ay} + F_{By} - F_1 \sin\alpha + F_2 - F_3$$
$$\sum \tau_{(A)} = 0 = F_{By} x_B - F_1 \sin\alpha \cdot x_1 + F_2 x_2 - F_3 x_3$$

Daraus ergibt sich sofort für F_{Ax}:

$$F_{Ax} = F_1 \cos\alpha = 160\,\text{N} \cdot \cos 60° = 80\,\text{N}$$

Löst man die untere Gleichung nach F_{Ax} auf, so ergibt sich:

$$F_B x_B = F_1 x_1 \sin\alpha - F_2 x_2 + F_3 x_3$$
$$F_B = \frac{F_1 x_1 \sin\alpha - F_2 x_2 + F_3 x_3}{x_B}$$
$$= \frac{160\,\text{N} \cdot 0{,}6\,\text{m} \cdot \sin 60° - 100\,\text{N} \cdot 1{,}6\,\text{m} + 120\,\text{N} \cdot 2{,}2\,\text{m}}{3\,\text{m}} = 62{,}4\,\text{N}$$

Schließlich ergibt sich aus der zweiten Gleichung:

$$F_{Ay} = -F_B + F_1 \sin\alpha - F_2 + F_3$$
$$= -62{,}4\,\text{N} + 160\,\text{N} \cdot \sin(60°) - 100\,\text{N} + 120\,\text{N} = 96{,}2\,\text{N}$$

Aufgabe 5.7

Damit ein Körper nicht kippt, muss seine Standsicherheit $S \geq 1$ sein. Für S gilt:

$$S = \frac{\tau_S}{\tau_K} = \frac{F_G \cdot f_1}{F \cdot f} > 1$$

Löst man dies nach dem Abstand der Kippkante vom Mittelpunkt der Auflagefläche f_1 auf, so ergibt sich:

$$f_1 > \frac{F \cdot f}{F_G} = \frac{113\,\text{N} \cdot 72\,\text{cm}}{(83 \cdot 9{,}81)\,\text{N}} = 10\,\text{cm}$$

Daher muss der Quader eine Seitenlänge von 20 cm oder eine Minimalfläche von 400 cm² besitzen.

Kapitel 6

Aufgabe 6.1

Die drei Gleichgewichtsbedingungen lauten in diesem Fall (wobei man berücksichtigen muss, dass die Kraft F nicht senkrecht wirkt):

$$\sum F_x = F_{Ax} - F \cos 60° = 0$$
$$\sum F_x = F_{Ay} + F_{By} - F \sin 60° = 0$$
$$\sum_{(A)} \tau = F_{By} \cdot l - F \sin 60° \cdot \frac{l}{2} = 0$$

Aus der ersten Gleichung ergibt sich sofort:

$$F_{Ax} = F \cos 60° = 0{,}5 \text{ kN}$$

Löst man die dritte Gleichung des Systems auf, so erhält man:

$$F_{By} = \frac{1}{2} F \sin 60° = 0{,}43 \text{ kN}$$

Schließlich folgt aus der mittleren Gleichung:

$$F_{Ay} = F \sin 60° - F_{By} = 0{,}43 \text{ kN}$$

Aufgabe 6.2

✔ Anzahl der Balken: $b = 3$;

✔ Anzahl der Lagerwertigkeiten: $l = 5$;

✔ Anzahl der Gelenkkräfte: $g = 4$.

Damit ergibt sich:

$$n = l + g - 3 \cdot b = 5 + 4 - 9 = 0$$

Das System ist statisch bestimmt.

Aufgabe 6.3

Damit ein System statisch bestimmt ist, muss gelten:

$$s = 2k - 3$$

Setzt man die Zahlen ein, erhält man:

$$17 < 22 - 3 = 19$$

Das System ist also statisch unterbestimmt. Man muss zwei Stäbe hinzufügen, damit es statisch bestimmt ist.

Aufgabe 6.4

Am Knoten V wirken drei Kräfte, von denen F_{By} bekannt ist (Abbildung 6.16 und Tabelle 6.2). Die beiden unbekannten Kräfte werden zunächst als Zugkräfte angenommen. Die Gleichgewichtsbedingungen lauten:

$$\sum_V F_x = F_{S6} + F_{S7} \cos\alpha = 0$$
$$\sum_V F_y = F_{By} + F_{S7} \sin\alpha = 0$$

Löst man die zweite Gleichung nach F_{S7} auf, so erhält man:

$$F_{S7} = -\frac{F_{By}}{\sin\alpha} = -\frac{3{,}75 \text{ kN}}{\sin 45°} = -5{,}30 \text{ kN}$$

Es handelt sich also um eine Druckkraft. Setzt man dies in die erste Gleichung ein, ergibt sich:

$$F_{S6} = -F_7 \cos\alpha = -(-5{,}3 \text{ kN}) \cdot \cos 45° = -3{,}75 \text{ kN}$$

F_{S6} ist also eine Druckkraft.

Aufgabe 6.5

Wie beim Knoten II wirken auch am Knoten IV zwei bekannte (F_2 und F_{S7}) und zwei unbekannte Kräfte (F_{S4} und F_{S5}). Aus dem Diagramm in Tabelle 6.2 ergeben sich die folgenden Gleichgewichtsbedingungen:

$$\sum_{(IV)} F_x = -F_{S4} - F_{S5} \cos\alpha - F_{S7} \cos\alpha = 0$$
$$\sum_{(IV)} F_y = -F_2 - F_{S5} \sin\alpha - F_{S7} \sin\alpha = 0$$

Auflösung der zweiten Gleichung nach der unbekannten Kraft F_{S5} ergibt:

$$F_{S5} = \frac{-F_2 + F_{S7} \sin\alpha}{\sin\alpha} = \frac{-4 \text{ kN} + 5{,}3 \text{ kN} \sin 45°}{\sin 45°} = -0{,}353 \text{ kN}$$

Es handelt sich also um eine Druckkraft. Einsetzen in die erste Gleichung ergibt

$$F_{S4} = -F_{S5} \cos\alpha - F_{S7} \cos\alpha = -(0{,}353 - 5{,}3) \text{ kN} \cos 45° = -3{,}5 \text{ kN}$$

Aufgabe 6.6

Damit ein Fachwerk aus s Stäben und k Knoten statisch bestimmt ist, muss gelten:

$$s = 2k - 3$$
$$s = 5 = 2 \cdot 4 - 3 = 5$$

Das System ist also statisch bestimmt.

Aufgabe 6.7

Für die Stützkraftberechnung muss man die Gleichgewichtsbedingungen für den ebenen Fall aufstellen. In x-Richtung wirken keine Kräfte. Für die y-Richtung erhält man:

$$\sum F_y = F_A + F_B - F = 0$$

Für die Drehmomente in Bezug auf Lager A ergibt sich:

$$\sum_{(A)} \tau = -\frac{x_0}{2} \cdot F + \frac{3}{2} \cdot F_B = 0$$

$$F_B = \frac{1}{3} \cdot F = \frac{1}{3} \cdot 10 \text{ kN} = 3{,}33 \text{ kN}$$

Damit ergibt sich aus der ersten Gleichgewichtsbedingung $F_A = 6{,}67$ kN.

Aufgabe 6.8

1. **Knoten I:** Es wirken die drei Kräfte F_A, F_{S1} und F_{S2}. Die Gleichgewichtsbedingungen lauten:

$$\sum_{I} F_x = F_{S2} + F_{S1} \cos \alpha = 0$$
$$\sum_{I} F_y = F_A + F_{S1} \sin \alpha = 0$$

Daraus folgt zunächst:

$$F_{S1} = -\frac{F_A}{\sin \alpha} = -\frac{6{,}67 \text{ kN}}{\sin 45°} = -9{,}43 \text{ kN}$$

Es handelt sich also um eine Druckkraft. Setzt man dieses Ergebnis in die erste Gleichung ein, erhält man:

$$F_{S2} = -F_{S1} \cos \alpha = -(-9{,}43 \text{ kN}) \cdot \cos 45° = 6{,}67 \text{ kN}$$

2. **Knoten IV:** Hier wirken ebenfalls drei Kräfte: F_B, F_{S4} und F_{S5}. Die Gleichgewichtsbedingungen lauten:

$$\sum_{(IV)} F_x = -F_{S4} - F_{S5} \cos \alpha = 0$$
$$\sum_{(IV)} F_y = F_B - F_{S5} \sin \alpha = 0$$

Aus der zweiten Gleichung folgt:

$$F_{S5} = \frac{F_B}{\sin \alpha} = \frac{3{,}33 \text{ kN}}{\sin 45°} = 4{,}71 \text{ kN}$$

F_{S5} ist also eine Zugkraft. Setzt man dies in die erste Gleichung ein, folgt:

$$F_{S4} = -F_{S5} \cos \alpha = -4{,}71 \text{ kN} \cdot \cos 45° = -3{,}33 \text{ kN}$$

3. **Knoten II:** Hier wirken 4 Kräfte: F, F_{S1}, F_{S3} und F_{S4}. Die Gleichgewichtsbedingungen lauten:

$$\sum\nolimits_{(II)} F_x = -F_{S1} \cos \alpha + F_{S3} \cos \alpha + F_{S4} \cos \alpha = 0$$

$$\sum\nolimits_{(II)} F_y = -F + F_{S1} \sin \alpha + F_{S3} \sin \alpha = 0$$

Zunächst löst man wieder die zweite Gleichung auf:

$$F_{S3} = -\frac{F - F_{S1} \sin \alpha}{\sin \alpha} = -\frac{10 \text{ kN} - 9{,}43 \text{ kN} \cdot \sin 45°}{\sin 45°} = -4{,}71 \text{ kN}$$

Bei F_{S3} handelt es sich also um eine Druckkraft. Setzt man dies in die erste Gleichung des Systems ein, erhält man:

$$F_{S4} = -F_{S1} + F_{S3} = \cos 45°(-9{,}43 \text{ kN} + 4{,}71 \text{ kN}) = -3{,}34 \text{ kN}$$

Man erhält (bis auf Rundungsfehler) glücklicherweise das gleiche Ergebnis wie beim Knoten IV.

4. **Knoten III:** Zur Kontrolle sollte man auch noch den Knoten III betrachten. Für die x-Richtung erhält man:

$$\sum\nolimits_{(III)} F_x = F_{S2} - F_{S3} \cos \alpha - F_{S5} \cos \alpha$$
$$= 6{,}67 \text{ kN} - \cos 45°(4{,}71 + 4{,}71) \text{ kN} = 0$$

Für die y-Richtung ergibt sich:

$$\sum\nolimits_{(III)} F_y = F_{S3} \sin \alpha + F_{S5} \sin \alpha = -4{,}71 \text{ kN} + 4{,}71 \text{ kN} = 0$$

Aufgabe 6.9

Der Cremona-Plan dieses Fachwerks sieht folgendermaßen aus:

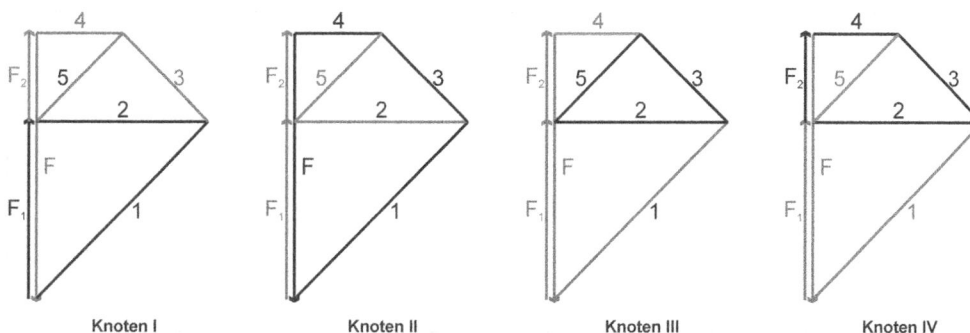

Kapitel 7

Aufgabe 7.1

Zur Lösung verwendet man die Gleichung

$$F_R = \mu F_N = \mu m g$$

Dabei muss man nur die unterschiedlichen Reibungskoeffizienten berücksichtigen (Tabelle 7.1)

Der Haftreibungskoeffizient von Stahl gegen Stahl beträgt 0,15, der Gleitreibungskoeffizient 0,12. Für Stahl auf Eis ist μ_H = 0,027. Damit ergibt sich:

$$F_{RH}(\text{Stahl/Stahl}) = 0{,}15 \cdot (50 \cdot 9{,}81)\ \text{N} = 73{,}6\ \text{N}$$
$$F_{RG}(\text{Stahl/Stahl}) = 0{,}12 \cdot (50 \cdot 9{,}81)\ \text{N} = 58{,}9\ \text{N}$$
$$F_{RH}(\text{Stahl/Eis}) = 0{,}027 \cdot (50 \cdot 9{,}81)\ \text{N} = 13{,}2\ \text{N}$$

Aufgabe 7.2

Betrachten Sie zur Lösung dieser Aufgabe Abbildung 7.5. Der Körper rutscht, wenn

$$F_B > F_{RH}$$

Für die beiden Kräfte gilt:

$$F_{RH} = \mu_H F_N = \mu_H F_G \cos \alpha$$
$$F_B = F_G \sin \alpha$$

Daraus folgt (wie im Text dargestellt ist), dass der Körper rutscht, wenn

$$\tan \alpha > \mu_H$$

Setzt man die Zahlen ein, folgt:

$$\tan 22° = 0{,}4 > 0{,}3$$

Der Körper rutscht also die Ebene hinunter. Die Masse spielt keine Rolle.

Aufgabe 7.3

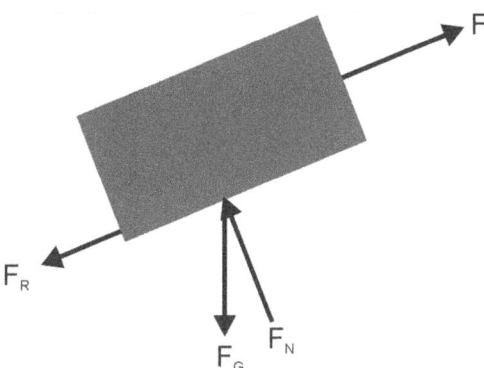

Zunächst einmal muss man die Kiste freimachen (siehe Abbildung). Für die Normalkraft ergibt sich:

$$F_N = F_G \cos \alpha = (66 \cdot 9{,}81) \text{ N} \cdot \cos 18° = 616 \text{ N}$$

Die schräg nach unten gerichtete Reibungskraft beträgt daher:

$$F_R = \mu_G F_N = 0{,}22 \cdot 616 \text{ N} = 135{,}5 \text{ N}$$

Die Zugkraft muss also mindestens 135,5 N betragen.

Aufgabe 7.4

Damit der Körper nicht rutscht, muss die Reibungskraft größer sein als die Gewichtskraft:

$$F_{RH} > F_G = mg$$

Für die Reibungskraft gilt:

$$F_{RH} = \mu_H F_D \quad \Rightarrow \quad F_D = \frac{F_{RH}}{\mu_H}$$

Zusammengefasst ergibt dies:

$$F_D > \frac{mg}{\mu_H} = \frac{(20 \cdot 9{,}81) \text{ N}}{0{,}33} = 595 \text{ N}$$

Man muss also eine Druckkraft von 595 N aufbringen.

Aufgabe 7.5

Der Läufer wird nur durch die Gleitreibung gebremst. Es gilt also für seine Beschleunigung:

$$F_R = ma \quad \Rightarrow \quad a = \frac{F_R}{m} = \frac{\mu_G F_G}{m} = \frac{\mu_G mg}{m} = \mu_G g = 0{,}16 \text{ m/s}^2$$

62 km/h entsprechen 17,2 m/s. Aus Kapitel 3 wissen Sie, dass

$$v = a \cdot t \;\Rightarrow\; t = \frac{v}{a} = \frac{17{,}2 \text{ m/s}}{0{,}16 \text{ m/s}^2} = 108 \text{ s}$$

Der Eisläufer gleitet also noch 108 s weiter. Die in dieser Zeit zurückgelegte Strecke beträgt:

$$s = \frac{1}{2}at^2 = \frac{1}{2} \cdot 0{,}16 \text{ m/s}^2 \cdot (108 \text{ s})^2 = 933 \text{ m}$$

Aufgabe 7.6

Für den Fahrwiderstand gilt:

$$F_F = \mu_F F_N = 0{,}032 \cdot (1250 \cdot 9{,}81) \text{ N} = 392 \text{ N}$$

Aufgabe 7.7

Die Seilreibungsgleichung lautet:

$$\begin{aligned} F_1 &= F_2 e^{\mu_H \alpha} \\ &= 250 \text{ N} \cdot e^{0{,}42 \cdot 8\pi} = 9600 \text{ kN} \end{aligned}$$

Da der Umschlingungswinkel in dem Exponentialterm steht, ist die Zunahme der Haltekraft gegenüber der zweifachen Umschlingung gewaltig.

Aufgabe 7.8

1. Die Bremskraft beträgt:

   $$F_B = \mu_B F_N = 0{,}7 \cdot 1 \text{ kN} = 0{,}7 \text{ kN}$$

2. Das Bremsmoment beträgt:

   $$\tau_B = F_B \cdot r = 0{,}7 \text{ kN} \cdot 0{,}3 \; m = 210 \text{ Nm}$$

3. Zur Berechnung der Bremsleistung muss man berücksichtigen, dass sich das Rad am Anfang mit 1000 Umdrehungen/min dreht, also mit 16,7/s. Damit ergibt sich für die Winkelgeschwindigkeit:

   $$\omega_A = 2\pi f = 105 \text{ s}^{-1}$$

   ω_E ist null, wenn das Rad vollständig gebremst wird. Damit folgt für die Bremsleistung:

   $$\begin{aligned} P_B &= \tau_B \cdot (\omega_A - \omega_B) \\ &= 210 \text{ Nm} \cdot 105 \text{ 1/s} = 22 \text{ kW} \end{aligned}$$

Kapitel 8

Aufgabe 8.1

Für die Arbeit gilt folgende Gleichung:

$$W = F \cdot s \cdot \cos\theta$$

Einsetzen der Zahlen liefert folgendes Ergebnis:

$$W = F \cdot s \cdot \cos\theta = 30\ \text{N} \cdot 1500\ \text{m} \cdot \cos 30° = 3{,}9 \cdot 10^4\ \text{J}$$

Aufgabe 8.2

Für die Komponente der Kraft, die entlang der Rampe auf die Bücherkiste wirkt, gilt:

$$F = mg \sin\theta$$

Für die Komponente, die senkrecht wirkt, gilt:

$$F_N = mg \cos\theta$$

Demzufolge gilt für die Reibungskraft:

$$F_{RG} = \mu_G \cdot F_N = \mu_G \cdot mg \cos\theta$$

Die Gesamtkraft, die die Kiste die Rampe herunter beschleunigt, lässt sich somit folgendermaßen berechnen:

$$F_{Ges} = mg \sin\theta - F_{RG} = mg \sin\theta - \mu_G \cdot mg \cos\theta$$

Einsetzen der Zahlen liefert folgendes Ergebnis:

$$\begin{aligned}F_{Ges} &= 45\ \text{kg} \cdot 9{,}81\ \text{m/s}^2 \cdot \sin 33° - 0{,}17 \cdot 45\ \text{kg} \cdot 9{,}81\ \text{m/s}^2 \cdot \cos 33° \\ &= 240{,}4\ \text{N} - 62{,}9\ \text{N} = 177{,}5\ \text{N}\end{aligned}$$

Die Gesamtkraft von 177,5 N wirkt über eine Strecke von 4,5 m; somit folgt für die geleistete Arbeit:

$$W = F_{Ges} \cdot s = 177{,}5\ \text{N} \cdot 4{,}5\ \text{km} = 798{,}8\ \text{J}$$

Die an der Kiste verrichtete Arbeit entspricht der kinetischen Energie der Kiste:

$$W = F_{Ges} \cdot s = \frac{1}{2} mv^2 = 798{,}8\ \text{J}$$

Löst man nach v^2 und v auf, so erhält man:

$$v^2 = \frac{2 \cdot 798{,}8\ \text{J}}{45\ \text{kg}} = 35{,}5\ \text{m}^2/\text{s}^2 \quad \Rightarrow \quad v \approx 5{,}96\ \text{m/s}$$

Aufgabe 8.3

Man berechnet zunächst die Gewichtskraft:

$$F_G = mg = 100 \text{ kg} \cdot 9{,}81 \text{ m/s}^2 = 981 \text{ N}$$

Somit beträgt die Reibungskraft:

$$F_{RG} = 0{,}06 \cdot F_G = 0{,}06 \cdot 981 \text{ N} = 58{,}86 \text{ N}$$

Die Reibungsarbeit lässt sich dann folgendermaßen berechnen:

$$W = F_{RG} \cdot s = 58{,}86 \text{ N} \cdot 9 \text{ m} = 529{,}74 \text{ J}$$

Aufgabe 8.4

Zunächst berechnet man die geleistete Arbeit:

$$W = F \cdot s = 1{,}8 \cdot 10^4 \text{ N} \cdot 2{,}1 \text{ m} = 3{,}78 \cdot 10^4 \text{ J}$$

Die Arbeit, die an dem Raumschiff geleistet wird, verwandelt sich in seine kinetische Energie. Somit verwendet man die Gleichung für die kinetische Energie und löst sie nach der Geschwindigkeit v auf:

$$E_{kin} = \frac{1}{2}mv^2 \quad \Rightarrow \quad v = \sqrt{\frac{2E_{kin}}{m}}$$

Einsetzen der Zahlen führt zu folgendem Ergebnis:

$$v = \sqrt{\frac{2 \cdot 3{,}78 \cdot 10^4 \text{ J}}{1467 \text{ kg}}} = \sqrt{51{,}6 \text{ m}^2/\text{s}^2} \approx 7{,}2 \text{ m/s}$$

Aufgabe 8.5

Wenn die Geschwindigkeit auf ein Drittel der Anfangsgeschwindigkeit abgenommen hat, so gilt für die Abnahme der kinetischen Energie:

$$\Delta E_{kin} = \frac{1}{2}mv_A^2 - \frac{1}{2}m\left(\frac{1}{3}v_A\right)^2 = \frac{4}{9}mv_A^2$$

Diese kinetische Energie wird in potenzielle Energie umgewandelt. Somit gilt folgende Gleichung:

$$mgh = \frac{4}{9}mv_A^2$$

Diesen Ausdruck löst man nach h auf und setzt die Zahlen ein; dann folgt:

$$h = \frac{4v_A^2}{9g} = \frac{4 \cdot 900 \text{ m}^2/\text{s}^2}{9 \cdot 9{,}81 \text{ m/s}^2} \approx 40{,}8 \text{ m}$$

Aufgabe 8.6

Die Leistung lässt sich folgendermaßen berechnen:

$$P = \frac{W}{t}$$

Die geleistete Arbeit entspricht der Differenz in den kinetischen Energien:

$$W = \frac{1}{2}mv_E^2 - \frac{1}{2}mv_A^2$$

Somit folgt für die Leistung:

$$P = \frac{1}{2}m(v_E^2 - v_A^2)/t$$

Einsetzen der Zahlen ergibt:

$$P = \frac{1}{2} \cdot 1355 \text{ kg}\left((95 \text{ m/s})^2 - (75 \text{ m/s})^2\right)/40 \text{ s} = 5{,}8 \cdot 10^4 \text{ W}$$

Aufgabe 8.7

Für die Leistung gilt folgende Gleichung:

$$P_h = \frac{W_h}{t} = \frac{mgh}{t}$$

Einsetzen der Zahlen ergibt folgende mittlere Leistung:

$$P = \frac{600 \text{ kg} \cdot 9{,}81 \text{ m/s}^2 \cdot 5 \text{ m}}{100 \text{ s}} = 294{,}3 \text{ W} = 0{,}294 \text{ kW}$$

Aufgabe 8.8

Zuerst muss man die bei dem Prozess aufgewendete Leistung berechnen. Es gilt:

$$P = F \cdot v_v = 4 \text{ kN} \cdot 40 \text{ m/min} = 4 \text{ kN} \cdot 0{,}67 \text{ m/s} = 2{,}68 \text{ kW}$$

Danach berechnet man mithilfe des Wirkungsgrades die Motorleistung. Es gilt:

$$\eta = \frac{P_N}{P_A} = \frac{P_{\text{Maschine}}}{P_{\text{Motor}}}$$

$$P_{\text{Motor}} = \frac{P_{\text{Maschine}}}{\eta} = \frac{2{,}68 \text{ kW}}{0{,}75} = 3{,}57 \text{ kW}$$

Kapitel 9

Aufgabe 9.1

Sie verwenden folgende Gleichung zur Berechnung des Drehmoments und setzen die Zahlen ein:

$$\tau = m \cdot r^2 \cdot \alpha \quad \Rightarrow \quad \tau = 13 \text{ kg} \cdot (1{,}37 \text{ m})^2 \cdot 2 \text{ s}^{-2} = 48{,}8 \text{ Nm}$$

Aufgabe 9.2

Sie verwenden folgende Gleichung zur Berechnung des Drehmoments:

$$\tau = I \cdot \alpha$$

Für das Trägheitsmoment einer Scheibe gilt (siehe Tabelle 9.1):

$$I = \frac{1}{2} m r^2$$

Einsetzen der Zahlen liefert folgendes Ergebnis:

$$\tau = \frac{1}{2} m r^2 \alpha = \frac{1}{2} \cdot 0{,}357 \text{ kg} \cdot (0{,}09 \text{ m})^2 \cdot 18 \text{ s}^{-2} = 0{,}026 \text{ Nm}$$

Aufgabe 9.3

Sie verwenden die Gleichung $\tau = I\alpha$; für das Trägheitsmoment einer Vollkugel gilt (siehe Tabelle 9.1):

$$I = \frac{2}{5} m r^2$$

Anschließend lösen Sie die Gleichung nach der Winkelbeschleunigung α auf und setzen die Zahlen ein:

$$\alpha = \frac{\tau}{I} = \frac{\tau}{\frac{2}{5} m r^2} = \frac{12 \text{ Nm}}{\frac{2}{5} \cdot 4{,}7 \text{ kg} \cdot (0{,}6 \text{ m})^2} = 17{,}73 \text{ s}^{-2}$$

Anhand der Gleichung $\omega = \alpha \cdot t$ berechnen Sie die Winkelgeschwindigkeit:

$$\omega = \alpha \cdot t = 17{,}73 \text{ s}^{-2} \cdot 12 \text{ s} = 212{,}76 \text{ s}^{-1}$$

Aufgabe 9.4

Die Arbeit, die Sie verrichten, geht in die kinetische Energie des Reifens ein, daher verwenden Sie die folgende Gleichung:

$$E_{\text{kin}} = \frac{1}{2} I \cdot \omega^2$$

Wir fassen den Reifen als Hohlzylinder auf. Für sein Trägheitsmoment gilt (siehe Tabelle 9.1):

$$I = m \cdot r^2$$

Einsetzen der Zahlen liefert folgendes Ergebnis:

$$E_{kin} = \frac{1}{2} I \cdot \omega^2 = \frac{1}{2} m \cdot r^2 \cdot \omega^2 = \frac{1}{2} \cdot 7{,}3 \text{ kg} \cdot (0{,}45 \text{ m})^2 \cdot (113 \text{ s}^{-1})^2 = 9438 \text{ J}$$

Aufgabe 9.5

Man verwendet die folgende Gleichung:

$$I_1 \cdot \omega_1 = I_2 \cdot \omega_2$$

Für das Trägheitsmoment eines Hohlzylinders gilt (siehe Tabelle 9.1):

$$I = m \cdot r^2$$

Wenn die Astronautin landet, erhöht sich das Trägheitsmoment I um $m_a \cdot r^2$, wobei m_a die Masse der Astronautin ist:

$$(m \cdot r^2) \cdot \omega_1 = (m \cdot r^2 + m_a \cdot r^2) \cdot \omega_2$$

Anschließend löst man nach ω_2 auf und setzt die Zahlen ein:

$$\omega_2 = \frac{mr^2 \omega_1}{mr^2 + m_a r^2} = \frac{m \omega_1}{m + m_a} = \frac{2300 \text{ kg} \cdot 1 \text{ s}^{-1}}{2300 \text{ kg} + 70 \text{ kg}} = 0{,}97 \text{ s}^{-1}$$

Aufgabe 9.6

Für die gesamte Bewegungsenergie gilt folgende Gleichung:

$$W_{ges} = W_{trans} + W_{rot} = \frac{1}{2} m v^2 + \frac{1}{2} I \omega^2$$

Die Translationsgeschwindigkeit v des Zylinders hat den gleichen Betrag wie die Bahngeschwindigkeit der Punkte des Zylindermantels. Daher gilt:

$$v = r\omega$$

Für das Trägheitsmoment eines homogenen Zylinders gilt (siehe Tabelle 9.1):

$$I = \frac{1}{2} m \cdot r^2$$

Somit folgt für die Bewegungsenergie:

$$W_{ges} = \frac{1}{2} mr^2 \omega^2 + \frac{1}{4} mr^2 \omega^2 = \frac{3}{4} mr^2 \omega^2 = \frac{3}{4} \cdot 5{,}8 \text{ kg} \cdot (0{,}12 \text{ m})^2 \cdot (1 \text{ s}^{-1})^2 = 0{,}063 \text{ J}$$

Aufgabe 9.7

Für den Drehimpuls gilt folgende Gleichung:

$$L = I \cdot \omega = mr^2\omega = mrv$$

Einsetzen der Zahlen liefert das Ergebnis:

$$L = mrv = 0{,}9 \text{ kg} \cdot 0{,}4 \text{ m} \cdot 3 \text{ m/s} = 1{,}08 \text{ Js}$$

Aufgabe 9.8

Da alle Kugeln gleichwertig sind, genügt es, das Trägheitsmoment für eine Kugel zu berechnen und dann mit 4 zu multiplizieren.

Das Trägheitsmoment einer Kugel mit Radius R und Masse m, die um den Mittelpunkt rotiert, ist laut Tabelle 9.1:

$$I_{\text{Kugel}} = \frac{2}{5}mR^2$$

Da die Kugeln nicht um ihre Mittelpunkte, sondern um den Schnittpunkt der Stäbe rotieren, muss der Steiner'sche Satz angewendet werden:

$$I = I_{\text{Kugel}} + mr^2$$

Damit ergibt sich für das Trägheitsmoment des Gesamtkörpers:

$$\begin{aligned} I_{\text{Körper}} &= 4 \cdot \left(I_{\text{Kugel}} + mr^2\right) \\ &= 4 \cdot \left(\frac{2}{5}mR^2 + mr^2\right) = 4m \cdot \left(\frac{2}{5}R^2 + r^2\right) \\ &= 4 \cdot 1 \text{ kg} \cdot \left(\frac{2}{5}(0{,}05 \text{ m})^2 + (0{,}5 \text{ m})^2\right) = 1{,}004 \text{ kgm}^2 \end{aligned}$$

Aufgabe 9.9

Der Impulserhaltungssatz lautet:

$$m_1 u_1 + m_2 u_2 = m_1 v_1 + m_2 v_2$$

Es gilt in diesem Fall $m_1 = m_2 = m$ und $u_1 = -u_2 = u$. Setzt man dies ein, erhält man:

$$\begin{aligned} mu - mu &= mv_1 + mv_2 \\ 0 &= v_1 + v_2 \\ v_1 &= -v_2 \end{aligned}$$

Die Geschwindigkeiten der beiden Körper nach dem Stoß sind also betragsmäßig gleich, aber entgegengesetzt gerichtet. Der Energieerhaltungssatz lautet:

$$\frac{1}{2}m_1 u_1^2 + \frac{1}{2}m_1 u_2^2 = \frac{1}{2}m_1 v_1^2 + \frac{1}{2}m_1 v_2^2$$
$$u^2 + (-u)^2 = v_1^2 + v_2^2$$

Setzt man das Ergebnis des Impulserhaltungssatzes ein, folgt:

$$2u^2 = v_1^2 + (-v_2)^2 = 2v_1^2$$
$$v_1^2 = u^2$$

Diese Gleichung hat zwei Lösungen:

$$v_1 = u$$
$$v_1 = -u$$

Die erste ist physikalisch unmöglich, da dann Kugel 1 *durch* Kugel 2 hindurch müsste. Also ist $v_1 = -u$ und $v_2 = u$, die Geschwindigkeiten der Kugeln werden einfach umgedreht.

Aufgabe 9.10

Es gilt in diesem Fall $m_1 = m_2 = m$ und $u_1 > u_2$. Damit sieht der Impulserhaltungssatz nach Kürzen der Masse folgendermaßen aus:

$$u_1 + u_2 = v_1 + v_2$$

Quadriert man diese Gleichung (der Grund wird gleich klar werden), erhält man:

$$(u_1 + u_2)^2 = (v_1 + v_2)^2$$
$$u_1^2 + 2u_1 u_2 + u_2^2 = v_1^2 + 2v_1 v_2 + v_2^2$$

Aus dem Energieerhaltungssatz folgt, wenn man die Massen und den Faktor ½ herauskürzt:

$$u_1^2 + u_2^2 = v_1^2 + v_2^2$$

Subtrahiert man diese beiden Gleichungen voneinander, so ergibt sich:

$$u_1^2 \cdot u_2^2 = v_1^2 \cdot v_2^2$$

Damit ergibt sich das folgende Gleichungssystem:

$$u_1 + u_2 = v_1 + v_2$$
$$u_1^2 \cdot u_2^2 = v_1^2 \cdot v_2^2$$

Es enthält zwei Unbekannte und ist somit lösbar. Aus der zweiten Gleichung folgt:

$$v_1 = \frac{u_1 \cdot u_2}{v_2}$$

Setzt man dies in die erste Gleichung ein, ergibt sich:

$$u_1 + u_2 = \frac{u_1 \cdot u_2}{v_2} + v_2$$

Multiplizieren mit v_2 ergibt:

$$(u_1 + u_2) \cdot v_2 = u_1 \cdot u_2 + v_2^2$$
$$v_2^2 - (u_1 + u_2) \cdot v_2 + u_1 \cdot u_2 = 0$$

Dies ist eine quadratische Gleichung in v_2^2. Für deren Lösungen findet man in jeder Formelsammlung:

$$\begin{aligned}
v_2^{I,II} &= \frac{u_1 + u_2}{2} \pm \sqrt{\frac{(u_1 + u_2)^2}{4} - u_1 u_2} \\
&= \frac{u_1 + u_2}{2} \pm \frac{1}{2}\sqrt{u_1^2 + 2 \cdot u_1 u_2 + u_2^2 - 4 u_1 u_2} \\
&= \frac{u_1 + u_2}{2} \pm \frac{1}{2}\sqrt{u_1^2 - 2 \cdot u_1 u_2 + u_2^2} \\
&= \frac{u_1 + u_2}{2} \pm \frac{1}{2}\sqrt{(u_1 - u_2)^2} \\
&= \frac{u_1 + u_2 \pm (u_1 - u_2)}{2}
\end{aligned}$$

Damit ergibt sich für die beiden Lösungen dieser Gleichung:

$$v_2^{I} = u_1 \quad \Rightarrow \quad v_1 = u_2$$
$$v_2^{II} = u_2 \quad \Rightarrow \quad v_1 = u_1$$

Von diesen beiden Lösungen ist nur die erste physikalisch sinnvoll (die beiden Kugeln tauschen ihre Geschwindigkeiten aus), sonst müsste die erste Kugel durch die zweite hindurchrollen.

Kapitel 10

Aufgabe 10.1

Die Schwingungsdauer eines Fadenpendels beträgt:

$$T = 2\pi\sqrt{\frac{L}{g}}$$

wobei L die Länge des Fadens ist. Variation der Länge ist also die einzige Möglichkeit, die Schwingungsdauer zu beeinflussen. Löst man die Gleichung nach L auf, ergibt sich:

$$T^2 = 4\pi^2 \frac{L}{g}$$

$$L = \frac{T^2}{4\pi^2} g = \frac{(1\text{ s})^2}{4\pi^2} \cdot 9{,}81 \text{ m/s}^2 = 0{,}25 \text{ m}$$

Das Fadenpendel muss also 25 cm lang sein.

Aufgabe 10.2

Man setzt die Zahlen in folgende Gleichung ein:

$$\omega = \sqrt{\frac{g}{L}} \quad \Rightarrow \quad \omega = \sqrt{\frac{9{,}81 \text{ m/s}^2}{4 \text{ m}}} = \sqrt{2{,}45 \text{ s}^{-2}} \approx 1{,}6 \text{ s}^{-1}$$

Anschließend setzt man die Zahlen in folgende Gleichung ein:

$$T = \frac{2\pi}{\omega} \quad \Rightarrow \quad T = \frac{2\pi}{1{,}6 \text{ s}^{-1}} \approx 3{,}9 \text{ s}$$

Aufgabe 10.3

Für die Rückstellkraft einer Feder gilt:

$$F_R = k \cdot x$$

wobei x die Auslenkung ist. Damit erhält man für die drei Fälle:

a) $F_R = 0$!
b) $F_R = 1 \text{ N}$
c) $F_R = 5 \text{ N}$

Aufgabe 10.4

Man verwendet die Gleichung $F = -k \cdot \Delta x$ und löst nach k auf; anschließend setzt man die Zahlen ein:

$$k = -\frac{F}{\Delta x} = -\frac{273 \text{ N}}{4{,}45 \text{ m}} = 61{,}35 \text{ N/m}$$

Aufgabe 10.5

Für die Richtgröße D der Feder gilt folgende Gleichung:

$$D = \frac{F}{s} = \frac{mg}{s} = \frac{0{,}06 \text{ kg} \cdot 9{,}81 \text{ m/s}^2}{0{,}25 \text{ m}} \approx 2{,}35 \text{ N/m}$$

Anschließend kann man die Schwingungsdauer anhand folgender Gleichung berechnen:

$$T = 2\pi\sqrt{\frac{m}{D}} = 2\pi\sqrt{\frac{0{,}06 \text{ kg}}{2{,}35 \text{ N/m}}} \approx 1 \text{ s}$$

Bei einer Verdopplung der angehängten Masse gilt für die Schwingungsdauer T' folgende Gleichung:

$$T' = 2\pi\sqrt{\frac{2m}{D}} = \sqrt{2} \cdot T$$

Das bedeutet, die Schwingungsdauer wird um den Faktor $\sqrt{2} \approx 1{,}4$ größer.

Aufgabe 10.6

1. Man muss zunächst die beiden parallel geschalteten Federn 1 und 2 betrachten: Für sie gilt:

   $$k_{12} = k_1 + k_2 = (11 + 7) \text{ N/m} = 18 \text{ N/m}$$

2. Für die resultierende Federkonstante gilt dann nach dem Gesetz für die Reihenschaltung von Federn:

   $$\frac{1}{k_0} = \frac{1}{k_{12}} + \frac{1}{k_3} = \frac{1}{18 \text{ N/m}} + \frac{1}{17 \text{ N/m}} = 0{,}114 \text{ m/N}$$

   $k_0 = 8{,}7 \text{ N/m}$

Aufgabe 10.7

Die Gesamtmasse der Personen beträgt:

$$m = 25 \cdot 72 \text{ kg} = 1800 \text{ kg}$$

Aus dem Hooke'schen Gesetz

$$F = k_G \cdot \Delta x$$

folgt für die Gesamtfederkonstante:

$$k_G = \frac{F}{\Delta x} = \frac{mg}{\Delta x} = \frac{9{,}81 \text{ m/s}^2 \cdot 1800 \text{ kg}}{0{,}125 \text{ m}} = 14{,}1 \text{ kN/m}$$

Da die vier Federn parallel geschaltet sind, ergibt sich für jede Einzelfeder:

$$k_i = \frac{1}{4} k_G = 3{,}5 \text{ kN/m}$$

Aufgabe 10.8

Da das System aus $n = 3$ Massen besteht, gibt es $n = 3$ fundamentale Schwingungen, die folgendermaßen aussehen:

$$\rightarrow \quad \rightarrow \quad \rightarrow$$
$$\rightarrow \quad = \quad \leftarrow$$
$$\rightarrow \quad \leftarrow \quad \rightarrow$$

Kapitel 11

Aufgabe 11.1

Die Zugspannung ist definiert als

$$\sigma_z \frac{F_z}{A}$$

wobei A die Querschnittsfläche ist. Daher müssen zur Lösung dieser Aufgabe die Querschnittsflächen berechnet werden.

✔ Für den runden Stab mit Durchmesser d gilt:

$$A = \pi \frac{d^2}{4} = 7{,}86 \cdot 10^{-5} \text{ m}^2$$
$$\Rightarrow \quad \sigma_z = \frac{800 \text{ N}}{7{,}86 \cdot 10^{-5} \text{ m}^2} = 10{,}2 \cdot 10^6 \text{ Pa}$$

✔ Für den quadratischen Stab mit der Seitenlänge d gilt:

$$A = d^2 = 1 \cdot 10^{-4} \text{ m}^2$$
$$\Rightarrow \quad \sigma_z = \frac{800 \text{ N}}{1 \cdot 10^{-4} \text{ m}^2} = 8 \cdot 10^6 \text{ Pa}$$

✔ Für den dreieckigen Stab mit der Höhe h gilt:

$$A = \frac{h^2}{2} = 0{,}5 \cdot 10^{-4} \text{ m}^2$$
$$\Rightarrow \quad \sigma_z = \frac{800 \text{ N}}{0{,}5 \cdot 10^{-4} \text{ m}^2} = 16 \cdot 10^6 \text{ Pa}$$

Aufgabe 11.2

Die Druckspannung ist definiert als Druckkraft pro Fläche. Die Druckkraft entspricht der Gewichtskraft. Sie wirkt auf einer Fläche von der Größe der beiden Schuhsohlen (etwa 10 × 30 cm²). Damit ergibt sich:

$$\sigma_d = \frac{F_d}{A} = \frac{9{,}81 \text{ m/s}^2 \cdot 75 \text{ kg}}{2 \cdot 0{,}3 \text{ m} \cdot 0{,}1 \text{ m}} = 12{,}3 \text{ kPa}$$

Die Auflagefläche von Schlittschuhen beträgt etwa 30 cm × 4 mm. Daraus ergibt sich:

$$\sigma_d = \frac{F_d}{A} = \frac{9{,}81 \text{ m/s}^2 \cdot 75 \text{ kg}}{2 \cdot 0{,}3 \text{ m} \cdot 0{,}004 \text{ m}} = 307 \text{ kPa}$$

Aufgabe 11.3

Für die Dehnung ε gilt die folgende Gleichung:

$$\varepsilon = \frac{\Delta L}{L} = \frac{4 \text{ mm}}{2 \cdot 10^3 \text{ mm}} = 2 \cdot 10^{-3} = 0{,}002$$

Nach dem Hooke'schen Gesetz ist bei einer eindimensionalen Zugbelastung die Dehnung ε proportional zur Spannung σ. Betrachtet man die z-Richtung, so lautet die Gleichung folgendermaßen:

$$\sigma_{z,\text{vorh}} = \varepsilon E$$

Den Elastizitätsmodul für Stahl können Sie Tabelle 12.1 entnehmen; er beträgt:

$$E_{\text{Stahl}} = 2{,}1 \cdot 10^5 \text{ N/mm}^2$$

Somit können Sie die Zahlen in die obige Gleichung einsetzen:

$$\sigma_{z,\text{vorh}} = \varepsilon E = 2 \cdot 10^{-3} \cdot 2{,}1 \cdot 10^5 \text{ N/mm}^2 = 420 \text{ N/mm}^2$$

Die Zugkraft lässt sich mit folgender Gleichung berechnen:

$$F = \sigma_{z,\text{vorh}} \cdot A$$

Dabei ist A die Querschnittsfläche des Drahtes; sie wird mit folgender Gleichung berechnet:

$$A = \frac{\pi}{4} d^2 = \frac{\pi}{4} \cdot 1 \text{ mm}^2 = 0{,}785 \text{ mm}^2$$

Einsetzen der Zahlen ergibt folgendes Ergebnis für die Zugkraft:

$$F = \sigma_{z,\text{vorh}} \cdot A = 420 \text{ N/mm}^2 \cdot 0{,}785 \text{ mm}^2 = 329{,}7 \text{ N}$$

Aufgabe 11.4

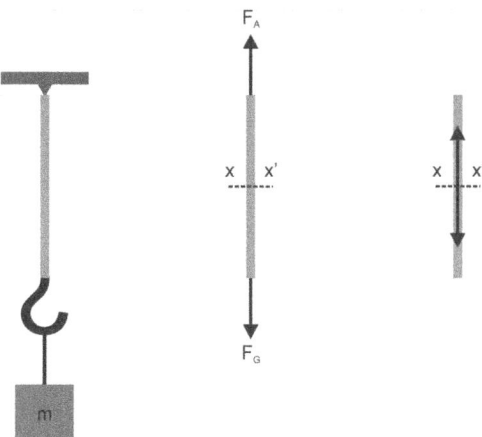

Auf das Seil wirken zwei Zugkräfte, die Gewichtskraft $F_G = mg = 2500$ N und die Stützkraft F_A der Aufhängung, die ebenfalls 2500 N beträgt.

Aufgabe 11.5

Am Schnitt wirken nur Zugspannungen, σ_{zI} im Teil I nach unten und σ_{zII} im Teil II nach oben. Sie betragen:

$$\sigma_{zI} = \sigma_{zII} = \frac{2500 \text{ N}}{\pi d^2/4} = \frac{2500 \text{ N}}{\pi (0{,}01 \text{ m})^2/4} = 3{,}2 \cdot 10^7 \text{ Pa}$$

Aufgabe 11.6

Ein erster Blick auf Abbildung 11.19 zeigt, dass mögliche Schwachstellen bei den Ösen an den beiden Enden sowie am schmalsten Teil in der Mitte sein können. Da die Kräfte in beiden Fällen gleich sind, genügt es, die Schnittflächen miteinander zu vergleichen. Da die Dicke der Lasche konstant ist, genügt es zudem, die Profile zu vergleichen. Für die beiden Schnitte gilt:

✔ x,x': $w = D - \delta = 25$ mm

✔ y,y': $w = d = 18$ mm
Die Schwachstelle ist also beim Schnitt y,y'; die Lasche wird hier versagen.

Aufgabe 11.7

Legt man Schnitte x_i, x_i' von unten nach oben quer durch den Stab, so wird die innere Zugspannung umso größer, je weiter oben der Schnitt liegt, da die Gewichtskraft des unteren Teils immer größer wird. Die Schwachstelle liegt also direkt unter der Einspannung.

Kapitel 12

Aufgabe 12.1

Zwischen Elastizitätsmodul und Kompressionsmodul besteht die Beziehung

$$E = 3K(1 - 2\nu)$$

Löst man diese Gleichung nach ν auf, ergibt sich:

$$\frac{E}{3K} = 1 - 2\nu$$

$$\frac{E}{3K} - 1 = -2\nu$$

$$\nu = \frac{1}{2}\left(1 - \frac{E}{3K}\right) = \frac{1}{2}\left(1 - \frac{811 \text{ GPa}}{3 \cdot 485 \text{ GPa}}\right) = 0{,}22$$

Für den Schubmodul G gilt:

$$G = \frac{E}{2(1+\nu)} = \frac{811 \text{ GPa}}{2(1+0{,}22)} = 332 \text{ GPa}$$

Aufgabe 12.2

Das Hooke'sche Gesetz lautet:

$$\sigma_z = E\varepsilon = E\frac{\Delta l}{l}$$

Für die Zugspannung gilt:

$$\sigma_z = \frac{F}{A}$$

Für die Querschnittsfläche A erhält man:

$$A = \pi\frac{d^2}{4} = \pi\frac{(200\ \mu\text{m})^2}{4} = 3{,}14 \cdot 10^{-8}\text{m}^2$$

Damit ergibt sich:

$$\Delta l = \frac{l \cdot F}{E \cdot A}$$

Bekannt ist $\Delta l + l$, gesucht wird l. Addiert man l zur letzten Gleichung, so ergibt sich:

$$l + \Delta l = l\left(1 + \frac{F}{E \cdot A}\right)$$

$$l = \frac{l + \Delta l}{1 + \frac{F}{E \cdot A}} = \frac{0{,}35 \text{ m}}{1 + \frac{53 \text{ N}}{10^{11}\text{N/m}^2 \cdot 3{,}14 \cdot 10^{-8}\text{m}^2}} = 0{,}344 \text{ m}$$

Für die Spannarbeit gilt:

$$W_s = \frac{1}{2}E\varepsilon^2$$

Für die Dehnung ε ergibt sich aus dem obigen Ergebnis:

$$\varepsilon = \frac{\Delta l}{l} = \frac{0{,}006 \text{ m}}{0{,}344 \text{ m}} = 0{,}017$$

Damit erhält man:

$$W_s = \frac{1}{2} \cdot 10^{11} \text{ N/m}^2 \cdot 0{,}017^2 = 1{,}45 \cdot 10^7 \text{ J/m}^3$$

Berücksichtigt man das Volumen V der Saite, ergibt sich schließlich:

$$W_{\text{Saite}} = W_s \cdot l \cdot A = 1{,}45 \cdot 10^7 \text{ J/m}^3 \cdot 0{,}334 \text{ m} \cdot 3{,}14 \cdot 10^{-8} \text{m}^2 = 0{,}15 \text{ J}$$

Aufgabe 12.3

Das Hooke'sche Gesetz lautet in diesem Fall:

$$\sigma_D = \frac{F}{A} = \varepsilon \cdot E$$

Damit ergibt sich für die erforderliche Druckspannung:

$$\sigma_D = \frac{4 \text{ mm}}{28 \text{ mm}} \cdot 5 \cdot 10^6 \text{ MPa} = 0{,}71 \text{ MPa}$$

Für den erforderlichen Durchmesser ergibt sich damit:

$$A = \frac{F}{\sigma_D} = \frac{400 \text{ N}}{0{,}71 \text{ MPa}} = 563 \text{ mm}^2$$

$$d = \sqrt{\frac{4A}{\pi}} = 26{,}8 \text{ mm}$$

Aufgabe 12.4

Für die Dehnung gilt:

$$\varepsilon = \frac{\Delta l}{l} = \frac{5 \text{ mm}}{3 \text{ m}} = 1{,}67 \cdot 10^{-3} = 0{,}167 \text{ \%}$$

Aus dem Hooke'schen Gesetz folgt für die Zugspannung:

$$\sigma_z = E \cdot \varepsilon = 1{,}67 \cdot 10^{-3} \cdot 210 \cdot 10^9 \text{ Pa} = 350 \text{ MPa}$$

Für die Zugspannung gilt schließlich:

$$F_z = \sigma_z A = 350 \text{ MPa} \cdot \pi \frac{(0{,}001 \text{ m})^2}{4} = 275 \text{ N}$$

Aufgabe 12.5

Für die Poisson-Zahl gilt:

$$\nu = \frac{\Delta d/d}{\Delta L/L}$$

Löst man dies auf, ergibt sich:

$$\frac{\Delta d}{d} = \nu \frac{\Delta l}{l}$$

$$\Delta d = d \cdot \nu \frac{\Delta l}{l} = 1 \text{ mm} \cdot 0{,}28 \cdot 1{,}67 \cdot 10^{-3} = 0{,}47 \cdot 10^{-3} \text{ mm}$$

Kapitel 13

Aufgabe 13.1

Für die wahre Spannung gilt:

$$\sigma_\text{w} = \sigma(1 + \varepsilon)$$

Damit erhält man für die drei Fälle:

a) $\sigma_\text{w} = 1{,}001 \cdot \sigma = 10{,}01$ GPa
b) $\sigma_\text{w} = 1{,}01 \cdot \sigma = 10{,}1$ GPa
c) $\sigma_\text{w} = 1{,}1 \cdot \sigma = 11$ GPa

Aufgabe 13.2

Kriechen spielt oberhalb von 40 % der Schmelztemperatur (in Kelvin) eine Rolle. Damit ergibt sich: 40 % von 1337 K sind 535 K oder 261 °C.

Aufgabe 13.3

1. Der Index V besagt, dass die Messung mit dem Vickers-Verfahren durchgeführt wurde.

2. Die erste Zahl gibt die Kraft in Newton an. Also wurde die Messung mit 3 N durchgeführt.

3. Die zweite Zahl gibt die Dauer der Belastung in Sekunden an. Also dauerte die Belastung 10 s.

Aufgabe 13.4

Für die Vickers-Härte gilt:

$$H_\text{V} = 1{,}891 \frac{F}{d^2}$$

Löst man dies nach d auf, ergibt sich:

$$d^2 = 1{,}891 \frac{F}{H_V} \quad \Rightarrow \quad d = \sqrt{1{,}891 \frac{F}{H_V}} = 21{,}7 \text{ µm}$$

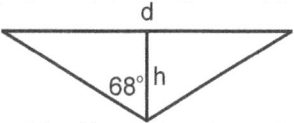

Für die Tiefe des Eindrucks ergibt sich aus der Skizze:

$$\tan 68° = \frac{d/2}{h} \quad \Rightarrow \quad h = \frac{d/2}{\tan 68°} = 4{,}4 \text{ µm}$$

Aufgabe 13.5

Materialien sind superhart, wenn die Härte mehr als 40 GPa beträgt. Stahl ist einfach nur hart.

Kapitel 14

Aufgabe 14.1

Zwischen der Zähigkeit G_c und der Bruchzähigkeit K_c eines Materials besteht die Beziehung:

$$K_c = \sqrt{E \cdot G_c}$$

Löst man dies nach G_c auf, erhält man:

$$G_c = \frac{K_c^2}{E} = \frac{(0{,}8 \cdot 10^6)^2 \text{N}^2/\text{m}^3}{70 \cdot 10^9 \text{N}/\text{m}^2} = 9 \text{ Nm}/\text{m}^2 = 9 \text{ J}/\text{m}^2$$

Aufgabe 14.2

Die Brucharbeit ist gegeben durch:

$$W_B = \frac{1}{2} \frac{\sigma_B^2}{E}$$

Setzt man die Zahlen ein, erhält man:

$$W_B = \frac{1}{2} \frac{(30 \cdot 10^6 \text{ Pa})^2}{70 \cdot 10^9 \text{ Pa}} = 6{,}4 \text{ kJ}/\text{m}^3$$

Aufgabe 14.3

Die Masse des Seils beträgt:

$$m = \rho \cdot L \cdot A$$

wobei L die Länge und A der Querschnitt des Seils ist. Die Gewichtskraft beträgt also:

$$F_G = mg = m = \rho L A \cdot g$$

Die durch die Gewichtskraft hervorgerufene Spannung beträgt demnach:

$$\sigma_z = \frac{F_G}{A} = \rho \cdot L \cdot g$$

Damit das Seil reißt, muss diese Kraft größer als die Zugfestigkeit sein:

$$\sigma_z = \rho \cdot L \cdot g > R_m$$

$$L > \frac{R_m}{\rho \cdot g} = \frac{0{,}5 \cdot 10^9 \text{Pa}}{7860 \text{ kg/m}^3 \cdot 9{,}81 \text{ m/s}^2} = 6500 \text{ m} = 6{,}5 \text{ km}$$

Beachten Sie, dass der Querschnitt des Seils keine Rolle in dieser Aufgabe spielt.

Aufgabe 14.4

Wenn das Seil perfekt ist, reißt es direkt an der Aufhängung (siehe Aufgabe 11.5). Andernfalls reißt es an irgendwelchen vorher vorhandenen Schwachstellen.

Aufgabe 14.5

Für die Knickkraft gilt in diesem Fall (mit β = 0,5):

$$F_K = \frac{\pi^2 E \cdot I}{L_k^2} = \frac{\pi^2 E \cdot \pi d^4}{(0{,}5L)^2 \cdot 64}$$

$$= \frac{\pi^3 \cdot 210 \cdot 10^9 \text{ N/m}^2 \cdot (0{,}01 \text{ m})^4}{(0{,}5 \text{ m})^2 \cdot 64} = 4{,}1 \text{ kN}$$

Aufgabe 14.6

Die Knickfestigkeit ist definiert als:

$$\nu = \frac{F_K}{F}$$

Damit die Bedingung $\nu \geq 3$ erfüllt ist, muss also gelten:

$$F_K \geq 3F$$

$$F \leq \frac{F_K}{3}$$

Damit ergibt sich als Bedingung:

$$F \leq F \cdot \frac{\pi^2 E \cdot \pi d^4}{3 \cdot (0{,}5L)^2 \cdot 64}$$

$$d^4 \geq F \cdot \frac{3 \cdot (0{,}5L)^2 \cdot 64}{\pi^3 E}$$

$$d \geq \sqrt[4]{8\text{ kN} \cdot \frac{3 \cdot (0{,}5\text{ m})^2 \cdot 64}{\pi^3 \cdot 210 \cdot 10^9 \text{ N/m}^2}} = 1{,}6 \text{ cm}$$

Stichwortverzeichnis

A

Abgeschlossenes System 69
Abklingkonstante 264
Abnutzung 365
Abrasiver Verschleiß 366
Adhäsiver Verschleiß 366
Äußere Kräfte 147, 284
Amplitude 258
Ankathete 52
Anlagenbau 375
Anlaufreibung 184
Apparatebau 374
Arbeit 207
　Beschleunigungsarbeit 210
　Definition 207
　Hubarbeit 208, 210
　Nutzarbeit 212
　Rotationsarbeit 211
Arkussinus 53
Atomic Force Microscopy 325
Auslenkung 258
Axiales Flächenträgheitsmoment 363

B

Balken 129, 147
Balkenprofil 147
Bauingenieurswesen 373
Baustatik 373
Beanspruchung 287
　Biegebeanspruchung 288, 291
　Biegung 288
　Dehnung 287
　Drillung 288
　Druckbeanspruchung 287, 289
　Grundbeanspruchungen 287
　Scherung 287, 290
　Schubbeanspruchung 287, 290
　Stauchung 287, 289
　Torsionsbeanspruchung 288, 293
　Zugbeanspruchung 287, 288
Bereich
　Linear-elastisch 302
　plastischer 302

Beschleunigung 59, 82
　Tangentialbeschleunigung 75, 204
　Winkelbeschleunigung 75, 224
　Zentripetalbeschleunigung 74
Beschleunigungsarbeit 210
Bestimmtheit
　statische 153
Beule 364
Biegebalken 323
Biegebeanspruchung 288, 291
Biegehauptgleichung 292
Biegelinie 328
Biegemoment 292, 296
Biegespannung 292
Biegung 288
Bolzenlager 146
Bremsarbeit 191
Bremsen 190
Bremskraft 191
Bremsleistung 191
Bremsmoment 191
Brinell-Härte 345
Bruch
　Dauerbruch 360
　duktiler 358
　Ermüdungsbruch 360
　Schwingbruch 360
　spröder 351
　Verformungsbruch 358
Brucharbeit 353
Bruchdehnung 337
Bruchfestigkeit 337
Bruchlastspielzahl 360
Bruchschwingspielzahl 360
Bruchzähigkeit 355
Bungee-Jumping 319

C

Cantilever 325
Charpy, Augustin 356
Coulomb'sche Reibung 173
Cremona-Plan 164

D

Dämpfungskonstante 264
Dauerbruch 360
Dauerfestigkeit 361
Dauerschwingversuch 360

Daumenregel 73
Deformation
　elastische 284
　plastische 334
Dehnung 287, 310
　bei Höchstkraft 336
　Bruchdehnung 337
　Gleichmaßdehnung 336
　Kriechdehnung 342
　Lüders-Dehnung 336
　Reißdehnung 337
Dehnungsmessstreifen 84
Diamant 357
Dichte 202
Drallsatz 239
Drehimpuls 239
Drehimpulserhaltungssatz 239, 245
Drehleistung 219
Drehmoment 81, 222, 225
　Definition 84, 85
Drehschemelversuch 241
Drei-Finger-Regel 87
Dreieck
　ähnliches 50
　einfaches 50
　gleichschenkliges 51
　gleichseitiges 51
　rechtwinkliges 51
Dreiecksverband 152, 153
Drillung 288
Drittes Newton'sches Gesetz 140, 199
Druck
　isostatischer 289, 311
Druckbeanspruchung 287, 289
Druckkraft 103
Druckschwankung 277
Druckspannung 287
Duktiler Bruch 358
Duktiles Material 333, 350
Durchbiegung 324
D'Alembert'sches Prinzip 204

E

Ebene
　schiefe 90, 143, 176, 209
Ebenes Problem 31
Eigenfrequenz 273
Eigenschwingung 273

Eindimensionales Tragwerk 147
Einhüllende 264, 273
Einschnürung 302, 336, 358
Einspannmoment 105
Einspannung 142, 144, 146
Elastische Deformation 284
Elastische Energie 318
Elastische Konstante 309, 317
Elastischer Stoß 69, 242
Elastizitätsgrenze 302, 321, 333
Elastizitätsmodul 309, 310
Energie 213
  Arten 213
  elastische 318
  kinetische 68, 213
  Lageenergie 213
  potenzielle 213
  Rotationsenergie 232, 235
Energieerhaltung 68
Energieerhaltungssatz 214, 231, 244
  erweiterter 215, 236
Energiefreisetzungsrate 355
Erdbeschleunigung 61, 201
Erhaltungsgröße 68
Ermüdung 360
Ermüdungsbruch 360
Erreger 265
Erstes Newton'sches Gesetz 169, 196
Erzwungene Schwingung 265
Euler-Eytelwein-Gleichung 188
Euler'scher Knickfall 362

F
Fachwerk 151
  Definition 151
  einfach 153
  ideal 153
  real 153
Fadenpendel 253
Fahrwiderstand 181
Fall
  freier 61
Fallgeschwindigkeit
  stationäre 62
Faser 291
  neutrale 291, 323
Feder
  Parallelschaltung 268
  Reihenschaltung 269
Federkonstante 84, 253, 308
  resultierende 268
Federkraft 252

Federpendel 252
Feinmechanik 376
Feinwerktechnik 376
Festkörperreibung 173
Festlager 142, 144
Flächenpressung 289, 328
Flächenschwerpunkt 111, 115, 286
Flächenträgheitsmoment 292
  axiales 363
Fließgrenze 335
Freier Fall 61
Freiheitsgrad 125, 127, 148
Freimachen 285
  Kräfte 101
Freischneiden 102, 285
Frequenz 225, 256, 258
  Definition 74
Fundamentalschwingung 273
Funktion
  trigonometrische 53

G
Gedämpfte Schwingung 263
Gegenkathete 52
Gegenkraft 199
Gekoppelte Pendel 270
Gelenk 146, 150, 152
Geometrischer Schwerpunkt 111
Geschwindigkeit 59
  Bahngeschwindigkeit 72
  Überlagerung 63
  Winkelgeschwindigkeit 72, 224
Gewichtskraft 201
Gleichgewicht 126, 131
  indifferentes 131
  labiles 131
  stabiles 131
Gleichgewichtsbedingung 127, 206
Gleichgewichtsbedingungen 154
Gleichmaßdehnung 336
Gleiten
  Versetzungen 340
Gleitreibung 171
Gravitationsgesetz 201
Gravitationskraft 201, 202
Griffith-Modell 352
Grundbeanspruchung 287
Gurt 152

H
Härte 344
Härteskala 345

Haftreibung 170
Haftverschleiß 366
Handkraft 189
Harmonische Schwingung 252, 255
  Vergleich 262
Hauptachsensystem 299
Hauptspannungen 299
Hebelarm der Rollreibung 180
Hebelgesetz 85
Hertz 74
Hertz'sche Gleichungen 330
Hertz'sche Pressung 328
Hooke'sches Gesetz 252, 262, 308, 310, 313, 322, 354
Hubarbeit 208, 210
Hypotenuse 52

I
Impuls 68, 239
Impulserhaltung 68
Impulserhaltungssatz 244
Indentationsverfahren 345
Indifferentes Gleichgewicht 131
Inelastischer Stoß 69, 242
Innere Kräfte 147, 285
Isostatischer Druck 289, 311

J
Joule 207, 213

K
Kaltverformung 341
Kartesisches Koordinatensystem 41
Katastrophales sprödes Versagen 351
Kavität 359
Kerbschlagversuch 356
Kilogramm 200
Kinematik 58
Kinetische Energie 68, 213
Kippkante 132, 179
Kippmoment 133
Knicken 362
Knickkraft 363
Knicksicherheit 364
Knoop-Härte 345
Knoten 152
Knotenpunktverfahren 158
Kompressibilität 312
Kompressionsmodul 309, 311
Konstante
  elastische 309, 317
Kontaktfläche
  nominelle 175

wirkliche 175
Koordinatensystem
 kartesisches 41
Kopplung 270
Korrosion 367
Kosinussatz 52
Kräftepaar 95, 104, 290
Kräfteparallelogramm 91
Kräftesystem 92
 allgemein 93, 95
 ebenes 110
 räumlich 99
 zentral 93
Kräftezug 165, 206
Kraft 81
 Addition 88
 äußere 147, 284
 Darstellung 83
 Definition 82, 196
 Druckkraft 103
 Freimachen 101
 Gravitationskraft 201
 innere 147, 285
 Lagerkräfte 140
 Messung 83
 Normalkraft 104
 Radialkraft 105
 Reibungskraft 197
 Stabkräfte 156
 Stützkräfte 140
 Tangentialkraft 104
 Wirkung 82, 196
 Zentrifugalkraft 203
 Zentripetalkraft 203
 Zerlegung 90, 91
 Zugkraft 102
Krater-Konus-Bruchfläche 359
Kreisbewegung 71, 203, 219
Kreisfrequenz 256, 258
Kreuzprodukt 47
Kriechbruch 343
Kriechdehnung 342
Kriechen 342
Kriechrate 343
Krümmungsradius 327
Kugellager 145
Kugelstoßpendel 260
Kurzzeitfestigkeit 361

L

Labiles Gleichgewicht 131
Längsverschiebungssatz 88, 93
Lager 105, 140
 dreidimensional 145
 dreiwertig 105, 142
 einwertig 101, 105, 142
 zweidimensional 142

zweiwertig 102, 105, 142
Lagerkräfte 140
Lagerkraft 88
Lagerreaktionen 140
Leistung 216
 Drehleistung 219
Linear-elastischer Bereich 302
Linienschwerpunkt 111, 122
Longitudinalschwingung 275
Loslager 142, 143
Lüders-Dehnung 336
Luft- und Raumfahrttechnik 376
Luftreibung 169
Luftwiderstand 61, 169, 170, 181–183, 205, 218
Luftwiderstandsbeiwert 62

M

Maschinenbau 374
Maschinendynamik 374
Masse 200, 201
 schwere 201
 Träge Masse 226
Masseelement 113, 224, 229
Massemittelpunkt 111
Massenmittelpunkt 222
Massepunkt 58, 111
Masseverteilung 222
Material
 duktiles 333, 350
 sprödes 333, 350
Materialwissenschaften 375
Maxwell'sches Fallrad 215, 231
Mechanik 27
Mechatronik 376
Mitschwinger 265
Mohr'scher Spannungskreis 300
Mohs-Härte 344
Momentengelenk 146
Momentensatz 92, 110, 118, 121, 123

N

Nanoindentation 347
Nennspannung 337
Neutrale Faser 291, 323
Newton 82, 197
Newton, Isaac 196
Newton-Pendel 260
Newton'sches Gesetz 196
 drittes 140, 199
 erstes 169, 196
 zweites 82, 197
Nichtlinear-elastischer Bereich 302

Nominelle Spannung 337
Normalkraft 104, 171
Normalkraftgelenk 147
Normalschwingung 273

O

Obere Streckgrenze 334
Oberflächenenergie 352
Oberschwingung 278
Oszillator 265

P

Parabel 66
Parallelführung 144
Parallelogramm 90
Parallelogrammsatz 91
Parallelschaltung
 Federn 268
Pascal 286
Pendel
 gekoppelte 270
Pendelstütze 103
Periode 74
Pferdestärke 216
Pfosten 152
Phase 258, 265
Phasenverschiebung 258
Phasenwinkel 258
Pin-on-Disk-Test 368
Planck'sches Wirkungsquantum 219
Plastische Deformation 334
Plastische Verformung 302
 Mechanismen 339
Plastischer Bereich 302
Poisson-Zahl 309, 314
Poller 189
Polonceau-Fachwerk 152
Potenzielle Energie 213
Proportionalitätsgrenze 302, 321
Pythagoras, Satz von 52

Q

Quadrant 54
Querkontraktion 287, 309
Querkontraktionszahl 315
Querkraftgelenk 146

R

Radialkraft 105
Randfaser 292
Raster-Kraftmikroskopie 325
Raster-Tunnelmikroskopie 325
Reaktionsschichtverschleiß 367

Rechte-Hand-Regel 48, 73, 87
Reibmoment 183
Reibung 61, 104, 144, 197, 211, 237
  Anlaufreibung 184
  Bremsen 190
  Coulomb'sche Reibung 173
  Definition 170
  Fahrrad 182
  Festkörperreibung 173
  Gleitreibung 171
  Haftreibung 170
  nanoskopisch 175
  Rollreibung 171, 179, 182
  Seilreibung 187
  Vor- und Nachteile 181
Reibungsarbeit 238
Reibungsgesetz 172
Reibungskoeffizient 172
Reibungsleistung 184
Reihenschaltung
  Federn 269
Reißdehnung 337
Reißfestigkeit 337
Relative Volumenänderung 315
Relaxation 342, 344
Resonanz 266, 380
Resonanzkatastrophe 267
Resonator 265
Resultierende 110
Retardation 342
Richtgröße 254, 263
Riss 351
Rissausbreitung 352, 359
Ritter'sches Schnittverfahren 162
Rockwell-Härte 345
Rollbedingung 181
Rollreibung 171, 179, 182
  Hebelarm 180
Rollreibungslänge 180
Rollwiderstand 104, 171, 179
Rotationsarbeit 211
Rotationsbewegung 223, 247
Rotationsenergie 232, 235, 237
Rotationsfreiheitsgrad 125
RP,0,2-Dehngrenze 321, 335
Rückstellkraft 131, 252
Rückstellmoment 262

S

Schallwelle 277
Scheinkraft 205
Scherkraft 290, 309
Scherung 287, 290, 314

Schicht
  tribologische 370
Schiebehülse 144
Schiefe Ebene 90, 143, 176, 209
Schiefer Wurf 66
Schmiermittel 175
Schnittufer 285
Schnittverfahren 285
Schubbeanspruchung 287, 290
Schubmodul 309, 313
Schubspannung 287, 291
Schwebung 272
Schwere Masse 201
Schwerelinie 112
Schwerpunkt 110, 233
  Flächenschwerpunkt 111, 115
  geometrischer 111
  Linienschwerpunkt 111, 122
  Massemittelpunkt 111
  Massepunkte 111
Schwerpunktformel 118
Schwerpunktsabstand 117
Schwerpunktsatz 222
Schwingbruch 360
Schwingfestigkeit 360
Schwingung
  Eigenschwingungen 273
  erzwungene 265
  Fadenpendel 253
  Federpendel 252
  Fundamentalschwingungen 273
  gedämpfte 263
  harmonische 252, 255
  Longitudinalschwingungen 275
  Normalschwingungen 273
  Oberschwingungen 278
  Stabschwingungen 275
  Torsionspendel 261
  Transversalschwingungen 275
Schwingungsbauch 277
Schwingungsdauer 256, 258
Schwingungsgleichung 256
Schwingungsknoten 277
Schwingungssystem 267, 273
Seil 143
Seilhaftung 187
Seilreibung 187
Seilreibungsgleichung 188
Seitenhalbierende 116
Sinussatz 52
Skalar 40
Skalarprodukt 45, 207
Spaltenvektor 42

Spannung 284, 286
  Druckspannung 287
  Nennspannung 337
  nominelle 337
  Schubspannung 287
  wahre 302, 337
  Zugspannung 287
Spannungs-Dehnungs-Kurve 301, 334
Spannungsintensitätsfaktor 356
Spannungstensor 299
Spannungszustand 298
Spröder Bruch 351
Sprödes Material 333, 350
Sprödigkeit 355
Stab 103
Stabiles Gleichgewicht 131
Stabkräfte 156
Stabschwingung 275
Stäbe 147, 152
Standfestigkeit 134
Standmoment 133
Standsicherheit 132, 133
Starrer Körper 221
Stationäre Fallgeschwindigkeit 62
Statisch
  bestimmt 148, 155
  unbestimmt 149, 155
  unterbestimmt 148, 155
Statische Bestimmtheit 148
  äußere 153
  innere 153
Stauchung 287, 289
Steiner'scher Satz 233, 240
Stoß 69, 260
  Definition 241
  elastischer 69, 242
  exzentrisch 242
  gerade 242
  inelastischer 69, 242
  schief 242
  zentral 242
Stoßnormale 242
Strebe 152
Streckgrenze 321
  obere 334
  technische 335
  untere 334
Streckspannung 334
Strömungswiderstandskoeffizient 63
Stützkraft 88, 140
Superhart 347
Symmetrieachse 112
System
  abgeschlossenes 69
  tribologisches 366
Systemgröße 263

T

Tangentialbeschleunigung 75, 204, 224
Tangentialebene 241
Tangentialkraft 104
Technische Mechanik
  Anwendungen 30
  Aufgaben 28
  Definition 27
  Themen 28
Technische Streckgrenze 335
Temperatur
  Übergangstemperatur 343
Tensor 299
Torsion 261
Torsionsbeanspruchung 288, 293
Torsionshauptgleichung 294
Torsionsmodul 309, 313
Torsionsmoment 294
Torsionspendel 261
Torsionsspannung 294
Träge Masse 201
Trägheit 200
Trägheitsgesetz 169, 196
Trägheitskraft 204
Trägheitsmoment 222, 226, 235, 262
  Berechnung 229
  Definition 228
  Steiner'scher Satz 233
Tragwerk 150
  eindimensionales 147
Tragzapfen 183
Translationsbewegung 58, 59, 219, 247
Translationsfreiheitsgrad 125
Transversalschwingung 275
Tretkurbel 97
Tribologie 365
Tribologische Schicht 370
Tribologisches System 366
Tribooxidation 367
Trigonometrie 50
Trigonometrische Funktion 53

U

Übergangstemperatur 343
Überlagerung
  Geschwindigkeiten 63
Überlagerungsprinzip 64
Umlaufzeit 225
Umschlingungswinkel 188
Untere Streckgrenze 334

V

Vektor
  Addition 43
  Betrag 41, 42
  Darstellung 41
  Definition 40
  Kreuzprodukt 47
  linienflüchtig 88, 91
  Multiplikation 44
  Richtung 41
  Richtungssinn 41
  Skalarprodukt 45
  Subtraktion 44
Vektorprodukt 47
Verfestigung 336
Verfestigungsmechanismus 341
Verformung
  plastische 302
Verformungsbruch 358
Verformungsenergie 351
Versagen
  katastrophales sprödes 351
Verschiebungssatz 233
Verschleiß 346, 364
  abrasiver 366
  adhäsiver 366
  Haftverschleiß 366
Verschleißbetrag 367
Verschleißintensität 368
Verschleißkoeffizient 368
Verschleißrate 367
Verschleißwiderstand 368
Versetzung 340
  Gleiten 340
Verzögerung 59
Vickers-Härte 345

Viskoelastizität 342, 344
Volumenänderung
  relative 315

W

Waagerechter Wurf 64
Wälzlager 145
Wahre Spannung 302, 337
Watt 216
Werkstoffkunde 375
Widerstandskraft 169
Widerstandsmoment 292
Winkelbeschleunigung 75, 204, 222, 224
Winkelgeschwindigkeit 72, 224, 256
Wirkabstand 84
Wirklinie 88
Wirkung 219
Wirkungsgrad 184, 211, 216
Wöhler-Kurve 362
Wöhler-Verfahren 361
Wurf
  schiefer 66
  waagerechter 64

Z

Zähigkeit 354
Zeilenvektor 42
Zeitfestigkeit 361
Zeitkonstante 264
Zentralpunkt 91, 93, 94
Zentrifugalkraft 135, 203, 206
Zentripetalbeschleunigung 74, 203
Zentripetalkraft 203, 211, 255
Zerrüttung 367
Zugbeanspruchung 287, 288
Zugfestigkeit 336
Zugkraft 102
Zugspannung 287, 288
Zweigelenkstab 103, 143
Zweites Newton'sches Gesetz 82, 197, 222